普通高等教育“十一五”国家级规划教材
高等职业教育系列教材

液压与气压传动

第2版

主　编　屈　圭
副主编　梅沪光　林　峰
参　编　唐建文　伍世棋　曾豪华
主　审　吴百海　吴晓丹

机械工业出版社

本书第2版共15章，第1~9章为液压传动，第10~14章为气压传动，第15章为液压与气动系统设计仿真软件的应用。本书主要内容为：液压与气压传动的基础知识；常用元件的基本工作原理与应用；液压与气动基本回路和典型回路的组成和功能；系统原理图的读图和分析方法；应用功能的设计与仿真运用；实际系统安装、调试、维修的工作内容和步骤。

本书在内容选择和编写上以工程实际应用为目标，尽可能反映液压与气压传动技术的发展和应用现状，强调学习的针对性和有效性，加强了基本概念、基本原理、基本功能和基本应用等方面的论述，加强了与其他课程的内在联系，使知识更连续，更加通俗易懂。

本书适用于高职高专院校机类、电类各专业学生学习使用；中等专业学校机械类各专业学生也可选用；也可供广大工程技术人员参考。

图书在版编目（CIP）数据

液压与气压传动/屈圭主编．—2版．—北京：机械工业出版社，2013.9（2024.8重印）

普通高等教育“十一五”国家级规划教材　高等职业教育系列教材

ISBN 978-7-111-34388-2

Ⅰ．①液…　Ⅱ．①屈…　Ⅲ．①液压传动—高等职业教育—教材②气压传动—高等职业教育—教材　Ⅳ．①TH137②TH138

中国版本图书馆CIP数据核字（2013）第215679号

机械工业出版社（北京市百万庄大街22号　邮政编码100037）
责任编辑：曹帅鹏　责任校对：张晓蓉
责任印制：李　昂
北京捷迅佳彩印刷有限公司印刷
2024年8月第2版第9次印刷
184mm×260mm · 15.5印张 · 379千字
标准书号：ISBN 978-7-111-34388-2
定价：49.00元

电话服务	网络服务
客服电话：010-88361066	机　工　官　网：www.cmpbook.com
010-88379833	机　工　官　博：weibo.com/cmp1952
010-68326294	金　　书　　网：www.golden-book.com
封底无防伪标均为盗版	机工教育服务网：www.cmpedu.com

出版说明

《国务院关于加快发展现代职业教育的决定》指出：到2020年，形成适应发展需求、产教深度融合、中职高职衔接、职业教育与普通教育相互沟通，体现终身教育理念，具有中国特色、世界水平的现代职业教育体系，推进人才培养模式创新，坚持校企合作、工学结合，强化教学、学习、实训相融合的教育教学活动，推行项目教学、案例教学、工作过程导向教学等教学模式，引导社会力量参与教学过程，共同开发课程和教材等教育资源。机械工业出版社组织国内80余所职业院校（其中大部分是示范性院校和骨干院校）的骨干教师共同规划、编写并出版的“高等职业教育系列教材”，已历经十余年的积淀和发展，今后将更加紧密结合国家职业教育文件精神，致力于建设符合现代职业教育教学需求的教材体系，打造充分适应现代职业教育教学模式的、体现工学结合特点的新型精品化教材。

在本系列教材策划和编写的过程中，主编院校通过编委会平台充分调研相关院校的专业课程体系，认真讨论课程教学大纲，积极听取相关专家意见，并融合教学中的实践经验，吸收职业教育改革成果，寻求企业合作，针对不同的课程性质采取差异化的编写策略。其中，核心基础课程的教材在保持扎实的理论基础的同时，增加实训和习题以及相关的多媒体配套资源；实践性课程的教材则强调理论与实训紧密结合，采用理实一体的编写模式；实用技术型课程的教材则在其中引入了最新的知识、技术、工艺和方法，同时重视企业参与，吸纳来自企业的真实案例。此外，根据实际教学的需要对部分内容进行了整合和优化。

归纳起来，本系列教材具有以下特点：

1）围绕培养学生的职业技能这条主线来设计教材的结构、内容和形式。

2）合理安排基础知识和实践知识的比例。基础知识以“必需、够用”为度，强调专业技术应用能力的训练，适当增加实训环节。

3）符合高职学生的学习特点和认知规律。对基本理论和方法的论述容易理解、清晰简洁，多用图表来表达信息；增加相关技术在生产中的应用实例，引导学生主动学习。

4）教材内容紧随技术和经济的发展而更新，及时将新知识、新技术、新工艺和新案例等引入教材。同时注重吸收最新的教学理念，并积极支持新专业的教材建设。

5）注重立体化教材建设。通过主教材、电子教案、配套素材光盘、实训指导和习题及解答等教学资源的有机结合，提高教学服务水平，为高素质技能型人才的培养创造良好的条件。

由于我国高等职业教育改革和发展的速度很快，加之我们的水平和经验有限，因此在教材的编写和出版过程中难免出现疏漏。我们恳请使用这套教材的师生及时向我们反馈质量信息，以利于我们今后不断提高教材的出版质量，为广大师生提供更多、更适用的教材。

机械工业出版社

第 2 版前言

本书是普通高等教育“十一五”国家级规划教材。根据高职高专机电类专业教学的基本要求和特点以及原教材的实际使用情况，本书编者吸收了广大专业教师的教学经验和体会，对本书第 1 版进行了全面的整理和修订。

在修订过程中，编者坚持培养学生的液压与气动技术工程应用能力的原则，突出体现高职高专院校的教学特点和发展现状，在尽可能保持原书图文并茂、深度合理等特点的基础上，加强了核心内容的阐述和内容的逻辑联系。使学生在学习的过程中不断有进步和收获，真正提高学习效率。

本书的内容以适合工程应用为目标，在基本概念、基本原理、基本功能和基本应用等方面加强了论述。对于教学实践中发现的读者不易理解和掌握的部分重新进行编写。既保持了原书的基本风格，又有了新的内容。近年来，在各类设备中采用液压气动技术越来越普遍，技术发展和更新很快，特别是机、电、液复合驱动，机、电、气复合控制和液、气结合以及计算机控制的趋势更加明显。这为教材编写取材提供了丰富的内容。

本书内容以液压传动系统为主线，同时也根据实际设备中气动技术的应用现状，加强了气动部分的相关内容。在讲授液压与气动技术的基本原理和必要元件的结构等知识的基础上，将重心放在元件外部特性与功能方面，形成以核心元件构成基本回路、由基本回路组合完整系统的设计思路。

修订后全书共 15 章，第 1 ~ 9 章为液压传动，第 10 ~ 14 章为气压传动，第 15 章为液压与气动系统设计仿真软件应用，并配备多媒体教学课件和习题解答作为教学辅助材料。

本书由屈圭担任主编，梅沪光、林峰担任副主编，唐建文、伍世棋、曾豪华参与本书编写。其中，梅沪光编写第 5、6、7 章；林峰、唐建文编写第 8、9、11 章；曾豪华编写第 12、14 章；伍世棋编写第 1、2 章；屈圭编写第 3、4、10、13、15 章。全书由广东技术师范学院吴晓丹教授、广东工业大学吴百海教授主审。

由于编者水平有限，书中难免有错漏之处，敬请广大读者批评指正。

编　者

目　录

出版说明
第2版前言
绪论…… 1
第1章　液压传动技术基础…… 7
1.1　液压传动工作介质的物理性质…… 7
1.1.1　液体的密度…… 7
1.1.2　液体的压缩性…… 7
1.1.3　液体的粘性…… 7
1.2　液压传动工作介质的特点与选用…… 8
1.2.1　液压传动工作介质的种类与特点…… 8
1.2.2　液压传动工作介质的选用…… 10
1.3　液体静力学基础…… 11
1.3.1　液体的静压力及其特性…… 11
1.3.2　液体静压力基本方程及其应用…… 12
1.3.3　压力的表示方式…… 13
1.3.4　压力的形成与传递…… 13
1.3.5　液体压力对容器壁面的作用力…… 15
1.4　液体动力学基础…… 15
1.4.1　描述流动液体的几个基本概念…… 15
1.4.2　流态和雷诺数…… 16
1.4.3　连续性方程…… 18
1.4.4　伯努利方程…… 18
1.4.5　动量方程…… 20
1.5　管路压力损失计算…… 21
1.5.1　沿程压力损失计算…… 22
1.5.2　局部压力损失计算…… 23
1.5.3　管路系统的总压力损失…… 23
1.6　元件孔口和缝隙的流量计算…… 24
1.6.1　流经孔口的流量计算…… 25
1.6.2　缝隙流量计算…… 26
1.7　液压冲击和气穴现象…… 27
1.7.1　液压冲击…… 27
1.7.2　气穴现象…… 28
1.8　习题…… 28
第2章　液压泵与液压马达…… 31
2.1　液压泵概述…… 31
2.1.1　液压泵的工作原理及特点…… 31
2.1.2　液压泵的主要性能参数…… 32
2.1.3　液压泵的分类…… 34
2.2　齿轮泵…… 34
2.2.1　外啮合齿轮泵…… 34
2.2.2　外啮合齿轮泵存在的几个问题…… 36
2.2.3　常用外啮合齿轮泵的性能参数…… 37
2.2.4　外啮合齿轮泵的优缺点及应用…… 37
2.3　叶片泵…… 38
2.3.1　双作用式叶片泵…… 38
2.3.2　单作用式叶片泵…… 40
2.3.3　常用叶片泵的性能参数…… 42
2.4　柱塞泵…… 43
2.4.1　径向柱塞泵…… 43
2.4.2　轴向柱塞泵…… 43
2.4.3　常用柱塞泵的性能参数…… 45
2.4.4　柱塞泵的优缺点及应用…… 45
2.5　其他类型的液压泵…… 46
2.5.1　螺杆泵…… 46
2.5.2　内啮合齿轮泵…… 46
2.5.3　双联泵…… 47
2.5.4　凸轮转子泵…… 47
2.6　液压马达…… 48

2.6.1 液压马达的分类 …… 48
2.6.2 液压马达的工作原理及应用 …… 48
2.6.3 液压马达的主要性能参数 …… 50
2.7 液压泵与液压马达的选用 …… 51
2.7.1 液压泵的选用 …… 52
2.7.2 液压马达的选用 …… 54
2.8 习题 …… 54
第3章 液压缸 …… 57
3.1 液压缸的类型与功率参数计算 …… 57
3.1.1 液压缸的有效面积与负载 …… 57
3.1.2 活塞式液压缸 …… 57
3.1.3 柱塞式液压缸 …… 60
3.1.4 摆动式液压缸 …… 61
3.1.5 数字控制液压缸 …… 61
3.2 液压缸主要结构参数的确定 …… 62
3.2.1 液压缸内径和活塞杆直径的确定 …… 62
3.2.2 液压缸缸筒长度的确定 …… 63
3.3 液压缸的结构及选用 …… 63
3.3.1 液压缸的典型结构 …… 64
3.3.2 液压缸的选用 …… 65
3.4 习题 …… 69
第4章 液压控制元件 …… 71
4.1 液压阀概述 …… 71
4.1.1 液压阀的分类 …… 71
4.1.2 液压阀的参数与型号 …… 72
4.2 方向控制阀及其应用 …… 73
4.2.1 单向阀 …… 73
4.2.2 换向阀 …… 74
4.3 压力控制阀及其应用 …… 81
4.3.1 溢流阀 …… 81
4.3.2 减压阀 …… 85
4.3.3 顺序阀 …… 86
4.3.4 压力继电器 …… 87
4.4 流量控制阀及其应用 …… 89
4.4.1 节流孔的流量特性公式 …… 89
4.4.2 节流阀和调速阀 …… 90
4.4.3 流量控制阀的应用 …… 91
4.5 新型液压元件及其应用 …… 92
4.5.1 比例阀 …… 92
4.5.2 插装阀 …… 94
4.5.3 叠加阀 …… 98
4.5.4 电液数字控制阀 …… 100
4.6 习题 …… 100
第5章 液压系统的辅助元件 …… 103
5.1 过滤器 …… 103
5.1.1 过滤器的功能与过滤精度 …… 103
5.1.2 过滤器的类型与特点 …… 104
5.1.3 过滤器的选用与安装 …… 105
5.2 蓄能器 …… 106
5.2.1 蓄能器的作用 …… 106
5.2.2 蓄能器的种类 …… 107
5.3 油箱及其附件 …… 108
5.3.1 油箱的功用和结构 …… 108
5.3.2 设计油箱时应注意的问题 …… 109
5.3.3 热交换器 …… 109
5.4 油路通道元件 …… 111
5.4.1 管路元件 …… 111
5.4.2 液压通道集成块 …… 112
5.5 习题 …… 113
第6章 液压系统基本回路 …… 114
6.1 压力控制基本回路 …… 114
6.1.1 压力控制的要求与基本概念 …… 114
6.1.2 调压回路 …… 115
6.1.3 卸荷回路 …… 115
6.1.4 保压回路 …… 116
6.1.5 增压回路 …… 116
6.2 速度控制基本回路 …… 117
6.2.1 调速的概念和方法 …… 117
6.2.2 节流调速 …… 118
6.2.3 容积调速回路 …… 119
6.2.4 容积节流调速回路 …… 121
6.2.5 快速运动回路 …… 122
6.2.6 速度转换回路 …… 123

6.3 多缸动作回路 …… 125
6.3.1 顺序动作回路 …… 125
6.3.2 同步运动回路 …… 126
6.3.3 防干扰回路 …… 127
6.4 习题 …… 128
第7章 典型液压系统实例与液压系统设计 …… 131
7.1 分析液压系统的一般方法 …… 131
7.2 组合机床动力滑台液压系统 …… 132
7.2.1 概述 …… 132
7.2.2 动力滑台液压系统的工作原理 …… 133
7.2.3 动力滑台液压系统的特点 …… 134
7.3 注塑机液压系统 …… 135
7.3.1 概述 …… 135
7.3.2 SZ-250 型注塑机液压系统的工作原理 …… 136
7.3.3 注塑机液压系统的特点 …… 139
7.4 JS01 工业机械手液压系统 …… 140
7.4.1 概述 …… 140
7.4.2 JS01 工业机械手液压系统的工作原理 …… 140
7.4.3 机械手液压系统的特点 …… 143
7.5 液压系统设计要点 …… 144
7.5.1 确定对液压系统的要求 …… 144
7.5.2 拟定液压系统原理图 …… 144
7.5.3 计算和选择液压元件 …… 145
7.5.4 对液压系统进行必要的验算 …… 145
7.5.5 绘制正式工作图和编制技术文件 …… 146
7.6 习题 …… 146
第8章 液压伺服原理与伺服阀 …… 148
8.1 液压伺服系统的特点与分类 …… 148
8.2 液压伺服系统的工作原理与应用 …… 148
8.2.1 液压伺服系统的工作原理 …… 148
8.2.2 液压伺服系统的特点及组成 …… 149
8.2.3 液压伺服系统的基本控制形式 …… 150
8.3 电液伺服阀 …… 153
8.3.1 电液伺服阀的结构 …… 153
8.3.2 电液伺服阀的工作原理 …… 154
8.4 习题 …… 155
第9章 液压系统的运用 …… 156
9.1 液压系统的安装调试与维护 …… 156
9.1.1 液压系统的安装 …… 156
9.1.2 液压系统的调试 …… 157
9.1.3 液压系统的使用与维护 …… 158
9.2 液压系统的故障分析和排除 …… 159
9.2.1 故障诊断的步骤 …… 159
9.2.2 液压系统常见故障产生的原因及排除方法 …… 160
9.3 习题 …… 165
第10章 气压传动基础知识 …… 166
10.1 空气的基本性质 …… 166
10.1.1 空气的组成和状态变化 …… 166
10.1.2 气体状态方程 …… 168
10.2 气体流动的基本方程 …… 169
10.2.1 气体的流动速度与流量 …… 169
10.2.2 连续性方程 …… 170
10.2.3 伯努利方程 …… 170
10.2.4 气体在管道中流动的压力损失 …… 171
10.3 习题 …… 172
第11章 气压传动元件 …… 173
11.1 气压传动系统元件的分类 …… 173
11.2 气源装置及气动辅助元件 …… 173
11.2.1 气源装置与空气压缩机 …… 173
11.2.2 气动辅助元件 …… 175
11.3 气动执行元件 …… 180
11.3.1 气缸 …… 180
11.3.2 气动马达 …… 183
11.4 气动控制元件及其应用 …… 183

11.4.1 方向控制阀及其应用 …… 183
11.4.2 压力控制阀及其应用 …… 188
11.4.3 流量控制阀及其应用 …… 190
11.5 气动逻辑元件 …… 190
11.5.1 高压截止式逻辑元件 …… 190
11.5.2 用换向阀实现的逻辑功能 …… 192
11.6 习题 …… 192
第12章 气压传动基本回路 …… 194
12.1 压力控制回路 …… 194
12.1.1 基本压力控制回路 …… 194
12.1.2 气液增压回路 …… 195
12.2 换向回路 …… 195
12.2.1 基本换向回路 …… 195
12.2.2 使用气液转换器的换向位置控制回路 …… 195
12.3 速度控制回路 …… 196
12.3.1 基本速度控制回路 …… 196
12.3.2 缓冲回路 …… 196
12.3.3 使用气液转换器的速度控制回路 …… 196
12.4 顺序动作回路 …… 197
12.4.1 往复动作回路 …… 197
12.4.2 延时控制回路 …… 198
12.4.3 多执行元件顺序动作回路 …… 199
12.5 计数回路 …… 199
12.6 同步动作回路 …… 200
12.7 安全保护回路 …… 200
12.7.1 双手操作安全回路 …… 200
12.7.2 其他安全保护回路 …… 201
12.8 习题 …… 202
第13章 气压传动系统实例与顺序动作系统设计 …… 203
13.1 气压传动系统实例 …… 203
13.1.1 气液动力滑台气压传动系统 …… 203
13.1.2 工件夹紧气压传动系统 …… 204
13.2 气动顺序控制系统设计 …… 204
13.2.1 X-D线图法中的符号规定 …… 205
13.2.2 障碍信号的判断 …… 205
13.2.3 行程程序回路的设计步骤 …… 206
13.2.4 X-D状态图设计法 …… 206
13.3 气动机械手控制系统 …… 209
13.3.1 工作程序图 …… 209
13.3.2 X-D线图 …… 210
13.3.3 逻辑原理图 …… 210
13.3.4 气动回路原理图 …… 210
13.4 习题 …… 211
第14章 气动系统的使用与维护 …… 212
14.1 气动系统的安装、调试与维护 …… 212
14.1.1 管路系统的安装、调试与维护 …… 212
14.1.2 控制元件的安装、调试与维护 …… 213
14.2 气动系统的故障分析与排除 …… 214
14.2.1 压缩空气中的杂质引起的故障 …… 214
14.2.2 气动元件的故障 …… 215
14.2.3 执行元件的故障 …… 217
14.2.4 气动辅件的故障 …… 218
14.3 习题 …… 218
第15章 液压与气动系统设计仿真软件应用 …… 219
15.1 液压与气动系统设计仿真软件的功能和种类 …… 219
15.1.1 液压与气动系统设计仿真软件的功能 …… 219
15.1.2 液压与气动系统设计仿真软件的种类 …… 219
15.2 液压与气动系统设计仿真软件的应用 …… 220
15.2.1 FluidSIM软件简介 …… 220
15.2.2 运用FluidSIM软件进行液压与气动系统设计 …… 221
15.2.3 仿真运行 …… 223

15.3 FluidSIM 软件应用的进一步说明 …… 224
15.4 习题 …… 226
附录 …… 227
附录 A 液压图形符号（GB/T 786.1—2009/ISO 1219—1:2006） …… 227
附录 B 液压控制阀型号说明 …… 231
附录 C 气动图形符号（GB/T 786.1—2009/ISO 1219—1:2006） …… 233
附录 D 常量及其符号、单位和换算 …… 234
参考文献 …… 235

绪 论

1. 液压与气压传动的研究内容

要了解液压与气压传动，首先要清楚传动的概念。传动就是传递运动和动力，也就是将从能源装置或接点取得的按功率计算的能量，按照一定的方式和目的传递到需要点。在此过程中要经过不同功率形式和量值的转换，这也是所有传动装置的本质和核心。人类的四肢活动都是机械运动，所以替代人类体力劳动的机器必须实现机械运动。这就要求无论输入何种形式的能量，传动设备的最终输出应该是机械能。这与部分替代人类脑力劳动的计算机与信息处理技术和为人类五官功能延伸与扩大服务的信号处理传输设备与技术相比较而言有很大的不同。随着社会进步和科技发展，人类掌握了机械传动、流体传动和电磁（光）传动三大传动方式，并以各自的特点和优势单独或结合使用，形成了各种功能丰富的设备，为人类进行全方位服务。这三大传动方式的本质区别是传动介质不同。其中，流体传动是以液体或气体作为传动介质进行工作的，因而主要涉及流体的能量与机械能量的转换与控制。

常见的挖掘机或机械手等设备中都运用了液压或气压传动技术，使其具有巨大的动力和灵巧的动作。实际上，在工农业生产与生活的各个领域都广泛应用着液压与气压传动技术和装置，其共同特点是：使用压力油或加压空气作为传递能量的载体来实现传动与控制。而实现传动与控制必须要由各类泵、阀、缸及管道等元件组成一个完整的系统。本书的任务就是论述液压和气压传动的基本理论；讨论各类液压与气动元件的工作原理、结构、功能和应用方法；如何使用这些元件组成系统，以及各种装置系统的作用和特点。

要掌握液压与气压传动设备的使用、安装、调试和维修的知识与技能，并熟练地运用这些装置，就要在学习知识的过程中进行拆装、实验和调试等实践活动，这不仅是学习内容的要求，也是工程技术课程的重要学习方法。

2. 流体压力传动的工作原理及系统构成

流体传动的工作介质分为液体和气体。液体传动可分为液压传动和液力传动。液压传动是利用液体压力能进行能量传递的，液力传动则是利用液体的动能实现能量传递的。本书研究的流体传动是指依靠密封容积内流体压力能的变化来传递能量的流体传动技术，通常称为容积式传动。这与依靠流体动能变化传递能量的液力传动在原理、传动特性、元件结构等方面有很大不同。例如，汽车上使用的液压气压制动系统，液压助力装置属于前者，而液力耦合器与液力变距器则属于后者。液力传动不在本书讨论范围内。

（1）流体压力传动的工作原理

1）液压传动的工作原理。为了形成一个初步概念，先来看图 1 所示的液压千斤顶的工作情况。该装置的大活塞 4 和小活塞 7 分别可以在大活塞缸 3 和小活塞缸 8 内上下移动。因活塞与缸体内壁间有良好的密封，所以形成容积可变的密封空间。两缸体由装有单向阀 5 的管道互连，大缸体通过排油阀 2 与油箱 1 相连，小缸体经由单向阀 9 与油箱 1 相连。当人们要举升重物 G 时，先向上提起手柄 6，使手柄带动小活塞 7 向上移动，这时小活塞下部缸体内的空间增大，造成密封容积内压力低于大气压。同时，在单向阀 5 的作用下，大缸内的油液不能进入小缸。这时油箱内的油液就在大气压的作用下，经管道和单向阀9进入小活塞缸8内。当压下手柄6时，小活塞下移，密封容积减小，压力升高，油液不能通过单向阀9流回油箱，只能通过单向阀5压入大缸内，重物就不断被举升。将排油阀2转动90°，可使大缸内的油液流向油箱，实现大活塞下移。

2）气压传动的工作原理。如果将图1所示系统中的油液换成空气，再将液压缸改为气缸，而且空气可以直接取自大气，也可直接排放到大气，所以可以去掉回油管与油箱，那么，上述系统就可视为一个气压传动系统。生活中常用的打气筒就与上述小活塞缸的工作原理完全相同。

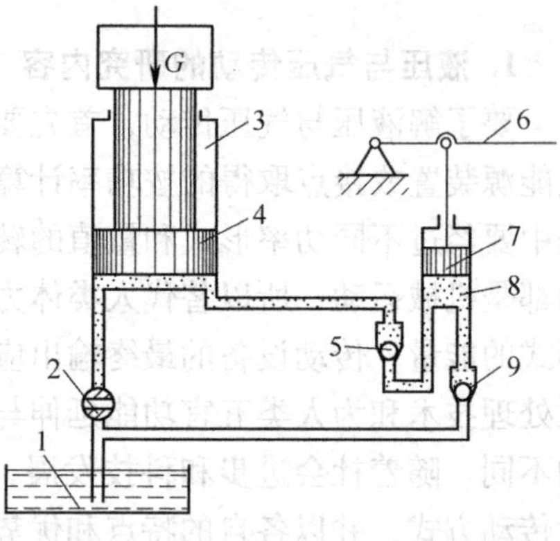

图1　液压千斤顶原理图

1—油箱　2—排油阀　3—大活塞缸　4—大活塞　5—单向阀　6—杠杆手柄　7—小活塞　8—小活塞缸　9—单向阀

归纳上述装置的工作原理可以看出，流体压力传动是以密封容器中的受压工作介质传递动力的。它先将机械能转换成压力能，然后通过各种元件组成的控制回路来实现能量的调控，最终再将压力能转换成机械能，使执行机构实现预定的功能，按照设定的程序完成相应的动力输出。

由于工作介质不同，液压传动与气压传动的理论基础也不完全相同。液压装置使用的油液是可压缩性较小的液体，流动过程中其密度可视为常数。在分析液压传动时主要考虑的是力的平衡，即分析液体在运动时的力学平衡问题。而气动装置所用的工作介质是压缩空气，在气压传动中气流低速运动与高速运动状态所采用的计算方法不同。低速运动时的计算方法与液体相似；高速运动时要将气体视为可压缩弹性介质，密度不是常数，要考虑流动过程中体积、压强和温度三个状态参量之间的变化，因而不仅要考虑力学平衡，在一定条件下还要考虑状态平衡和热力学平衡。

(2）流体压力传动系统的基本组成

流体压力传动系统主要由以下几个部分组成。

- 动力装置：是将机械能转换成压力能的装置（如上例中的小活塞缸）。最常见的是液压泵或空气压缩机。
- 执行装置：把流体的压力能转换成机械能的装置（如上例中的大活塞缸）。一般指作直线或摆动运动的液（气）压缸、作回转运动的液（气）压马达等。
- 控制调节装置：对液（气）压系统中流体的压力、流量和流动方向进行控制和调节的装置，如上例中的单向阀。一般是指流体传动系统中的压力阀、流量阀、方向阀、行程阀、逻辑元件等。这些元件的不同组合，构成了实现不同功能的液（气）压系统。
- 辅助装置：对工作介质起到容纳、净化、润滑、消声和实现元件间连接等作用的装置，如油箱、过滤器、分水滤气器、蓄能器、管件等，它们对保证液（气）压系统可靠和稳定工作是不可缺少的。
- 传动介质：传递能量的流体，如液压油或空气。

3. 流体压力传动的特点

(1）传动方式的特征

从总体上看，机械、电磁（光）、流体这三大类传动方式的特征分别为：

1）机械传动用各类具有不同运动和动力特性的机械零部件直接接触传递功率，其传动比准确，效率高，工作可靠，寿命长，使用范围广，不易实现无级调速且调速范围小，惯性大，传动距离短，不易实现自动控制，主动件与被动件位置相对固定，空间结构可变性差，制造成本高周期长，易产生噪声。

2）电磁（光）传动，通过导体连接或空间介质传递功率，其传动效率高，响应速度快，易实现复杂控制与变换，易微型化，可实现非接触传动，交流电可实现远距离传动，装置复杂，易受干扰，对传动环境条件要求较高。

3）流体传动，通过密封容器空间内的流体介质传递功率，调速范围大，易于实现无级调速，惯性小，结构紧凑，易实现快速变换和自动化，流体传动可软连接，适于中等距离传动，液压传动输出功率大，传动比不够精确，要求有连续供压的泵站，微型化困难，噪声大，有泄漏污染，效率较低。

传动必须由上述的一种装置或几种装置相结合来实现，所以在设计、选择和使用传动系统时要充分注意这些特征。

（2）传动与控制的概念

1）传动的目的是实现能量的传递与转换，最终的目标是帮助或替代人类的四肢进行工作。在工程中能量用功率来度量，因而也常用功率的概念将能量概念具体化。因为传动主要关心和研究的是系统或装置的驱动元件与执行元件之间能量传递与变换的关系，而功率与能量的形式与具体系统的运动方式直接相关，所以不同系统的传动功率往往用主要参数的乘积来度量。例如，电传动的功率 $P=UI$；机械传动中，曲（直）线运动的功率 $P=Fv$，定轴转动的功率 $P=M\omega$；液、气压传动的功率 $P=pq$（液压和气压传动中的流量一般均指体积流量 q_v，为了书写方便，本书采用 q 表示）。当然，系统与装置的功率范围划分完全由研究与设计时的需要来决定。传动可以在不同类型的装置之间进行，如机电系统、电液系统、机液系统、机电液气系统等。随着技术的发展，单一的传动系统越来越少，实现一体化结合是发展的必然趋势。

2）控制就是使信号有目的的传递与变换，使系统完成预定的功能。控制可分为人工控制和自动控制两大方式。人类从机械化、电气化走向自动化、信息化和智能化的进程中，从人工控制为主进入了自动控制和信息时代。这是因为随着人们对设备系统要求的提高，人工控制已不能满足精确、快速、复杂、实时、多目标等方面的要求。自动控制的最终目标是帮助或替代人类的感官、大脑和四肢，使被控对象自动按照预定规律进行工作。控制要综合运用机、电、液、气、光等装置来实现。控制方法主要分为断续控制和连续控制两大类。断续控制也称为开关控制，以实现设备按预定步骤和顺序进行工作为目标。由于输入和输出信号都是开关量，所以处理信号之间的逻辑关系和逻辑实现就成为主要研究内容。应该说所有设备都有断续控制要求。连续控制能随时检测控制对象的工作状态，自动调整输出量与给定量之间的偏差，使控制精度和速度大为提高。连续控制主要研究系统在输入量或随动信号以及干扰作用下的响应状态，来确定系统参数与性能的关系，完成系统分析与综合。应该说，一个完整的设备或生产线对工作顺序、位置、速度都有控制要求，两种控制方法分别承担着不同的任务，是配合工作的。

3）要注意传动与控制的区别与联系。首先要清楚传动与控制是实现能量传递时不可分割的两个方面。必须是在可控制的状态下，按预定精确程度的量值、程序与时间来传递能量。控制信号的变换也伴随着一定的能量流动。同时也要明确，系统普遍存在着物质、能量、信息交换。传动侧重于讨论能量的交换、传递与装置实现，而控制则侧重于讨论信号的变换和装置实现。一般来讲，系统可分为控制部分与传动部分，两者在同一系统中可以是同一种能量形式，如液动液控；也可以是不同能量形式，如液动电控。两者的功率大小有很大差异，主功率流的通道及其元件为传动部分，控制信号的通道及其元件为控制部分。要注意的是传动与控制所使用的工作介质和元件在原理与种类方面不一定截然不同，工作介质既可以是能量的载体也可以是信号的载体。如换向阀既可用于传动回路也可用于控制回路；减压阀既是传动元件也是定压控制元件。本书以讨论传动技术为主，虽然涉及断续控制的液气系统和连续控制的伺服系统，但主要研究主功率传动的变化与实现，对控制信号只是简单说明由何处发出，导致传动元件如何动作。在气动控制中会介绍一种顺序控制设计的实现方法，并不深究控制的参数与性能的关系。以简单的开关量断续控制的液气系统为主，辅以基本液压伺服原理介绍，这样便于读者顺利进入这一领域。

（3）液压与气压传动的特点

液压及气压传动在组成系统时，与机械装置相比，其主要优点是容易控制，操作方便、省力，传动结构空间的自由度大，可以软连接，易于实现自动化。如与电气控制相配合，可以方便地实现复杂的程序动作和远程控制。此外流体传动还具有传递运动均匀平衡，反应速度快，冲击小，能高速起动、制动和换向，易于实现过载保护。流体控制元件标准化、系列化和通用化程度高，有利于缩短机器的设计、制造周期和降低制造成本。

当然液压和气压传动也有一定的缺点。例如，传动介质的泄漏和可压缩性会使传动比不能严格保证；能量传递过程中压力损失和泄漏的存在会使传动效率降低；与电子系统相比反应速度较慢，不能软件化，不能微型化，不适于遥控，系统安装要求高；液体传动装置不能在高温或低温下工作；液体控制元件制造精度高，成本较高；系统工作过程中发生的故障不易诊断等。

1）液压传动的优点。

① 在同等的体积下，液压装置比电气装置能传递更大的动力。在同等功率的情况下，液压装置的体积小，重量轻，结构紧凑。液压马达的体积和重量只有同等功率电动机的12%左右。

② 液压装置的惯性小，换向频率高，实现往复回转运动时换向频率可达500次/min，实现往复直线运动时换向频率可达1000次/min。

③ 液压装置能在大范围内实现无级调速（调速范围可达1∶2000），还可以在液压装置运行的过程中进行调速。

④ 液压传动容易实现自动化，对液体的压力、流量和流动方向进行控制或调节，比较方便。

⑤ 液压元件能自行润滑，使用寿命较长。

⑥ 由于液压元件已实现了标准化、系列化和通用化，液压系统的设计、制造和使用都比较方便。

⑦ 可以用软管连接，可以实现较远距离管连接，液压装置中的元件的布置较方便。

⑧ 液压装置很容易实现直线机械运动。

2）气压传动的优点。

① 空气可以从大气中获取，无介质费用和供应上的困难，可将用过的气体直接排入大气，处理方便。空气泄漏不会严重影响工作，不会污染环境。

② 空气的粘性很小，约为油液的万分之一，在管路中的阻力损失远远小于液压传动系统，宜于远程传输及控制，可以用软管连接。

③ 约 0.02s 即可实现动作，反应迅速，控制调节方便，逻辑元件丰富，可以组成全气动自动控制回路。

④ 工作压力低，一般为 0.4～0.8MPa，元件的材料和制造精度要求较低，成本较低。

⑤ 维护简单，使用安全，无油的气动控制系统特别适用于无线电元器件的生产过程，也适用于食品及医药的生产过程。

⑥ 气动元件可以根据工作场合采用相应材料，使元件能够在易燃、易爆、高温、低温、强振动、强磁场、强腐蚀、强辐射、水下等恶劣的环境中正常工作。

3）气压传动的弱点。

① 气压传动装置的信号传递速度限制在声速（约 340m/s）范围内，所以它的工作频率和响应速度远不如电子装置，并且信号会产生较大的失真和延迟，也不便于构成较复杂的回路。但对一般工业中的传动控制要求是可以满足的。

② 空气的压缩性远大于液压油的压缩性，因此在动作的响应能力、工作速度的平稳性方面不如液压传动。

③ 气压传动系统输出力和力矩较小，且传动效率较低。

④ 气源装置结构较大，工作时有较大排气噪声。

4. 流体压力传动技术的应用与发展

（1）流体压力传动技术的应用

液压与气压传动技术越来越广泛地应用于工业领域的各个方面。表 1 所示为液压与气压传动。

在各类机械装置中的应用举例。应用液压、气动技术，可以增强设备的自动化程度、可靠性和动力性能，具有操作灵活、方便、省力，可实现多维度、大幅度的运动。

表 1　液压与气压传动在各类机械装置中的应用

行业名称	应用举例	行业名称	应用举例
工程机械	挖掘机、装载机、推土机	轻工机械	打包机、注塑机、印刷机
矿山机械	凿岩机、开掘机、提升机、液压支架	灌装机械	食品包装机、真空镀膜机、化肥包装机
建筑机械	打桩机、液压千斤顶、平地机、筑路机	汽车机械	高空作业车、自卸式汽车、汽车起重机、消防设备
冶金机械	轧钢机、压力机、步进加热炉	铸造机械	砂型压实机、加料机、压铸机
锻压机械	压力机、模锻机、空气锤	纺织机械	织布机、抛砂机、印染机
机械制造	组合机床、冲床、自动线、气动扳手	医疗机械	制片机、牙齿治疗机械、药品包装机械

（2）流体压力传动技术的发展简况

自 18 世纪末英国制成世界上第一台水压机算起，液压技术的使用已有二百多年的历史了，但其真正的发展是在第二次世界大战后的 60 余年。战后液压技术迅速转向民用工业，在机床、工程机械、农业机械、汽车等行业中逐步推广。20 世纪 60 年代以来，随着原子能、空间技术、计算机技术的进步，液压技术得到了迅速的发展，并渗透到各个工业领域中。现在液压技术正向高压、高速、大功率、高效、低噪声、经久耐用、高度集成化的方向发展。同时，新型液压元件和系统的计算机辅助设计（CAD）、计算机辅助测试（CAT）、计算机直接控制（CDC）、机电一体化技术、计算机仿真和优化设计技术、可靠性技术，以及污染控制技术等也是当前液压传动及控制技术发展和研究的方向。

气压传动技术自 20 世纪 60 年代以来也发展很快，其主要原因是气动技术作为一种实现工业自动化的有效手段，已引起各国工程技术人员的普遍重视和应用。随着工业的发展，气压传动技术的应用范围将日益扩大。当前气压传动的发展方向是无给油化、节能化、小型化和轻量化、位置控制的高精度化，以及气、电、液相结合的综合控制技术。同时，计算机辅助设计、优化设计、计算机控制也是气动技术的发展方向。

第1章 液压传动技术基础

1.1 液压传动工作介质的物理性质

1.1.1 液体的密度

单位体积液体的质量称为密度，用符号ρ表示，单位为kg/m^3。如果某种均质液体的体积为V，单位为m^3；质量为m，单位为kg；则其密度为

$$\rho = \frac{m}{V} \tag{1-1}$$

液体的密度随压力的升高而增大，随温度的升高而减小，但压力和温度对密度变化的影响很小，一般情况下可视液体的密度为常数。矿物油的密度$\rho = 850 \sim 960 kg/m^3$。

1.1.2 液体的压缩性

液体在压力作用下体积减小的性质称为压缩性。液体压缩性用体积压缩系数κ表示，单位为m^2/N，其物理意义是在单位压力作用下液体体积的相对变化量。一定体积V的液体，当压力增大dp时，体积减小了dV，则

$$\kappa = -\frac{dV}{V}\frac{1}{dp} \tag{1-2}$$

式中，负号表示dV与dp的变化相反，即压力增加时体积是减小的。

体积压缩系数的倒数称为体积弹性模量K，单位为Pa，即$K = 1/\kappa$。液体的体积压缩系数和体积弹性模量都与温度和压力有关，但影响很小，一般可以忽略不计。

在常温下，纯石油型液压油的体积弹性模量$K = (1.4 \sim 2.0) \times 10^3 MPa$，可压缩性是钢的100~150倍。在一般液压系统中，压力不高，压力变化不大，可认为液压油是不可压缩的。但是，当油液中混有非溶解性气体时，体积弹性模量会大幅度降低。油液混有1%的气体时，其体积弹性模量只是纯油的30%；如果混入4%的气体，其体积弹性模量仅为纯油的10%。由于油液中难免混入空气，因此工程上常将油液的体积弹性模量取为700~1000MPa。

1.1.3 液体的粘性

1. 粘性的物理意义

液体在外力作用下流动或有流动趋势时，分子间的内聚力要阻止分子相对运动而产生的内摩擦力。液体这种阻碍分子之间相对运动的性质叫做液体的粘性。粘性使流动液体内部各处的速度不相等。以图1-1为例，若两平行平板间充满液体，下平板不动，而上平板以速度u_0向右平动。由于液体的粘性，紧贴着下平板和上平板的液体薄层的速度分别为0和u_0，而中间各液层的速度则从下到上逐渐递增。当两平行板之间的距离较小时，各液层间的速度呈

线型规律变化。

实验测定表明，液体流动时相邻液层间的内摩擦力 F_f 与液层接触面积 A、液层间的相对速度 du 成正比，与液层间的距离 dy 成反比，即

$$F_f = \mu A \frac{du}{dy} \tag{1-3}$$

式中，μ 为比例常数，称为粘性系数或粘度；$\frac{du}{dy}$ 称为速度梯度。

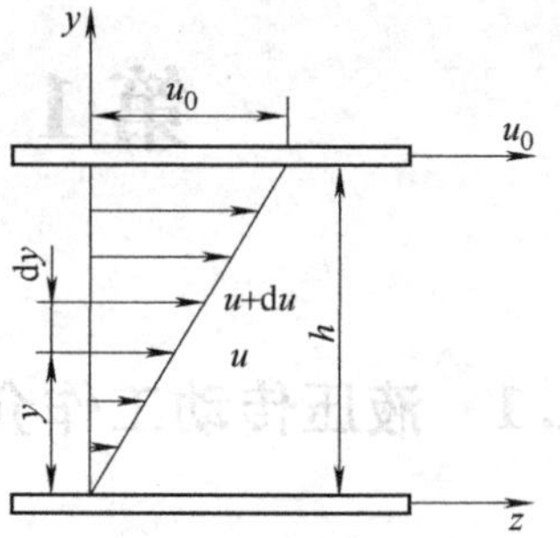

图 1-1 液体粘性实验示意图

若以 τ 表示单位面积上的内摩擦力，则得到牛顿液体内摩擦定律

$$\tau = \mu \frac{du}{dy} \tag{1-4}$$

在静止液体中，由于速度梯度 $du/dy = 0$，内摩擦力为零。因此液体只有在流动或有流动趋势时才会呈现出粘性，静止液体是不呈粘性的。

2. 粘性的表示方法

（1）动力粘度

液体粘性的大小用粘度来衡量。由式（1-4）可知，液体的粘度 μ 是指液体在单位速度梯度下流动时，单位面积上产生的内摩擦力。由于 μ 与力有关，所以 μ 又称动力粘度或绝对粘度。它的单位是 Pa·s 或 $N \cdot s/m^2$。

（2）运动粘度

动力粘度与液体密度的比值，称为液体的运动粘度，以 ν 表示，即

$$\nu = \frac{\mu}{\rho} \tag{1-5}$$

运动粘度没有明确的物理意义，只是在分析和计算中经常用到 μ 与 ρ 的比值，才引入这个物理量。由于它的量纲只与长度和时间有关，所以称之为运动粘度。运动粘度的单位为 m^2/s。

3. 影响液体粘性的主要因素

液体的粘度随液体的压力和温度而变化。对液压油液来说，压力增大时，粘度增大，但在一般液压系统使用的压力范围内，粘度增大的数值很小，可以忽略不计。液压油液粘度对温度的变化十分敏感，温度升高，粘度快速下降。这个变化率的大小直接影响液压油的使用。

1.2 液压传动工作介质的特点与选用

合理地选用液压用油，对提高液压传动的性能、延长液压元件和液压油的使用寿命都有重要意义。在工程和实际使用中经常会遇到液压传动工作介质的选用、更换、补充等问题，因此必须了解液压工作介质的种类和选用原则。

1.2.1 液压传动工作介质的种类与特点

液压传动最常用的工作介质有两类，一类是矿油型液压油，另一类是难燃液压液。水等

传动介质只用于水压机等设备中。

1. 矿油型液压油的种类及特点

矿油型液压油是以石油的精炼物为基础，加入各种添加剂调制而成的。在 ISO 6743—4：1999 中 L 类第四部分 H 组（液压系统）与 GB/T 7631.2—2003 中 L 类第二部分 H 组（液压系统）中的 HH、HL、HM、HR、HV、HG 型液压油均属矿油型液压油。这类油的品种多，成本较低，需要量大，使用范围广，目前约占液压介质总量的 85% 左右。H 组液压油的特性及使用范围如下。

1）HH 液压油是一种不含任何添加剂的精制矿物油。这种油虽列入分类之中，但因其稳定性差，易起泡，使用周期短，故在液压系统中不宜使用。

2）HL 液压油是由精制深度较高的中性基础油，加入抗氧化、防锈添加剂调制而成，属防锈抗氧型。HL 液压油在抗氧化、防锈、消泡和抗乳化等方面性能均优于 HH 油，具有减少磨损、降低温升、防止锈蚀的作用，且其使用寿命较 HH 长一倍以上，可用于低压液压系统和机床主轴箱、齿轮箱或类似机械设备的润滑中，HL 油在我国已被确定为机械油的升级换代产品。

3）HM 液压油是从 HL 防锈、抗氧化油的基础上发展而来的。随着液压系统向高压、高速方向发展，HL 油难以满足液压泵对工作介质抗磨性能的要求，所以发展了 HM 型抗磨液压油。目前，国际上抗磨液压油已广泛应用在各类低、中、高压液压系统及中等负荷机械的润滑中。

4）HR 液压油是在 HL 油的基础上添加粘度指数添加剂而制成的，使油液粘度随温度的变化减小，适用于环境温度变化较大的低压液压系统及轻负荷机械的润滑。

5）HG 液压油是在 HM 油的基础上添加抗粘滑剂制成的。该油不仅具有良好的防锈、抗氧化、抗磨性能，而且具有良好的抗粘滑性，在低速下防爬行效果好，是一种具有液压油的一般性能、又具有导轨油性能的多功能润滑油，目前的液压导轨系统都使用这一类液压油。对于液压及导轨润滑为同一油路系统的精密机床，宜采用 HG 油。

关于液压油和润滑油的粘度分级标准，按照 GB/T 3141 的规定，采用 40℃时油液的运动粘度的中心值作为油液粘度牌号，共分为 10、15、22、32、46、68、100、150 八个粘度等级。

2. 难燃液压液的分类及特点

矿油型液压油有许多优点，但其主要缺点是易燃、易污染环境。在接近明火或高温热源及其他易发生火灾的地方，使用矿油型液压油有着火的危险。因此，在这种场合宜改用难燃液压液。在 GB/T 7631.2—2003 中有 HFA、HFB、HFC、HFD 四大类难燃液压液的具体标准。

（1）HFA 高水基液压液

高水基液压液目前主要有两个小类。

1）HFAE 高水基乳化液，水包油液压液，含水量大于 80%（质量分数），是水与精制矿物油及乳化剂、防锈剂、防霉剂、消泡剂等混合而成的水包油乳化液，呈乳白色。它的润滑性、过滤性、乳化稳定性等均较差，不宜作液压系统的工作介质，在国内煤矿液压支架中被广泛使用。

2）HFAS 化学水溶液，含水量大于 80%（质量分数），是水与多种水溶性添加剂，包括抗磨、防锈、防霉、防氧化、气相防蚀剂等混合而成的，透明，过滤性好，抗磨性优于 HFAE，适用于中、低压液压系统。

（2）HFB 油包水乳化液

由40%的水和60%的精制矿物油，再加入乳化剂、防锈剂、抗磨剂、抗氧剂、防霉剂等调制而成，呈乳白色，具有矿物油的一些基本优点，其润滑性、防锈蚀性等均优于 HFA 和 HFC，且有较好的抗燃性、价格较低、无毒无味等优点，在冶金、轧钢、煤矿的中低压液压系统中应用较多。HFB 的缺点是乳化稳定性差，搁置后油水易分离。

（3）HFC 含聚合物水溶液

通常含35%～55%的水，其余为能溶于水的乙二醇、丙二醇或其聚合物，以及水溶性的增粘、抗磨、防锈、消泡等添加剂。它为透明溶液，具有良好的抗燃性、低温流动性，凝点低，可在−20～50℃的温度范围内使用，稳定性好，使用寿命较长。所以应用较多，在有些国家 HFC 已成为难燃液压液的主流。HFC 的主要缺点是抗磨性能差，易产生气蚀，废液不易处理。

（4）HFD 无水合成液

这是一种以化学合成液体为基础的无水液压液。HFDR 为磷酸酯液，HFDU 指其他成分的无水合成液。应用较多的是磷酸酯液。

由于难燃液压液在润滑性、防腐蚀性、稳定性、产生气穴气蚀、粘度等方面都存在不同程度的问题，原有的适用矿物油的液压元件和系统，不能完全适用于难燃液，而必须采取改进措施。这些措施是①将原有元件和系统从材料到结构进行适当改进，使其与所选用的难燃液相容，然后降低参数，包括压力、转速、泵入口真空度等。②研制适用于各类难燃液的专用液压元件。

1.2.2 液压传动工作介质的选用

选用液压传动工作介质时，一般首先要根据液压系统对工作介质性能的要求和工作、环境条件选用合适的液压油品种；当品种确定后，主要要考虑液压油的粘度；再由液压油的粘度等级确定油液的牌号。在确定油液粘度时，应考虑下列因素：

1）工作压力。液压系统压力较高时泄漏问题较为突出，此时应选择粘度较大的油液。反之，则应选择粘度较小的油液。

2）工作速度。液压系统中工作部件运动速度较高时，油液的流速也高，压力损失较大。此时应选择粘度较小的油液。反之，则选择粘度大的油液。

3）环境温度。环境温度较高时宜选用粘度较大的液压油。

在液压系统所有元件中，液压泵的转速最高，承受的压力最大，且温升高，工作时间最长。因此，常根据液压泵的类型及其要求来选择液压油的粘度。各种液压泵适合的工作介质的粘度范围及推荐用油见表1-1。

表1-1 各种液压泵工作介质的粘度范围及推荐用油

名称	运动粘度/($10^{-6}m^2 \cdot s^{-1}$) 允许	运动粘度/($10^{-6}m^2 \cdot s^{-1}$) 最佳	工作压力/MPa	工作温度/℃	推荐用油
叶片泵（1200r/min） 叶片泵（1800r/min）	16～220 20～220	26～54 25～54	7	5～40	L—HH32，L—HH46
				40～80	L—HH46，L—HH68
			14以上	5～40	L—HL32，L—HH46
				40～80	L—HL46，L—HL68

(续)

名　称	运动粘度/($10^{-6}m^2 \cdot s^{-1}$) 允许	运动粘度/($10^{-6}m^2 \cdot s^{-1}$) 最佳	工作压力/MPa	工作温度/℃	推荐用油
齿轮泵	4～220	25～54	12.5 以下	5～40	L—HL32，L—HL46
				40～80	L—HL46，L—HL68
			10～20	5～40	L—HL46，L—HL68
				40～80	L—HM46，L—HM68
			16～32	5～40	L—HM32，L—HM68
				40～80	L—HM46，L—HM68
径向柱塞泵	10～65	16～48	14～35	5～40	L—HM32，L—HM46
				40～80	L—HM46，L—HM68
轴向柱塞泵	4～76	16～47	35 以上	5～40	L—HM32，L—HM68
				40～80	L—HM68，L—HM100
螺杆泵	19～49		10.5 以上	5～40	L—HL32，L—HL46
				40～80	L—HL46，L—HL68

1.3 液体静力学基础

液体静力学研究液体处于相对平衡状态下的力学规律及其实际应用。这里所说的相对平衡状态是指液体内部质点之间没有相对位移，至于液体整体完全可以随同容器做各种运动。由于液体在相对平衡状态下不呈现粘性，因此液体内不存在切向剪应力，而只有法向的压应力，即只承受静压力。

1.3.1 液体的静压力及其特性

1. 液体静压力

作用于液体上的力有两种类型：一种是质量力，作用于液体的所有质点上，如重力和弹性力等；另一种是表面力，作用于液体的表面上，可以分解为法向力和切向力。

如图 1-2 所示，在静止液体中取任意一微小面积 ΔA，由于液体处于相对静止状态，液体质点间无相对滑动，故总切向力为零。因此，在面积 ΔA 上只承受总法向力 ΔF 的作用，液体所承受的总静压力永远垂直于它所作用的平面。在面积 ΔA 上的平均液压力为 $\Delta F/\Delta A$，当 ΔA 趋于无限小时，$\Delta F/\Delta A$ 的极限称为液体的静压力，并以 p 表示为

$$p = \lim_{\Delta A \to 0} \frac{\Delta F}{\Delta A} \tag{1-6}$$

液体静压力就是作用在单位面积上的力，在物理学上称为压强，在工程实际应用中常称为压力。压力的单位是帕［斯卡］，符号为 Pa，常用单位还有兆帕，符号是 MPa，$1Pa = 1N/m^2$，$1MPa = 10^6 Pa$。

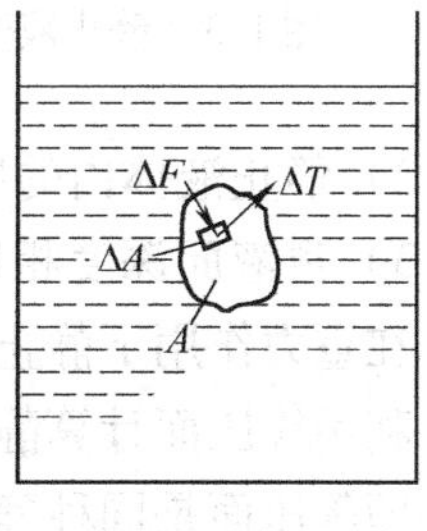

图 1-2　液体所受作用力

2. 液体静压力的特性

1）液体的静压力垂直于其作用平面，其方向和该面的内法线方向一致。如果压力不垂直于作用平面，由于液体质点间内聚力很小，则液体将沿着这个力的切线方向做相对运动，这就破坏了液体的静止条件。所以静止液体只能承受法向压力，不能承受剪切力和拉力。

2）静止液体内任意点受到的静压力各个方向上都相等。如果在液体中某点受到的各个方向的压力不等，那么液体就会产生运动，就破坏了静止的条件。

1.3.2 液体静压力基本方程及其应用

1. 液体静压力基本方程

在重力作用下的静止液体的表面受压力 p_0 的作用，如图 1-3 所示。为了求得液体内任意一点 A 的压力，可从液面向下取一微小圆柱作为研究对象，其高度为 h，底面积为 ΔA，则该圆柱除受侧面力外，上表面受力为 $p_0\Delta A$，下表面受力 $p\Delta A$，液体所受重力为 $\rho gh\Delta A$，作用在圆柱的质心上。小圆柱在这些力作用下处于平衡状态，于是在竖直方向的力平衡方程式为

$$p\Delta A = p_0\Delta A + \rho gh\Delta A$$

简化得

$$p = p_0 + \rho gh \tag{1-7}$$

上式称为液体静力学基本方程，它表明了重力作用下静止液体中的压力分布规律。

2. 液体静压力基本方程的应用与等压面

1）静止液体内任一点的压力由两部分组成：一部分是液面上的压力 p_0，另一部分是自重产生的压力 ρgh。当液面上只受大气压力 p_a 作用时，液体内任意一点处的静压力为

$$p = p_a + \rho gh \tag{1-8}$$

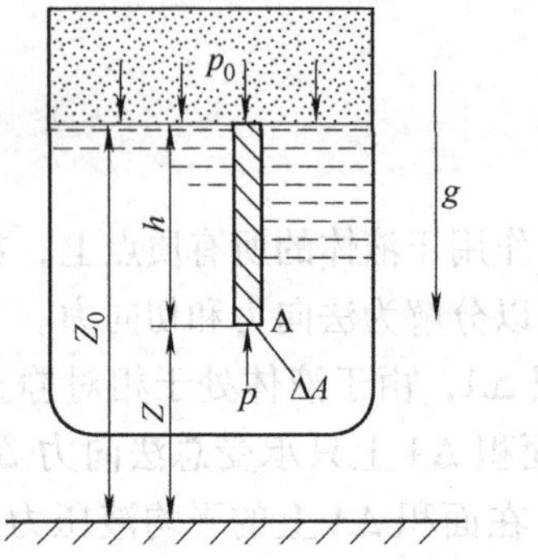

图 1-3　静止液体内部的压力分布

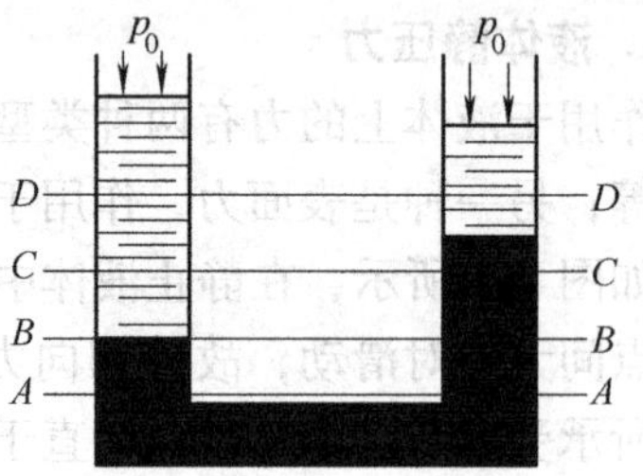

图 1-4　等压面的概念

2）静止液体内的压力随液体深度 h 的变化呈线性分布。

3）离液面深度相同处各点的压力相等，压力相等的所有点组成的面叫做等压面。因此，在重力作用下静止液体中的等压面是水平面。

利用等压面计算静力学问题是常用的方法。在选取等压面时必须满足等压面的适用条件，即等压面是同种静止连通液体的水平面。由于不同液体的分界面是两种液体压力相同的表面，所以可选为等压面的参考面。例如，图 1-4 的 U 形管装有两种不同液体，*A-A* 面和

B-*B* 面是等压面；*C*-*C* 面不是同种液体，所以不是等压面；而 *D*-*D* 面虽然是同种液体，但不连续，所以也不是等压面。

4）比较静止液体内部压力的组成部分可知，当液体内压力较小时，液体重力产生的压力影响较大。但当液体内部压力较大且 h 不很大时，ρgh 的影响可以忽略。因此，在实际液压系统的工程计算中，一般只考虑表面力 p_0，认为静止液体内部压力处处等于表面力。这在工程计算时完全能够满足设计要求。

1.3.3 压力的表示方式

压力有绝对压力和相对压力两种表示方式。以绝对真空为基准测量的压力叫做绝对压力，而以大气压为基准测量的压力叫做相对压力。因为大多数压力表等测压装置都是以大气压作为比较点的，所以显示的压力是相对压力。相对压力又称为表压力。显然，绝对压力和相对压力有如下关系

绝对压力 = 相对压力 + 大气压力

当某点处的绝对压力小于大气压力时，绝对压力小于大气压的那部分压力值称为真空度，即

真空度 = 大气压力 - 绝对压力

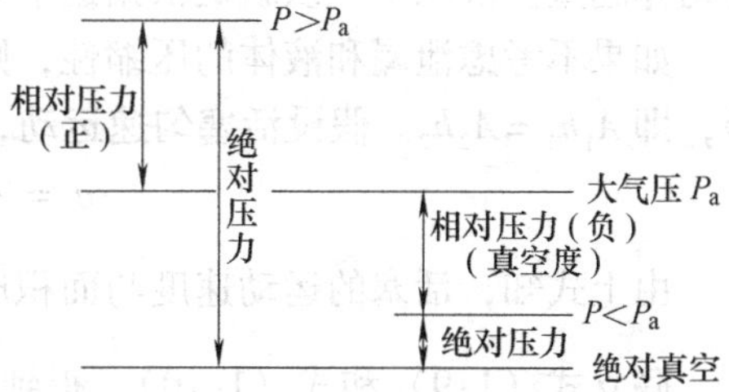

图 1-5 压力的表示方式

真空度、大气压力和绝对压力的相互关系如图 1-5 所示。

工程计算时，取一个标准大气压等于 101325Pa，约为 1×10^5Pa。

例如，当某容器或管道内一点的绝对压力为 2.6×10^5Pa，用相对压力表示就约为 1.6×10^5Pa；如果绝对压力值为 0.2×10^5Pa，那么相对压力值就是 -0.8×10^5Pa，或者说此点的真空度为 0.8×10^5Pa。

1.3.4 压力的形成与传递

为使液压系统具备所需的压力，必须将系统空间与大气空间隔开。也就是必须使传动系统成为一个封闭且容积可变的容器。至于容器的形态，在使用中逐渐演化成目前的由管道连接各类元件腔体组成的密封空间。这是液体压力形成的必要条件之一。

由液体静力学基本方程式（1-7）可知，密封容器内的液体，其外加压力发生变化时，只要液体仍保持其原来的静止状态不变，液体中任一点的压力将发生同样大小的变化。这就是说，施加于静止液体上的压力可以等值传递到液体内各点，这就是静压力传递的帕斯卡原理。

如图 1-6 所示，由两个相连缸体和活塞形成密封空间，两个液压缸的面积分别为 A_1 和 A_2，在小活塞上施加外力 F，大活塞上重物的重力为 W，这就形成了一个简单的液压传动系统。因由 F 通过活塞产生的液体压力 p 要比由液体自重产生的压力 ρgh 大许多倍，所以在应用液体静压方程时可把液体自重产生的压力忽略不计，粗略地认为液体内各点处的压力均相等，且等于施加于液体表面的压力 $p=\dfrac{F}{A_1}$。在液体处于平衡状态时，缸内压力到处相等，于是有

$$p = \frac{F}{A_1} = \frac{W}{A_2} \tag{1-9}$$

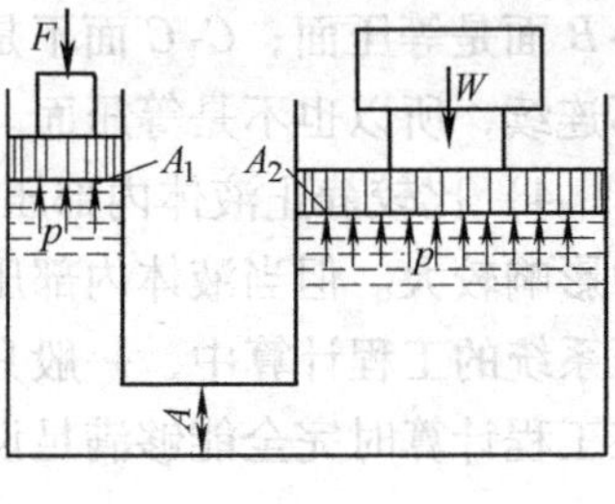

图 1-6 液体静压传动原理

从上式可知，在系统结构确定后，系统内液体的压力是由 F 和 W 共同组成的，缺一不可。如果 $W=0$，则 $p=0$，也就是说当系统负载为 0 时，系统不能建立压力。因此，负载是液压系统内形成一定压力的必要条件。

由式（1-9）可知，$W=\frac{A_2}{A_1}F$，这说明，外力 F 被两活塞的面积比（A_2/A_1）放大了。F 一定时，面积比越大，能举起的物体越重。液压千斤顶就是根据这个原理制成的。

如果不考虑泄漏和液体的压缩性，则小活塞下移的液体体积与大活塞上移的液体体积相等，即 $A_1h_1=A_2h_2$。假设活塞匀速运动，则流经管道 A 的液体流量

$$q = Av = A_1v_1 = A_2v_2 \tag{1-10}$$

由上式知，活塞的运动速度与面积成反比，且大活塞的速度由流量决定，即 $v_2=\frac{q}{A_2}$。

联立式（1-9）和式（1-10），得到传递功率 $P=Wv_2=Fv_1=pq$

这也是所有传动系统的共同规律：负载功率决定传动功率。

［**例 1-1**］ 如图 1-7 所示的 U 形管测压计内有汞，左端与装有水的容器相连，右端与大气相通。汞的密度为 $13.6\times10^3\text{kg/m}^3$。

1）如图 1-7a 所示，已知 $h=20\text{cm}$，$h_1=30\text{cm}$。试计算 A 点的相对压力和绝对压力。

2）如图 1-7b 所示，已知 $h_1=15\text{cm}$，$h_2=30\text{cm}$。试计算 A 点的真空度和绝对压力。

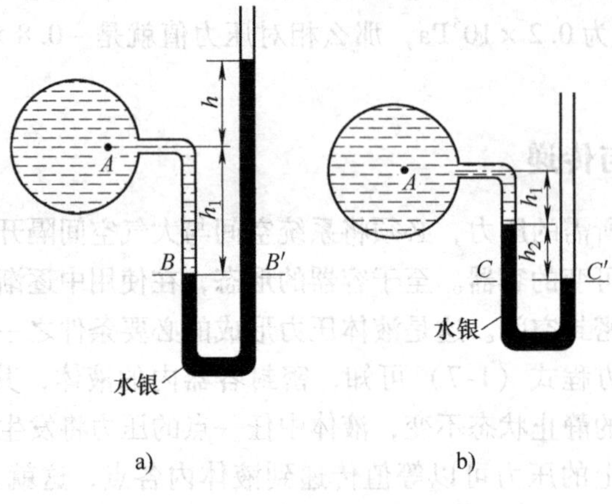

图 1-7 U 形管测压计的压力计算

解

1）取 B-B'面为等压面，按绝对压力计算。

U 形管测压计右侧 $p_{B1}=p_a+\rho_{汞}g(h+h_1)$，U 形管测压计左侧 $p_{B2}=p_A+\rho_{水}gh_1$

由于 $p_{B1}=p_{B2}$，所以有 $p_a+\rho_{汞}g(h+h_1)=p_A+\rho_{水}gh_1$

即

$$p_A=p_a+\rho_{汞}g(h+h_1)-\rho_{水}gh_1=165090\text{Pa}$$

以上所求为绝对压力，A 点的相对压力 $p_A = 165090\text{Pa} - 101325\text{Pa} = 63765\text{Pa}$

2）取 C-C'面为等压面，按相对压力计算。测压计右侧压力 p_{C1} 为大气压力。

测压计左侧 $p_{C2} = p_A + \rho_{水} gh_1 + \rho_{汞} gh_2$

所以 $p_A = -\rho_{水} gh_1 - \rho_{汞} gh_2 = -41496.3\text{Pa}$

负的相对压力即为真空度，所以 A 点的真空度为 41496. 3Pa。

1.3.5 液体压力对容器壁面的作用力

从压力的定义可知，与液体接触的容器壁面上所受液体某方向的作用力，等于在这一方向上所受压力的总和。对此，应作具体分析：一是作用力计算要考虑液体压力的分布状态；二是要考虑壁面的几何特征。当容器壁面是水平平面时，各点压力是相等的，所以作用力就等于容器壁面上液体压力与面积的乘积。但当容器壁面非水平，且壁面是非平面时，作用力的计算就要在深度方向和受力方向对承压面积进行积分，这样可以精确计算出液体作用力，但计算较复杂。对此，工程实际计算作如下处理：第一，忽略液体自重影响，也就是在系统压力较大时，不再考虑液体压力的分布，认为容器内的压力是处处相等的，这样，对任意方向的容器平面，作用力等于压力与承压面积的乘积；第二，经过对不同几何特征表面的作用力计算，可以归纳出了一个简单的计算方法，就是当承压面是曲面或是任意复杂的组合表面时，数学可以证明，液体作用于曲面某一方向的作用力等于压力与曲面在该方向的垂直平面上投影面积的乘积。因此，只要知道这个平面投影后的面积 A_x，就能迅速计算出该方向的液体作用力 $F_x = pA_x$。由此，在容器壁面为固定表面时，就可以在此基础上进行进一步的强度验算，如管道或缸体的壁厚验算等；当容器壁面是可动零件的表面时，如果进行静止状态或匀速运动条件下的静态计算，就可以得到液压缸活塞输出推力、阀芯上的液体静推力、液压泵油腔的作用力等结果，如图 1-8 所示。

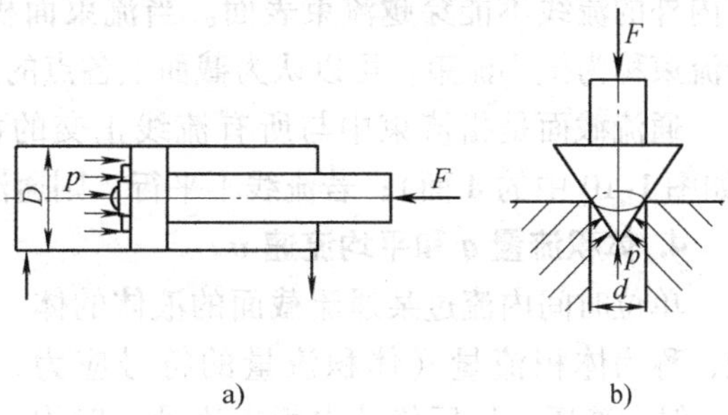

图 1-8　液体对容器壁面的作用力

1.4 液体动力学基础

液体动力学主要研究液体流动时的规律及能量转换等问题，本节重点讨论三个基本方程：连续性方程、伯努利方程和动量方程。

1.4.1 描述流动液体的几个基本概念

由于重力、惯性、粘性的影响，液体流动时内部各点的运动状态是不同的。为了简化讨论，视粘度为常数，密度只与压力有关。

1. 理想液体

既无粘性又不可压缩的假想液体称为理想液体（实际液体都是既有粘性又可压缩的）。和物理学引入刚体概念一样，引入理想液体的概念是为了简化问题。当得出结论后再根据实验验证的方法加以修正。

2. 稳定流动

液体在流动时，若液体中任意一点的压力、速度和密度都不随时间变化，这种流动称为稳定流动；反之，只要压力、速度和密度有一个随时间变化，这种流动就称为非稳定流动。

3. 流线、流束、通流截面

流线是某一时刻液体中各质点流经轨迹的曲线。在曲线上各点的瞬时速度方向与该点的切线方向重合。在稳定流动中流线的形状是不随时间而变化的。由于一个质点在每一瞬时只能有一个速度，因此流线是一条条光滑的曲线，既不能相交，也不能转折，如图 1-9 所示。

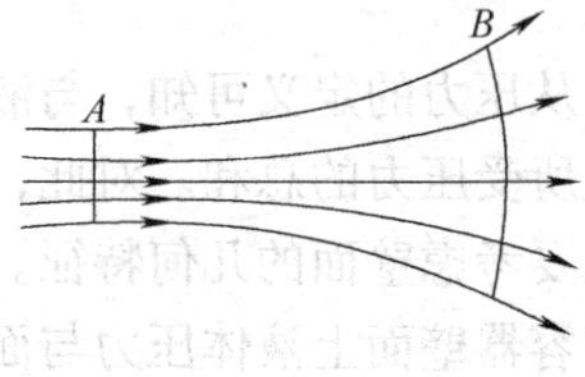

图 1-9　流线、流束与通流截面

如果给某截面 A 上的所有点画出流线，这些流线群就构成流束，如图 1-9 所示。根据流线不能相交的性质，流束内外的流线不能穿越流束表面。当流束面积很小时，这个流束称为微小流束，可以认为截面上各点的速度相等。

通流截面是指流束中与所有流线正交的截面。若流线相互平行，则通流截面是平面（如图 1-10 中的 A 面）；若流线不平行，则通流截面是曲面（如图 1-10 中的 B 面）。

4. 体积流量 q 和平均流速 v

单位时间内流过某通流截面的液体的体积，称为体积流量（体积流量的符号应为 q_v，但在液压、气压传动中所指流量一般均为体积流量，故在本书中将体积流量的符号简化为 q）。

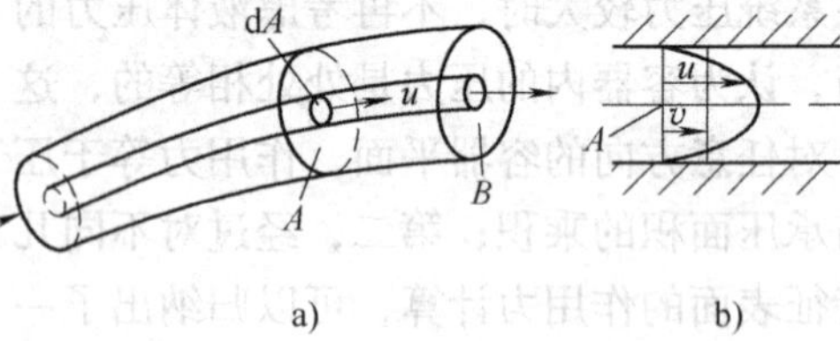

图 1-10　流量与平均流速

设某一微小流束通流截面 dA 上的流速为 u，如图 1-10 所示，则通过 dA 的微小流量为 $dq = udA$，通过通流截面 A 的流量为

$$q = \int_A udA \tag{1-11}$$

由于实际流动中 u 的分布规律的函数关系较难求得，直接按上式计算流量不方便，为此引入平均流速 v 的概念。由于实际流经管道的流量用量杯和秒表容易测得，管道截面已知，所以，可以用流量和截面积求出一个代表液体速度的平均值，用这个平均流速来表示管道内流体的流速。这样就可以不必去求解具体的速度分布，认为整个通流截面上各点的流速是相等的，给工程计算带来方便。

实际运用中，液压缸内的平均流速就是活塞的运动速度。

$$v = \frac{\int_A udA}{A} = \frac{q}{A} \tag{1-12}$$

1.4.2　流态和雷诺数

实际液体都是有粘性的，其流动情况如何，主要涉及液体运动的物理性质。19 世纪末，英国科学家通过大量实验发现，液体的流动具有层流和紊流两种基本形态。其实验装置如图 1-11a 所示，水箱 6 由进水管 2 不断供水，多余的水由排水管 1 流出，保证实验过程中水位保持恒定。在水箱 6 下部装有透明管 7、开关 8，在透明管进口处装有小导管并与装有同密度有色水的水箱3相连。

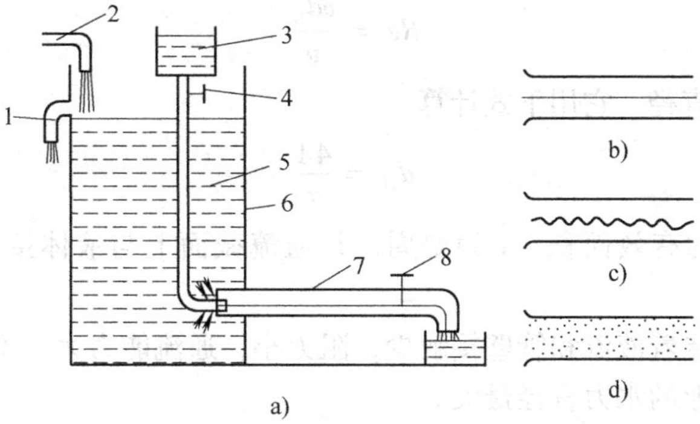

图1-11　液体流态实验装置

1—排水管　2—进水管　3—色水箱　4—开关　5—流体　6—清水箱　7—透明管　8—开关

实验时首先将开关8打开，然后打开有色水导管的开关4，并用开关8来调节透明管7中水的流速。当流速较低时，有色水的流动是一条与透明管轴线平行的线状流，且与透明管中的水是分层的，如图1-11b所示，这种流动状态叫层流。逐渐开大开关8，透明管中流速开始增加，当透明管中的流速增大至某一值时，有色水流便开始抖动而呈现波纹状态，如图1-11c所示，这表明层流开始被破坏。再进一步增大水的流速，有色水流便和清水完全混合在一起，如图1-11d所示，这种流动状态叫紊流。

如果将开关8逐渐关小，透明管中的流动状态便又从紊流向层流转变，只是其流速的临界值并不相同。

由层流过渡到紊流的流速叫上临界速度，由紊流过渡到层流的流速叫下临界速度。在上、下临界速度之间，液流处于过渡状态，一般按紊流处理。

分析可知，层流与紊流是两种不同的流动状态。层流时粘性力起主导作用，惯性力与粘性力相比较小，液体质点受粘性的约束，不能摆脱流线随意运动；紊流时惯性力起主导作用，液体质点高速流动时可以摆脱粘性力约束，出现随机运动。

实验证明，液体在圆管中的流动状态不仅与管内的平均流速 v 有关，还和管径 d、液体的运动粘度 ν 有关。决定液流状态的是这三个参数组成的一个称为雷诺数 Re 的量纲为1的数

$$Re = \frac{vd}{\nu} \tag{1-13}$$

工程上常用临界雷诺数 Re_{cr} 来判别液流状态。当 $Re < Re_{cr}$ 时液流为层流；当 $Re > Re_{cr}$ 时液流为紊流。常见管道中液流的临界雷诺数由实验求得，如表1-2所示。

表1-2　常见管道中液流的临界雷诺数

管道形状	Re_{cr}	管道形状	Re_{cr}
光滑金属圆管	2000~2320	带环槽的同心环状缝隙	700
橡胶软管	1600~2000	带环槽的偏心环状缝隙	400
光滑同心环状缝隙	1100	圆柱形滑阀阀口	260
光滑偏心环状缝隙	1000	锥阀阀口	20~100

对于非圆截面管道来说，雷诺数可用下式计算

$$Re = \frac{vd_{\mathrm{H}}}{\nu} \tag{1-14}$$

d_{H}为通流截面的水力直径，它用下式计算

$$d_{\mathrm{H}} = \frac{4A}{x} \tag{1-15}$$

式中，A 为通流截面的有效面积；x 为湿周，是通流截面上与液体接触的固体壁面的周界长度。

水力直径大，意味着液流和管壁接触少，阻力小，通流能力大，不易堵塞。可以证明在所有形状的截面中圆形的水力直径最大。

1.4.3 连续性方程

液体在不等截面的管道中作稳定流动，如图 1-12 所示。管道内两个通流截面的面积分别是 A_1 和 A_2，液体的平均流速分别是 v_1 和 v_2。如果忽略液体的可压缩性，则在单位时间内流入 A_1 面的液体质量等于流出 A_2 面的液体质量，即

$$v_1 \Delta t A_1 \rho = v_2 \Delta t A_2 \rho$$

化简后有

$$v_1 A_1 = v_2 A_2 = q = 常数 \tag{1-16}$$

这就是不可压缩液体稳定流动时的连续性方程式，它是质量守恒定律在流体力学中的表现形式，其物理意义是：在稳定流动情况下，不考虑液体的可压缩性时，流过管道各个截面的流量相等，因而平均流速与通流截面的面积成反比。当流量一定时，管径细的地方流速增大；当通流截面的面积一定时，流量越大流速也越大。

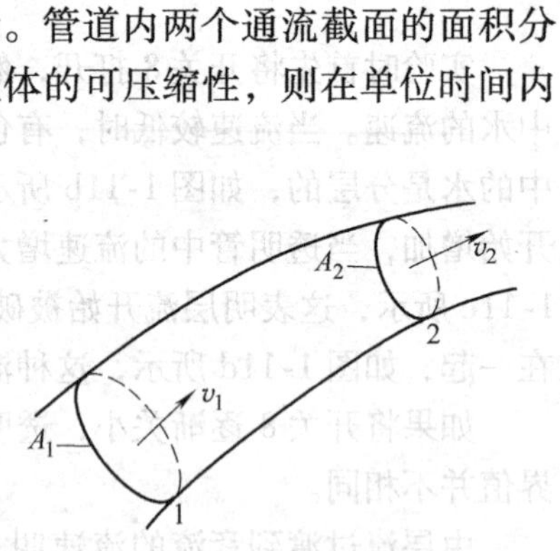

图 1-12　液体的连续流动

要注意连续性方程式的适用条件：①必须是不可压缩液体；②必须是作稳定流动；③由于不存在力的关系，因而适合于任何液体，与粘度无关。

1.4.4 伯努利方程

1. 理想液体的伯努利方程

为了研究方便，先假设液体是理想液体，并稳定流动。根据能量守恒定律，同一管道任意截面上的总能量都应相等。

处于静止的液体，单位重量的总能量为压力能 $p/\rho g$ 和势能 z 之和；处于流动状态的液体除以上两种能量外，还多一项单位重量液体的动能$\frac{1}{2}\frac{mv^2}{mg}=\frac{v^2}{2g}$。

在图 1-13 中取任意的两个通流截面 A_1、A_2，截面上的流速分别为 v_1、v_2，压力分别为 p_1、p_2，两截面距离水平基准面的高度分别为 z_1、z_2。根据能量守恒定律有

$$\frac{p_1}{\rho g} + z_1 + \frac{v_1^2}{2g} = \frac{p_2}{\rho g} + z_2 + \frac{v_2^2}{2g} \tag{1-17}$$

由于通流截面是任意的，所以上式又可以写为

$$\frac{p}{\rho g}+z+\frac{v^2}{2g}=\text{常数} \tag{1-18}$$

式（1-17）和式（1-18）就是著名的伯努利方程，方程中的三项分别代表单位重量液体的势能、压力能和动能，或称比势能、比压能和比动能。由于它们都具有长度量纲，故又分别称为位置水头、压力水头和速度水头。伯努利方程的物理意义是：既无粘性又不可压缩的理想液体在稳定流动时，具有势能、压力能和动能三种能量，它们之间可以相互转化，但总和保持不变。

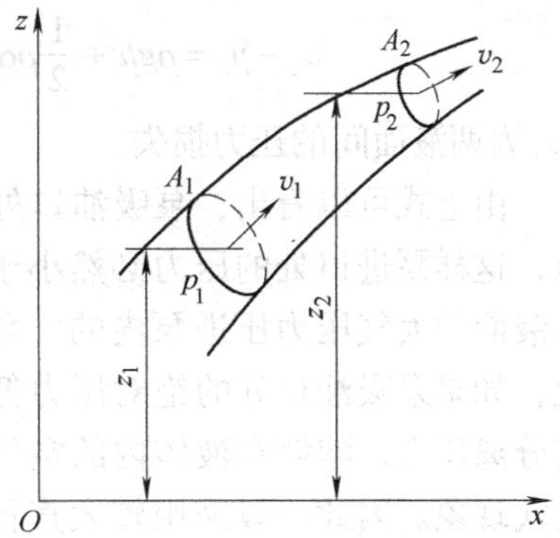

图 1-13　伯努利方程的能量关系

2. 实际液体的伯努利方程

由于实际液体在流动时具有粘性，由此产生的内摩擦力将造成能量损失，使液体的总能量沿流向逐渐减小，而不再保持一个常数；另一方面，由于实际液体在管道通流截面上的流速分布是不均匀的，在用平均流速代替实际流速进行计算时，必然会产生误差。为了修正这个误差，需引入动能修正系数 α。α 值与流速分布有关，流速分布越不均匀，α 值越大。层流时取 $\alpha\approx2$，紊流时 $\alpha\approx1$，理想液体 $\alpha=1$。这时伯努利方程应为

$$\frac{p_1}{\rho g}+z_1+\alpha_1\frac{v_1^2}{2g}=\frac{p_2}{\rho g}+z_2+\alpha_2\frac{v_2^2}{2g}+h_w \tag{1-19}$$

式中　h_w为微小流束上，从点 1 到点 2 单位重量液体的能量损失。

运用伯努利方程解决实际问题时要注意以下几点。

1）要沿着流动方向选取两个通流截面作为计算参考截面。当无法判断液流方向时，可以先假设流向。如果设定的流向与实际液流方向相同，则截面间能量损失为正值；否则，能量损失为负。

2）要尽可能选取已知参数多的表面和未知参数所在的表面。因为一个伯努利方程中有七个参数，必须经过分析和判断才能确定一些参数的值，然后才能通过方程求取未知参数。例如，油箱液体表面的压力、高度、流速（近似为0）都已知。

3）无需考虑通流截面的方向。由前面的压力、平均流速的知识可知，计算是针对截面中心点进行的。但势能参考基准面要选水平平面，这个平面最好经过一个截面的中心，这样高度的计算最简便，基准面以上 h 为正，以下 h 为负。

4）注意两个截面之间不可有分流或能量转化装置，无分支，无泵，无缸。p 为同类介质的压力。

5）伯努利方程一般要与连续性方程联合求解，必要时也要引入在临界条件下成立的液体静力学基本方程。

［**例 1-2**］　计算图 1-14 中液压泵吸油口处的真空度。

解　如图 1-14 所示，设泵的吸油口比油箱液面高 h，取油箱液面Ⅰ-Ⅰ和泵进口处截面Ⅱ-Ⅱ列出伯努利方程，并以Ⅰ-Ⅰ截面为基准水平面，则有

$$\frac{p_1}{\rho g}+\frac{\alpha_1 v_1^2}{2g}=\frac{p_2}{\rho g}+\frac{\alpha_2 v_2^2}{2g}+h+h_w$$

式中　$p_1=p_a$，$v_1\approx0$，$\Delta p_w=\rho g h_w$，整理上式得

$$p_a - p_2 = \rho g h + \frac{1}{2}\rho\alpha_2 v_2^2 + \Delta p_w$$

Δp_w为两液面间的压力损失。

由上式可以看出，泵吸油口处真空度的三部分都是正值，这样泵进口处的压力必然小于大气压。实际上液体是靠液面的大气压力压进泵内的。泵吸油口的真空度不能太大，如果泵吸油口处的绝对压力低于液体在该温度下的空气分离压力，溶解在液体内的空气就要析出，形成所谓的气穴现象。因此一般采用较大直径的吸油管，并且泵的安装高度不大于0.5m。为了改善泵的吸油性能，有时将泵装在油面以下，这时$\rho g h$为负值，泵的进口处可没有真空度。也可以将油箱密封起来，并向油箱内充气，使液面的压力大于p_a，从而改善液压泵的吸油条件。

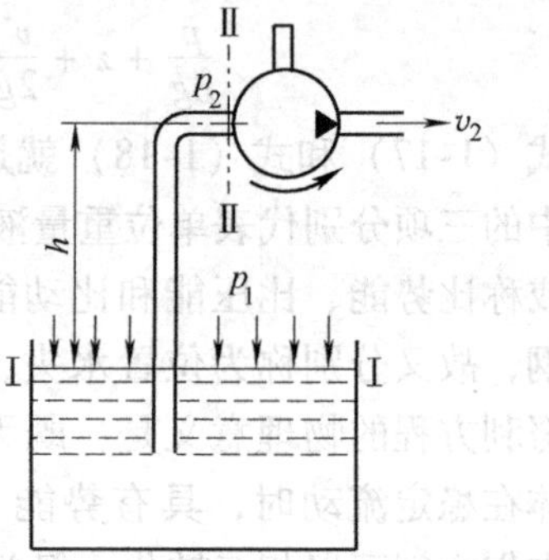

图1-14　液压泵的吸油压力分析

[**例1-3**]　图1-15为一文氏流量计，试求通过流量计的流量（不计动能修正和能量损失）。

解　设断面1-1和2-2的面积分别为A_1和A_2，液体和汞的密度分别为ρ和ρ'，以中心线为基准列出两截面的伯努利方程

$$\frac{p_1}{\rho g} + \frac{v_1^2}{2g} = \frac{p_2}{\rho g} + \frac{v_2^2}{2g}$$

将连续性方程$v_1A_1 = v_2A_2 = q$代入并整理得

$$q = v_2A_2 = \frac{A_2}{\sqrt{1-\left(\frac{A_2}{A_1}\right)^2}}\sqrt{\frac{2}{\rho}(p_1 - p_2)}$$

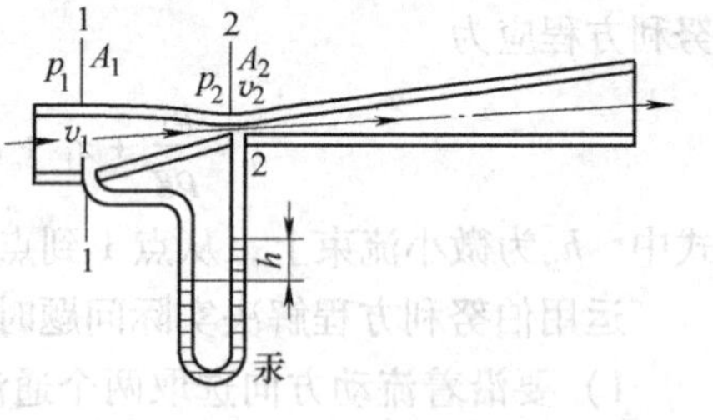

图1-15　文氏流量计

由静力学方程推出$p_1 - p_2 = h(\rho' - \rho)$代入上式得

$$q = A_2\sqrt{\frac{2gh\left(\frac{\rho'}{\rho}-1\right)}{1-\left(\frac{A_2}{A_1}\right)^2}} = \frac{A_2}{\sqrt{1-\left(\frac{A_2}{A_1}\right)^2}}\sqrt{\frac{2g(\rho'-\rho)}{\rho}h} = c\sqrt{h}$$

由上式可知，文氏流量计参数确定后，通过流量计的流量只与测压管汞柱高度差h有关。因此，可以通过测h的办法来测流量。

1.4.5　动量方程

动量方程是动量定律在流体力学中的表达形式，用它计算流动液体作用在固体壁面上的稳态液动力很方便。根据动量定理，作用在质点系上所有外力的矢量和等于质点系在单位时间内动量的变化量，即

$$\sum F = \frac{mv_1 - mv_2}{\Delta t} \tag{1-20}$$

对于稳定流动的液体，若忽略其压缩性，可将$m = \rho q \Delta t$代入上式，并考虑到以平均流

速 v 代替实际流速 u 产生的误差，因而引入动量修正系数 β，则得到如下形式的动量方程

$$\sum F = \rho q(\beta_2 v_2 - \beta_1 v_1) \tag{1-21}$$

式中　$\sum F$ 为作用在液体上所有外力的矢量和；v_1、v_2 是液流经过前后两个截面时的平均流速矢量；β_1、β_2 为动量修正系数，紊流时 $\beta = 1$，层流时 $\beta = 1.33$，为简化计算通常均取 $\beta = 1$；ρ、q 分别为液体的密度和流量。

上式为矢量方程，在使用时可根据问题的具体要求向特定方向投影，列出该方向上的动量方程，从而求出作用力在该方向上的分量。

现以滑阀为例来分析滑阀阀心所受的稳态液动力，如图 1-16 所示。取进出口之间的液体体积为控制体积，列出图 1-16a 中控制液体在滑阀轴线方向上的动量方程式，求得作用在控制液体上的力 F 为

$$F = \rho q v_2 \cos 90° - \rho q v_1 \cos\theta = -\rho q v_1 \cos\theta$$

滑阀心所受的稳态液动力 F' 为

$$F' = -F = \rho q v_1 \cos\theta$$

F' 的方向与 $\rho q v_1 \cos\theta$ 的方向一致，即阀心所受的稳态液动力有使滑阀阀口关闭的趋势。

在图 1-16b 中，滑阀在轴线上的动量方程式为

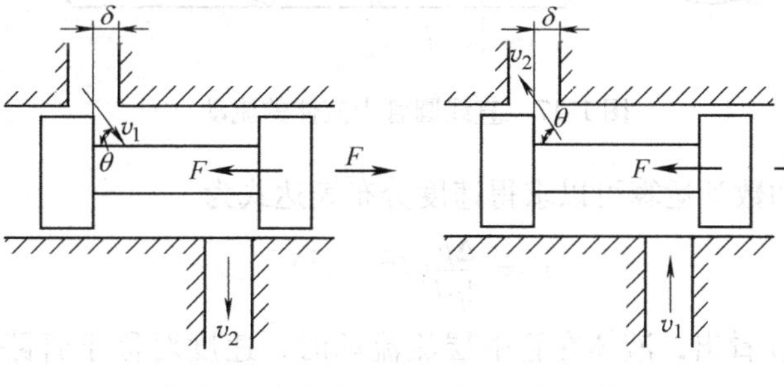

图 1-16　作用在阀心上的液动力

$$F = \rho q v_2 \cos\theta - \rho q v_1 \cos\theta = \rho q v_2 \cos\theta$$

作用于滑阀阀心上的稳态液动力 F' 为

$$F' = -F = -\rho q v_2 \cos\theta$$

F' 的方向与 $\rho q v_2 \cos\theta$ 方向相反，同样说明 F' 也有使阀口关闭的趋势。

以上各式中，θ 称为射流角，当阀心与阀孔配合的径向间隙很小时，$\theta = 69°$。

由以上分析可知，一般情况下，稳态液动力都有使滑阀阀口关闭的趋势，其大小为 $F' = |\rho q v \cos\theta|$，流量越大，速度越大，则稳态液动力也越大。

1.5　管路压力损失计算

前面叙述了液体运动普遍适用的基本规律，但并未涉及液体在工程系统或装置中运动的具体情况。具体系统密封空间的结构是由各种元件的腔体、管道连接成的复杂空间，液体流经管路、孔口等时会产生能量损失。因而工程研究中必须解决伯努利方程中能量损失 h_w 的

计算等问题。应用时必须对每一种具体的流动情况做相应的流量-压力特性分析。

在液压系统密封空间中流动的液体存在两种能量损失：一种是液体在等径直线圆管中流动时因粘性产生的沿程损失；另一种是液体流经截面变化、弯头、阀门处因惯性等原因造成的局部损失。由于液体能量损失可以用压力损失来表示，所以可以通过计算压力损失的方法来计算能量损失。压力损失的大小与流动状态有关，下面分别进行讨论。

1.5.1 沿程压力损失计算

当液流为层流状态时，其流量及沿程压力损失均可由理论公式计算。

1. 流速的分布规律

图 1-17 为液体在半径为 R 的水平直圆管中作稳定层流时的情况。在图中的管内取出一段半径为 r、长度为 l、与管轴相重合的微小圆柱体，作用在其两端面上的压力为 p_1 和 p_2，作用在侧面上的内摩擦力为 F_f。

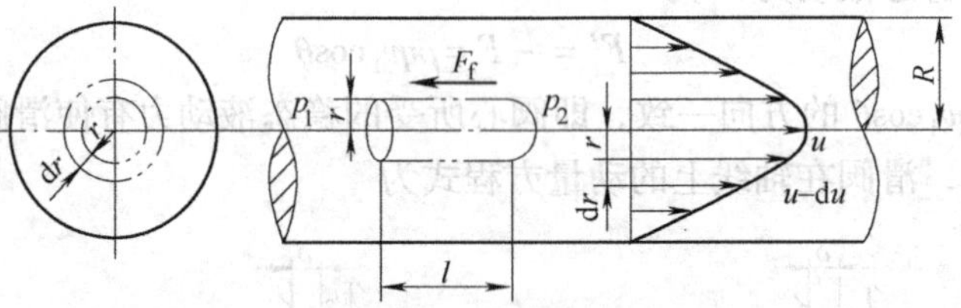

图 1-17 直线圆管中液体的流动

由液柱受力平衡和数学运算可以求得速度分布表达式为

$$u = \frac{\Delta p}{4\mu l}(R^2 - r^2) \tag{1-22}$$

由式（1-22）可以看出，液体在管中层流流动时，速度对称于管路轴线，并按抛物线规律分布。最大速度发生在轴线处，即 $r=0$ 时速度最大，有

$$u_{\max} = \frac{\Delta p}{4\mu l}R^2 = \frac{\Delta p}{16\mu l}d^2 \tag{1-23}$$

2. 通过管道的流量

在半径 r 处取一厚度为 $\mathrm{d}r$ 的微小圆环面积，则通过圆管的流量为

$$q = \int_A \mu \mathrm{d}A = \int_0^R \frac{\Delta p}{4\mu l}(R^2 - r^2)2\pi r\mathrm{d}r = \frac{\pi R^4}{8\mu l}\Delta p = \frac{\pi d^4}{128\mu l}\Delta p \tag{1-24}$$

3. 管道内的平均流速

$$v = \frac{q}{A} = \frac{\frac{\pi R^4}{8\mu l}\Delta p}{\pi R^2} = \frac{\Delta p}{32\mu l}d^2 = \frac{1}{2}\frac{\Delta p}{4\mu l}R^2 = \frac{1}{2}u_{\max} \tag{1-25}$$

由上式可知，平均流速为管子中心线上最大流速的一半。

4. 沿程压力损失

若管中是层流流动，由式（1-24）和式（1-25）可得沿程阻力损失

$$\Delta p_\lambda = \frac{128\mu l}{\pi d^4}q = \frac{32\mu l}{d^2}v \tag{1-26}$$

将上式进行如下变换

$$\Delta p_\lambda = \frac{32\mu l}{d^2}v = \frac{32\nu\rho}{dv}\frac{l}{d}v^2 = \frac{64}{Re}\frac{l}{d}\frac{\rho v^2}{2} = \lambda\frac{l}{d}\frac{\rho v^2}{2} \tag{1-27}$$

式中　$\lambda = \frac{64}{Re}$为液流层流时的沿程阻力损失系数。实际中，管壁处的液体层会因冷却作用而引起局部粘性系数增大，从而使摩擦阻力加大，因此液压油在金属圆管中流动时常取 $\lambda = \frac{75}{Re}$；如果管道是橡胶软管，由于管中流动状态易受扰动，常取 $\lambda = \frac{80}{Re}$。

液体在直管中做紊流流动时，沿程损失也按式（1-27）计算，λ 的值与雷诺数的取值范围有关，要按经验公式或实验曲线得出。对于光滑圆管，λ 可按下式计算

$$\lambda = 0.3164Re^{-0.25} \quad (3000 < Re < 10^5)$$

$$\lambda = 0.032 + 0.221Re^{-0.237} \quad (10^5 \leqslant Re \leqslant 10^8)$$

1.5.2　局部压力损失计算

局部压力损失是液流流经截面突然变化的管道、弯管、管接头以及控制阀阀口等局部障碍时会引起的压力损失。局部压力损失可用下式计算

$$\Delta p_\xi = \xi\frac{\rho v^2}{2} \tag{1-28}$$

式中，ξ 为局部阻力系数。液流经过局部障碍时的流动现象很复杂，局部阻力系数只有极少数情况可根据理论分析得出，绝大多数都用实验求得。具体数据可查阅有关的液压传动设计手册。

1.5.3　管路系统的总压力损失

整个管路系统的总压力损失，等于管路系统中所有沿程压力损失与所有局部压力损失之和，即

$$\sum\Delta p = \sum\Delta p_\lambda + \sum\Delta p_\xi = \left(\sum\lambda\frac{l}{d} + \sum\xi\right)\frac{\rho v^2}{2} \tag{1-29}$$

［例1-4］　装载机动臂的油路系统如图1-18所示。除阀和过滤器外，管道尺寸及附件有：

第一段：$l_1 = 2.4\text{m}$，附90℃弯头一个；

第二段：$l_2 = 5.1\text{m}$，附90℃弯头两个，45℃弯头一个；

第三段：$l_3 = 5\text{m}$，附90℃弯头一个，45℃弯头一个；

第四段：$l_4 = 2.9\text{m}$，附90℃弯头一个。

各段管道直径均为 $d_0 = 32\text{mm}$，液压缸活塞直径 $D = 200\text{mm}$，活塞杆直径 $d = 140\text{mm}$，油液粘度 $\nu = 0.3\text{cm}^2/\text{s}$，密度 $\rho = 880\text{kg/m}^3$。试求泵的流量为 $q = 180\text{L/min}$ 时系统的功率损失。

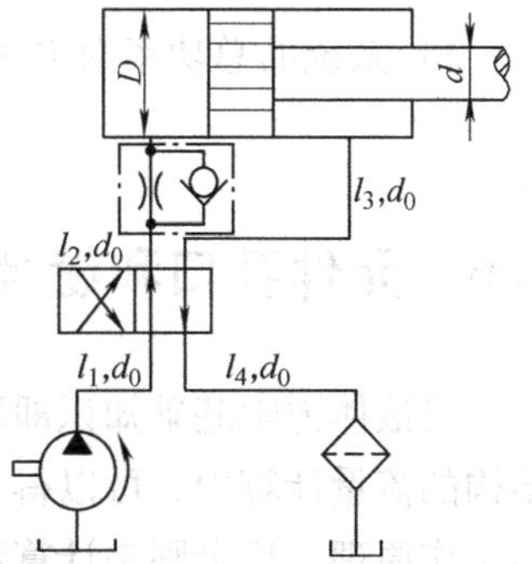

图1-18　装载机动臂的液压系统

解

1）查有关手册得到各局部管路的损失系数

90℃弯头 $\xi_1 = 1.13$，45℃弯头 $\xi_2 = 0.15$，单向节流阀 $\xi_3 = 8$，滑阀 $\xi_4 = 12$，过滤器 $\xi_5 = 6$，管道到液压缸的出口 $\xi_6 = 1$。

2）第一、二段管道的液流参数为

流速

$$v_1 = \frac{4q}{\pi d_0^2} = \left(\frac{4 \times 180 \times 10^{-3}}{\pi \times 60 \times 32^2 \times 10^{-6}}\right) \mathrm{m/s} = 3.73 \mathrm{m/s}$$

雷诺数

$$Re = \frac{v_1 d_0}{\nu} = \frac{3.73 \times 32 \times 10^{-3}}{0.3 \times 10^{-4}} = 3979 < 10^5$$

沿程损失系数

$$\lambda = \frac{0.3164}{Re^{0.25}} = \frac{0.3164}{3979^{0.25}} = 0.0398$$

第一、二两段管道的压力损失

$$\Delta p_1 = \left(\Sigma \lambda \frac{l}{d_0} + \Sigma \xi\right)\frac{\rho v_1^2}{2} = \left(\lambda \frac{l_1 + l_2}{d_0} + 3\xi_1 + \xi_2 + \xi_4 + \xi_3 + \xi_6\right)\frac{\rho v_1^2}{2}$$

$$= 207329.69 \mathrm{Pa}$$

3）第三、四段管道的参数为

流量

$$q' = \frac{D^2 - d^2}{D^2} q = 102 \mathrm{L/min}$$

流速

$$v_2 = \frac{4q'}{\pi d_0^2} = 2.11 \mathrm{m/s}$$

雷诺数 $$Re = \frac{v_2 d_0}{\nu} = 2250$$

液体在第三、四两管道内流动状态为层流，故沿程损失系数

$$\lambda = \frac{64}{Re} = 0.028$$

第三、四两段管道压力损失

$$\Delta p_2 = \left(\Sigma \lambda \frac{l}{d_0} + \Sigma \xi\right)\frac{\rho v_2^2}{2} = \left(\lambda \frac{l_3 + l_4}{d_0} + 2\xi_1 + \xi_2 + \xi_5 + \xi_4\right)\frac{\rho v_2^2}{2}$$

$$= 53522.70 \mathrm{Pa}$$

4）系统的总功率损失为

$$P = \Delta p_1 q + \Delta p_2 q' = 711.3 \mathrm{W}$$

1.6 元件孔口和缝隙的流量计算

将液体力学基础知识即液体流动理论分析得出的结论应用在液压传动技术的具体元件和结构的流量计算中，可以得出孔口和缝隙的流量计算公式，前者是节流调速和液压伺服系统的工作原理，后者则是计算和分析液压元件和系统泄漏的根据。

1.6.1 流经孔口的流量计算

1. 流经薄壁孔的流量

如图1-19所示，当小孔的通道长度 l 与孔径 d 之比不大于0.5时该孔称为薄壁孔。根据伯努利方程和连续性方程可以推出通过薄壁孔的流量为

$$q = C_d A \sqrt{\frac{2}{\rho}\Delta p} \tag{1-30}$$

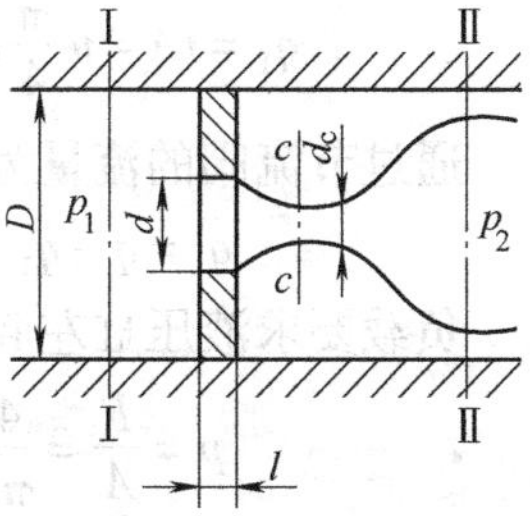

图1-19 薄壁小孔的液流

式中，C_d为流量系数，由实验确定，其值随液流的实际雷诺数而变化，但当 $Re > 10^5$时，C_d几乎不变。计算时一般取 $C_d = 0.60 \sim 0.61$。

由式（1-30）可知，流经薄壁孔的流量 q 与小孔前后的压差 Δp 的平方根以及小孔面积 A 成正比，而与粘度无关。实验也证明，其流量受油温的影响较小。由于这一优良特性，液压系统中常用薄壁孔作为元件的阀口。

2. 流经细长孔的流量

一般认为，长径比$\dfrac{l}{d}>4$ 的小孔为细长孔。液流流经细长孔时的流态一般为层流，因此可用液流流经圆管的流量公式（1-24）计算流经薄壁孔的流量

$$q = \frac{\pi d^4}{128\mu l}\Delta p$$

从上式可看出，流经细长孔的流量与动力粘度μ 成反比，因此流量受油温影响较大，这一点和薄壁孔不同。细长孔可用做控制阀中的阻尼孔。

3. 流经短孔的流量

介于细长孔和薄壁孔之间，即 $0.5 < \dfrac{1}{d} \leqslant 4$ 的孔是短孔。短孔的流量也采用薄壁孔的流量公式计算，但流量系数 C_d应根据短孔的形状和安装方式确定，具体计算可参考有关手册。短孔的制造要比薄壁孔容易得多，特别适合用在固定节流器中。

4. 孔口流量的通用计算公式

分析流经细长孔的流量公式和流经薄壁孔的流量公式，不难发现，孔的直径 d、长度 l 等结构参数和油液粘度 μ，在孔口制成和油液选定后是不再改变的，因此可以用一个常数来替代，把流量公式改写为与孔口截面积和压差有关的形式。

对于细长孔

$$q = \frac{\pi d^4}{128\mu l}\Delta p = KA\Delta p$$

对于薄壁孔

$$q = C_d A \sqrt{\frac{2}{\rho}\Delta p} = KA\sqrt{\Delta p}$$

各种小孔的流量压力关系表明了孔口的流量特性，可综合用下式表示。

$$q = KA\Delta p^m \tag{1-31}$$

式中，K 是由小孔形状和液体性质决定的系数；m 是由长度决定的指数，对于薄壁孔 $m =$

0.5，细长孔的 $m=1$。

［例 1-5］ 一液压缸旁路节流调速系统如图 1-20 所示。液压缸直径 $D=100\text{mm}$，负载 $F=4000\text{N}$，活塞移动速度 $v=0.05\text{m/s}$，液压泵流量 $q=50\text{L/min}$。试求节流阀的孔口面积。设节流阀口流量系数 $C_d=0.62$，不计管路损失，液体密度 $\rho=900\text{kg/m}^3$。

解 液压缸要求的流量为

$$q_1=vA=v\frac{\pi}{4}D^2=3.93\times10^{-4}\text{m}^3/\text{s}$$

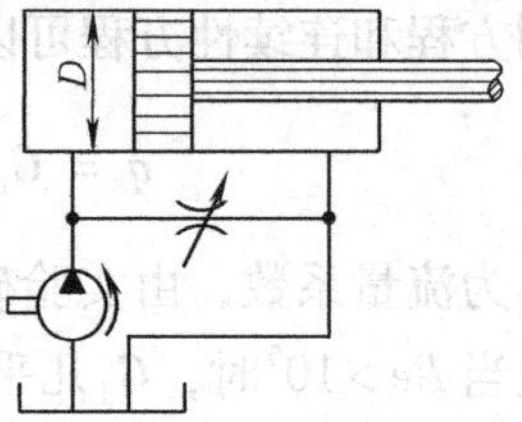

图 1-20 液压缸旁路节流调速系统

通过节流阀的流量为

$$q_j=q-q_1=4.41\times10^{-4}\text{m}^3/\text{s}$$

负载要求液压缸左腔的压力为

$$p=\frac{F}{A}=\frac{4F}{\pi D^2}=509554.14\text{Pa}$$

因为管路损失不计，缸的压力即为泵口压力，通过节流阀的流量由式（1-30）可知

$$q_j=C_dA_j\sqrt{\frac{2}{\rho}\Delta p}$$

所以节流阀开口面积为

$$A_j=\frac{q_j}{C_d\sqrt{2\Delta p/\rho}}=2.11\times10^{-5}\text{m}^2$$

1.6.2 缝隙流量计算

液压元件的零件之间不可避免地存在着相对运动，就必须有一定的配合间隙。间隙对液压元件的性能影响很大。液压系统的泄漏主要是由压力差与间隙造成的。泄漏将使系统效率降低，油温升高，进而影响液压系统性能。因此分析液体流经间隙的泄漏规律，对提高液压元件的性能，保证系统正常工作十分必要。

由于相对运动的零件之间的间隙很小，一般在几微米到几十微米之间，水力直径很小，液压油受固体壁面影响很大，因此油液在间隙中的流动状态通常为层流。现将各种缝隙的流量公式列于表 1-3 中，以便计算时选用，此处不做理论推导。

表 1-3 各种缝隙流量计算表

缝隙类别	计算公式	说明
平行平板缝隙	$q=\frac{B\delta^3}{12\mu l}\Delta p$	l、B、δ 分别为缝隙的长、宽、高 μ 是油液动力粘度 Δp 是缝隙两端压差
有相对运动的平行平板缝隙	$q=\frac{B\delta^3\Delta p}{12\mu l}\pm\frac{B\delta}{2}u$	u 是两板间的相对移动速度，当 u 与压差方向一致时，等式右边第二项取“+”，反之取“−”
同心圆柱环形缝隙	$q=\frac{\pi d\delta^3}{12\mu l}\Delta p$	将平行平板缝隙公式中的 B 换为 πd 即得

（续）

缝隙类别	计算公式	说明
偏心圆柱环形缝隙	$q=\dfrac{\pi d\delta^3}{12\mu l}\Delta p\ (1+1.5\varepsilon^2)$	$\varepsilon=e/\delta$ 称为偏心率，e 为偏心量，δ 为同心时的间隙量；完全偏心时 $e=\delta$，$\varepsilon=1$，$q=2.5\dfrac{\pi d\delta^3}{12\mu l}\Delta p$
平行圆盘缝隙的放射状流动	$q=\dfrac{\pi\varepsilon^3\Delta p}{6\mu\ln\dfrac{R}{r}}$	R 为圆盘的外半径，r 为圆盘中心孔半径
两个倾斜平面形成的楔形缝隙	$q=\dfrac{B\delta_1^2\delta_2^2}{6\mu l(\delta_1+\delta_2)}\Delta p$	δ_1 是入口间隙，δ_2 是出口间隙，且 $\delta_1<\delta_2$

从表 1-3 中的公式可知，通过同心圆柱环形缝隙的流量公式是偏心圆柱环形缝隙流量公式在 $\varepsilon=0$ 时的特例。当 $e=\delta$、$\varepsilon=1$，即完全偏心的情况下，其流量是同心圆柱环形缝隙时的 2.5 倍。所以，为了减小泄漏，应尽可能使液压元件的配合件处于同心状态。

1.7 液压冲击和气穴现象

1.7.1 液压冲击

在液压系统中，由于某一元件的工作状态突然改变，引起液体压力瞬间突然升高，产生很高的压力峰值，出现压力波的传递过程，这种现象称为液压冲击。

1. 产生液压冲击的原因

1）流动的液体突然停止。

2）静止的液体突然运动。

3）流动的液体突然换向。

4）运动的部件突然制动。

5）静止的部件突然运动。

6）运动部件的速度突然改变。

7）某些液压元件的动作不灵敏。

其中，1）~3）是由液流的惯性引起的液压冲击，4）~6）是运动部件的惯性引起的液压冲击。

2. 液压冲击的危害及减少措施

液压冲击产生的压力峰值往往比正常工作压力高很多，且常伴有噪声和振动，严重时会损坏液压元件、密封装置和管件等，有时还会引起某些液压元件的误动作，影响正常工作。因此必须采取措施预防或消除液压冲击。通常有以下几种方法。

1）尽量减慢阀门关闭速度或减小冲击波传播距离，使完全冲击改变为不完全冲击。

2）限制管中油液的流速。

3）用橡胶软管或在冲击源处设置蓄能器以吸收液压冲击的能量。

4）在出现液压冲击的地方，安装限制压力的安全阀。

5）在液压元件中设置缓冲装置。

1.7.2 气穴现象

1. 气穴和气蚀

在液流中，由于压力降低到一定程度而产生气泡的现象统称为气穴现象。某处流速过高或供油不足都会使该处的压力降低。当压力降到一定值时，液体中会产生气泡，它是以微细气泡为核心，体积膨胀并相互聚合形成的，这种气穴称为轻微气穴。压力降低到空气分离压时，除有上述现象外，原来溶解于油液中的空气会游离出来，产生大量气泡，这种现象称为严重气穴。压力继续降低到相应温度下的液体气化压力时，上述现象不但要继续加重，而且油液将会气化、沸腾，产生大量气泡，使得油液变成混有许多气泡的不连续状态，这种气穴称为强烈气穴。

当气泡随着流动的液体被带到高压区时，气泡体积急剧缩小或溃灭，并又重新混入或溶于油液中凝结成液体。在气泡凝结瞬间局部压力和温度急剧上升，产生液压冲击，还伴随有噪声和振动，油液会氧化变质。如果受到反复的液压冲击和高温作用，在从油液中分离出来的氧气侵蚀下，管壁或液压元件表面将产生剥落破坏，这种因气穴现象产生的零件剥蚀称为气蚀。

2. 气穴的危害性

1）由气穴现象产生的大量气泡，有的会聚集在管道的最高处或通流的狭窄处形成气塞，使油液流动不畅，甚至会发生堵塞，从而影响运动的平稳性。

2）系统容积效率降低，使系统性能特别是动态性能变坏。

3）造成气蚀，使材料腐蚀，降低液压元件的使用寿命。

4）产生冲击和振动。

3. 可能产生气穴的部位

泵的吸油口，油液流经节流部位，突然起闭的阀门，带大惯性负载的液压缸、液压马达在运转中突然停止或换向时等都将产生气穴现象。

气穴对液压系统会产生极大的危害，应采取有效措施进行预防，通常有以下措施。

1）减小流经节流口及缝隙前后的压力差，一般希望节流口或缝隙前后压力比小于3.5。

2）正确设计管路，限制泵的吸油口距离油面的高度。

3）提高管道的密封性能，防止空气渗入。

4）提高零件的机械强度，降低零件的表面粗糙度，采用抗腐蚀能力强的金属材料，以提高元件抗气蚀能力。

1.8 习题

1. 什么叫液体的粘性，其物理意义是什么？常用的粘度表示方法有哪几种？

2. 什么叫绝对压力、相对压力和真空度？它们之间有什么关系？已知绝对压力为0.35MPa，那么其相对压力和真空度是多少？

3. 连续性方程的物理意义和适用条件是什么？

4. 伯努利方程的物理意义和适用条件是什么？

5. 某液压油的运动粘度 $\nu = 20\text{m}^2/\text{s}$，密度 $\rho = 900\text{kg/m}^3$，其动力粘度为多少？

6. 如图 1-21 所示，直径为 d，重量为 G 的圆柱浸入液体中，并在外力 F 的作用下处于平衡状态。若液体的密度为 ρ，圆柱浸入深度为 h，求液体在测压管内上升的高度 x。

7. 如图 1-22 所示，有一容器充满了密度为 ρ 的油，压力 p 由汞压力计的读数 h 来确定。现将压力计向下加长距离 a，这时容器内的压力并未发生变化，但压力计的读数则由 h 变为 $h + \Delta h$，求 Δh 与 a 之间的关系。

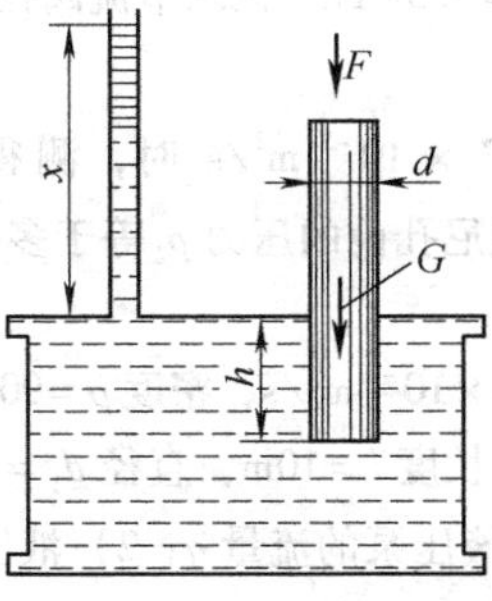

图 1-21　题 6 图

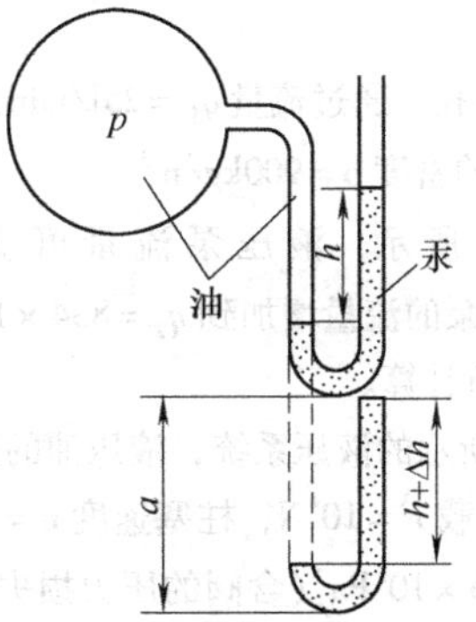

图 1-22　题 7 图

8. 如图 1-23 所示，液压泵从油箱吸油，吸油管直径 $d = 6\text{cm}$，流量 $q = 150\text{l/min}$，液压泵入口处的真空度为 $0.2 \times 10^5\text{Pa}$，液压油的运动粘度 $\nu = 20 \times 10^{-6}\text{m}^2/\text{s}$，密度 $\rho = 900\text{kg/m}^3$，不计任何损失，求最大吸油高度。

9. 如图 1-24 所示，管道输送 $\rho = 900\text{kg/m}^3$ 的液体，已知 $h = 15\text{m}$，A 处的压力为 $4.5 \times 10^5\text{Pa}$，B 处的压力为 $4 \times 10^5\text{Pa}$，判断管中液流的方向。

10. 如图 1-25 所示，当水箱阀门关闭时压力表的读数为 2.5×10^5 Pa，阀门打开时压力表的读数为 $0.6 \times 10^5\text{Pa}$，如果 $d = 12\text{mm}$，不计损失，求阀门打开时管中的流量 q。

11. 如图 1-26 所示，将一平板置于油液的自由射流之内，并垂直于射流轴线，设该平板截去射流流量的一部分 q_1 并使射流的其余部分偏转一个角度 θ。已知射流流速 $v = 30\text{m/s}$，总流量 $q = 30\text{l/s}$，$q_1 = 10\text{l/s}$，若液体重量和液体与平板间的摩擦可以忽略不计，油液的密度 $\rho = 900\text{kg/m}^3$。试确定射流作用在平板上的力及射流的偏转角 θ。（提示：不计损失且忽略高度的影响，可以证明 $v = v_1 = v_2$）

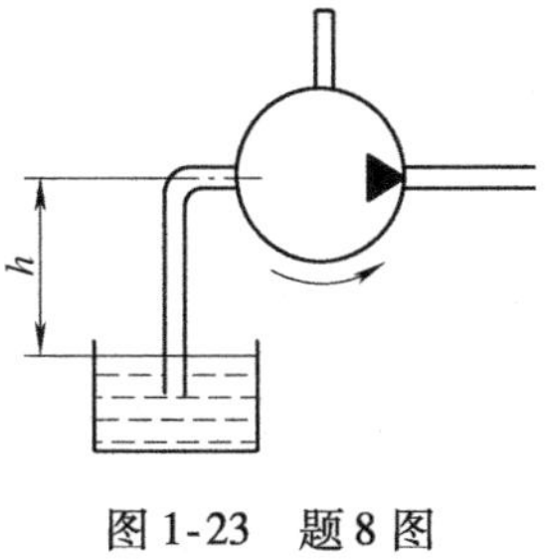

图 1-23　题 8 图

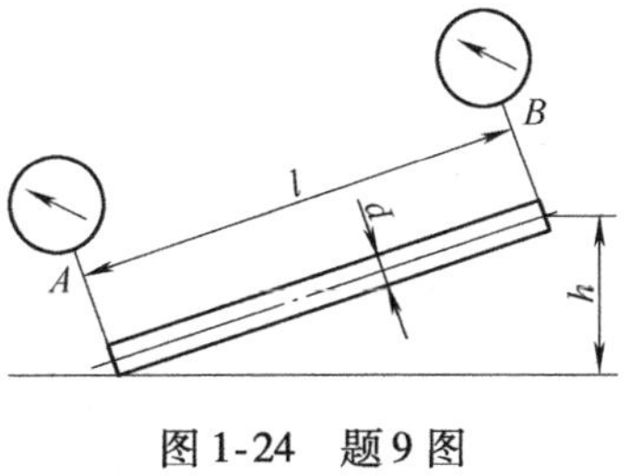

图 1-24　题 9 图

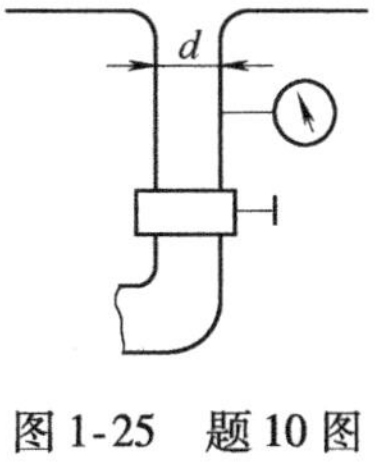

图 1-25　题 10 图

12. 如图 1-27 所示的圆柱形阀心，$D = 2\text{cm}$，$d = 1\text{cm}$，阀口开度 $x = 2\text{mm}$。压力油在阀口处的压力降 $\Delta p_1 = 3 \times 10^5\text{MPa}$，在阀腔 a 点到 b 点的压力降 $\Delta p_2 = 5 \times 10^5\text{MPa}$。油的密度 $\rho = 900\text{kg/m}^3$，通过阀口的角度 $\alpha = 69°$，流量系数 $C_\text{d} = 0.65$，求油液对阀心的作用力。

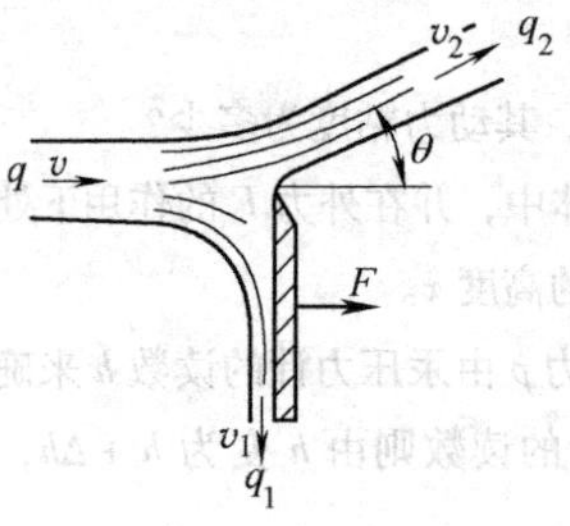

图 1-26　题 11 图

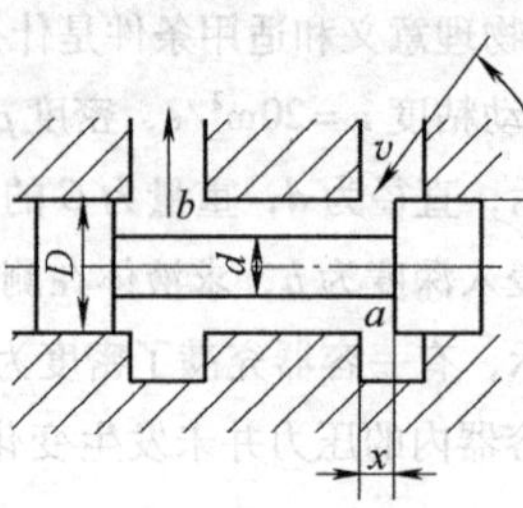

图 1-27　题 12 图

13. 有一薄壁小孔，通过流量 $q_1=25\mathrm{l/min}$，压力损失 $\Delta p=0.3\mathrm{MPa}$，试求节流阀孔的通流面积。设流量系数 $C_d=0.62$，油的密度 $\rho=900\mathrm{kg/m^3}$。

14. 如图 1-28 所示，液压泵流量可变，当 $q_1=417\times10^{-3}\mathrm{m^3/s}$ 时，测得阻尼孔前的压力 $p_1=5\times10^5\mathrm{MPa}$。若泵的流量增加到 $q_2=834\times10^{-3}\mathrm{m^3/s}$，求阻尼孔前的压力 p_2 等于多少？设阻尼孔分别以细长孔和薄壁孔进行计算。

15. 如图 1-29 所示的液压系统，液压油的运动粘度 $\nu=20\times10^{-6}\mathrm{m^2/s}$，密度 $\rho=900\mathrm{kg/m^3}$，液压缸柱塞直径 $d=100\mathrm{mm}$，负载 $F=10^4\mathrm{N}$，柱塞速度 $v=10\mathrm{m/s}$，压油管长度 $l=10\mathrm{m}$，直径 $d_1=300\mathrm{mm}$，压油管路总的压力损失为 $\Delta p=5\times10^5\mathrm{Pa}$（含阀的压力损失）。试求：1）液压泵的流量 q；2）液压泵的压力 p；3）系统的总功率。

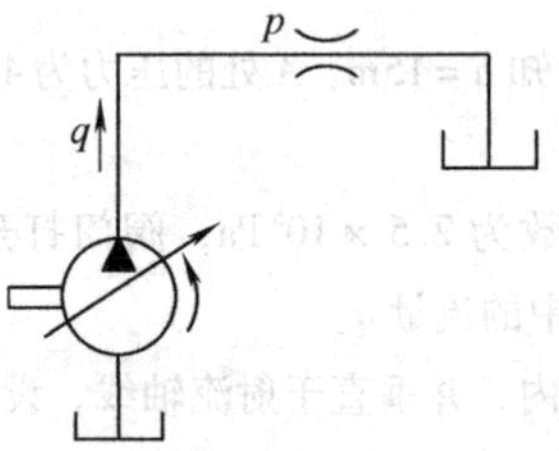

图 1-28　题 14 图

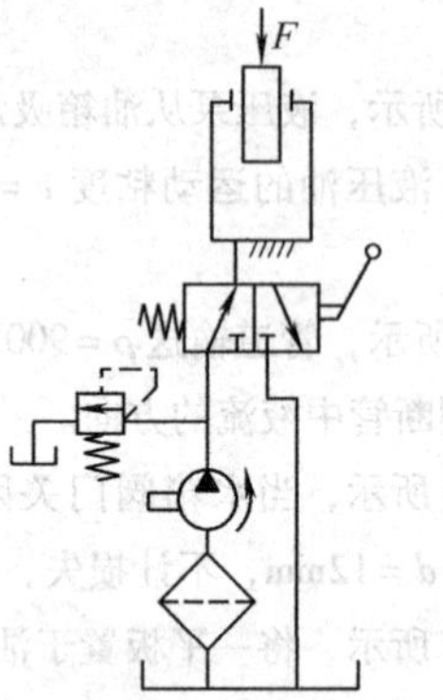

图 1-29　题 15 图

第 2 章　液压泵与液压马达

液压泵是液压系统的动力元件，其功能是将电动机输出的机械能转换成油液的压力能。液压马达是液压系统的执行元件，它将油液的压力能转换成连续转动的机械能。从能量转换的角度讲，液压泵与液压马达的工作原理是互逆的，具体结构也有很多相似之处，所以放在同一章中讲解。

液压泵和液压马达由专业厂家制造，品种类型丰富。在实际使用时以选用现有产品为主，所以本章介绍一些主要类型的典型产品，进行原理和主要结构介绍，需要时可参照相关手册选用。

2.1　液压泵概述

液压泵是一种将机械能转换为液体压力能的能量转换装置，是为液压系统提供压力油液的动力源，所以又称为液压系统的动力元件。

2.1.1　液压泵的工作原理及特点

1. 工作原理

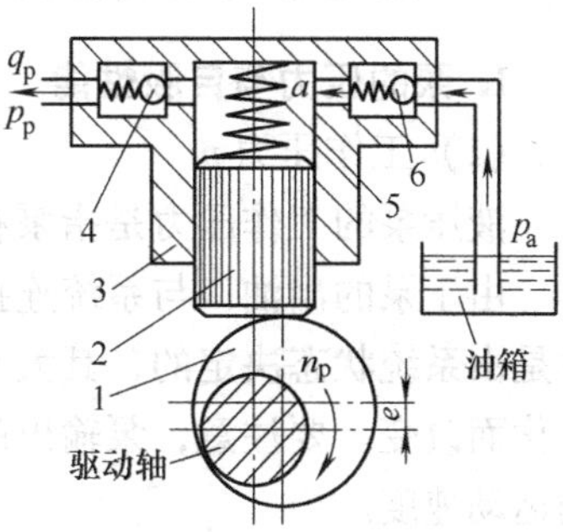

图 2-1　单柱塞泵的工作原理

1—偏心轮　2—柱塞　3—泵体　4—排油阀　5—弹簧　6—吸油阀

图 2-1 是一个单柱塞泵的工作原理图。吸油阀 6 和排油阀 4 均是单向阀，柱塞 2 和泵体 3 之间通过小间隙配合来密封，组成一个密封容积 a，并通过管路与两个单向阀、油箱与系统连接。柱塞在弹簧 5 的弹簧力作用下，紧压在偏心轮 1 的外表面上。当电动机带动偏心轮旋转时，促使柱塞在泵体内作往复运动，从而使密封容积 a 的体积发生周期性变化。当柱塞向下运动时，密封容积 a 逐渐增大。对容积内的一定量空气而言，由气体定律知，当容积增大时，压力减小；对容积内的油液而言，容积增大，液体压力减小，而形成局部真空度，使油箱内的油液在大气压力 p_a 的作用下，经吸油管和吸油阀 6 进入腔体，实现吸油。此时排油阀关闭。当柱塞向上运动时，腔体 a 的容积逐渐减小，压力增大，吸油阀 6 关闭，液体顶开排油阀 4 输入系统，实现压油。电动机带动偏心轮不断连续运转，就实现了不断吸油和压油，但输出不是连续的。若采用多个柱塞泵，就可以基本实现连续地输出。从单柱塞泵的工作原理中可知，泵的吸油、压油是依靠密封容积变化完成的，所以这样的泵称为容积式泵。液压泵的图形符号如图 2-2 所示。

2. 液压泵的特点

液压泵处于吸油位置的可变密封容积称为吸油腔，它与油箱相连；处于压油位置的可变密封容积称为压油腔，它与系统相连。为保证系统正常吸油和压油，由单个柱塞泵工作原理分析得出的以下特点，也适合所有容积式液压泵。

1）必须有若干个相对于大气空间密封且体积可周期性变化的油腔，其结构必须保证在输入转动形式的机械能时能够使油腔产生连续的周期性变化。因此，必须围绕密封容积的组成和变化这两个要点来理解各种容积式泵的具体结构和工作原理。

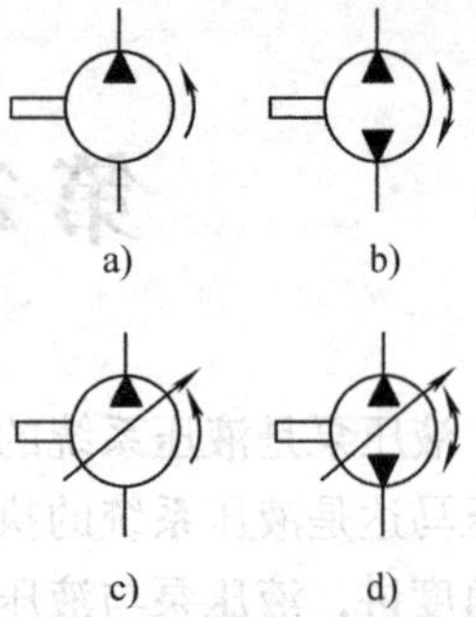

图 2-2　液压泵的图形符号

a）单向定量泵　b）双向定量泵

c）单向变量泵　d）双向变量泵

2）必须有合适的配流装置，目的是将吸油腔和压油腔隔开，保证液压泵有规律地连续吸压油液。液压泵结构不同，其配流装置也不同，有阀配流、盘配流、轴配流等不同结构。图 2-1 是采用两个单向阀实现配流的，因此在吸油与压油转换的过程中可以随时与油口接通。但采用其他配流结构时，会出现密封空间与吸油口和压油口都不接通的阶段，如果在这个阶段中密封空间的体积仍然发生变化，就会造成高压或大真空度的状态，造成压力冲击、过热或气蚀、噪声等危害，这就是困油现象。产品设计时要采取消除困油现象的措施。

3）泵是借助于大气压力将油液压入吸油腔进行吸油的，因此油箱内液体的绝对压力必须等于或大于大气压力。为了能完成吸油，油箱必须与大气相通或采用充气油箱。

4）由于密封容积是由具体零件组合构成的，为使密封容积可变，必须设有相对运动零件。一般运动件采取小间隙密封，因此在压油过程中就有缝隙泄漏，产生容积损失。

2.1.2　液压泵的主要性能参数

1. 泵的压力与自吸性能

（1）工作压力 p

液压泵的工作压力是指泵在实际工作时输出的油压力。

由于泵的出油口与系统连接，所以泵的工作压力就是液压系统在泵口处的压力。这个压力是由系统状态决定的，其大小取决于系统外负载及管路的压力损失，并随不同状态的负载变化而改变。要注意，泵输出的油流量大小不能决定压力的大小，只能决定液流或执行元件的运动速度。

在液压泵制造与使用中规定了两种参数：额定压力和最高允许压力。

（2）额定压力 p_n

额定压力是指液压泵在正常工作条件下，按实验标准规定能连续运转的最高压力。实际工作压力应小于等于此值，超过此值就是过载。

（3）最大压力 p_{max}

最大压力也称为极限压力，是指按实验标准规定，允许短时间过载运行的最高压力。一般 $p_{max}=1.1p_n$。超过最大压力或长时间以最大压力运行会造成液压系统的零件损坏。

（4）泵的吸入压力与自吸性

液压泵工作时，进油口处的压力称为吸入压力。为防止溶于油液的气体逸出产生气穴，吸油口的绝对压力一般不得小于 0.05MPa，因而对泵的安装高度和进油管流速都有限定。泵从无油状态直接运转实现泵油称为自吸，这与泵的间隙、安装高度、油液粘度、进油管液阻等因素有关。一般情况下，泵均能借助大气压自行吸取油箱内的工作液体正常工作。当无法实现自吸时，可以人工给空泵灌满油液，然后起动工作。

2. 泵的排量和流量

（1）排量 V

液压泵的排量是指泵每转一转输出的液体体积，其值是由相关结构尺寸计算出的可变密封空间的容积变化量。排量可调的液压泵称为变量泵，不可调的液压泵称为定量泵。由于结构尺寸常以 mm 为单位，所以书中用 mm^3/r 作为排量的单位。

（2）流量

流量是指液压泵在单位时间内输出液体的体积，包括理论流量、实际流量和额定流量。密封空间变化的不连续性可能造成流量的小量波动，但工程静态计算和实际应用中可将波动忽略。

1）理论流量 q_t 是根据泵的排量和转速通过理论计算得出的理想平均流量。

$$q_t = Vn \tag{2-1}$$

式中，V 是液压泵排量（mm^3/r）；n 是泵轴转速（r/min）。

2）实际流量 q 是指泵工作时出油口实际输出的流量，它随泵的内部泄漏量 Δq 的变化而变化。$q = q_t - \Delta q = q_t \eta_v$。内部泄漏量随泵的压力升高而增大，如图 2-3所示。

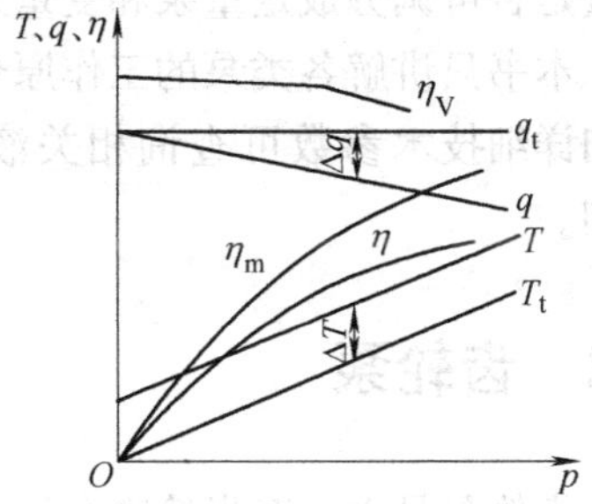

图 2-3　液压泵的转矩、流量与效率

3）额定流量 q_n 是指泵在额定压力与额定转速下正常工作时的输出流量，这也是按产品实验标准规定必须保证的流量。实际流量和额定流量均小于理论流量。

泵的额定压力、额定流量等参数在产品铭牌上均明确标出。

3. 液压泵的功率和效率

（1）液压泵的功率

液压泵由电动机带动，输入的机械能是转矩与转速的乘积，输出的液压能是液体压力与流量的乘积。理论上输入功率与输出功率是相等的，但是实际输出功率小于输入功率，二者之间的差值为功率损失，包括容积损失和机械损失两部分。

输入功率

$$P_i = 2\pi n T_i \tag{2-2}$$

输出功率

$$P_o = pq \tag{2-3}$$

式中，n 为电动机的转速（r/min）；T_i 为电动机的实际输入转矩（N · m）；p 为液压泵的实际输出压力（Pa）；q 为液压泵的实际输出流量（L/min）。

（2）液压泵的效率

1）容积效率 η_V。液压泵的容积损失主要是由密封容积内的液体泄漏造成的功率损失，而泄漏是液压泵不可避免的。液压泵的实际流量 q 与理论流量 q_t 的比值称为容积效率。

$$\eta_V = \frac{q}{q_t} = \frac{q_t - \Delta q}{q_t} = 1 - \frac{\Delta q}{q_t} \tag{2-4}$$

由上式看出，泵的输出压力越高，泄漏量越大，泵排量越小，转速越低，容积效率越小。容积效率曲线如图 2-3 所示。

2）机械效率 η_m。液压泵的机械损失是由于泵内零件之间摩擦及流动液体与壁面摩擦所造成的功率损失，主要反映在实际输入转矩总是大于理论上所需的转矩。理论转矩 T_t 与实际输入转矩 T_i 之比称为机械效率。

$$\eta_m = T_t / T_i \tag{2-5}$$

3）总效率。因为泵的总效率 η 等于泵的实际输出功率和实际输入功率的比值，又根据能量守恒定理，泵的理论输出功率 pq_t 等于泵的理论输入功率 $2\pi nT_t$，可知

$$\eta = \frac{P_o}{P_i} = \frac{pq}{2\pi nT_i} = \frac{pq_t\eta_v}{2\pi nT_t/\eta_m} = \eta_v\eta_m \tag{2-6}$$

所以液压泵的总效率等于容积效率和机械效率的乘积。

2.1.3 液压泵的分类

液压泵类型很多，按结构可分成齿轮泵，叶片泵，柱塞泵，螺杆泵，凸轮转子泵等；按排量是否可调分成定量泵和变量泵。

本书只讲解各类泵的工作原理和典型结构，给出常用技术参数的范围。使用时，具体型号和详细技术参数可查询相关液压元件手册或各制造厂商的产品手册，也可以通过网络查询。

2.2 齿轮泵

齿轮泵是由一对齿轮啮合运动进行工作的定量泵，从结构上可分为外啮合和内啮合齿轮泵两大类。

2.2.1 外啮合齿轮泵

1. 外啮合齿轮泵的工作原理

图 2-4 为外啮合齿泵的工作原理图。在泵体内有一对外啮合齿轮，其齿数、宽度相等。两侧有端盖，壳体、端盖和齿轮的各个齿间槽组成许多密封工作腔，当齿轮按图示方向转动时，右侧吸油腔内啮合轮齿逐渐退出啮合，使其容积逐渐增大，形成局部真空，在大气压力作用下，油箱的油液经管道进入吸油腔并进入齿槽随转动轮齿带到左侧压油口输入系统。齿轮不断地旋转，吸压油过程便连续进行。齿轮啮合处的齿面接线分隔高、低压两腔。因此，此类泵不需要专门的配流装置，这也是齿轮泵与其他类型容积泵的区别。

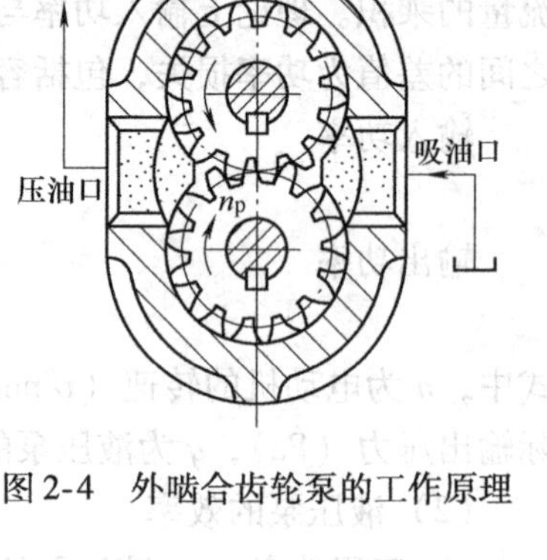

图 2-4 外啮合齿轮泵的工作原理

2. 外啮合齿轮泵的基本结构

图 2-5 是 CB—B 型齿轮泵的结构图。它采用三片式结构，分别是前端盖 8、后端盖 4 和泵体 7。它们之间通过两个定位销 17 定位，六个螺钉 9 紧固。其中主动齿轮 6 用键 5 固定在传动轴 12 上，并与电动机相连，带动啮合的从动齿轮旋转。在后端盖上开有吸油口和压油

口，开口大的为吸油口，小的为压油口。两根轴 12、15 用四个滚针轴承 3 分别装在前、后端盖上，油液通过轴向间隙润滑轴承，然后经泄油通道 14 回吸油口。为使齿轮转动灵活，同时泄油量最小，在齿轮端面留有轴向间隙；齿顶留有径向间隙。为防止齿顶与泵体相碰，间隙可稍大些。为防止油液泄漏到泵外，减弱泵与端面之间的油压作用，减小螺钉紧固力，在泵体的两端铣有卸荷槽 16。

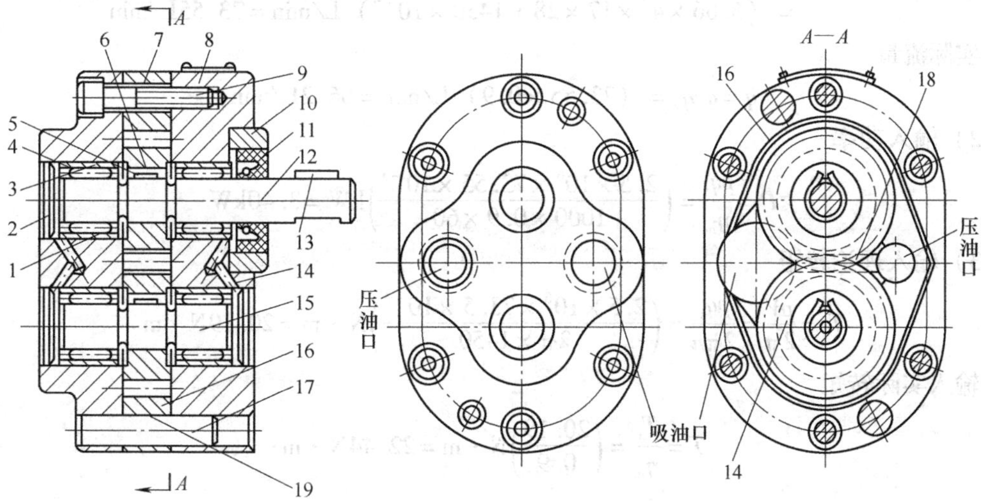

图 2-5　外啮合齿轮泵的结构

1—弹簧挡圈　2—轴承盖　3—滚针轴承　4—后端盖　5、13—键　6—主动齿轮　7—泵体　8—前端盖　9—螺钉　10—端盖　11—密封圈　12—传动轴　14—泄油通道　15—从动轴　16—卸荷槽　17—定位销　18—困油卸荷槽　19—从动齿轮

3. 齿轮泵的排量和流量

精确计算齿轮泵的排量和流量时需进行积分运算。通常采用近似方法推导出计算公式，应用时再加以修正。如果采用标准齿轮，齿顶高和齿根高系数均取 1，则排量是以齿顶圆直径 $(z+2)\ m$ 为外圆、齿根圆直径 $(z-2)\ m$ 为内圆、宽度 B 的环状体积来计算的。齿数 z、齿轮模数 m 的单位为 mm，宽度 B 的单位为 mm，得到的排量单位为 mm^3/r。

$$V = \frac{\pi}{4}\left\{[(z+2)m]^2 - [(z-2)m]^2\right\}B = 2\pi m^2 zB \tag{2-7}$$

实际上齿槽容积比轮齿稍大。为补偿误差，用 3.33 取代 π 的值，得到

$$V = 6.66m^2 zB \tag{2-8}$$

当齿轮泵主动轮转速为 n（r/min）时，实际流量 q(L/min）是

$$q = 6.66m^2 zBn\eta_v \times 10^{-6} \tag{2-9}$$

这与实际测量得到的流量非常接近。式（2-9）只计算了齿轮泵的平均流量。啮合点不同时吸压油腔的容积是变化的，因而泵的流量有脉动，齿数越少，脉动率越大。

[例 2-1]　某一齿轮泵轮齿模数为 4mm，齿宽为 28mm，齿数为 17，标准中心距，泵的额定工作压力为 2.5MPa，转数为 1450r/min，液压泵工作时的容积效率和机械效率均为 0.9。试求：

1）齿轮泵的理论流量和实际流量。

2）齿轮泵的输入功率。

3）主动齿轮输入的理论转距和实际转矩。

解

1）泵的理论流量

$$q_t = 6.66m^2zBn \times 10^{-6}$$
$$= (6.66 \times 4^2 \times 17 \times 28 \times 1450 \times 10^{-6})\ \text{L/min} = 73.55\text{L/min}$$

实际流量

$$q = q_t\eta_v = (73.55 \times 0.9)\ \text{L/min} = 66.2\text{L/min}$$

2）输入功率

$$P = \frac{pq_t}{\eta_m} = \left(\frac{2.5 \times 10^6 \times 73.55 \times 10^{-3}}{1000 \times 0.9 \times 60}\right)\text{kW} = 3.40\text{kW}$$

3）输入理论转矩

$$T_t = \frac{pV}{2\pi} = \frac{pq_t}{2\pi n} = \left(\frac{2.5 \times 10^6 \times 73.5 \times 10^{-3}}{2\pi \times 1450}\right)\text{N} \cdot \text{m} = 20.19\text{N} \cdot \text{m}$$

输入实际转矩

$$T = \frac{T_t}{\eta_m} = \left(\frac{20.19}{0.9}\right)\text{N} \cdot \text{m} = 22.44\text{N} \cdot \text{m}$$

2.2.2 外啮合齿轮泵存在的几个问题

1. 泄漏

齿轮泵与其他类型的泵相比，泄漏量较大，其内泄漏主要有三个部位。

1）轴向泄漏，即齿轮端面与端盖间的泄漏。其泄漏量最大，占总泄漏量的75%～80%。

2）径向泄漏，即齿顶与泵体间的泄漏。由于封油区长，泄漏量较小，占总泄漏量的15%～20%。

3）啮合线泄漏，即高压油经两个齿轮啮合线漏回低压区，其泄漏量仅占总泄漏量的4%～5%。

泄漏后工作压力降低，且轴向泄漏是泄漏最主要的方面，所以应尽量减小轴向间隙。但又不能太小，否则齿轮端面与端盖的机械摩擦会使摩擦损失增加，效率降低。一般在端盖与齿轮之间装入挠性侧板或浮动轴套，并向其背面引入压力油来自动补偿轴向间隙，提高容积效率和工作压力。

2. 困油

液压系统的稳定性主要取决于齿轮泵的供油平稳性。为此，齿轮啮合的重叠系数必须大于1，即在前一对轮齿脱开前后一对轮齿开始啮合。此时出现了两对轮齿同时啮合的情况，这两对轮齿间形成一个封闭空间，此封闭空间称为闭死容积，如图2-6a所示。随着啮合齿轮的旋转，闭死容积的大小是不断变化的。开始时闭死容积逐渐减少（图2-6a到图2-6b），直至两个啮合点处于节点两侧位置时达到最小。由于油液的可压缩性很小，被困油受到挤压，压力急剧升高，使油液从可泄漏的缝隙中强行挤出，齿轮和轴承受到很大的径向力。当齿轮再旋转，容积又逐渐增大（图2-6b到图2-6c），造成局部真空。由于无油液补充，使油液中的气体分离出来，产生气穴现象，引起振动和噪声。这就是困油现象。

困油的危害极大。为消除齿轮泵的困油现象，在前后端盖上各铣了两个卸荷槽，如图2-6d所示。当闭死容积减少时，使此容积通过右边的卸荷槽与压油腔相通；闭死容积逐渐增大时，使此容积通过左边的卸荷槽与吸油腔相通。两卸荷槽间距 a 不能太小，以防吸压油腔相通；但也不能太大，否则不能彻底消除困油现象。其尺寸一般按如下方法设置，$b=0.8m$，卸荷槽宽 $c>2.5m$（m 为齿轮模数），如图2-6e所示。

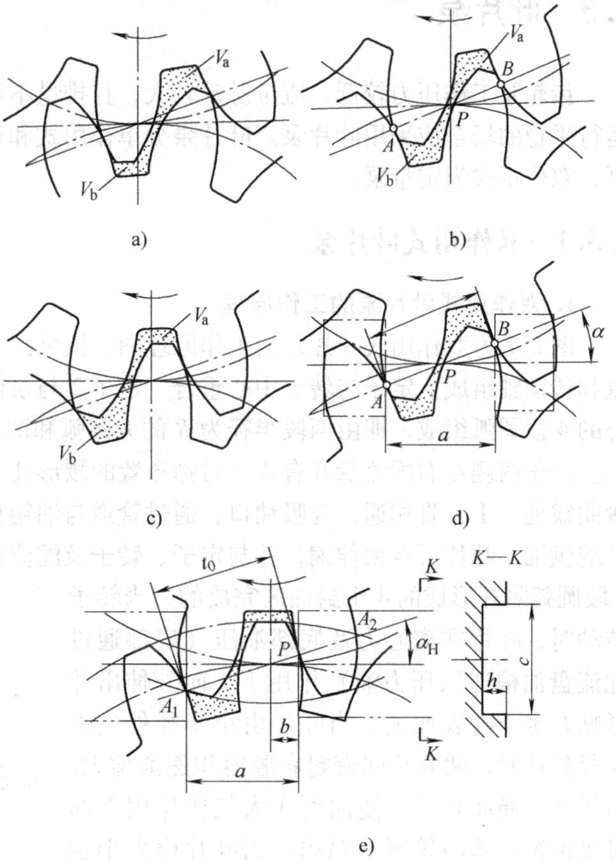

图2-6　齿轮泵困油现象

3. 径向力不平衡

外啮合齿轮泵工作时，油压对齿轮的作用力从高压油区到低压油区逐渐减小，结果造成作用于齿轮的径向力不平衡，使齿轮轴和轴承承受的径向负荷很大。过大的径向不平衡力会使轴弯曲变形，齿顶与泵体内壁磨损加大，轴承寿命降低。为减小径向不平衡力，可缩小压油区作用面积使液压力相对平衡。

2.2.3　常用外啮合齿轮泵的性能参数

1）普通低压齿轮泵一般用于低压大流量系统，额定压力小于2.5MPa。高压小排量齿轮泵的压力可达16～25MPa。

2）一般齿轮泵的排量为（0.05～800）$\times10^3$mm^3/r。

3）常用转速范围是1000～3000r/min，且300～500r/min＜工作转速＜20000r/min。

4）效率一般为0.6～0.9。

5）低压齿轮泵的使用寿命约为3000～5000h，高压齿轮泵为2000～3000h。

2.2.4　外啮合齿轮泵的优缺点及应用

外啮合齿轮泵的优点是结构简单、重量轻、体积小、制造与维护容易、价格低、工作可靠、自吸性能强、抗污染能力强、转速和流量调节范围大等；缺点是径向力不平衡、磨损较大、泄漏大、流量脉动大、噪声较大，排量不可调节。

齿轮泵主要应用于中、低压液压系统，且要与需求流量匹配，防止功率损失过大。注意进出油口不能装反。新泵及长期未使用的泵，应有大于10min的空运转时间。

2.3 叶片泵

齿轮泵工作压力较低，流量脉动较大，且排量不可调。所以，在机床等中压系统或要求运行平稳的场合应采用叶片泵。叶片泵分单作用式和双作用式两种，单作用式叶片泵为变量泵，双作用式为定量泵。

2.3.1 双作用式叶片泵

1. 双作用式叶片泵的工作原理

图 2-7 为双作用式叶片泵的工作原理图。该泵由泵体 1，定子 2，转子 3，叶片 4，配流盘和传动轴组成。定子与转子中心重合。定子 2 与泵体 1 固定在一起，其内表面由与转子同心的 4 段圆弧组成，即由两段半径为 R 的大圆弧和两段半径为 r 的小圆弧及 4 段过渡曲线组成。定子两侧左右配流盘开有 4 个对称布置的腰形孔Ⅰ、Ⅱ、Ⅲ、Ⅳ。配置位置是在 4 段过渡曲线处。Ⅰ、Ⅲ相通，为吸油口，通过管道与油箱相通吸油。Ⅱ、Ⅳ相通，为压油口，向系统供油。叶片可自由伸缩，并与定子、转子及配流盘组成若干个密封容腔。吸、压油是由 4 段圆弧隔开形成的 4 个封油区完成的。当转子转动时，叶片在离心力及底部油压（底部通过配流盘油槽通入压力油）作用下，向外伸出并紧贴在定子内表面上。当叶片由小半径处向大半径移动时，两叶片间密封容腔容积逐渐增大。由于产生局部真空，使油液在大气压作用下通过吸油窗口从油箱吸入泵内。当叶片由大半径处向小半径处移动时，叶片后缩，容积逐渐减小，油压上升，将油从压油窗口压出。泵连续转动时能够重复吸油、压油过程而连续供油。

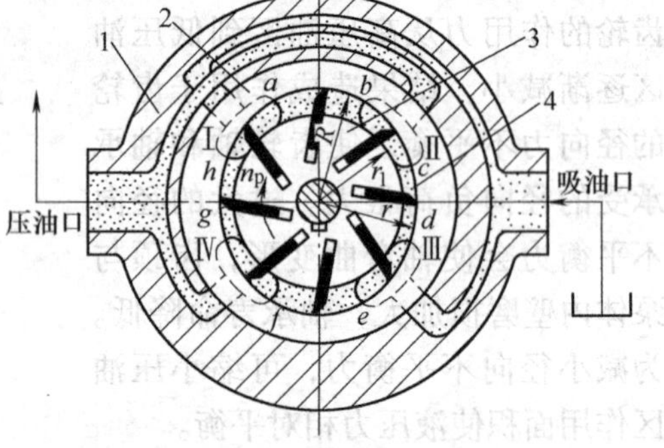

图 2-7　双作用式叶片泵的工作原理
1—泵体　2—定子　3—转子　4—叶片

由于双作用式叶片泵有两个吸油腔、两个压油腔，转子每转一转，叶片泵便完成两次吸油、两次压油过程，故称为双作用式叶片泵。而且两对吸、压油腔是对称于转子轴分布的，故径向液压力对其作用力为零，即作用力是平衡的，故又称此泵为卸荷（平衡）叶片泵。因排量不可调，所以是定量泵。

2. 双作用式叶片泵的结构

图 2-8 为双作用式叶片泵的结构图，它采用分离式结构，泵体分为前泵体 7 和后泵体 1。泵体内安有左配流盘 2、右配流盘 6、定子 4、转子 3、叶片 5。为使用与装修方便，将泵体内的元件用两个长螺钉 13 连为一个整体部件。用螺钉头部作为定位销与后泵体定位，保证吸、压油窗口与定子内表面过渡曲线相对位置准确。从图上也可看出，吸油口开在后泵体上，压油口开在前泵体上。传动轴 9 与转子内花键相联，并依靠两个滚动轴承 11、12 支承一起转动。转子上开有 12 或 16 条叶片槽，叶片在槽内可自由滑动。10 是密封圈，防止油的泄漏和空气、灰尘的侵入。

叶片泵的结构具有以下特点。

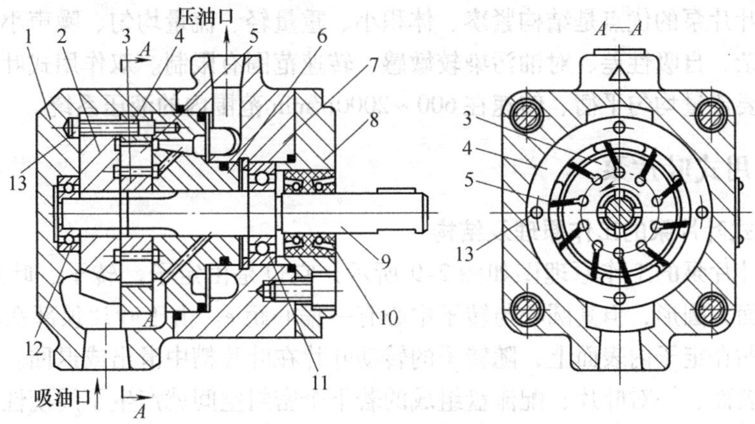

图 2-8　双作用式叶片泵结构图

1—后泵体　2—左配流盘　3—转子　4—定子　5—叶片　6—右配流盘　7—前泵体　8—端盖　9—传动轴　10—密封圈　11、12—滚动轴承　13—紧固螺钉

1）叶片泵存在困油现象，为此在左、右配流盘腰形孔端部开有卸荷三角槽，以消除困油现象。

2）叶片不是沿径向安装，而是倾斜一个角度，即叶片前倾一个 θ（10°～14°）角，压力角减少，叶片在槽内运动时摩擦力降低，磨损减少，消除叶片卡住或折断的现象，因此转子决不允许反向转动。但近几年的研究表明，叶片倾角并非完全必要，某些高压双作用叶片泵的转子槽不是径向的，但使用情况良好，也能正常工作。

3）定子内表面连接四段圆弧的过渡曲线应保证叶片在槽内往复直线运动时，不会出现脱空现象，冲击小，往复运动速度均匀。常用的过渡曲线有阿基米德螺线、等加速等减速曲线及正弦和余弦曲线。

3. 叶片泵的泄漏

叶片泵的泄漏主要有以下三处。

1）轴向泄漏，即配流盘与转子、叶片之间的轴向间隙泄漏。

2）径向泄漏，即叶片顶端与定子内表面的间隙泄漏。

3）侧隙泄漏，即叶片与转子槽之间侧面的间隙泄漏。

与齿轮泵相似的是叶片泵的轴向泄漏量最大。为此常采用浮动配流盘来自动补偿轴向间隙，以便提高容积效率和工作压力。

4. 双作用式叶片泵的排量、流量及优缺点

根据几何关系由图 2-6 可得到排量 V 的计算公式如下，单位为 mm^3/r。

$$V = 2B\left[\pi(R^2 - r^2) - \frac{R - r}{\cos\theta}z\delta\right] \tag{2-10}$$

流量 q 的单位为 L/min，计算公式为

$$q = Vn\eta_v = 2Bn\left[\pi(R^2 - r^2) - \frac{R - r}{\cos\theta}z\delta\right]\eta_v \times 10^{-6} \tag{2-11}$$

式中，B 为转子宽度，单位是 mm；z 为叶片数，取 12 或 16；R 为定子长半径，单位是 mm；r 为定子短半径，mm；δ 为叶片厚度，单位是 mm；θ 为叶片倾角；η_v 为容积效率；n 为转子转速，r/min。

双作用式叶片泵的优点是结构紧凑、体积小、重量轻、流量均匀、噪声小、寿命长；缺点是结构较复杂、自吸性差、对油污染较敏感、转速范围有限制。双作用式叶片泵常用于中高压机床和需要流量均匀平衡、转速在 600～2000r/min 范围内的液压系统。

2.3.2 单作用式叶片泵

1. 单作用式叶片泵的工作原理及结构

单作用式叶片泵的工作原理图如图 2-9 所示，它也是由定子、转子、叶片和配流盘组成。定子内表面为圆形，但其圆心与转子中心有一偏心距 e。由于叶片顶部在离心力及底部油压作用下紧贴在定子内表面上，随转子的转动叶片在叶片槽中滑出或退回。这样由定子内表面、转子外表面、一对叶片、配流盘组成的若干个密封空间就产生了周期性容积变化，完成吸油和压油过程。配流盘上有一个吸油窗口，一个压油窗口，分别与吸油口和压油口相连。当转子按图示方向旋转时，右半部密封空间的容积逐渐增大，形成真空而吸油；当继续旋转到左半部时，容积逐渐减小，压力增大，油液从压油口输出。由于相邻两叶片夹角应等于或小于两配流盘封油区夹角，所以也会产生困油现象，其改善措施和双作用式叶片泵相同。由于泵每转一转只有一次吸、压油过程，因此这种泵称为单作用式叶片泵。由图 2-9 可知，由于转子受到压油腔的单向液压力作用，轴承要承受径向不平衡负荷。

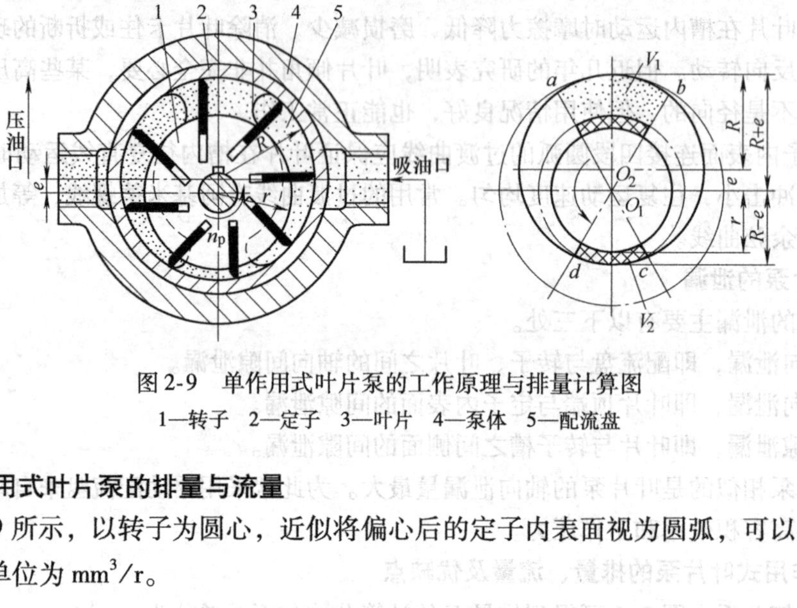

图 2-9 单作用式叶片泵的工作原理与排量计算图

1—转子 2—定子 3—叶片 4—泵体 5—配流盘

2. 单作用式叶片泵的排量与流量

如图 2-9 所示，以转子为圆心，近似将偏心后的定子内表面视为圆弧，可以得到其排量计算公式，单位为 mm^3/r。

$$V = \pi[(R+e)^2 - (R-e)^2]B = 4\pi eRB \tag{2-12}$$

实际流量 q 单位为 L/min，计算公式为

$$q = Vn\eta_v = 4\pi eRBn\eta_v \times 10^{-6} \tag{2-13}$$

式中，R 为定子内半径（mm）；e 为偏心距（mm）；B 为定子宽度（mm）；n 为转速（r/min）；η_v 为容积效率。

由上式可以看出，只要改变偏心距 e 就能调节排量，故单作用式叶片泵是变量泵，其容积变化的不均匀性造成了流量脉动。由实验可知，当叶片数为单数时脉动量较小，故通常叶片数取 13 或 15 个。

［例2-2］ 变量叶片的转子半径 $r=41.5\text{mm}$，定子半径 $R=44.5\text{mm}$，叶片宽度 $B=30\text{mm}$，转子与定子间的最小间隙 $\delta=0.5\text{mm}$。试求：

1）排量 $V=16000\text{mm}^3/\text{r}$ 时，其偏心量是多少？

2）泵的极限排量是多少？

解

1）偏心量

$$e=\frac{V}{4\pi RB}=\frac{16000}{4\pi\times44.5\times30}\text{mm}=0.95\text{mm}$$

2）极限偏心距为

$$e_{\text{lim}}=R-r-\delta=(44.5-41.5-0.5)\text{ mm}=2.5\text{mm}$$

则极限排量为

$$V_{\text{lim}}=4\pi RBe_{\text{lim}}=4\pi\times44.5\times30\times2.5\text{mm}^3/\text{r}=41919\text{mm}^3/\text{r}$$

3. 限压式变量叶片泵

变量叶片泵有单向和双向变量泵之分。单向变量叶片泵只能改变泵的排量大小，不能改变排油方向，而双向变量叶片泵的排量与方向均可改变。

限压反馈式变量叶片泵是单向变量叶片泵，利用压力的反馈作用实现流量变化，分外反馈式、内反馈式两种。这里仅介绍外反馈式变量叶片泵的工作原理。

图2-10为外反馈式变量叶片泵的，转子1的中心 O_1 被轴承支撑在泵壳中，是固定的；定子2可以左右移动，在调压弹簧5向右的预紧弹力作用下，靠向右侧的定子位置控制柱塞4。结合图2-11可知，当柱塞缸内的反馈油压低于调定值 G 时，柱塞被螺钉3限定了位置，使转子中心 O_1 与定子中心 O_2 之间有一个初始偏心距 e_0，e_0决定了泵的调定最大工作流量。因此，变量泵在出口压力小于调定值 p_G 时工作在定量输出阶段，输出流量是由螺钉3调定的初始偏心距 e_0决定的。调节螺钉3可以使流量曲线的 AB 段在坐标系中上下平移。由于压力升高造成内部泄露加大，实际输出流量减小，所以 AB 段向下倾斜。向外调节螺钉3可以使偏心值达到泵的机械结构允许的极限值 $e_{\text{lim}}=R-r$，这时可能造成转子与定子内表面摩擦，因此使用中必须留有一个最小间隙 δ，故 $e_{\text{lim}}=R-r-\delta$，此值对应泵的极限流量。柱塞缸经泵体内通道引入泵的出口油压，此压力通过柱塞对定子产生向左的反馈推力。在反馈油压达到或高于调定值 p_G 后，反馈推力等于或大于弹簧5的预紧力，定子开始压缩弹簧右移，偏心距减小，输出流量也随之减小。泵这时工作在自动变量阶段，输出流量由实际偏心距 e 确定。调节弹簧预紧力调节螺钉6可以改

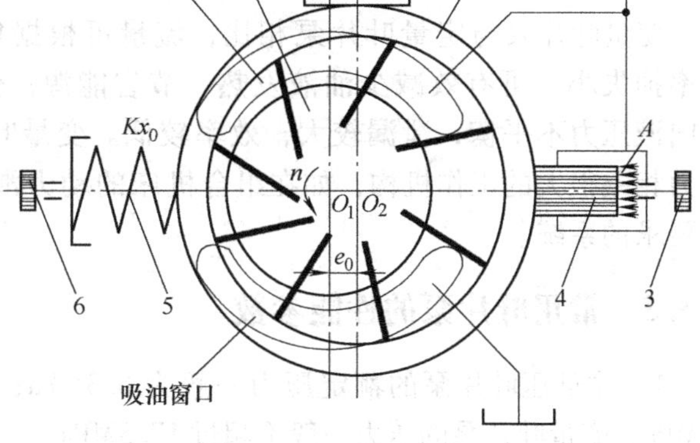

图2-10 外反馈式变量叶片泵工作原理图

1—转子 2—定子 3—柱塞限位螺钉 4—定子位置控制柱塞
5—调压弹簧 6—弹簧预紧力调节螺钉 7—滑块

变调定值 p_G，使 BC 段在坐标系中左右平移。增加弹簧刚度 k，可以使 BC 段变平缓，拉大 GC 两点距离。

当工作压力继续升高到调定的极限压力值 p_C 时，弹簧被压缩到最短，定子中心与转子中心接近重合，偏心距达到最小值，实际流量接近零，输出少量的流量补偿内部泄漏。此时即使外负载继续加大，泵的输出压力也不会继续增加，所以称为限压式叶片泵。

这种变量泵配流盘上的吸、压油窗口是对称分布的。止推滑块 7 设有滚针减摩，用来支承定子向上的油压推力。具体结构如图 2-11 所示。

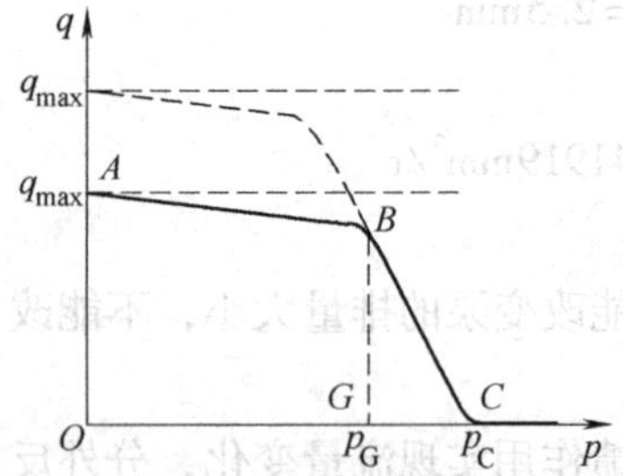

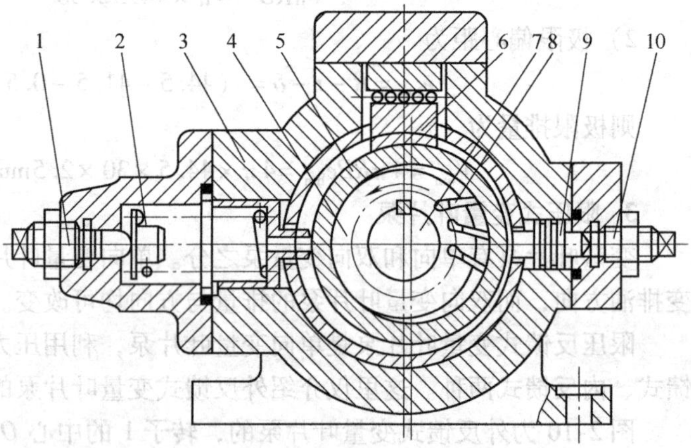

图 2-11　限压式变量叶片泵的特性曲线与结构

1—滚针　2—滑块　3—定子　4—转子　5—叶片　6—柱塞　7—传动轴　8—流量调节螺钉　9—弹簧座　10—弹簧

4. 变量叶片泵的优缺点

变量叶片泵与定量叶片泵相比，流量可根据负载大小自动调节，合理地匹配功率，功率损失小，可有效减少油液发热，节省能源；但结构复杂，体积大，流量脉动较大，径向液压力不平衡，泄漏较大，效率较低。变量叶片泵主要用于驱动快、慢速运动时的推力相差很大的工作机构，如在组合机床的动力滑台上实现快慢速运动以及有工进、保压要求的系统。

2.3.3　常用叶片泵的性能参数

1）中低压叶片泵的额定压力一般为 6.3MPa；双作用式高压叶片泵的压力可达 28～30MPa；变量叶片泵的压力一般不超过 17.5MPa。

2）叶片泵的排量范围为（0.5～4200）$\times 10^3 mm^3/r$；常用的双作用式叶片泵排量为（2.5～300）$\times 10^3 mm^3/r$；变量叶片泵排量为（6～120）$\times 10^3 mm^3/r$。

3）小排量双作用式叶片泵的最高转速可达 8000～10000r/min；中等排量的叶片泵为 1500～2000r/min；常用的变量叶片泵最高转速约为 3000r/min，但最低转速不能小于 800～900r/min。

4）双作用式叶片泵的容积效率可达 0.94；单作用式变量泵的容积效率为 0.8～0.9，但机械效率较低，其总效率为 0.7～0.85。

5）叶片泵的寿命高于齿轮泵，高压叶片泵的使用寿命可达 5000h 以上。

2.4 柱塞泵

柱塞泵是靠柱塞在缸体内往复运动实现吸、压油的。由于柱塞和柱塞孔都是圆柱表面，加工制造方便，容易得到高精度配合，密封性能好，所以柱塞泵的工作压力很高，一般可达30MPa以上。柱塞泵种类很多，按柱塞轴线与泵的转动轴线在空间相对位置不同，可分为径向柱塞泵和轴向柱塞泵两大类。

2.4.1 径向柱塞泵

径向柱塞泵的工作原理图如图2-12所示，它由定子4、转子缸体2、柱塞1、配流轴5、衬套3等组成。沿转子半径方向均匀分布若干个柱塞，柱塞可在缸体内灵活滑动。衬套3与转子内孔过盈配合，随转子一起转动，配流轴5固定不动。当转子按图示方向转动时，由于定子内圆中心和转子中心之间有偏心距 e，柱塞在离心力和低压油作用下与定子内壁靠紧。经过上半周时柱塞外伸，柱塞底部容积逐渐增大，形成局部真空，经过衬套上油孔从配流轴的吸油口吸油。当柱塞转到下半周时，定子内表面强迫柱塞向里推，其底部容积逐渐减小，由配流轴在压油区 c 压油。转子回转一周，每个柱塞完成一次吸压油。转子连续转动，将连续从配流轴上半部两个油孔 a 吸入油液，从配流轴下半部两个油孔 d 压出油液。为了实现配油，在配流轴上与衬套接触处铣削加工出上下两个缺口，其轴向长度大于柱塞进油孔直径，轴向小于140°，形成吸油区 b 和压油区 c。配油轴与缺口对应在轴向未被加工而留下的部分就形成两个封油区，将 b 和 c 隔开，其宽度应适当，以保证吸压油区不连通，也不产生过于严重的困油现象。

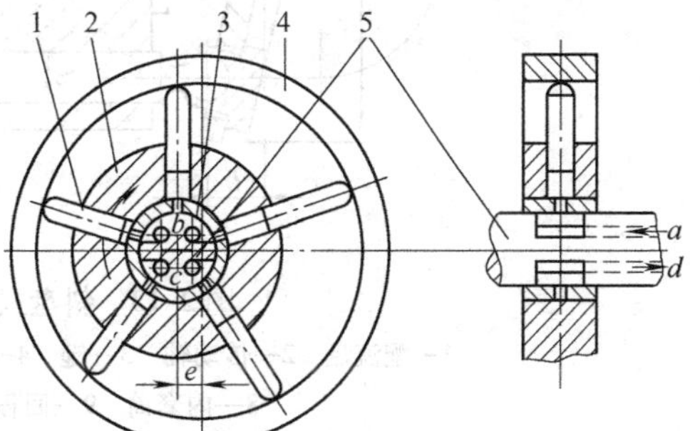

图2-12　径向柱塞泵工作原理图

1—柱塞　2—转子缸体　3—衬套　4—定子　5—配流轴

如果径向柱塞泵的偏心距可变，即成为变量泵。改变偏心距的偏移方向，则输出方向也可改变，即可成为双向变量泵。由于径向柱塞泵的径向尺寸较大，容易泄漏，限制了工作压力和转速的提高，故实际应用较少。

2.4.2 轴向柱塞泵

轴向柱塞泵根据传动结构不同可分为斜盘式（直轴式）和斜轴式（摆缸式），斜轴式又分为双铰式和无铰式两种。

1. 轴向柱塞泵的工作原理

下面以斜盘式轴向柱塞泵为例说明轴向柱塞泵的工作原理。如图2-13所示，斜盘式轴向柱塞泵的主要零件由转子缸体4、柱塞7、传动轴2、固定配流盘1和斜盘11等组成，在缸体均匀分布成若干个密封容积。斜盘法线和缸体轴线倾斜一角度 γ，内套筒8在弹簧6作用下，使缸体端面与配流盘帖紧而形成密封容腔。当传动轴带动缸体从下向上旋转半周内（$\pi\to2\pi$）时，柱塞外伸，容积增大，形成真空，通过配流盘1从右边腰形通孔的吸油窗口吸油；当缸体自上而下旋转半周（0→π）时，柱塞在斜盘 11 作用下，逐渐被压入柱塞孔内，密封容积逐渐减少，油压升高，通过配流盘 1 左边的腰形压油窗口，将油压出泵体外，输入系统。缸体每转一周每个柱塞完成一次吸、压油过程。若改变斜盘倾角 γ，就能改变柱塞行程，排量也就随之改变。若改变斜盘倾角的方向，也就改变了吸、压油方向，所以是双向变量轴向柱塞泵。

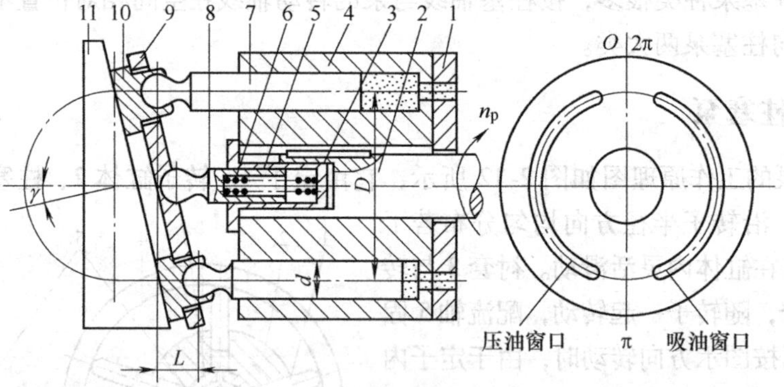

图 2-13　斜盘式轴向柱塞泵的工作原理

1—配流盘　2—传动轴　3—键　4—转子缸体　5—外套筒　6—弹簧　7—柱塞　8—内套筒　9—回程压盘　10—滑履　11—斜盘

2. 轴向柱塞泵的排量与流量

如图 2-13 所示，柱塞直径为 d（mm）；柱塞分布圆直径为 D（mm）；斜盘倾角为 γ，柱塞行程 $L=D\tan\gamma$，柱塞数用 Z 表示；则排量和流量分别为

$$V=\frac{\pi}{4}d^2LZ=\frac{\pi}{4}d^2ZD\tan\gamma \tag{2-14}$$

$$q=Vn\eta_v=\frac{\pi}{4}d^2ZD\tan\gamma n\eta_v\times10^{-6} \tag{2-15}$$

式中，n 为转速（r/min）；η_v 为容积效率；V 的单位为 mm^3/r；q 的单位为 L/min。

柱塞在缸体内运动不是匀速的，因而输出流量有脉动。柱塞数越多，且为奇数时脉动越小。故一般取 $Z=7$、9 或 11 个。

［**例 2-3**］　某轴向柱塞泵有 7 个柱塞，柱塞直径为 23mm，柱塞分布圆直径为 71.5mm。当斜盘倾斜角 $\gamma=20°$时，液压泵的排量为多少？当转速为 1500r/min 时，容积效率为 0.93，此时液压泵的流量是多少？

解

$$V=\frac{\pi}{4}d^2ZD\tan\gamma=\frac{\pi}{4}\times23^2\times7\times71.5\times\tan20°\text{mm}^3/\text{r}=75647.62\text{mm}^3/\text{r}$$

$$q=Vn\eta_v=75647.62\times1500\times0.93\times10^{-6}\text{L/min}=105.53\text{L/min}$$

3. 常用轴向柱塞泵的结构

斜盘式轴向柱塞泵应用较多的有 CY14-1B 型和 ZB 型两种系列。CY14-1B 型系列有 8 种变量型和 1 种定量型，其结构由主体部分和变量机构两部分组成。同规格的各种定、变量泵的主体部分是通用的。

图 2-14 是 CY14-1B 型斜盘式轴向柱塞泵结构图。这种型号的轴向柱塞泵应用最广。图示中零件 1～14 组成泵的主体部分。中间泵体 1 和前泵体 7 构成泵的壳体，每个柱塞的球形头部以铰链形式装在滑靴（滑履）12 中的孔内，可以任意转动。定心弹簧 3 通过内套筒 2、钢球 14 和回程盘 13 将滑靴压紧在变量头斜盘上，使泵体具有一定自吸能力，同时也使缸体与配流盘紧密接触，密封更加可靠，并能自动补偿缸体与配流盘之间的磨损。缸体 5 由传动轴 8 通过花键连接带动旋转，使均匀分布在缸体内的容积产生变化。油液通过缸体端部的月牙形孔和配流盘腰形窗口完成吸压油过程。缸体用铝铁青铜制造，外面镶有钢套 4，支承在圆柱滚子轴承 11 上，承受斜盘的径向分力，消除传动轴及缸体径向力或弯曲力矩。缸孔中的压力油经柱塞中心孔和滑靴中心孔进入滑靴与斜盘之间，形成静压油垫，减少二者间的磨损并提高寿命。

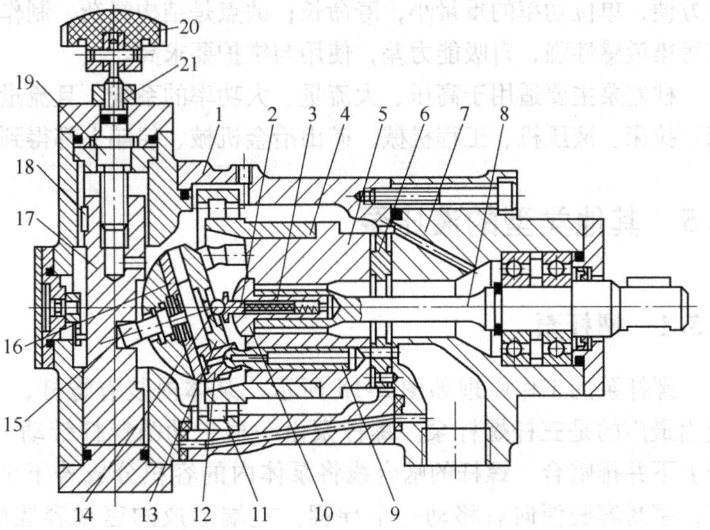

图 2-14　CY14-1B 型斜盘式轴向柱塞泵的结构图

1—中间泵体　2—内套筒　3—定心弹簧　4—钢套　5—缸体　6—配流盘　7—前泵体　8—传动轴　9—柱塞　10—外套筒　11—滚子轴承　12—滑靴　13—回程盘　14—钢球　15—销轴　16—斜盘　17—活塞　18—滑键　19—螺杆　20—手轮　21—螺母

图中 15～21 组成泵的变量机构。活塞 17 由装在其上面的滑键 18 防止转动。转动手轮 20，螺杆 19 随之转动，变量活塞使销轴 15 上下移动，配流盘 6 绕钢球 14 的中心摆动，使倾角改变（$\gamma=0°\sim20°$），从而改变泵的排量。调节后用螺母 21 将螺杆 19 固定。

变量机构有手动变量、手动伺服变量、压力补偿式变量等多种形式。

2.4.3　常用柱塞泵的性能参数

1）常用柱塞泵的额定压力为 20～48MPa，主要应用在高压系统中，某些专用柱塞泵的最高压力可达 160MPa。

2）柱塞泵的排量范围为（0.1～3000）$\times10^3mm^3/r$ 。

3）小排量柱塞泵的转速可超过 10000r/min，中等排量的柱塞泵转速范围为 3000～5000r/min，大规格柱塞泵可达 2000r/min。

4）柱塞泵的的容积效率和机械效率较高，总效率可达 0.9 以上。

5）柱塞泵的使用寿命一般可达 10000～12000h。

2.4.4　柱塞泵的优缺点及应用

柱塞泵工作压力高，可加工性好，配合精度高，密封性好，结构紧凑，效率高，流量调节方便，单位功率的重量小，寿命长；缺点是结构复杂，制作工艺要求较高，价格贵，油液抗污染敏感性强，自吸能力差，使用与维护要求高。

柱塞泵主要适用于高压、大流量、大功率的系统，且流量需要调节的场合，如在龙门刨床、拉床、液压机、工程机械、矿山冶金机械、船舶上都得到广泛应用。

2.5 其他类型的液压泵

2.5.1 螺杆泵

螺杆泵的工作原理如图 2-15 所示，泵体内装有螺杆，一般分为二杆、三杆螺杆泵，应用最广的是三杆螺杆泵。螺杆泵由一根主动凸螺杆带动。主动螺杆在中间，两从动螺杆上下并排啮合，螺杆的啮合线将泵体内的容积分成若干个密封容腔，主动螺杆每转一转，密封容腔便向右移动一个导程。左端形成的密封容腔的容积不断增大，实现吸油。转过一定角度的容腔将油液封入密封容腔并随着转动向右移动，右端工作腔容积不断减少，将油液压出。

螺杆泵的优点是结构紧凑，体积小，重量轻，运转平稳，输出油液均匀，噪声小，对油液污染敏感性差，容积效率高；缺点是齿形复杂，制造较困难，成本高，价格较贵。

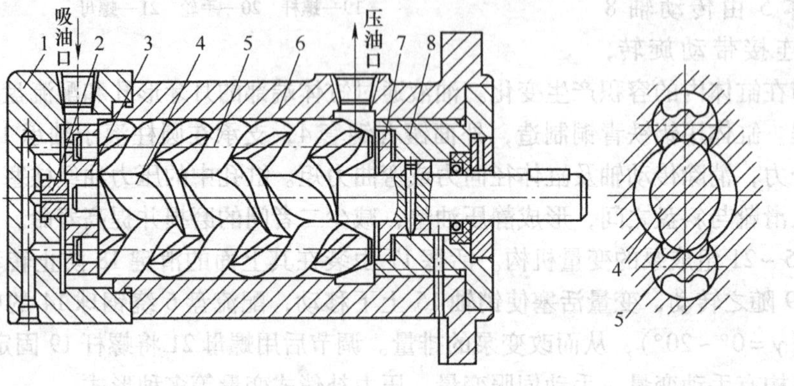

图 2-15　螺杆泵的工作原理与结构图

1—后泵盖　2—限位铜垫　3—轴承　4—主动螺杆　5—从动螺杆　6—泵体　7—轴承　8—端盖

2.5.2 内啮合齿轮泵

内啮合齿轮泵分为渐开线齿形和摆线齿形两种。渐开线内啮合齿轮泵的工作原理如图 2-16a 所示，由传动轴带动主动小齿轮转动，使内齿轮同向转动。为将吸压油区隔开，其设有与泵体固定的月牙形隔板。图 2-16b 为摆线齿形内啮合泵，在转动过程中，主动小齿轮的齿顶始终与内齿轮表面接触，可将吸油区与压油区隔开，完成密封容积的周期变化。内啮合齿轮泵的共同特点是结构紧凑，尺寸小，重量轻，运转平稳，噪声小，容积效率在高速下很高。且可正、反转，所以可当做马达使用；但其齿形不易加工，需要专门的加工设备，制造成本较高。

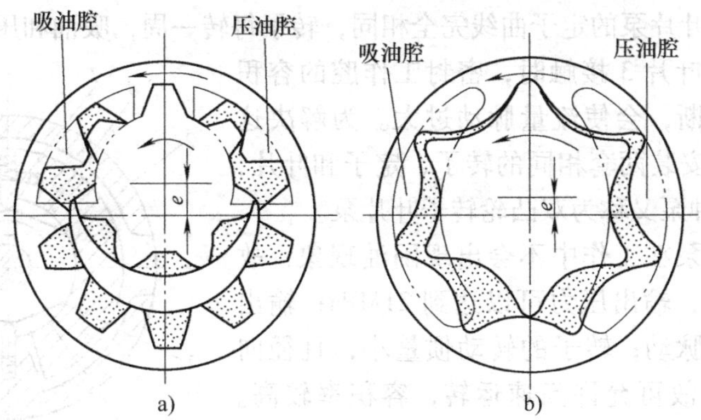

图 2-16　内啮合齿轮泵工作原理

2.5.3　双联泵

双联泵是将两套液压泵并联装在一起工作的组合泵，齿轮泵、叶片泵及柱塞泵均可做成双联泵。图 1-17 为双联叶片泵的结构图。在同一个泵体内安装了两套双作用叶片泵的泵心组件。这种双联泵用一根传动轴驱动两个转子，有一个公共的吸油口、两个独立的压油口。两个泵的流量可根据需要选用，可选用等量流量，也可以选用不等量流量，且可以合并供油。一般情况下，为满足重载快慢速场合的需要，双联叶片泵是由一个低压大流量泵和一个高压小流量泵组成。轻载快速运动时两个泵同时供油，而重载慢速运动（工进）时高压小流量泵单独供油，同时低压大流量泵卸荷。这样做的优点是功率匹配，降低功率损失，减小油液发热。双联泵也常用于机床等大型设备及有两个互不干扰独立油路要求的液压系统中。

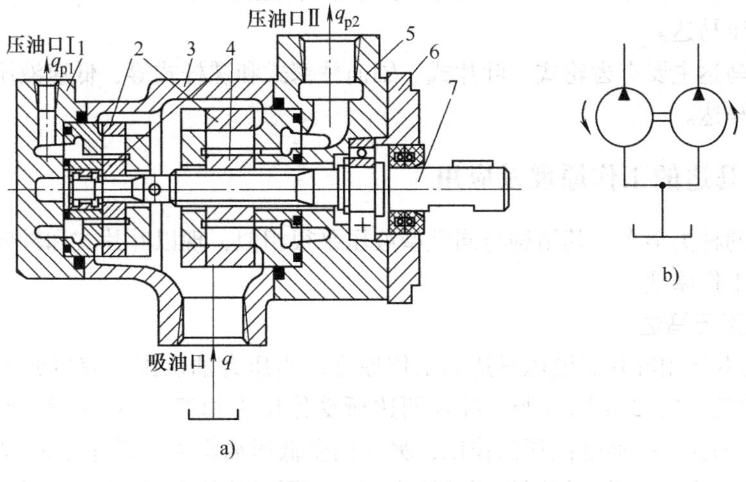

图 2-17　双联叶片泵的结构图

1—后泵盖　2—定子　3—泵体　4—转子　5—前泵体　6—压盖　7—传动轴

2.5.4　凸轮转子泵

凸轮转子叶片泵是将叶片装在定子上的叶片泵，工作原理如图 2-18 所示。转子 1 的曲线轮廓与双作用式叶片泵的定子曲线完全相同，转子每转一周，吸油和压油各两次。当转子转至大圆弧部分与叶片3接触时，密封工作腔的容积停止变化，输油中断，会使流量脉动过大。为解决这个问题，可在泵内安装两套相同的转子、定子和叶片，相互错开90°。这种泵又称为双凸轮转子叶片泵。

凸轮转子叶片泵在工作中不会出现困油现象，故运转平稳，噪声小，输出压力可以达到21MPa；输出流量均匀，基本无脉动；转子的转动惯量小，且径向液压力完全平衡，故可允许高速运转，容积率较高。但凸轮转子叶片泵的制造精度较高，并且对油液的污染比较敏感。在一些要求较高的液压系统中应用较多。

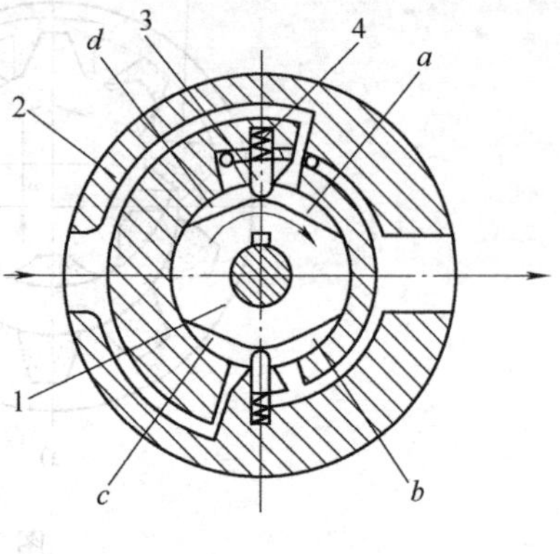

图2-18　凸轮转子叶片泵

1—转子　2—定子　3—叶片　4—弹簧

2.6　液压马达

液压马达是液压执行器件，是将油液的压力能转换为机械能的能量转换装置。液压马达与液压泵的工作原理是相反的，给液压泵输入高压油液，可以使其成为液压马达，输出转矩和转速。但是因功用不同，液压马达在实现正反转、正常起动与制动、转速范围调节、低速稳定性等方面有特定要求，因此实际结构与液压泵有区别，两者不能互换使用。

2.6.1　液压马达的分类

液压马达与液压泵的分类方法基本相同，即按其结构形式分为齿轮式、叶片式和柱塞式，按其排量是否可调分为变量式和定量式，按其转速是否高于500r/min又分为高速液压马达和低速液压马达。

高速液压马达主要有齿轮式、叶片式、轴向柱塞式和螺杆式等；低速液压马达主要有各类径向柱塞式马达。

2.6.2　液压马达的工作原理及应用

液压马达的种类很多，其结构与同类型液压泵很相似，现以叶片式和轴向柱塞式液压马达为例介绍其工作原理。

1. 叶片式液压马达

图2-19为双作用叶片式液压马达的工作原理。当压力油从配流窗口通入进油腔后，叶片2、6在进油腔，4、8在回油腔，叶片两边所受作用力相等，不产生转矩，而叶片3、7和1、5处在封油区，一面受高压油作用，另一面受低压油作用。但叶片3、7的伸出量比叶片1、5长，虽然压力一样，但因作用面积不同，作用于叶片3、7的总液压力比作用于叶片1、5的总液压力大，转子产生顺时针方向的转矩。输出转矩大小与进出口压差和排量有关。

为了满足正、反转的要求，叶片沿径向安放，无倾角，进、回油口通径一样大，叶片根部与进油腔相通，使叶片与定子内表面接触紧密。为保证接触良好，在叶片根部的压力油进口上应安装单向阀，并在根部安装预紧弹簧。

叶片式液压马达的主要优点是体积小，转动惯量小，动作灵敏，易起动和制动，便于调

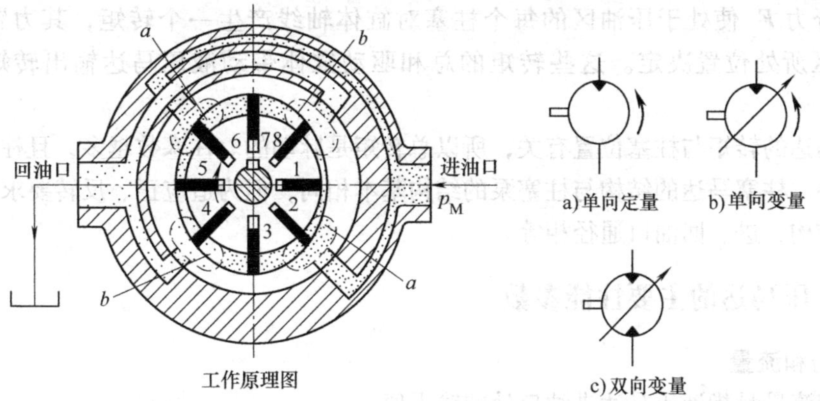

图 2-19 双作用叶片式液压马达的工作原理与图形符号

速和换向；但缺点是起动转矩较低，泄漏量大，低速稳定性差。叶片式液压马达适用于换向频繁、高转速、低转矩和动作要求灵敏的场合。

2. 轴向柱塞液压马达

轴向柱塞液压马达在机床液压系统中应用较多，其结构和轴向柱塞泵基本相同。图2-20为斜盘式轴向柱塞马达的工作原理图。斜盘1和配流盘4固定不动，转子（缸体）2和液压马达传动轴5用键相连并一起转动。斜盘与缸体轴线倾斜夹角为γ，柱塞3轴向安装在缸体柱塞孔内。当压力油通过配流窗口进入缸体时，压力油对柱塞产生作用力，将柱塞顶出压在斜盘端面上，斜盘给每个柱塞的反作用力F是垂直于斜盘端面的，此力分解为两个分力，即轴向分力F_X，它与柱塞上的液压推力相平衡，另一个是径向分力F_Y与柱塞轴线垂直，且对缸体轴线产生转矩，从而驱动马达轴逆时针转动，输出转矩和转速。如果改变输油方向，液压马达则顺时针转动。改变倾角就可改变排量，成为变量马达。

轴向分力F_X为

$$F_X = \frac{\pi}{4}d^2p \tag{2-16}$$

径向分力F_Y为

$$F_Y = F_Y\tan\gamma = \frac{\pi}{4}d^2p\tan\gamma \tag{2-17}$$

式中，d为柱塞直径（mm）；p为工作压力（Pa）。

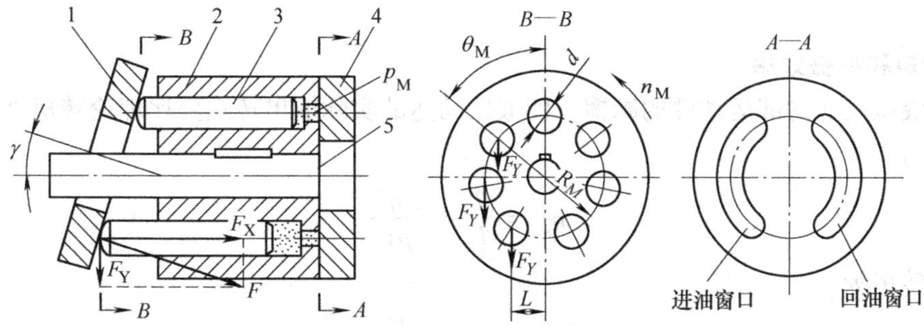

图 2-20 斜盘式轴向柱塞液压马达的工作原理图

1—斜盘 2—缸体 3—柱塞 4—配流盘 5—轴

径向分力 F_y 使处于压油区的每个柱塞对缸体轴线产生一个转矩，其力臂大小由柱塞在进油区所处位置决定。这些转矩的总和驱动缸体带动液压马达输出转矩并逆时针旋转。

柱塞马达的转矩与柱塞位置有关，所以总转矩是脉动的。柱塞数越多，且柱塞数为单数时脉动越小。柱塞马达的结构与柱塞泵的结构基本相同，但为适应正、反转要求，配流盘应做成对称结构，进、回油口通径相等。

2.6.3 液压马达的主要性能参数

1. 压力和流量

压力和流量是指液压马达进油口处的输入值。

2. 排量

液压马达的排量 V 为马达轴每转一转，密封容积的总变化量。由于在同样输入压力下，排量大的马达能够输出的转矩大。因而排量是衡量液压马达工作能力的一个重要参数。

在不计任何损失时，马达的理论输入功率应该等于其输出的理论机械功率，即

$$pq_t = T_t\omega = T_t 2\pi n$$

而 $q_t = Vn$，所以马达的理论转矩为

$$T_t = \frac{pV}{2\pi} \tag{2-18}$$

3. 容积效率与转速

与液压泵不同，液压马达输入的实际流量因泄漏等损失要比理论流量大，所以容积效率为

$$\eta_v = \frac{q_t}{q} \tag{2-19}$$

式中，q_t为液压马达的理论流量；q 为液压马达的实际输入流量。

液压马达的转速 n（r/min）为

$$n = \frac{q}{V}\eta_v \tag{2-20}$$

当马达转速过低时，就保证不了均匀的速度，转动时会产生时动时停的不稳定状态，即为爬行现象。一般要求高速马达最低稳定转速为 10r/min，低速马达最低稳定转速为 3r/min。

4. 转矩和机械效率

由于液压马达内部运动件的摩擦，使液压马达的实际输出转矩要比理论转矩小，所以其机械效率为

$$\eta_m = \frac{T}{T_t} = \frac{2\pi T}{pV} \tag{2-21}$$

输出转矩为

$$T = T_t\eta_m = \frac{pV}{2\pi}\eta_m \tag{2-22}$$

式中，T 为马达的实际输出转矩；T_t为马达的理论转矩；p 为马达的输入工作压力。

5. 功率和总效率

液压马达输入功率为液压能，输出功率为机械能。

输入功率

$$P_i = pq \tag{2-23}$$

输出功率

$$P_o = T\omega = 2\pi nT \tag{2-24}$$

液压马达的总效率为

$$\eta = \frac{P_o}{P_i} = \frac{2\pi nT}{pq} = \frac{2\pi T}{pV}\eta_v = \eta_m\eta_v \tag{2-25}$$

由式（2-25）可以看出，液压马达的总效率等于机械效率与容积效率的乘积。

［**例 2-4**］ 某液压马达的进油压力为 10MPa，排量为 $200\times10^3 mm^3/r$，总效率为 0.75，机械效率为 0.9，试计算：

1）该马达能输出的理论转矩。

2）若马达的转速为 500r/min，则输入马达的流量是多少？

3）负载为 200N · m（n = 500r/min）时马达的输入功率和输出功率各为多少？

解

1）理论转矩

$$T_t = \frac{pV}{2\pi} = \frac{10\times10^6\times200\times10^3\times10^{-9}}{2\pi}N\cdot m = 318.47N\cdot m$$

2）转速 $n = 500r/min$ 时，马达的理论流量为

$$q_t = Vn = 200\times10^3\times10^{-6}\times500L/min = 100L/min$$

因为容积效率为

$$\eta_v = \frac{\eta}{\eta_m} = \frac{0.75}{0.90} = 0.8333$$

所以输入流量为

$$q = \frac{q_t}{\eta_v} = \frac{100}{0.8333}L/min = 120L/min$$

3）当压力为 10MPa 时，它输出的实际转矩为 $318.47\times0.9N\cdot m = 286.62N\cdot m$。如果负载为 200N · m，由于进口压力由负载决定，所以进口压力不是 10MPa，而是 $10\times10^6\times200/286.62Pa = 6.98\times10^6Pa$。所以，此时马达的输入功率为

$$P_i = pq = 6.98\times10^6\times\frac{120}{60}\times10^{-3}W = 13.96\times10^3W = 13.96kW$$

输出功率为

$$P_o = P_i\times\eta = 13.96\times0.75kW = 10.47kW$$

2.7 液压泵与液压马达的选用

在液压系统的设计工作中，主要的工作是正确选用液压泵与液压马达。为此，应该解决基本参数的选用与计算等问题，保证所选用的液压泵或液压马达工作可靠，功率匹配，效率合理，节约能源。

2.7.1 液压泵的选用

目前常用的液压装置可以分为固定设备和运动设备。固定设备包括机床、液压机、注塑机等，以中压居多，个别会达到25MPa；其特点是转速固定、环境温度稳定、维修方便、噪声要控制在70～80dB以下。运动设备多采用高压系统，个别可达40MPa；特点是转速和环境温度变化范围大；粉尘多；噪声可控制在90dB以下。液压泵的选用要根据液压设备的工作性能、系统工作压力和流量来确定泵的类型、输出流量和出口压力。其中，输出流量的大小由执行元件所需的运动速度决定，泵的出口压力由系统负载决定。此外，还要计算出拖动泵运转的电动机的规格。

1. 液压泵类型的确定

确定液压泵类型时应考虑如下几点：①确定液压系统的工作压力。2.5MPa以下的低压系统宜采用齿轮泵，2.5～6.3MPa的中压系统宜采用叶片泵，6.3～10MPa的高压系统宜采用高压齿轮泵和高压叶片泵，10MPa以上的高压系统宜采用柱塞泵；②液压系统的负载功率。负载小、功率小的液压设备可用齿轮泵、双作用叶片泵，负载大、功率大的液压设备（如龙门刨床、液压机、工程和锻压机械等）可采用柱塞泵；③系统的工作速度要求。有高快速和稳定慢速工作行程的设备，如组合机床等，为使能源利用合理，可采用限压式变量叶片泵、双联叶片泵；④设备的平稳性要求。在特殊精密设备上（如镜面磨床、注塑机等），为减小振动和噪声，可采用双作用叶片泵、螺杆泵，那些平稳性、脉动性及噪声要求不高的系统可采用中高压齿轮泵；⑤经济性。应尽可能针对设备要求选用性价比高的液压泵，机械辅助装置（如送料、夹紧、润滑等装置）宜采用价格低的齿轮泵；另外，液压泵选用时还要考虑自吸能力和抗污染能力。

为了便于比较和更好地选择液压泵，表2-1中列出了各类常用液压泵的性能、规格及应用范围。

表2-1 常用液压泵的性能、规格及应用范围

性能 \ 类型	齿轮泵		螺杆泵	叶片泵		轴向柱塞泵		径向柱塞泵（轴配流）
	外啮合	内啮合		双作用	单作用	斜盘式	斜轴式	
额定压力范围/MPa	2.5～17.5，个别31.5	1.6～31.5	2.5～10	6.3～21，个别31.5	6.3	10～40	10～40	10～20，个别31.5
排量范围/(mL/r)	0.25～630	0.63～315	1～9000	0.63～450	1～315	0.25～560	0.25～3550	20～710
转速范围/(r/min)	300～7000	300～4000	1000～18000	600～2000	600～6000	600～6000	600～6000	700～2000
容积效率	0.75～0.90	0.85～0.96	0.75～0.95	0.80～0.94	0.80～0.90	0.90～0.95	0.90～0.98	0.85～0.90
总效率	0.65～0.80	0.7～0.90	0.70～0.90	0.75～0.85	0.70～0.80	0.85～0.90	0.85～0.90	0.8～0.85
流量脉动(%)	11～27	1～3	<1	很小		1～5	1～5	<2

（续）

类型 性能	齿轮泵		螺杆泵	叶片泵		轴向柱塞泵		径向柱塞泵（轴配流）
	外啮合	内啮合		双作用	单作用	斜盘式	斜轴式	
排量能否调节	不能	不能	不能	不能	能	能	能	能
自吸能力	好	很好	很好	较差	较差		差	差
污染敏感性	不敏感	不敏感	最不敏感	较敏感	较敏感	很敏感		敏感
噪声	较大	小	小	小	较大	大	大	大
寿命	较短		长	长	中等	长	长	长
价格	低	较高	高	中等	较高	高	高	高
用途	主要用于2.5MPa以下的机床液压系统及低压大流量的系统中，中高压系统用于工程机械、航空造船等方面		用于食品、化工、石油、精密加工设备，如镜面磨床	用于机床、注塑、运输装卸及工程机械设备	中低压系统应用较多，如高精度平磨、塑料机械及组合机床	在高压系统中应用广泛，如锻压、冶金矿山、起重运输、工程建筑、造船等方面		主要用于10MPa以上的液压系统或固定设备，如拉床、压力机，目前应用最少

2. 确定泵的工作压力

液压泵的工作压力应大于液压系统中所有执行机构中所需的最大工作压力，即

$$p_B \geqslant K_1 p_{max} \tag{2-26}$$

式中，K_1是考虑执行元件至泵之间的压力损失所取的系数，一般取$K_1=1.1\sim1.5$。

液压泵产品说明书或铭牌上标注的是额定压力和最高压力值。实际应用时应根据最大负载计算出执行元件的最大压力，然后按式（2-26）计算出泵的工作压力，再选择额定压力大于此值的液压泵。注意不能选择最高压力值等于计算工作压力的泵，否则泵在工作中可能长时间超载，其效率和寿命会迅速降低。

3. 确定泵的输出流量

液压泵的输出流量q（L/min）应大于或等于液压系统中同时工作的各个执行元件所需的最大流量q_{imax}之和，即

$$q \geqslant K_2 \sum q_{imax} \tag{2-27}$$

式中，K_2是考虑系统泄漏的系数，一般取$K_2=1.1\sim1.3$。

液压泵标明的是泵的额定流量值，此值是泵在额定压力和额定转速下的实际输出流量。根据式（2-27）计算出泵的输出流量后，要选额定流量大于此输出流量的泵。在使用选定的液压泵时，应注意保证该泵额定流量对应的规定转速。为了达到规定的容积效率，不允许通过改变转速来实现定量液压泵的流量变化。需要改变流量时，可用节流阀或变量泵来实现。

4. 液压泵配套电动机的选择

与液压泵配套的电动机的功率 P（kW）的计算公式为

$$P = \frac{pq}{60\eta} \tag{2-28}$$

式中，p 是泵的实际工作压力（MPa）；q 是额定流量（L/min）；η 是液压泵总效率。

在液压泵产品说明书中给出的配套电动机的功率值，是指泵在额定流量及额定压力下的值。但由于一般情况下选出的泵的额定值是大于实际值的，所以最好按实际工作压力计算和选取配套电动机的功率，以免资源浪费。

应用中，电动机可直接通过联轴器与泵连接，或通过减速器来实现转速的匹配。

2.7.2 液压马达的选用

液压马达的选择与液压泵的选择原则大体相同。由于用途不同，它们在结构上有一定差别。应用时要注意二者结构上的异同，不能互换使用。

通常，为获得连续转动的机械能，应尽量采用电动机。原因是液压马达成本高，结构复杂。但在空间结构要求特别紧凑和大范围无级调速时，更适合选用液压马达。在精度和效率要求不高、功率小、低价格的条件下，可选用齿轮式液压马达；而高速、小转矩及要求动作灵敏的工作场合（如磨床液压系统），应选用叶片式液压马达；低速大转矩、大功率的场合应选用柱塞式液压马达。特别是要求低于 5r/min 的稳定转速时，应选用大转矩低速径向液压马达可以免去庞大的减速机构。

液压马达在选择时应尽量与液压泵匹配，减少功率损失，提高效率，同时要注意以下几点。

1）液压马达的起动性能。不同类型的液压马达，由于内部受力部件的摩擦力不同，所以起动机械效率不同。例如齿轮式马达的起动机械效率只有 0.6 左右，而高性能低速大转矩液压马达的效率可达 0.9 左右。

2）液压马达的转速及低速稳定性。液压马达的转速取决于供油的流量及马达本身的排量。容积效率过低会造成低速时转速、转矩不稳定。所以，选择时要注意满足最低稳定转速要求。

3）调速范围。调速范围由允许的最高速和最低速决定。为了满足设备的要求，调速范围越大越好，但负载变化范围大会造成调速范围减小。当调速范围不能满足要求时，还需装变速机构，会使传动机构复杂化。因此，选择调速范围宽的液压马达不但有好的低速稳定性，还有好的高速性能。

2.8 习题

1. 液压泵的工作原理是什么？其工作压力取决于什么？
2. 齿轮泵改善泄漏、困油现象和径向力不平衡的措施有哪些？
3. 图 2-21 所示的三齿轮泵中，已知旋转方向，试标出吸排油口和油液的流动方向。
4. 根据图 2-22 所示的条件，判断叶片马达的旋转方向。
5. 如果将图 2-23a 所示的配流盘（*A*—*A*）从设计装配位置偏转 90°安装，即图 2-23b 所示位置，输出流量有无变化？怎样变化？

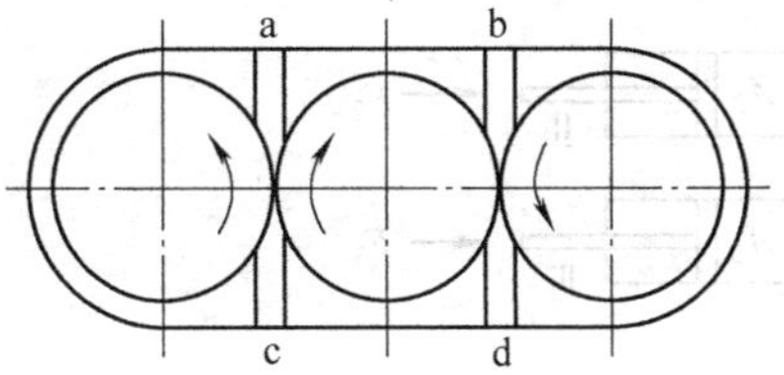

图 2-21　题 3 图

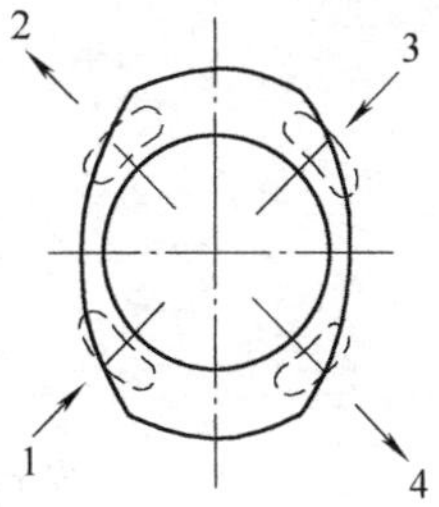

图 2-22　题 4 图

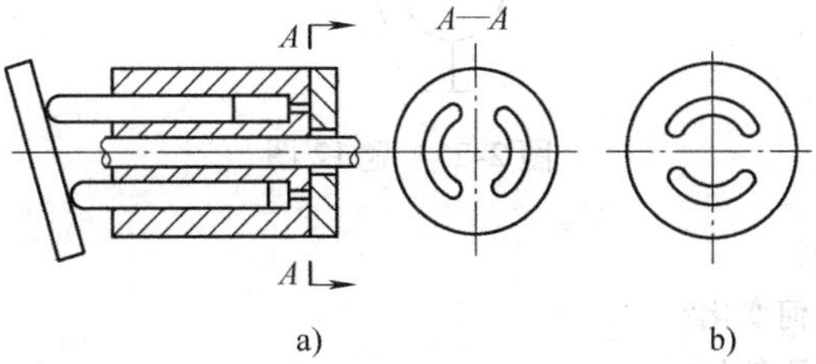

图 2-23　题 5 图

6. 已知液压泵的额定压力为 p_e，额定流量为 q_e，如果忽略管路损失，试确定在图 2-24 所示各个工况下泵的工作压力 p（压力表读数）各为多少。

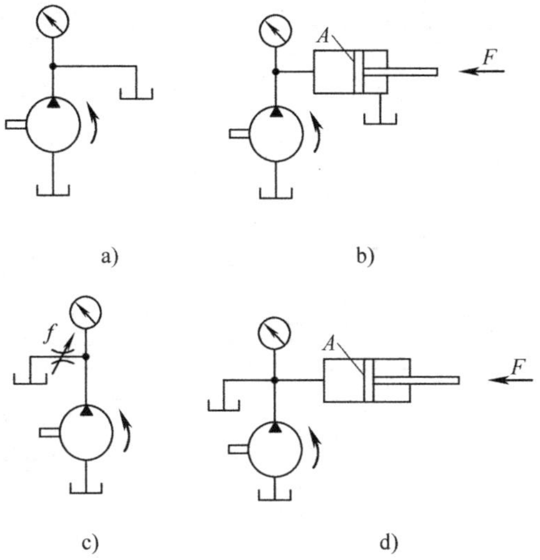

图 2-24　题 6 图

7. 已知齿轮泵的齿数为 15，模数为 3mm，宽度为 25mm，转速为 450r/min，容积效率为 0.8。求齿轮泵的理论流量和实际流量。

8. 液压泵的输出压力为 10MPa，排量为 $10000\text{mm}^3/\text{r}$，机械效率 0.95，总功率为 0.855，当转速为 1400r/min 时，泵的输出功率和驱动泵的电动机功率各为多少？

9. 液压泵的额定流量为 100L/min，额定压力为 2.5MPa，当转速为 1450r/min 时，机械效率为 0.9。由实验测出，当泵出口压力为零时，流量为 106L/min，压力为额定压力时，流量为 100.7L/min，求：

1）泵的容积效率。

2）当泵的转速降至 500r/min，在额定压力下工作时的流量。

3）上述两种转速下泵的驱动功率。

10. 变量叶片泵转子外径 $d = 83\text{mm}$，定子内径 $D = 89\text{m}$，叶片宽度 $B = 30\text{mm}$，额定转速为 1450r/min。试求：

1）叶片泵排量为 $16 \times 10^3\text{mm}^3/\text{r}$ 时的偏心矩及流量。

2）叶片泵的最大排量及流量。

11. 某变量轴向柱塞泵共有 9 个柱塞，其柱塞分布直径为 $\phi125\text{mm}$，柱塞直径为 $\phi16\text{mm}$。若液压泵的转速是 3000r/min，其输出流量为 50L/min，斜盘角度为多少？（忽略泄漏的影响）

12. 如图 2-25 所示的液压系统中，液压缸活塞面积 $A_1 = A_2 = A_3 = 20\text{cm}^2$，所承受的负载为 $F_1 = 4000\text{N}$，$F_2 = 6000\text{N}$，$F_3 = 8000\text{N}$，泵的流量为 q，试分析：

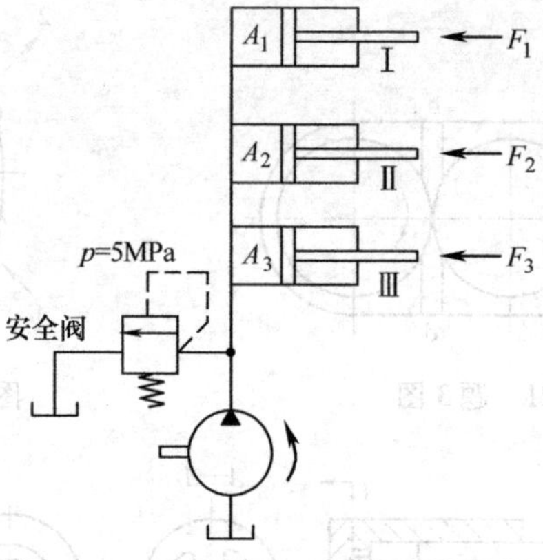

图 2-25　题 12 图

1）三个缸是怎样动作的？

2）液压泵的工作压力有何变化？

3）各液压缸的运动速度是多少？

13. 通过拆装实物比较液压泵和液压马达的异同。

第3章　液　压　缸

液压缸是液压传动系统的执行元件，是把液压能转换成机械能的能量转换装置，用于驱动工作机构完成直线往复运动或往复摆动。液压缸结构简单，工作可靠，与杠杆、连杆、齿轮齿条、棘轮棘爪、凸轮等机构配合，能实现多种机械运动，应用广泛。与其他液压元件相比，由于标准液压缸的几何参数和结构并不一定能满足具体工作机构的要求，因此工程实际中经常需要对液压缸进行设计、制造。

3.1 液压缸的类型与功率参数计算

液压缸按其结构形式的不同，可分为活塞式、柱塞式、摆动式、伸缩式等形式，其中以活塞式液压缸应用最广。按照给液压缸的供油方式，可分为单作用式和双作用式液压缸。只将高压油一个方向供给液压缸，液压缸只能按一个方向输出机械能，这种液压缸称为单作用液压缸，其回程需要其他外力帮助实现，如栓塞缸。双向供油并能双向输出机械能的液压缸称为双作用缸。液压缸的输入功率为液压功率，其参数为 p、q；输出功率为机械功率，其参数为 F、v。所谓两种形式的能量转换，就是要建立两者功率参数之间的关系。

3.1.1 液压缸的有效面积与负载

1. 液压缸的腔体与有效面积

在液压缸中，输入高压油液的工作容积称为工作腔。当液压缸被活塞或叶片分成两个以上腔体时，排出油液的腔体称为回油腔或背压腔。一般情况下，回油要克服沿程或局部损失的液阻，或在回油的管路上接节流、顺序、溢流等阀类，就会使回油腔内的油液具有一定压力，这个回油压力称为背压。

能够将液体压力转换成作用力并做功的面积称为有效面积 A。在进行负载能力和运动速度计算时都要用到有效面积，不同结构的液压缸中有效面积是不同的。有效面积是指液压缸的运动零件与液体相接触的面积在与运动方向相垂直的平面上的投影面积。

2. 液压缸的输出推力（或转矩）与负载

液压缸的输出推力 F（或输出转矩 T）是液体压力与有效面积相乘后的作用力在输出方向的合力（或对转动轴线的合转矩），也常称为液压缸的作用力。推力是个形象的习惯名称，实际上液压缸的运动件有受压和受拉两种受力状态。

负载是外部机构作用在缸体运动零件上，与输出推力相平衡的力或转矩。液压缸的负载有工作负载、摩擦负载、惯性负载等。当工作负载的作用方向与运动方向相反时为正值负载，与运动方向相同时为负值负载。

3.1.2 活塞式液压缸

活塞式液压缸由活塞将缸体内的密封空间分为两个工作腔，有双杆式、单杆式和无杆式三种。在使用中可以将缸体与机架固定连接，活塞杆与运动部件连接，这种安装方式称为缸固式安装。也可以采用杆固式安装方式。这两种安装形式的进油连接结构、活塞杆受力状态、工作台的运动范围等不同，要注意区分。

1. 双杆式活塞缸

双杆式活塞缸的活塞两端都有带有活塞杆，一般将活塞杆直径设计成相等的，如图 3-1 所示。这种缸有两种不同的安装方式。图 3-1a 为缸固式液压缸的工作原理图。其缸筒 1 固定在机床床身上，工作台 4 与双活塞杆 3 相连。缸筒 1 的两端设有进、出油口，动力由活塞杆传出。当油液从 a 口进入缸左腔时，推动活塞 2 带动工作台 4 向右运动，缸右腔中的油液从 b 口回油；当油液从 b 口进入时，活塞杆带动工作台反向运动。由图可见，在这种安装方式下机床工作台的移动范围约等于活塞有效行程 L 的三倍，占地面积较大，常用于中、小型设备。

图 3-1b 为杆固式双杆活塞缸的结构。其活塞杆常是空心的，固定在机床床身的两个支架上，缸筒则与机床工作台相连。进、出油口可以做在活塞杆的两端（油液从空心的活塞杆中进出），也可以做在缸筒两端（但要使用软管连接）。液压缸的动力由缸筒传出。当油液从左腔进入时，缸筒带动工作台向左运动，右腔回油；当油腔从右腔进入时，工作台则向右运动。在这种安装方式下，机床工作台的移动范围约等于缸筒有效行程 L 的两倍，占地面积小，常用于大、中型设备。

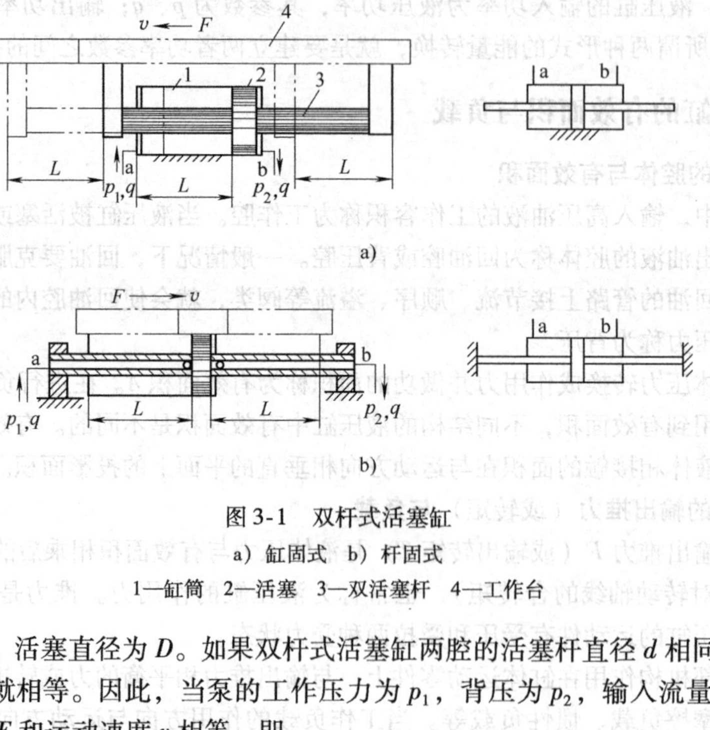

图 3-1　双杆式活塞缸

a）缸固式　b）杆固式

1—缸筒　2—活塞　3—双活塞杆　4—工作台

在图 3-1 中，活塞直径为 D。如果双杆式活塞缸两腔的活塞杆直径 d 相同，那么两腔的有效作用面积 A 就相等。因此，当泵的工作压力为 p_1，背压为 p_2，输入流量为 q_1 时，两个方向的液压推力 F 和运动速度 v 相等，即

$$F = A(p_1 - p_2)\eta_{cm} = \frac{\pi}{4}(D^2 - d^2)(p_1 - p_2)\eta_{cm} \tag{3-1}$$

$$v = \frac{q_1\eta_{cv}}{A} = \frac{4q_1\eta_{cv}}{\pi(D^2 - d^2)} \tag{3-2}$$

式中，η_{cm}为液压缸的机械效率，常取$\eta_{cm}=0.9$；η_{cv}为液压缸的容积效率，用活塞环密封时，$\eta_{cv}\approx 0.98$；用密封圈密封时，$\eta_{cv}\approx 1$。

对于细长双杆活塞缸，实际工作时要尽可能使活塞杆处于受拉状态。

2. 单杆式活塞缸

单杆式活塞缸只有一端有活塞杆。如图3-2所示，单杆活塞缸推动工作台的移动范围是活塞有效行程L的两倍，结构紧凑，应用广泛。

由于单杆活塞缸只有一根活塞杆，所以两腔的有效作用面积A_1与A_2不同。如图3-3所示，当供油压力为p_1，流量为q_1，背压为p_2时，向两个方向运动的推力F和运动速度v不相等。

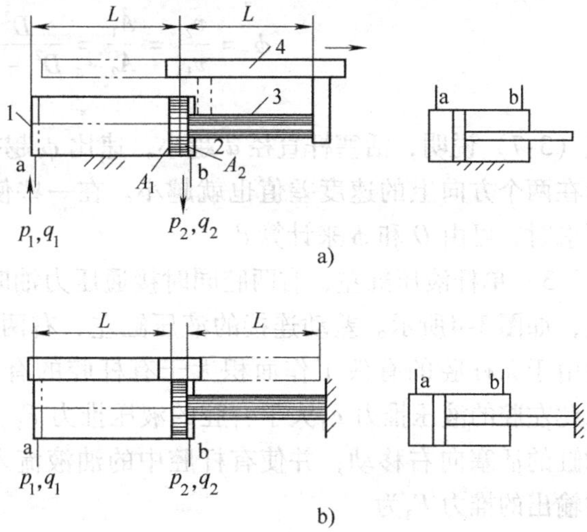

图3-2　单杆式活塞缸

a）缸固式　b）杆固式

1—缸筒　2—活塞　3—活塞杆　4—工作台

1）当无杆腔进油，有杆腔回油时，如图3-3a所示。

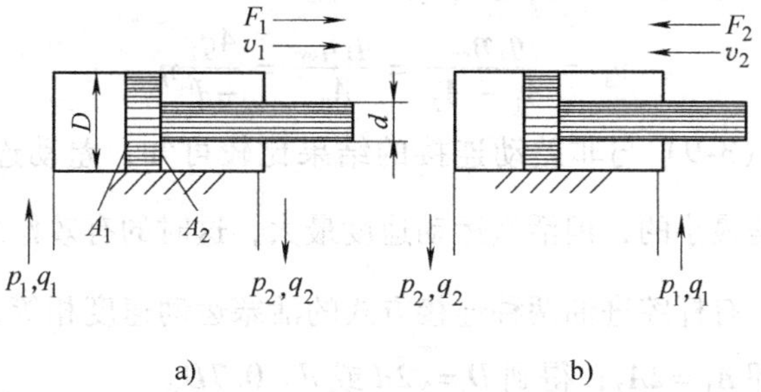

图3-3　单杆活塞缸连接形式简图

$$F_1=(p_1A_1-p_2A_2)\eta_{cm}=\left[p_1\frac{\pi}{4}D^2-p_2\frac{\pi}{4}(D^2-d^2)\right]\eta_{cm} \tag{3-3}$$

$$v_1=\frac{q_1\eta_{cv}}{A_1}=\frac{4q_1\eta_{cv}}{\pi D^2} \tag{3-4}$$

2）当有杆腔进油、无杆腔回油时，如图3-3b所示。

$$F_2=(p_1A_2-p_2A_1)\eta_{cm}=\left[p_1\frac{\pi}{4}(D^2-d^2)-p_2\frac{\pi}{4}D^2\right]\eta_{cm} \tag{3-5}$$

$$v_2=\frac{q_1\eta_{cv}}{A_2}=\frac{4q_1\eta_{cv}}{\pi(D^2-d^2)} \tag{3-6}$$

比较上述各式知，因$A_1>A_2$，所以$F_1>F_2$，$v_1<v_2$；同时还必须注意，回油流量q_2与进油流量q_1也是不相等的。

v_2与v_1之比称为速比ϕ：

$$\phi = \frac{v_2}{v_1} = \frac{A_1}{A_2} = \frac{D^2}{D^2 - d^2} = \frac{1}{1 - \left(\frac{d}{D}\right)^2} \tag{3-7}$$

式（3-7）说明，活塞杆直径 d 越小，速比 ϕ 越接近 1，工作台在两个方向上的速度差值也就越小。在一些使用中有速比要求时，可由 D 和 ϕ 来计算 d。

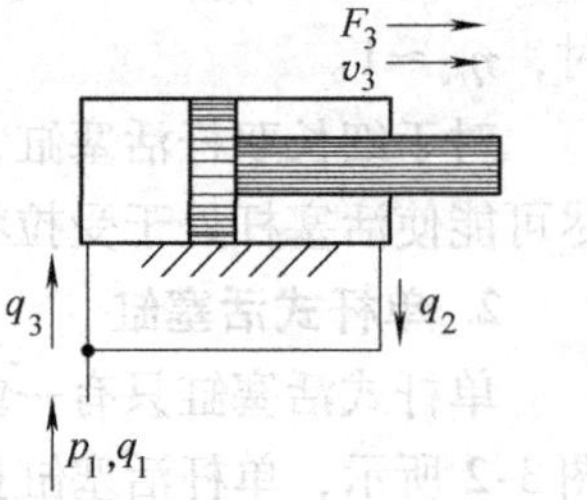

图 3-4　单杆活塞缸的差动连接

3）单杆液压缸左、右两腔同时接通压力油时称为差动连接，如图 3-4所示。差动连接的液压缸左、右两腔压力相同，但由于无杆腔的有效工作面积大于有杆腔的有效工作面积，因此左腔的液压推力 F_1 大于右腔的液压推力 F_2，故缸固式差动缸的活塞向右移动，并使有杆腔中的油液流入无杆腔，此时输出的推力 F_3 为

$$F_3 = p_1(A_1 - A_2)\eta_{cm} = \frac{\pi}{4}[D^2 - (D^2 - d^2)]p_1\eta_{cm} = \frac{\pi}{4}d^2 p_1 \eta_{cm} \tag{3-8}$$

设差动连接时活塞向右移动的速度为 v_3，则从有杆腔中流出的油液流量为 $q_2 = A_2 v_3$。由于这部分油液也和泵的流量 q_1 一起流入无杆腔，故进入无杆腔的总流量为

$$q_3 = q_1 + q_2 = q_1 + v_3 A_2 = v_3 A_1$$

由此得到差动连接时活塞的运动速度 v_3 为

$$v_3 = \frac{q_1 \eta_{cv}}{A_1 - A_2} = \frac{q_1 \eta_{cv}}{A_3} = \frac{4q_1}{\pi d^2}\eta_{cv} \tag{3-9}$$

用式（3-8）、式（3-9）与非差动连接的结果比较可知，差动连接时，液压缸的推力 F_3 在三种通油方式中是最小的，但活塞运动速度最大，这时的有效作用面积为 $A_3 = \frac{\pi}{4}d^2$。

若要使差动连接与有杆腔进油两种连接方式的活塞运动速度相等，即 $v_3 = v_2$，则可以解出 $A_3 = A_2 = A_1 - A_2$，即 $A_1 = 2A_2$，得到 $D = \sqrt{2}d$ 或 $d = 0.7D$。

差动连接的方式，常用于需要获得快进（差动连接）→工进（无杆腔进油）→快退（有杆腔进油）工作循环的组合机床和各类专用设备的液压系统中。

3.1.3　柱塞式液压缸

一般设备中较多采用活塞式液压缸，但活塞式液压缸内孔的加工精度要求高，行程较长时缸筒加工困难。因此，对于长行程的场合，宜采用柱塞式液压缸。柱塞式液压缸是单作用液压缸，即在压力油作用下单方向运动，它的回程则需要借助自重（垂直放置）或其他外力（如弹簧力）的作用。

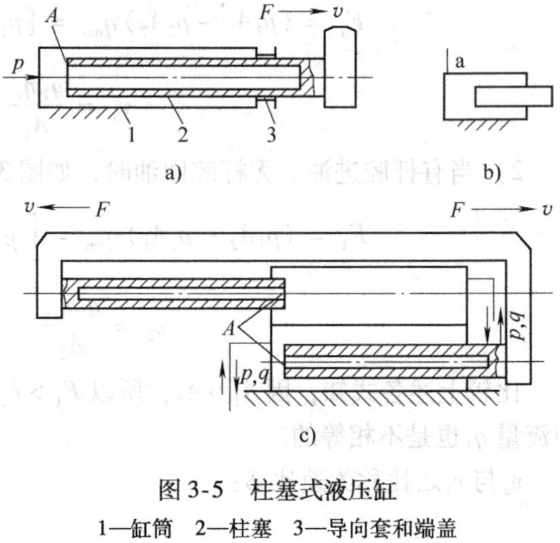

图 3-5　柱塞式液压缸
1—缸筒　2—柱塞　3—导向套和端盖

图 3-5a 是柱塞式液压缸的工作原理图。它由缸筒 1、柱塞 2、导向套和端盖 3

等组成，也有缸固式和杆固式两种形式。图3-5b是缸固式柱塞缸的图形符号。工作时压力油输入缸筒内使柱塞向右移动，从而带动工作台运动。为了获得双向运动，柱塞式液压缸常成对使用，如图3-5c所示。

柱塞式液压缸的有效作用面积为柱塞截面面积，液压推力F和运动速度v为

$$F = Ap\eta_{cm} = \frac{\pi}{4}d^2 p\eta_{cm} \tag{3-10}$$

$$v = \frac{q\eta_{cv}}{A} = \frac{4q\eta_{cv}}{\pi d^2} \tag{3-11}$$

由于柱塞和缸筒内壁不接触，柱塞（或缸筒）运动时靠缸盖上的导向套来导向，因此缸筒内孔不需要精加工，工艺性好，结构简单，成本低。柱塞式液压缸常用于行程很长的龙门刨床、导轨磨床和大型拉床等设备的液压系统中。柱塞式液压缸在水平安装时，柱塞常制成空心状，以减轻柱塞重量。在垂直安装时，为防止柱塞因自重下落，通常要为柱塞设置辅助支承。

3.1.4 摆动式液压缸

摆动式液压缸是实现往复摆动的液压执行元件，输出转矩和小于360°的摆动角。常见的摆动式液压缸有单叶片式和双叶片式两种结构形式，如图3-6所示。它由叶片轴1、缸体2、定子块3和回转叶片4等组成。定子块固定在壳体上，叶片和叶片轴（转子）连接在一起。从油口a、b交替输入压力油时，叶片带动叶片轴往复摆动，输出转矩和角速度。单叶片摆动式液压缸输出轴的摆动角小于310°，双叶片摆动式液压缸输出轴的摆动角小于150°，但输出转矩是单叶片摆动式液压缸的两倍。

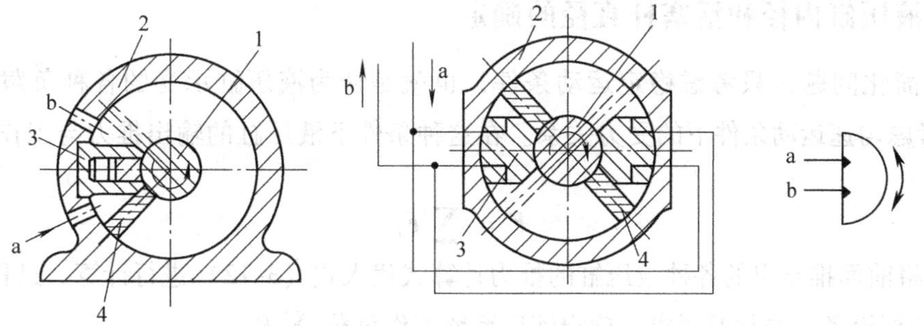

a) 单叶片式　　b) 双叶片式　　c) 图形符号

图3-6　摆动式液压缸

1—叶片轴　2—缸体　3—定子块　4—回转叶片

摆动式液压缸一般用于机床和夹具的夹紧装置、送料装置、转位装置和周期性进给机构等中低压系统及工程机械中。

3.1.5 数字控制液压缸

数字控制液压缸是将步进或伺服电动机、液压滑阀、闭环位置反馈环节组合在液压缸内部的执行元件，简称数字缸。接通液压油源，与可编程数字控制器配合，可高精度地完成液压缸的方向控制、速度控制和位置控制。图3-7为数字控制电液步进液压缸的工作原理和结

构图，它的步进电动机接收数字信号后控制液压缸的速度和位移，实现多段调速和多点定位，同时输出很大的推力。因此，利用小功率的控制系统就可使大型机械数控化，节省了方向阀、调速阀、分流阀等元件，缩小了体积，简化了系统，降低事故率和成本。用一台计算机或可编程逻辑控制器（PLC）就可以完成单缸或多缸的控制，如完成多缸的同步、插补运动。

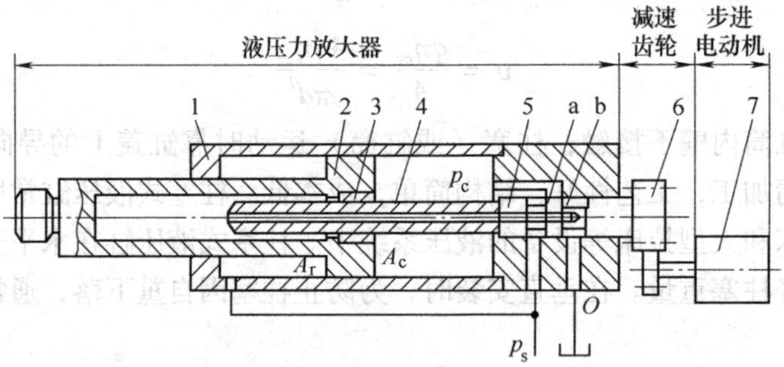

图 3-7　数字控制液压缸的原理与结构图

1—液压缸体　2—活塞　3—反馈螺母　4—螺杆　5—三通阀阀芯　6—减速齿轮　7—步进电动机

3.2　液压缸主要结构参数的确定

液压缸的主要结构参数是指液压缸内径 D、活塞杆直径 d 和缸筒长度 L 等。根据液压缸的负载、运动速度、行程长度和选取的工作压力，即可确定上述参数。

3.2.1　液压缸内径和活塞杆直径的确定

为了简化问题，只考虑稳定运动条件，也就是认为液压缸承受的各种负载力之和为 $\sum F_i$，考虑匀速运动条件下的受力关系。在这种条件下液压缸的输出推力与工作负载是相等的，即

$$F = \sum F_i \tag{3-12}$$

因此，可将前面推导出的各种液压缸的推力计算式代入式（3-12）进行计算，过程如下。

1）分析设备工作状况要求，确定液压系统工作负载 $\sum F_i$。

2）根据最大工作负载选定工作压力。工作压力对系统性能、缸的直径、成本等产生直接影响，因此要慎重确定。实际工作中可参考表 3-1 选择。

表 3-1　液压缸负载与工作压力对照表

负载 $\sum F_i$/kN	<5	5 ~ 10	10 ~ 20	20 ~ 30	30 ~ 50	>50
工作压力 p/MPa	<0.8 ~ 1	1.5 ~ 2	2.5 ~ 3	3 ~ 4	4 ~ 5	>5 ~ 7

注意：这时确定的工作压力没有考虑背压。当系统设置背压时，可取背压为工作压力的 10% ~ 20%。

3）确定液压缸内径 D 和活塞杆直径 d。

① 一般情况下，可按表 3-2 先确定活塞杆与活塞直径之间的关系，然后按式（3-12）

计算。例如，对于无背压的单杆活塞缸，无杆腔进油时

$$D = 20\sqrt{\frac{10\sum F_i}{\pi p \eta_{cm}}} \tag{3-13}$$

就可先计算出活塞直径，再由表3-2确定活塞杆的直径。

式中，D 为活塞直径（mm）；$\sum F_i$为工作负载（kN）；p 为工作压力（MPa）。

表3-2　活塞杆直径 d 参考值

液压缸工作压力 p/MPa	<2	2~5	5~10
活塞杆直径 d/mm	(0.2~0.3) D	0.5D	0.7D

② 对有运动速度比要求的单杆活塞缸，可先根据速度比要求确定缸筒内径和活塞杆直径之间的关系 $d=D\sqrt{1-1/\phi}$或 $D=\sqrt{2}d$，然后再按式（3-13）计算出 D 或 d。速比 ϕ 值与工作压力 p 有关，确定时可参考表3-3。

表3-3　液压缸工作压力与速度比的对照表

液压缸工作压力 p/MPa	≤10	12.5~20	>20
液压缸往返速度比 ϕ	1.33	1.46	2

在上述两种情况下计算出缸筒内径和活塞杆直径后，均应按表3-4和表3-5圆整成标准值。否则，设计出的液压缸将无法使用标准密封件。

表3-4　缸筒内径尺寸系列（摘自GB/T 2348—1993）　　(mm)

10	12	16	20	25	32	40	50	63	80	(90)	100
(110)	125	(140)	160	(180)	200	220	250	(280)	320	(360)	400

表3-5　活塞杆直径尺寸系列（摘自GB/T 2348—1993）　　(mm)

4	5	6	8	10	12	14	16	18	20	22	25
28	32	36	40	45	50	56	63	80	90	100	110
125	140	160	180	200	220	250	280	320	360		

3.2.2　液压缸缸筒长度的确定

液压缸的缸筒长度是根据所需的最大工作行程和结构方面的需要而定的。通常缸筒长度为最大工作行程长度、活塞长度、活塞杆密封长度和特殊要求的其他长度之和。其中活塞长度 $L=$ （0.6~1）D；活塞杆导向长度 = （0.6~1.5）d；其他长度是指一些特殊装置所需长度，如液压缸两端的缓冲装置所需长度等。

3.3　液压缸的结构及选用

前面介绍了几种液压缸的工作原理，这些液压缸在组成上有一些共同的特点。下面以活塞式液压缸为例，介绍液压缸的具体结构及选用方法。

3.3.1 液压缸的典型结构

图3-8为双活塞杆双作用液压缸。它由缸筒7，前后缸盖3，前后压盖11，前后导向套4，活塞5，活塞杆1、10，两套V形密封圈9及O形密封圈8等组成。

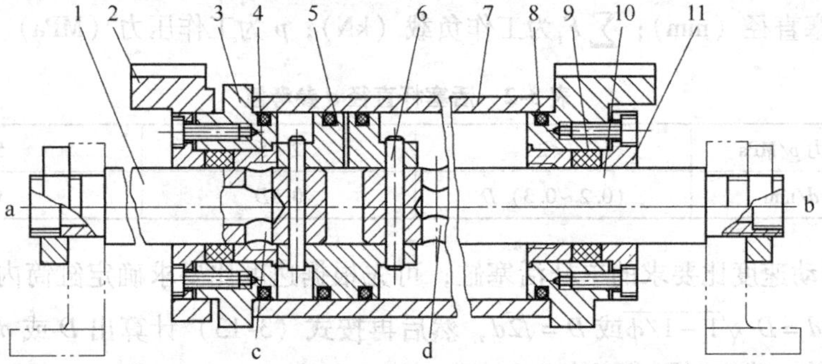

图3-8 双活塞杆双作用液压缸的典型结构

1、10—活塞杆 2—托架 3—缸盖 4—导向套 5—活塞 6—销

7—缸筒 8—O形密封圈 9—V形密封圈 11—压盖

这种液压缸的空心活塞杆固定，缸筒可以移动。当压力油从b、d孔进入缸筒右腔时，使缸筒向右运动，左腔油液从c、a孔排出；反之则缸筒向左运动。由于孔c、d与活塞端面保持一定的距离，当缸移动到两端时，两孔通流口逐渐减小，起到节流缓冲的作用。缸盖3上设有排气孔（图中未示出）。

为了防止泄漏，该液压缸在活塞与缸筒接触处采用O形密封圈8进行密封；在活塞杆和导向套的接触处安装了两套V形密封圈进行密封，这种密封圈接触面较长，密封性能较好，但摩擦力较大，装配时不能将压盖压得过紧，否则会增加摩擦阻力并加快密封圈的磨损而影响其使用寿命。

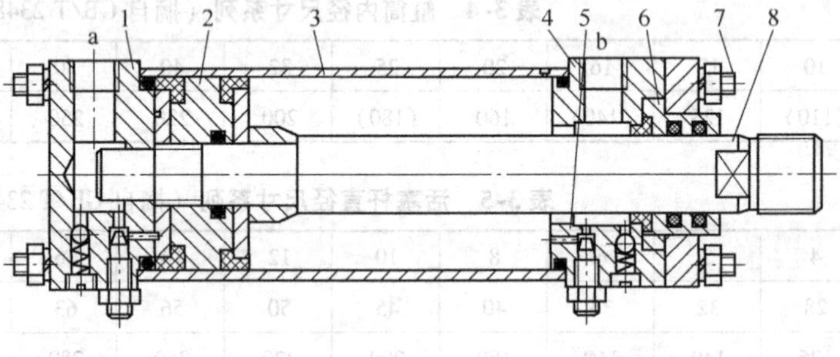

图3-9 单活塞杆双作用液压缸的典型结构

1、4—缸盖 2—活塞 3—缸筒 5—缓冲及排气装置

6—导向套 7—拉杆 8—活塞杆

图3-9为单活塞杆双作用液压缸。它主要由缸筒3，活塞2，活塞杆8，前后缸盖1、4，导向套6，拉杆7等组成。

当压力油从a孔或b孔进入缸筒3时，可使活塞实现往复移动，并利用设在缸两端的缓冲及排气装置5减小冲击和振动。为了防止泄漏，在缸筒3与活塞2、活塞杆8与导向套6及缸筒与缸盖等处均安装了密封圈，并用拉杆7将缸筒、缸盖等连接在一起。

由上述两例可见液压缸的结构一般都是由缸体组件、活塞组件、密封装置、缓冲装置和排气装置组成的。

3.3.2 液压缸的选用

1. 缸体组件

缸体组件包括缸筒、前后缸盖和导向套等，它要与活塞组件构成密封油腔，并承受很大的液压力。因此，缸体组件要有足够的强度和刚度、较高的表面质量和可靠的密封性。常见的缸筒与端盖的连接形式如图3-10所示。

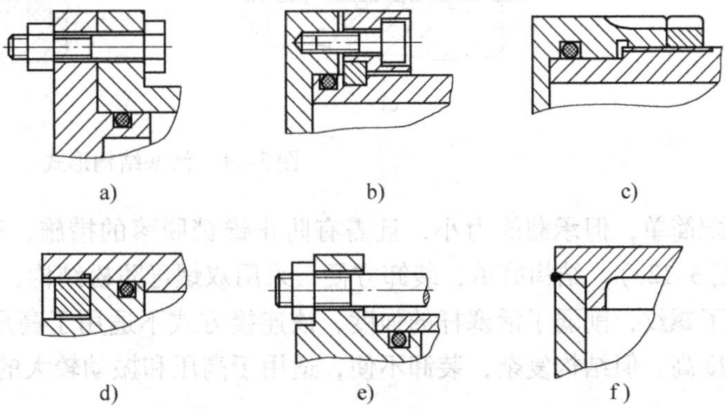

图3-10 缸体组件的连接形式

图3-10a为法兰连接。缸筒与端部一般用铸造、墩粗等方法制成法兰盘或焊接法兰盘，再用螺钉与端盖固定。这种连接方式结构简单，易加工，易装卸，使用广泛，但重量和外形尺寸大。

图3-10b为半环式连接。将两个半环装入缸筒环形槽内，形成轴向固定台阶，再用法兰套或挡圈压住半环，使其不能径向脱出，最后用螺钉将法兰套与端盖连接好。这种方式有内半环式和外半环式两种。半环式连接结构紧凑，外形尺寸小，重量较轻，易装卸，但缸筒开槽后会使缸筒壁强度削弱，为此应加厚缸壁。这种连接方式常用于无缝钢管缸筒与缸盖的连接。

图3-10c、图3-10d为内、外螺纹联接。其外形尺寸较小，重量较轻，但缸筒端部结构复杂，装卸时需要专门工具，一般用于要求外形尺寸小，重量轻的场合。

图3-10e为拉杆连接。前、后端盖装在缸筒两端，用四根螺栓拉杆将其紧固。此结构通用性好，缸筒加工容易，装卸方便，应用广泛，但外形尺寸和重量较大，适用于长度短的液压缸。

图3-10f为焊接连接。它结构简单，尺寸小，重量轻，但缸筒焊接后易产生变形，且缸筒内径不易加工，适用于柱塞式液压缸。这里需要注意的是，此种连接只能用于缸筒的一端，另一端必须采用其他结构。

2. 活塞组件

活塞组件由活塞、活塞杆和连接件等组成。根据工作压力、安装方式和工作条件的不同，活塞组件有多种结构形式。图3-11和图3-12为常用的活塞结构形式，及活塞和活塞杆连接形式。

活塞的结构形式分为整体活塞和组合活塞两类。整体活塞可采用O形密封圈（如图3-11a所示）、V形密封圈（如图3-11b所示）、迷宫式密封（如图3-11c所示）及其他一些密封形式（详细可查阅液压设计手册）。组合活塞可采用组合密封圈（如图3-11d所示），其结构较复杂。

如图3-12所示，在活塞和活塞杆连接形式中，焊接连接（图3-12a）的结构简单，轴向尺寸小，但损坏后需整体更换，常用于小直径液压缸，锥销式连接（图3-12b）易加工，

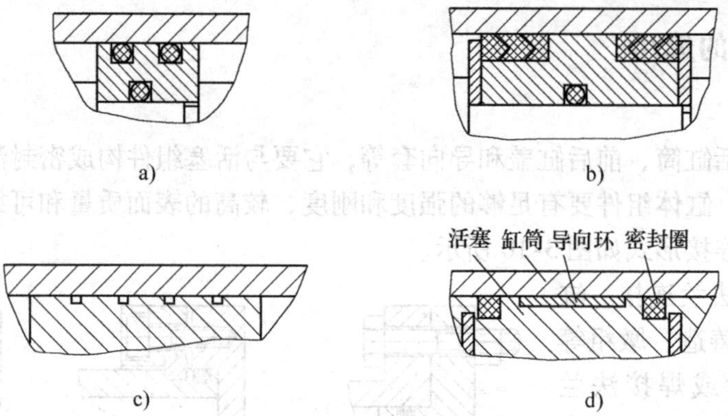

图 3-11 活塞结构形式

装配简单，但承载能力小，且需有防止锥销脱落的措施，适用于轻载液压缸；螺纹式连接（图 3-12c），结构简单，装卸方便，采用双螺母防松结构，使得工作的可靠性提高，但因加工了螺纹，削弱了活塞杆的强度，该连接方式不适用于高压系统；半环式连接（图 3-12d）强度高，但结构复杂，装卸不便，适用于高压和振动较大的液压缸。

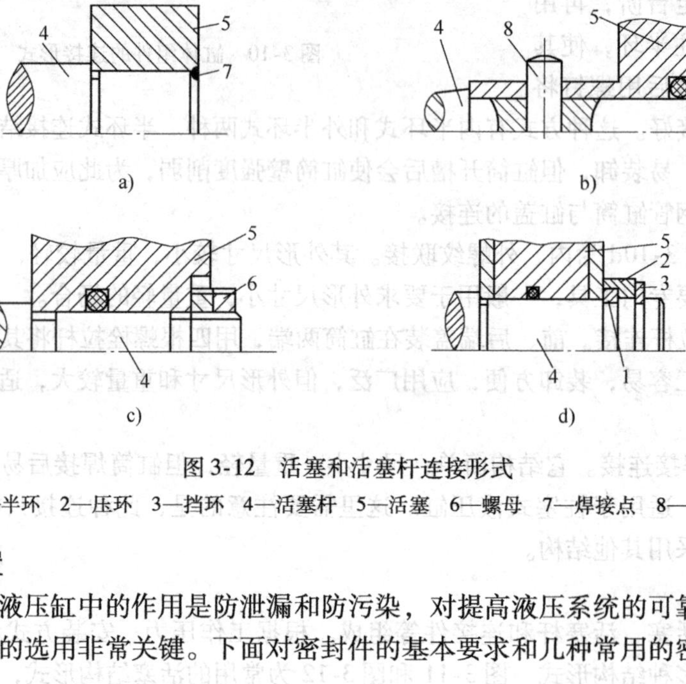

图 3-12 活塞和活塞杆连接形式

1—半环 2—压环 3—挡环 4—活塞杆 5—活塞 6—螺母 7—焊接点 8—推销

3. 密封装置

密封装置在液压缸中的作用是防泄漏和防污染，对提高液压系统的可靠性有很重要的影响，所以密封件的选用非常关键。下面对密封件的基本要求和几种常用的密封件进行简要的介绍。

选用密封件的基本要求是：具有良好的密封性能，且其密封性能可随着压力的增加而自动提高，并在磨损后具有一定的自动补偿能力；摩擦阻力要小；耐油抗腐蚀；磨损小，使用寿命长；制造、拆卸简便，价廉等。

（1）间隙密封

间隙密封是一种最简单的密封方法，如图 3-13 所示。它属于非接触式密封，是依靠相对运动工件配合表面之间微小间隙 δ 来防止泄漏的。它结构简单，摩擦小，使用寿命长，但对配合表面的加工精度和表面粗糙度要求高，且不能完全消除泄漏，密封性能也不能随着压力的增加而自动提高，故这种密封方式只能应用于低压、小直径、要求快速运动液压缸的动密封中。

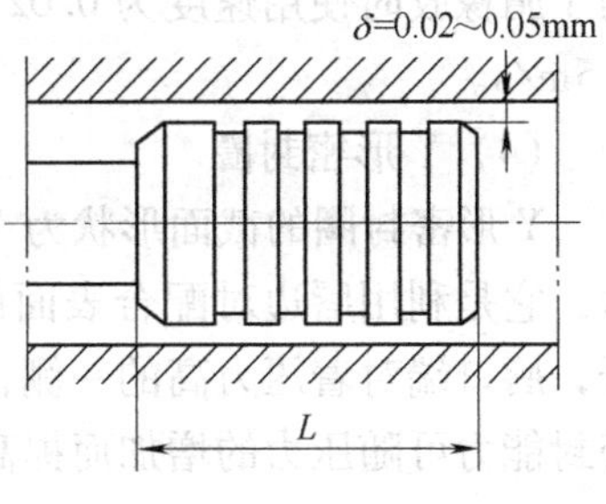

图 3-13 间隙密封

（2）O 形密封圈

O 形密封圈的截面形状为圆形。从图 3-14 中可以看出它的内、外侧面和端面都能起密封作用。由于它是依靠装配后产生的压缩变形来实现密封的（见图 3-15a），所以密封性能好，使用广泛，但在使用中必须保证密封圈的预压缩量合适，过大或过小都将对运动和密封性能产生不良的影响。同时在动密封中，当压力大于 10MPa 时，O 形圈可能被压力油挤入配合间隙中而损坏，为此需在 O 形圈低压侧（见图 3-15b）设置挡圈（聚氟乙稀或尼龙制，厚度为 1.25 ~2.5mm），双向受高压时（见图 3-15c）则两侧都要加挡圈。

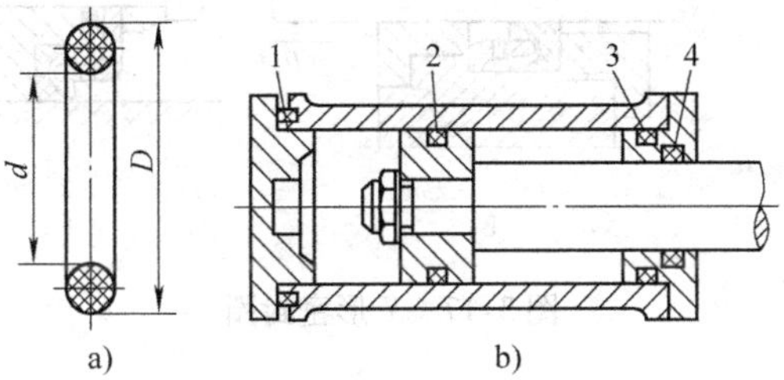

图 3-14 O 形密封圈

1、2、3、4—O 形圈

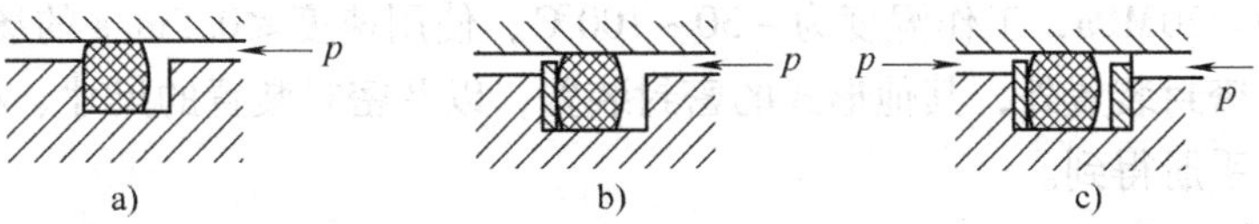

图 3-15 挡圈的正确安装

O 形圈结构简单，紧凑，摩擦阻力小，安装方便，成本低，但使用寿命较短，密封处要求精度高，起动阻力较大，适用于温度范围在 -40 ~120℃内、速度范围为 0.005 ~0.3m/s 的工作场合。

（3）V 形密封圈

V 形密封圈的结构形式如图 3-16 所示，由支承环（图 3-16a），V 形密封环（图 3-16b）和压环（图 3-16c）组成。V 形密封圈是利用压环压紧密封环时支承环使密封环变形而起密封作用的，所以使用时必须三个环联用。但其中的支承环和压环是不起密封作用的。当工作压力高于 10MPa 时，可增加密封环的数量以提高密封效果。

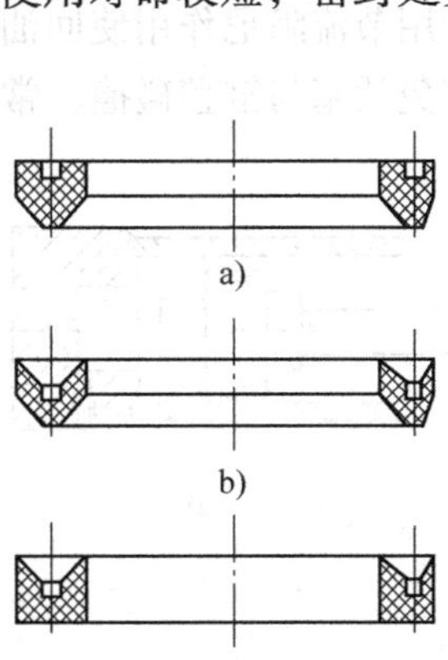

图 3-16 V 形密封圈

V 形密封圈密封可靠，承受压力高（达 50MPa），但由于密封接触面长，摩擦阻力大，体积也较大，主要用于大直径、高压、高速柱塞或活塞和低速运动活塞杆的密封。其工作温度在 -40 ~ 80℃以内，密封圈材料为丁腈橡胶时使用速度为 0.02 ~ 0.3m/s；密封圈材料为夹织物橡胶时使用速度为 0.005 ~ 0.5m/s。

（4）Y 形密封圈

Y 形密封圈的截面形状为 Y 形，与 V 形密封圈一样，属于唇形密封圈。如图 3-17a 所示，它是利用唇边对配合表面的过盈量来实现密封的。工作时，在压力油作用下，两唇张开，唇口端对着压力高的一侧，分别紧贴被密封的表面进行密封。由此可知，此类密封圈的密封能力可随压力的增加而提高，并在磨损后有一定的自动补偿能力。

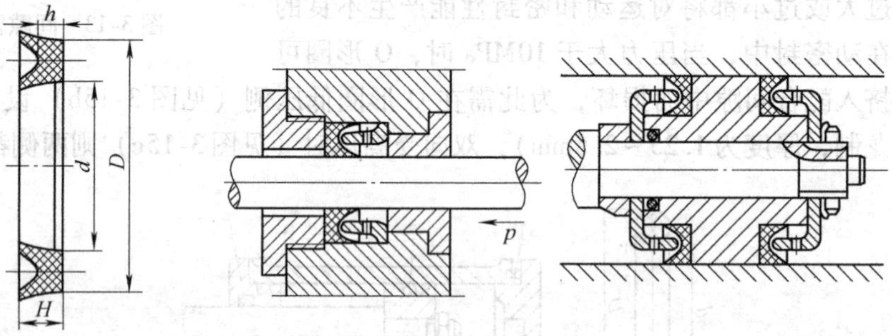

图 3-17　Y 形密封圈

Y 形密封圈用丁腈橡胶制成，内、外唇对称，两个唇都能起密封作用，因此对孔和轴的密封都适用。但当压力变化较大、运动速度较高时，为防止密封圈发生翻转现象，应加用金属制成的支承环，如图 3-17b、c 所示。Y 形密封圈密封性能良好，摩擦力小，稳定性好，适用于工作压力≤20MPa，工作温度为 -30 ~ 100℃，使用速度≤0.5m/s 的场合。

除上述四种密封装置外，其他形式的密封装置，以及密封装置的尺寸、材料等内容，均可查阅液压设计手册得到。

4. 缓冲装置

为了避免活塞在到达终点时与缸盖发生机械碰撞，产生冲击和噪声，影响设备的工作精度，减少零件损坏，常在液压缸中设置缓冲装置。缓冲装置的作用是在活塞与缸盖接近时，利用节流阻尼作用使回油腔产生一定的缓冲压力（回油阻力），从而使活塞运动受阻减速，避免活塞与缸盖碰撞。常用的缓冲装置如图 3-18 所示。

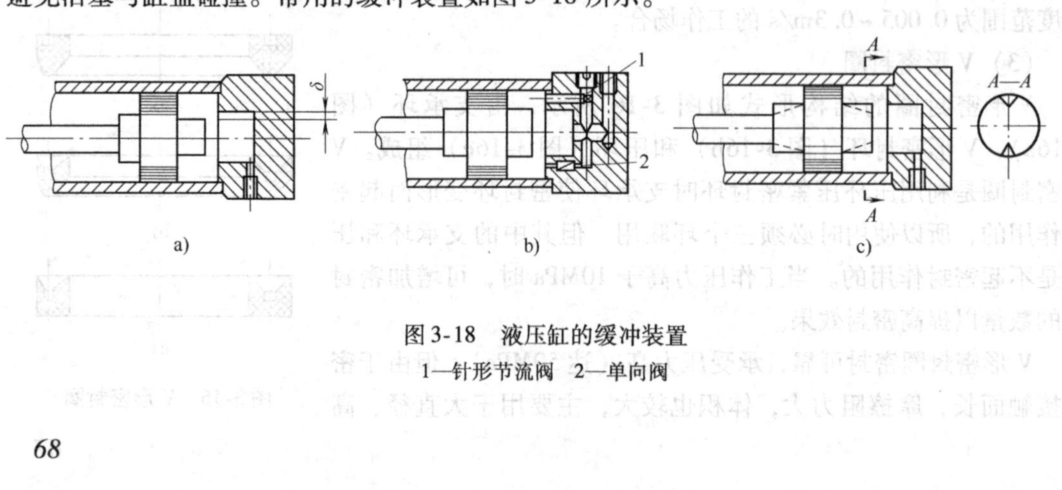

图 3-18　液压缸的缓冲装置

1—针形节流阀　2—单向阀

图 3-18a 为圆环状间隙式缓冲装置。它由活塞上的圆形凸台和缸盖上的凹腔组成。当凸台进入凹腔后，活塞和缸盖间形成缓冲油腔，油腔中的油液只能从间隙 δ 中排出（回油），产生缓冲压力，从而实现减速。这种结构在缓冲过程中，由于 δ 始终不变，所以随着活塞运动速度的降低，缓冲作用会逐渐减弱，缓冲效果较差。若将圆形凸台改成圆锥形凸台，可克服此缺点。此类缓冲装置的结构简单，便于制造，成品液压缸多采用这种装置。

图 3-18b 为可调节流阀缓冲装置。它不但有凸台、凹腔（两者直径相同），在缸盖上还有针形节流阀 1 和单向阀 2。当凸台进入凹腔后构成缓冲腔，其中的油液只能通过针形节流阀 1 才能排出。调节节流阀的开口量，可以控制缓冲压力的大小，以适应液压缸不同负载和速度对缓冲的要求。

图 3-18c 为可变节流槽式缓冲装置。它与图 3-18a 结构的差异就是在凸台上开有由浅入深的三角形节流槽，使过流断面面积随着缓冲行程的增大而逐渐减小。此结构缓冲压力变化平缓，克服了在行程最后阶段缓冲作用减弱的问题。

5. 排气装置

液压缸内的最高部位处常常会积聚空气，这是由于油液中混有空气造成的。空气的积聚会使液压缸运动不平稳，产生振动、噪声、爬行和前冲现象，严重时会使液压系统不能正常工作，为此液压缸需设排气装置。

对于要求不高的液压系统，可不设专门的排气装置，而是将缸的进、出油口设置在缸筒两端的最高处，通过回油使缸内的空气带回油箱，再从油箱中逸出。

对于速度稳定性要求高的液压缸和流速慢的大型液压缸，则需要在液压缸的最高部位设置专门的排气装置。常用的排气装置有两种形式，如图 3-19 所示。一种是在液压缸的最高部位处开排气孔 2（见图 3-19a），用长管道通向远处的排气阀排气，机床上大多采用这种形式。另一种是在缸盖的最高部位处直接安装排气阀（见图 3-19b、图 3-19c）。在液压系统正式工作前，打开排气阀，让液压缸全行程空截往复运动几次排出空气，排气完毕后关闭排气阀，液压缸便可正常工作了。

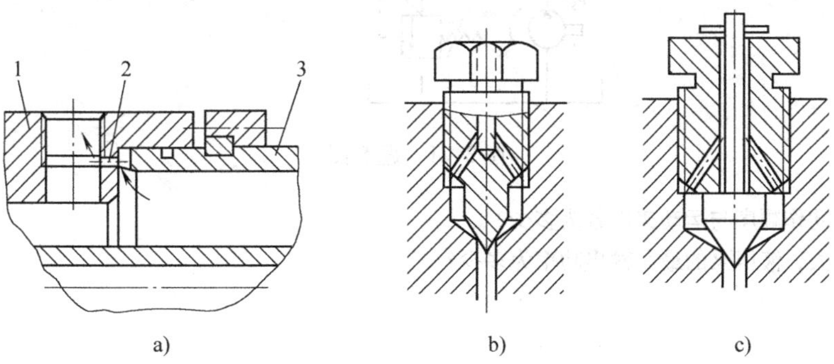

图 3-19　液压缸的排气装置

1—缸盖　2—排气孔　3—缸筒

3.4　习题

1. 如果要求机床工作台往复运动速度相同，应采用什么类型的液压缸？

2. 当机床工作台的行程较长时，采用什么类型液压缸比较合适？如何实现工作台的往复运动？

3. 什么是差动液压缸？应用在什么场合？

4. 液压缸哪些部位需要密封？不密封会出现哪些问题？

5. 某差动液压缸的快进速度 v_1 是快退速度 v_2 的 8 倍，则活塞截面积与活塞杆截面积的比值为多少？两者直径的比值是多少？

6. 图 3-20 是两个液压缸串联，其无杆腔面积分别为 $A_1=1\times10^4\text{mm}^2$，$A_2=0.8\times10^4\text{mm}^2$，输入压力为 $p_1=1.8\text{MPa}$，流量 $q=16\text{L/min}$，不计所有损失，试求：

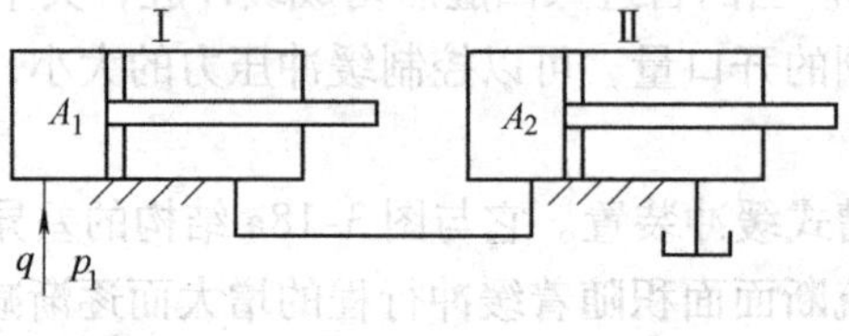

图 3-20　题 6 图

1）当两缸的负载相等时，可能承担的最大负载是多少？

2）若两缸负载不相等，缸Ⅱ可能承担的最大负载比两缸负载相等时能承担的最大负载大多少？

3）两缸的活塞运动速度各为多少？

7. 一单杆活塞缸的缸体固定，活塞杆快速伸出运动时采用差动连接，快速退回时压力油输入有杆腔。若缸的输入流量为 $q=25\text{L/min}$，快速往复运动的速度都是 0.1m/s，无杆腔进油慢速运动时负载为 25kN，背压为 0.2MPa，试求活塞和活塞杆直径。

8. 如图 3-21 所示的并联液压缸，外负载 $F_1=F_2=10^4\text{N}$，两缸无杆腔面积分别为 $A_1=2.5\times10^3\text{mm}^2$，$A_2=5\times10^3\text{mm}^2$，当泵的供油流量 $q=30\text{L/min}$，溢流阀调定压力 $p_s=4.5\text{MPa}$ 时，分析：

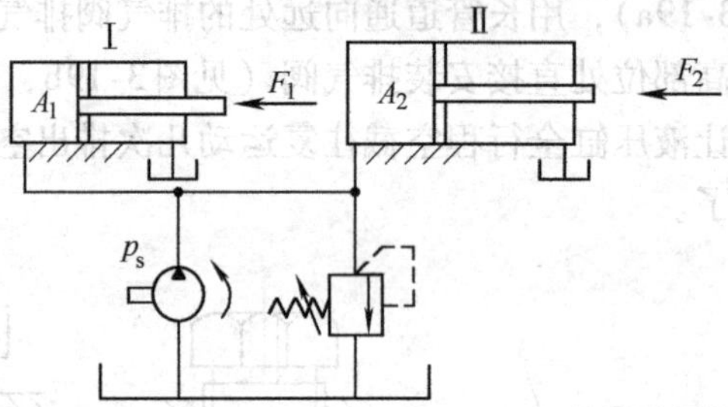

图 3-21　题 8 图

1）两缸的动作顺序与运动速度各为多少？

2）不计损失，液压泵的最大输出功率为多少？

第4章　液压控制元件

液压控制元件是在液压系统中是控制和调节油液流动方向、压力及流量的阀类。

本章主要介绍常用液压控制元件的工作原理、结构，以及它们在液压系统中的基本应用。液压控制元件由专业厂家生产，在具体工程应用中主要是正确选用，应用时可查阅相关手册确定。

4.1　液压阀概述

所有液压控制元件都是由阀体和阀芯组成的，阀体是容纳支撑阀芯、进行安装连接、承受液体压力的部分，阀芯是可以相对阀体运动，实现各种控制功能的部分。这里所说的控制功能，主要是开关功能和调定后自动维持恒值功能。

4.1.1　液压阀的分类

1. 按作用分类

液压阀按其作用不同可分为方向控制阀、压力控制阀和流量控制阀三大类。在实际应用中这三类阀不仅能单独使用，还可根据需要组合为组合阀，如单向顺序阀、单向节流阀、单向行程调速阀等。

2. 按控制方式分类

液压阀按控制方式不同可分为开关阀、定值阀、比例阀、伺服阀和数字阀。

1）开关阀是通过阀芯与阀体相对位置的改变来接通或断开油路通道的阀。可以通过人力、机械装置、弹簧、电磁装置、液压等作用力，使阀芯在液压系统工作过程的不同时刻动作，完成整个工作循环的一系列工作阶段的状态转换。

2）定值阀通过阀芯与阀体之间阀口的开度大小和变化来保证液流参数稳定在调定值。阀口大小由阀芯位置或者由作用在阀芯上的弹簧力和液压力决定。阀芯位置和弹簧预紧力由人工调定，每一个被调定值就是系统的一个稳定工作点。定值阀的调定值是在液压系统的调整工作中被调定的，在系统正常工作过程中不能改变。因此，系统有多少稳定工作点就需要多少定值阀。

3）比例阀是用比例电磁铁替代定值阀的人工调整机构，可以使液流参数与输入控制信号成比例改变。由于比例阀可以在系统工作过程中在线调整，因而可以使系统参数在一系列工作点上变化，能够替代多个定值阀，更好地适应设备需求。

4）伺服阀是根据输入控制信号对液流参数进行连续控制并放大的控制阀。由伺服阀组成的液压伺服系统精度高、响应快、输出功率大。设备的位置、速度等对液压系统有连续控制需求时，就需要应用伺服阀。

5）数字阀是可以直接利用数字控制信号对液流参数进行连续控制的阀。它可以将计算机技术与液压技术紧密结合，实现复杂的控制需求。

3. 按操纵方式分类

按操纵方式的不同液压阀可分为手动、机动、电磁、液压操纵等多种形式，并且可以组合成机液、电液等控制形式。

4. 按连接方式分类

各类液压阀按其安装时的固定方式，以及与管路的连接方式不同，可分为管式、板式、叠加式和插装式。

1）管式连接阀的油口为螺纹孔，可以直接用油管与其他元件连接，并固定在管路上。这种连接方式结构简单、制造方便、重量轻，但拆卸不便、布置分散，且刚性差，仅用于简单液压系统。

2）法兰式连接阀在阀的油口上制出法兰，通过法兰与管连接。通径大于 ϕ32mm 的大流量阀都采用法兰式连接。这种连接方式连接可靠、强度高，但尺寸大、拆卸困难。

3）板式连接阀的各油口均布置在同一安装面上，油口不加工螺纹，用螺钉将其固定在有对应油口的连接板上，再通过板上的螺纹孔与管道或其他元件连接。把几个阀用螺钉分别固定在一个通道体的不同侧面上，由通道体上加工出的孔道连接各阀，组成液压集成块，再由集成块的上、下面互相连接，组合成系统，就可实现无管集成化连接。由于拆卸方便、连接可靠、刚性好，这种连接方式在机床行业中应用广泛。

4）叠加式阀的各油口通过阀体上下两个结合面与其他阀相互叠装连接组成回路。阀体内除装有完成自身功能的阀芯外，还加工有油路通道。这种连接结构紧凑、压力损失小，在工程机械中应用较多。

5）插装式阀是将仅由阀芯和阀套组成的插装式阀芯单元组件，插装在公共阀体内的预制孔中，再用连接螺纹或盖板固定成一体的阀，并通过阀体内通道把各插装式阀连通组成回路。公共阀体起到阀体和管路通道的双重作用。这是一种能灵活组装、通用化程度高的新型连接方式，在高压大流量系统中得到广泛应用。

4.1.2 液压阀的参数与型号

1. 参数

液压阀的参数主要有规格参数和性能参数，在出厂标牌上注明，是选用液压阀的基本依据。

阀的规格参数表示阀的大小，规定其适用范围。一般用阀进、出油口的名义通径 D_g 表示，单位为毫米。按旧标准生产的阀，其规格参数主要是额定流量。

阀的性能参数表示阀工作的品质特征，如最大工作压力、开启压力、压力调整范围、允许背压、最大流量、额定压力损失、最小稳定流量等。必要时给出若干条特性曲线，如压力—流量曲线、过渡过程曲线等，使参数间的对应关系得到更直观、更全面的呈现。这些参数除在产品说明书、标牌上指明外，也反映在阀的型号中。

2. 型号

型号是液压阀的名称、种类、规格、性能、辅助特点等内容的综合标志，用一组规定的字母、数字、符号来表示。型号是行业技术语言的重要部分，也是选用、购销、技术交流过程中常用的依据，应该正确书写、熟练辨识、精确解读。液压控制阀的型号说明请参见附录。

3. 液压阀的图形符号

液压阀的图形符号是用简略图形表示的能直观表示元件的职能。液压阀的图形符号应严格按 GB/T 786.1—2009 的规定画出，是分析、绘制液压系统的基本单元。本章中将液压阀的图形符号与阀的结构图并列绘出，以便对应学习。一般液压系统图均由元件的图形符号绘出，个别的可以用结构原理图表示。

4.2 方向控制阀及其应用

方向控制阀是通过阀芯和阀体间相对位置的改变来实现油路的通断和油液流向的控制。方向控制阀分为单向阀和换向阀两类。

4.2.1 单向阀

1. 普通单向阀

普通单向阀的作用是控制油液只能向一个方向流动，不允许反向流动。它由阀体 1、阀芯 2、弹簧 3 等零件组成，阀芯有锥阀式和钢球式之分。锥阀密封性好，应用广，如图 4-1 所示，图 4-1a 为管式单向阀，图 4-1b 为板式单向阀。

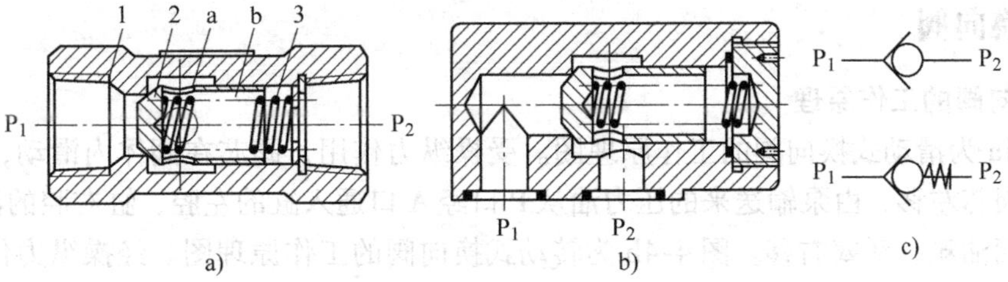

图 4-1　普通单向阀

a）管式单向阀　b）板式单向阀　c）图形符号

1—阀体　2—阀芯　3—弹簧

2. 液控单向阀

图 4-2 为液控单向阀。它在结构上增加了控制油腔 K 及控制活塞 1。当控制油口无压力油通入时，其功能与普通单向阀相同。当控制油口通入压力油时，活塞 1 推动锥阀芯 2 右移，使阀芯保持开启状态，正反方向均可通过油流。控制油液一般从主油路上单独引出。控制油的压力不应低于主油路压力的 30% ~50%。为了使活塞无背压阻力，可另设一外泄油口 L 与油箱接通。图 4-2c 为带有卸荷阀芯的液控单向阀。由于 P_2腔压力油作用于小面积卸荷阀芯 3 的力较小，因此易被顶起，使 P_2腔压力下降，继而使主阀易被顶起，这样 K 腔控制油压就不必过高。

3. 单向阀的应用

单向阀的开起压力仅有 0.035 ~0.1MPa，在回路中用来阻止油液逆向流动。若将弹簧换为硬弹簧，使其开起压力可达到 0.2 ~0.6MPa，则可将其作为背压阀使用，使回路保持一定压力。液控单向阀单向密封性好，常用于执行元件需要长时间保持、紧锁的系统，也常用于防止立式液压缸停止运动时因自重而下滑的回路中。图 4-3 为一种使用液控单向阀的回路，当液压缸上升过程中突然断电，或要求重物在任意位置停留时，液控单向阀可以保证液压缸活塞不自行下滑。

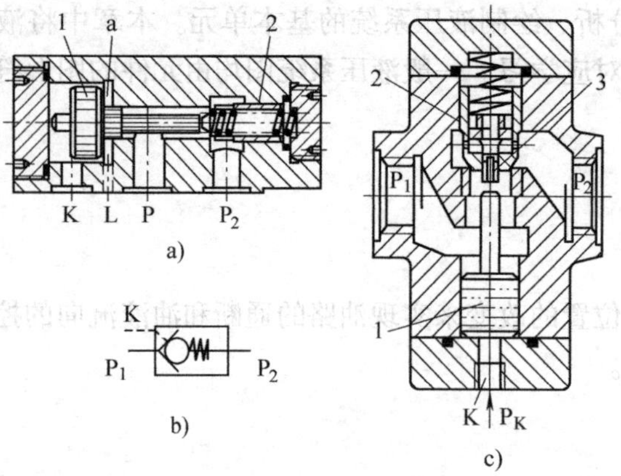

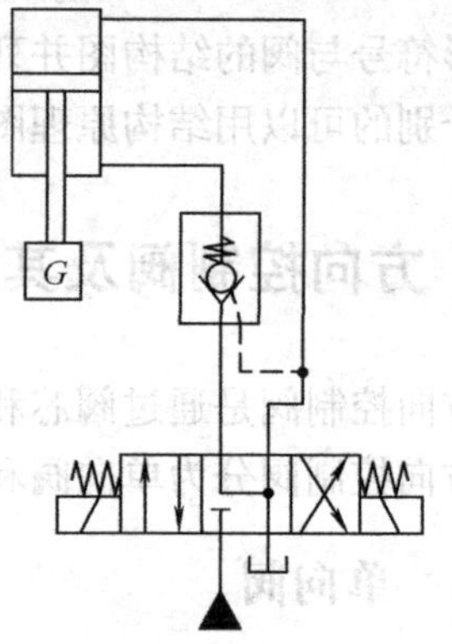

图 4-2　液控单向阀

a）液控单向阀　b）图形符号　c）带卸荷阀芯的液控单向阀

1—活塞　2—锥阀芯　3—卸荷阀芯

图 4-3　使用液控单向阀的回路

4.2.2　换向阀

1. 换向阀的工作原理

图 4-4a 为滑动式换向阀的工作原理图。受操纵力作用，阀芯在阀体内滑动，改变工作位置。当阀芯左移，由泵输送来的压力油从 P 口经 A 口通入缸的左腔，缸右腔的油液经阀 B 口至 T 口回油箱，活塞右移。图 4-4b 为转动式换向阀的工作原理图。经操纵力作用，阀芯相对阀体转过一定角度，改变油路通断状态。手柄转到“左”位置时，P 与 A 相通，B 通过阀芯上的孔与 T 相通；手柄在“右”位置时，P 与 B 相通，A 与 T 相通。手柄在“止”位时，A、B、P、T 互不相通。

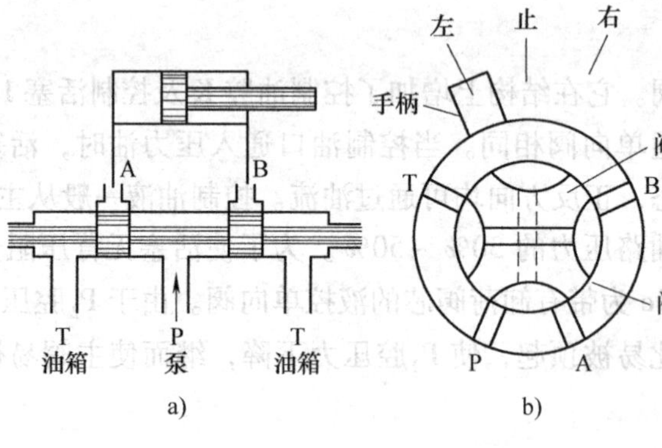

图 4-4　换向阀的工作原理

a）滑动式换向阀　b）转动式换向阀

2. 换向阀的操纵方式、符号与中位机能

（1）操纵方式

按操纵方式的不同，换向阀可分为手动、机动、液动、电液动等多种，换向阀的操纵方式符号如图 4-5 所示。

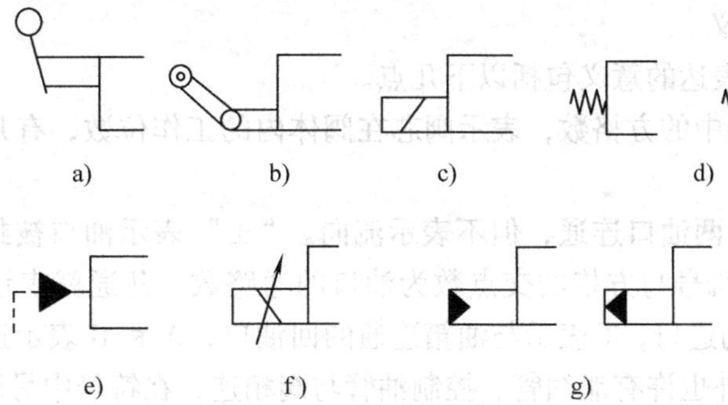

图 4-5 换向阀操纵方式符号

a）手动 b）机动 c）电磁动 d）弹簧复位

e）液动 f）液动外控 g）电液动

按阀芯工作的位置数不同，换向阀可分为二位、三位、多位换向阀；按连接主油路进、出油口数目不同，又可分为二通、三通、四通、五通等。常用滑动式换向阀的结构原理和图形符号如表 4-1。

表 4-1 常用滑动式换向阀的结构原理图和图形符号

位和通	结构原理图	图 形 符 号
二位二通	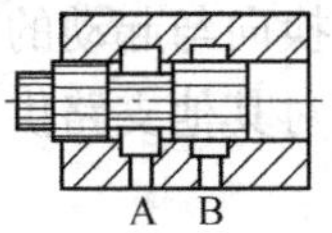	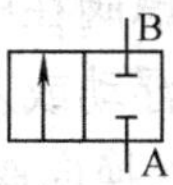
二位三通	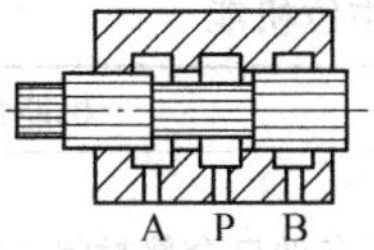	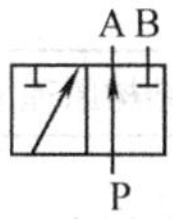
二位四通	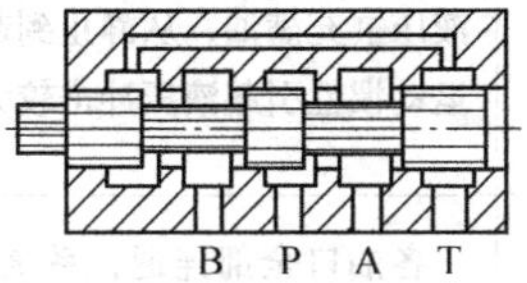	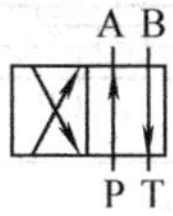
二位五通	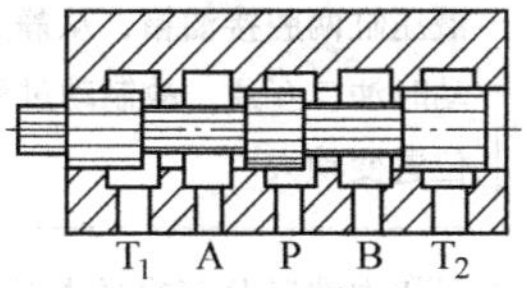	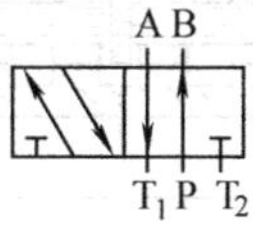
三位四通	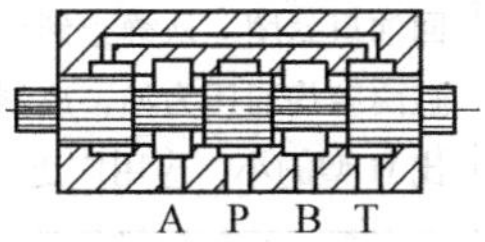	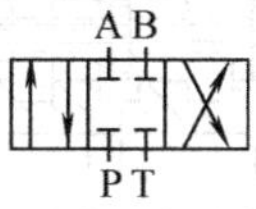
三位五通	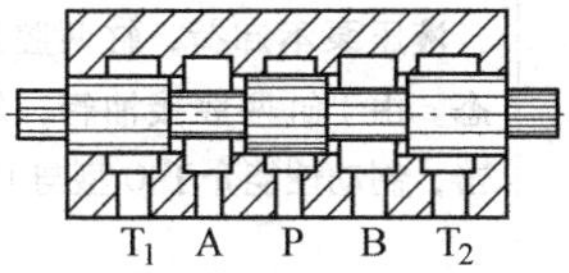	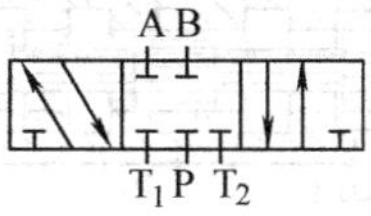

（2）图形符号的意义

换向阀图形符号所表达的意义包括以下几点。

1）位数是图形符号中的方格数，表示阀芯在阀体内的工作位数，有几个方格就表示有几个工作位数。

2）通数。箭头表示两油口连通，但不表示流向。“⊥”表示油口被封堵。在每个方格内，箭头两端或“⊥”符号与方格的交点数为油口的通路数。几通就表示有几根主油管与阀相接。P 表示压力油的进口，T 表示与油箱连通的回油口，A 和 B 表示连接其他工作油路或执行元件的油口。另外也许有泄油管、控制油管与阀相连，在符号中另用虚线表示。

（3）控制与操纵

控制方式和复位弹簧的符号应画在方格内的两端，是图形符号的重要部分。

（4）常态位

三位阀的中间一格及二位阀侧面画有弹簧的那一方格为常态位，也就是阀芯在原始状态下的通路状况，其余方格为经控制操纵后达到的位置。在画液压系统图时，油路与换向阀的连接一般应画在常态位方格上。

（5）中位机能

三位换向阀在常态位时油口的连通状态有各种不同的形式，因此对系统的控制性能也不同。这种形式称为中位机能或滑阀机能，用英文大写字母“形象”表示。在选用时要根据不同工作要求，考虑阀在中位时执行元件的换向精度、换向与起动的平稳性、是否需要保压或卸荷、是否需要浮动或差动、液压泵是否卸荷、是否对其他支路供油等因素综合确定。表 4-2 为常用三位四通换向阀的中位机能。

表 4-2　三位四通换向阀的中位机能

机能代号	结构原理图	中位图形符号	机能特点和作用
O	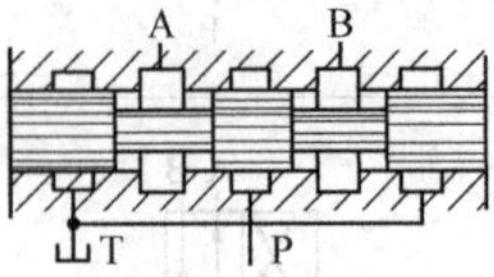		各油口全部封闭，缸两腔封闭，系统不卸荷。液压缸充满油，从静止到起动过程平稳；制动时运动惯性引起液压冲击较大；换向位置精度高
H	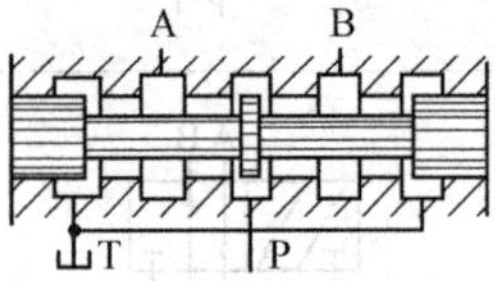	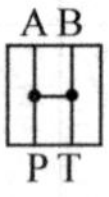	各油口全部连通，系统卸荷，缸成浮动状态。液压缸两腔接油箱，从静止到起动时有冲击；制动时油口互通，故制动过程较 O 型平稳；但换向位置变动大
P	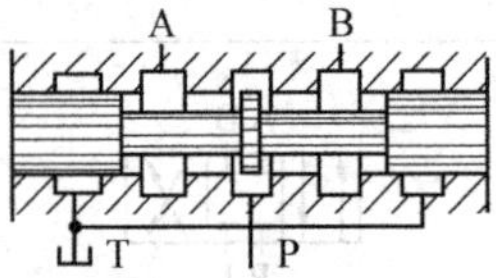		压力油口 P 与缸两腔连通，可形成差动回路，回油口封闭。从静止到起动过程较平稳；制动时缸两腔均通压力油，故制动平稳；换向位置变动比 H 型的小，应用广泛
Y	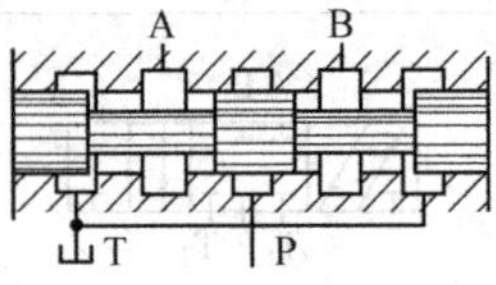		液压泵不卸荷，缸两腔通回油，缸成浮动状态。由于缸两腔接油箱，从静止到起动时有冲击，制动性能介于 O 型与 H 型之间

（续）

机能代号	结构原理图	中位图形符号	机能特点和作用
K	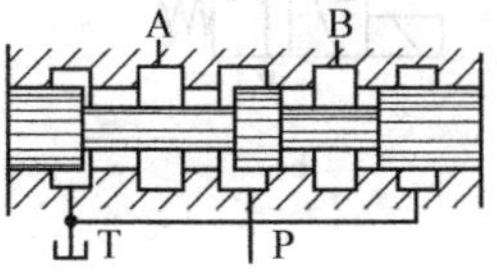	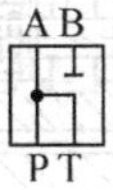	液压泵卸荷，液压缸-腔封闭-腔接回油，两个方向换向时性能不同
M	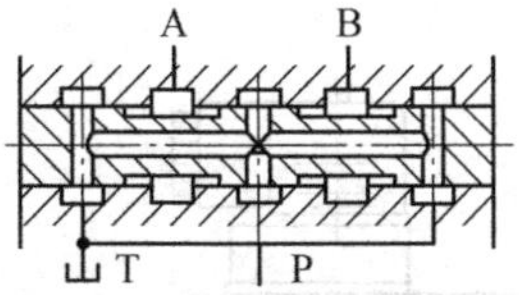		液压泵卸荷，缸两腔封闭。从静止起动时较平稳；制动性能与O型相同；可用于液压泵卸荷液压缸锁紧的液压回路中

3. 几种常用的换向阀

（1）机动换向阀

机动换向阀又称为行程阀。图4-6为二位二通机动换向阀的结构。工作时，阀体固定，阀芯由装在运动件上的挡铁按压力改变工作位置实现油路换向。挡铁释放后，由弹簧复位。

机动换向阀换向平稳、可靠，常用于控制行程，或实现快、慢速转换。但因其需安装在被控运动件附近，与其他液压元件安装距离较远，不易集成化。

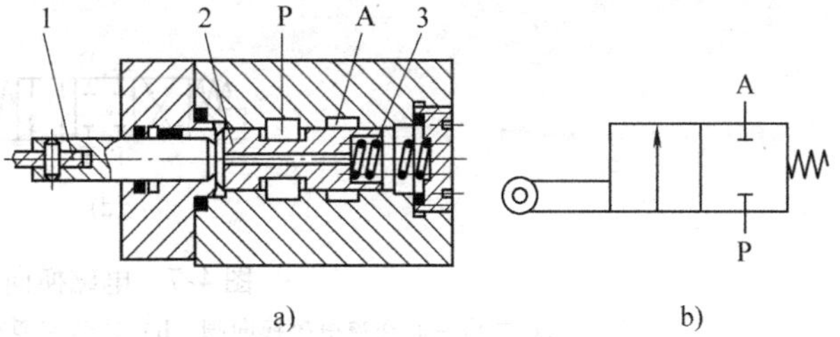

图4-6　机动换向阀

a）结构图　b）图形符号

1—滚轮　2—阀芯　3—弹簧

（2）电磁换向阀

电磁换向阀利用电磁铁的作用力控制阀芯改变工作位置，实现换向。它利于电液结合，操作方便，应用很广，如图4-7所示。

电磁换向阀包括换向滑阀和电磁铁两部分。电磁铁因其所用电源不同而分为交流电磁铁和直流电磁铁。交流电磁铁常用电压为220V或380V，其换向时间为0.01～0.03s，换向冲击大，发热量大，换向频率为30次/min左右，寿命较低。直流电磁铁的工作电压一般为24V，换向平稳，工作可靠，发热量小，换向频率可达120次/min，寿命长。其换向时间为0.05～0.08s，且需要专门的直流电源，成本较高。

（3）液动换向阀

液动换向阀利用油液的作用力控制阀芯改变工作位置，实现换向。它的特点是适于大流量回路，且换向时间可以调节。

图4-8为三位四通液动换向阀的结构原理图。液动换向阀的控制油路上装有可调节流孔用来调节换向时间。

（4）电液换向阀

电液换向阀由电磁换向阀与液动换向阀组合而成。电磁换向阀是先导阀，用来切换控制油路；液动换向阀是主阀，用来切换系统主油路。这样就可以用反应灵敏的小规格电磁阀方便地控制大流量的液动换向阀。

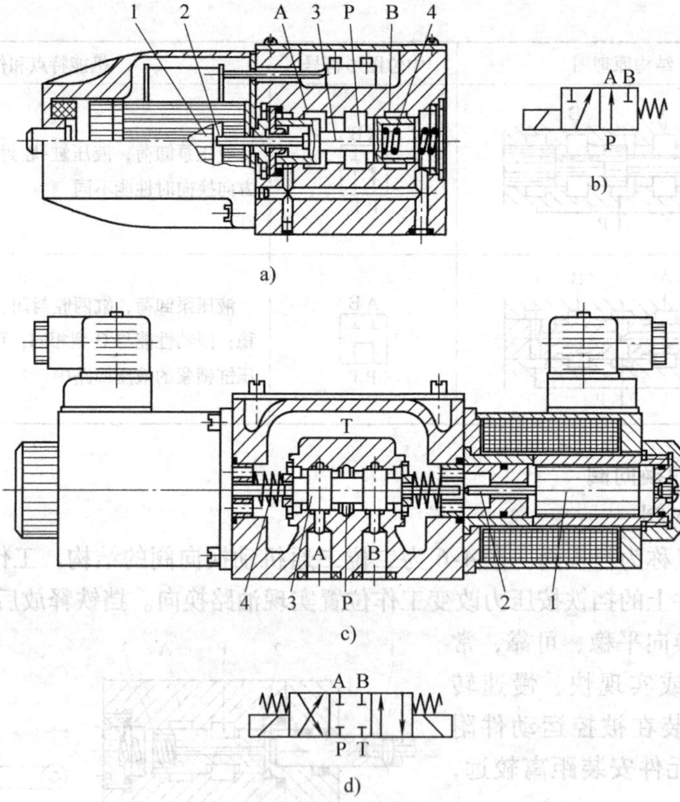

图 4-7　电磁换向阀

a）二位三通交流电磁换向阀　b）二位三通交流电磁换向阀的图形符号

c）三位四通直流电磁换向阀　d）三位四通电磁换向阀的图形符号

1—衔铁　2—推杆　3—阀芯　4—弹簧

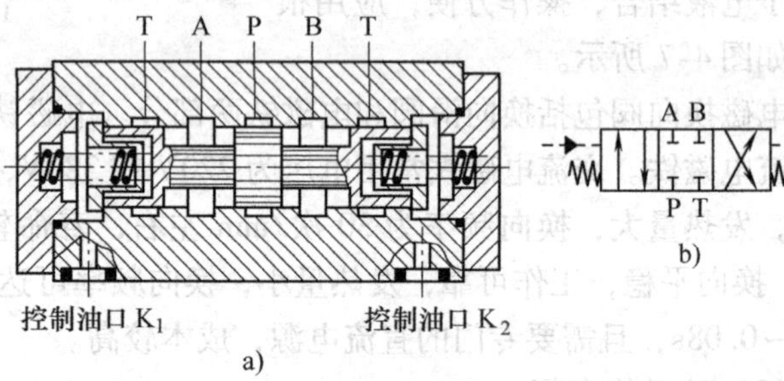

图 4-8　液动换向阀

a）阀的结构　b）图形符号

控制主阀的压力油可以直接来自主油路，并在阀体内接通，称为内控式；也可以另外引入，称为外控式。从主阀芯两端排出的控制油液经先导阀回油箱，称为外排式，不经先导阀而直接经主阀回油箱的称为内排式。

图 4-9 是三位四通电液换向阀，为内控外排式。当电磁阀芯处于中位时。液动换向阀阀芯在弹簧力作用下也处于中位。主阀上的 A、B、P、T 油口均被封堵。当电磁阀左端电磁铁通电时，控制油液经电磁阀和左端单向阀进入主阀左端油腔，推动主阀芯右移。此时主阀芯右端油腔的回油经右端的节流口及电磁阀回油箱，使 P 通 A，B 通 T；反之，当右端电磁铁通电时，主阀芯左移，使 P 通 B，A 通 T。调整节流阀的开口大小，可以改变主阀芯移动速度，从而调整主阀换向时间。

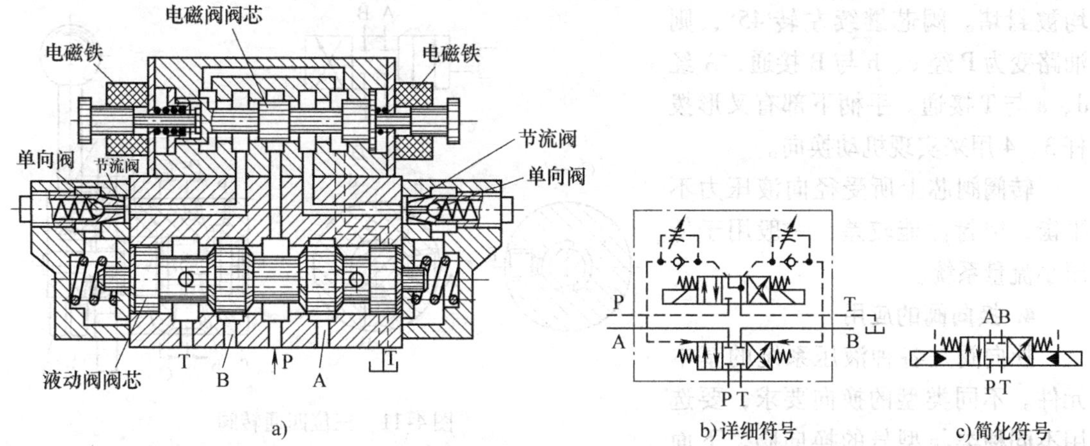

图 4-9　电液换向阀

a）阀体结构　b）、c）图形符号

（5）手动换向阀

手动换向阀通过人工操作改变阀芯的工作位置，实现换向。图 4-10a、图 4-10b 为自动复位式手动换向阀。这种换向阀操作安全，适于工作持续时间短、变换频繁的场合。图 4-10c、图 4-10d 为钢球定位式手动换向阀。其阀芯端部设有钢球定位装置，可使阀芯分别在左、中、右三个不同位置定位工作。

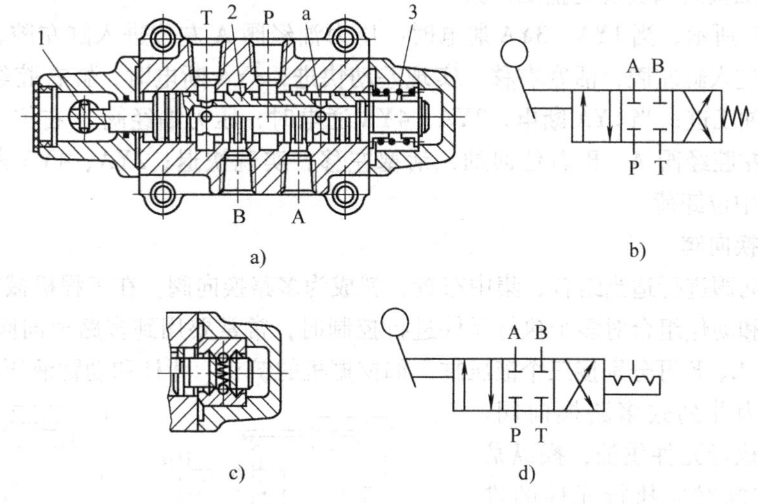

图 4-10　手动换向阀

a）自动复位式手动换向阀的结构　b）自动变位式手动换向阀的图形符号

c）钢球定位式手动换向阀的定位装置结构　d）钢球定位式手动换向阀的图形符号

1—手柄　2—阀芯　3—弹簧

（6）转阀

转阀用手动或机动方式操纵阀芯转位，实现换向。图 4-11 为三位四通转阀。阀芯上环形槽 c 与轴向槽 b 相通，环形槽 a 与轴向槽 e、d 相通。P 油口始终与 c 相通，T 油口始终与 a 相通。在图示位置，P 经 c、b 与 A 接通；B 经 e、a 与 T 接通。当阀芯左转 45°时，各油口均被封堵。阀芯继续左转45°，则油路变为P经c、b与B接通，A经d、a与T接通。手柄下部有叉形拨杆3、4用来实现机动换向。

转阀阀芯上所受径向液压力不平衡，密封性能较差，一般用于低压小流量系统。

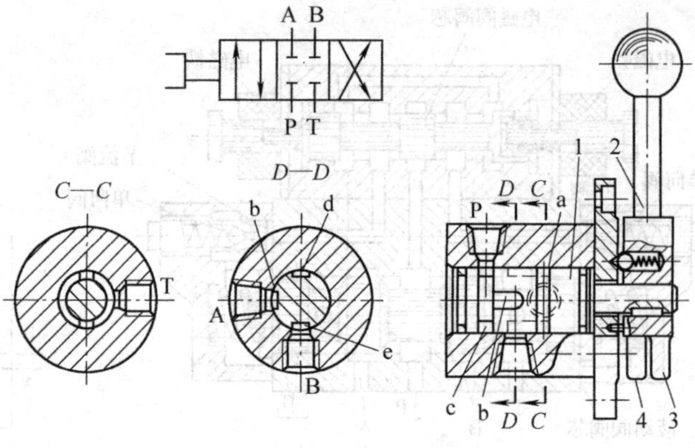

图4-11　三位四通转阀

4. 换向阀的应用

换向阀是各种液压系统的基本元件。不同类型的换向要求，要选用不同种类与型号的换向阀。下面举几个换向阀的应用实例。

（1）用机动阀作为先导阀实现连续往复运动

如图4-12a所示，在图示位置，压力油经带有定位装置的液动阀C进入缸的右腔，左腔回油经C进油箱，活塞左移。当挡铁压动机动阀A后，控制油液经A进入阀C的左腔，C右腔中油液经阀B回油，阀C左位工作。压力油经C进入缸左腔，活塞右移，释放A。C在定位装置作用下保持左位工作。当挡铁压动B后，控制油液进入阀C右腔，阀C右位工作，活塞左移。从而实现连续往复运动。

（2）用电磁换向阀实现完整工作循环

如图4-12b所示，当1YA、3YA通电时，压力油经阀A左位进入缸左腔，缸右腔回油经阀B左位也进入缸左腔，活塞右移，实现差动快进；3YA断电时，缸右腔经阀B中位回油，实现泵供油工进；当1YA断电，2YA、4YA通电时，压力油经阀A右位、阀B右位进入缸右腔，缸左腔经阀A、B右位回油，活塞左移，实现快退；2YA、4YA断电，活塞停止，泵经阀A中位卸荷。

（3）多路换向阀

将手动换向阀进行适当组合，集中布置，就成为多路换向阀。在工程机械等设备中，要求按不同顺序和动作组合对多个执行元件进行控制时，常常要用到多路换向阀。图4-13中A、B、C、D、E、F可分别接三个液压缸，如挖掘机的铲斗、斗杆和动臂液压缸。

图4-13a为并列式多路换向阀。泵可同时向各执行元件供油，操纵某个阀就可以控制对应执行元件的进退。若同时操纵两个以上阀，则负载小的缸先动作。

图4-13b为串联式多路换向阀，其特点是第一个阀的回油口与第二个阀的进油口相连。各缸可以独立动作，也可以同时动作。

图4-13c为顺序式多路换向阀。从图中可看出，操纵前一个阀则切断

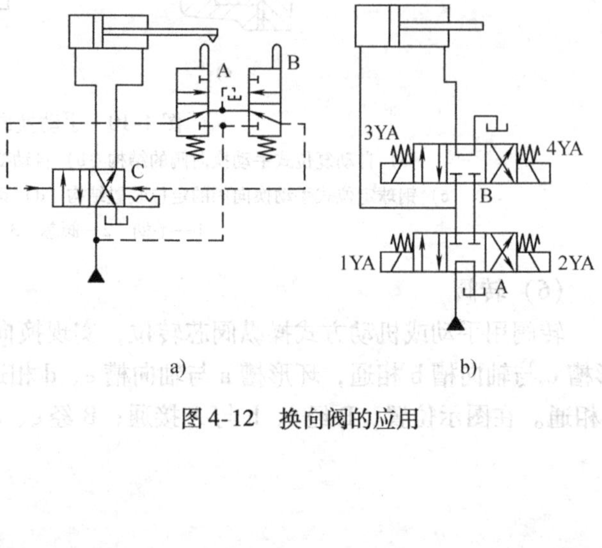

图4-12　换向阀的应用

了后一阀的供油，这样各执行元件只能按阀的顺序依次动作，从而可以避免误操作。

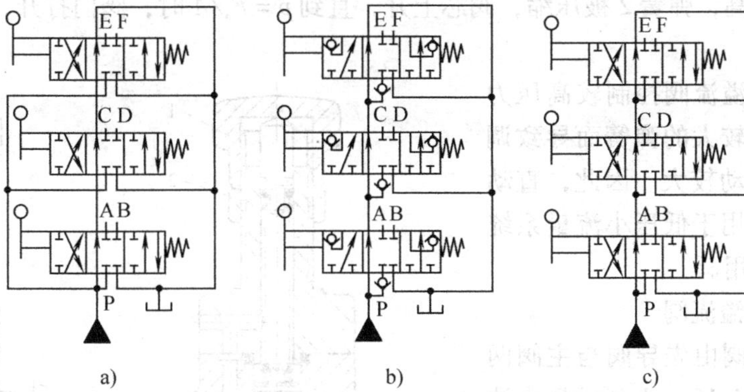

图 4-13　多路换向阀

a）并联式　b）串联式　c）顺序式

4.3　压力控制阀及其应用

在液压系统中，用来控制液体工作压力和利用压力信号控制其他元件产生动作的阀都是压力控制阀。它们依据的基本工作原理是利用阀芯上的液体压力与弹簧力的相互作用来控制阀口开度，调节压力或产生动作。

压力控制阀包括溢流阀、减压阀、顺序阀、压力继电器等几种。

4.3.1　溢流阀

1. 溢流阀的工作原理与结构

在定量泵供油的液压系统中，执行元件拖动负载的速度由节流阀来控制。由于液压泵输出的流量大于液压缸所需的流量，使节流阀前的油压升高，因此必须在系统中与泵并联一个溢流阀。当油液压力达到溢流阀的调定值，也就是拖动总负载的需要值时，溢流阀打开，在使多余油液溢流回油箱的同时，保持系统压力稳定在调定值。这就是溢流阀的溢流定压作用。

（1）直动式溢流阀

图 4-14a 为直动式溢流阀的结构，图 4-14b 为其图形符号。通过阀芯上制出的横向孔与轴向阻尼孔 a 使油液进入阀芯底部，阻尼孔 a 的作用是减小油压的脉动，提高阀的平稳性，弹簧对阀芯的压紧力可通过调整螺母来调节。由于调整螺母没有刻度，故只能通过系统中的压力表来观测压力的调定值。达到调定值后要将锁紧螺母紧锁。经阀芯周围间隙进入阀芯上腔的油液经内泄油孔与回油口接通，保证上腔不产生油压。因此溢流阀回油口从使用与泄油两方面看都必须接油箱。

图 4-14c 为直动式溢流阀的工作原理图。压力油由 P 口进入阀体，并经阻尼孔 a 进入阀芯 3 的下端油腔。设阀芯 1 下端的有效面积为 A，则压力油作用于阀芯底部的力为 pA，调压弹簧 2 的作用力为 F_s，若忽略阀芯自重和摩擦力等的影响，则阀芯轴向的受力公式为

$$pA = F_s$$

在执行元件没有拖动全部负载时，系统压力较低，阀口 x 关闭，无溢流。随着负载增加，系统压力升高，弹簧 2 被压缩，阀芯上升，直到 $p=F_s/A$ 时，阀门打开，开始溢流，起溢流定压作用。

若用直动式溢流阀控制较高压力时，因需用刚度较大的弹簧而导致调节困难，油压波动较大。因此，直动式溢流阀一般只用于低压小流量系统或作为先导阀使用。

（2）先导式溢流阀

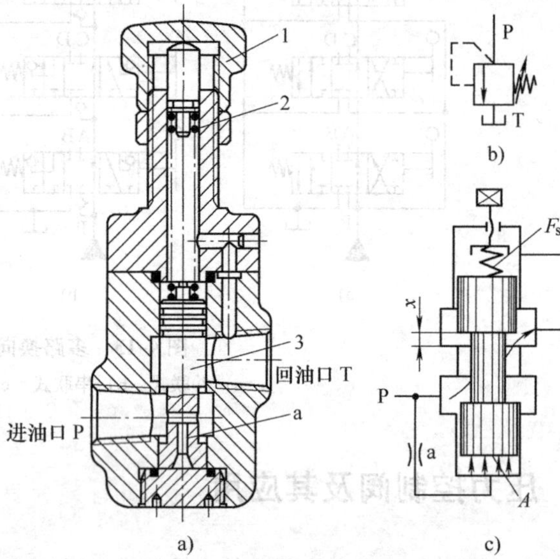

图 4-14　直动式溢流阀

a）阀体结构　b）图形符号　c）工作原理

1—调压螺母　2—调压弹簧　3—阀芯

先导式溢流阀由先导阀与主阀两部分组成。如图 4-15a、b 所示压力油经 P 口进入，并经孔 g 进入阀芯下腔，同时经阻尼孔 e 进入阀芯上腔；而主阀芯上腔压力由直动式锥形溢流阀（先导阀）来调整并控制。当系统压力低于调定值时，锥阀关闭，经过孔 e 的油液不流动，孔 e 前后压力相同，因主阀芯上下端有效作用面积相同，所以主阀芯在弹簧 4 作用下使阀口关闭，不溢流。当系统压力达到调定值时，锥阀打开且保持 p_1 不变。经孔 e 的油液因流动产生压降，当主阀芯上下腔压差作用力大于弹簧 4 的作用力 F_{s2} 时，主阀芯抬起，实现溢流定压。由于主阀芯的开度是靠上下面压差形成的液压力与弹簧力的作用来调节的，所以弹簧 4 的刚度很小。这样在阀口开度随溢流量发生变化时，压力 p 的波动很小。锥阀 3 打开后，油液经孔 h 和回路口 T 回油箱。调节调压螺母 1 可以调节溢流阀的控制压力。如图 4-15a 所示在先导式溢流阀的主阀芯上腔另外开有一远程控制口 K 与外界相通，不用时可用螺塞堵住。当 K 口被堵住时，主阀芯上腔的油液压力只能由自身的锥阀 3 来控制。但当用一油管将远程控制口 K 与其他压力控制阀相连时，主阀芯上腔的油压就可以由设在别处的另一个压力阀控制，而不受自身的先导阀调控，从而实现溢流阀的远程控制。此时，远控阀的调整压力要低于自身先导阀的调整压力。

2. 溢流阀的性能

溢流阀工作时，静态、动态性能的优劣对液压系统的工作性能影响很大。溢流阀的静态特性是指溢流阀在稳定工作状态下的压力-流量特性、调压范围及压力稳定性等。动态特性指压力超调量、过渡过程时间和振动次数。

（1）压力-流量特性

压力-流量特性也称为溢流特性，是指溢流量发生变化时溢流阀进口处压力的变化情况。图 4-16a 为直动式和先导式溢流阀的压力-流量曲线。阀的溢流量达到额定溢流量 q_n 时，对应的压力 p_n 称为溢流阀的调定压力。溢流阀刚开启时，阀进口的压力 p_o 称为开启压力。调定压力 p_n 与开起压力 p_o 的差值称为调压偏差，其值越小，阀的性能越好。可见先导式溢流阀要优于直动式溢流阀。

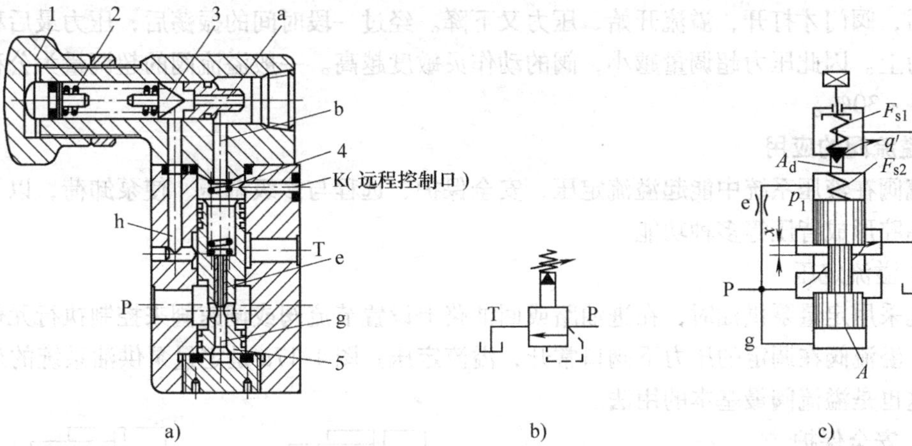

图 4-15　先导式溢流阀

a）结构图　b）工作原理图　c）图形符号

1—调压螺母　2—调压弹簧　3—锥阀　4—主阀弹簧　5—主阀芯

（2）调节范围

调节范围指溢流阀在规定的范围内进行调整时，系统压力能被稳定控制的最高值与最低值。一般直动式溢流阀的调压范围较小，先导式溢流阀的调压范围较大。

（3）压力稳定性

溢流阀工作压力的稳定性由两个指标来衡量：一是在调定压力下，其进口压力在规定时间内的偏移值；二是在整个调压范围内，通过额定流量 q_n时进口压力的振摆值。一般溢流阀这两项指标均不超过 ±0.2MPa。

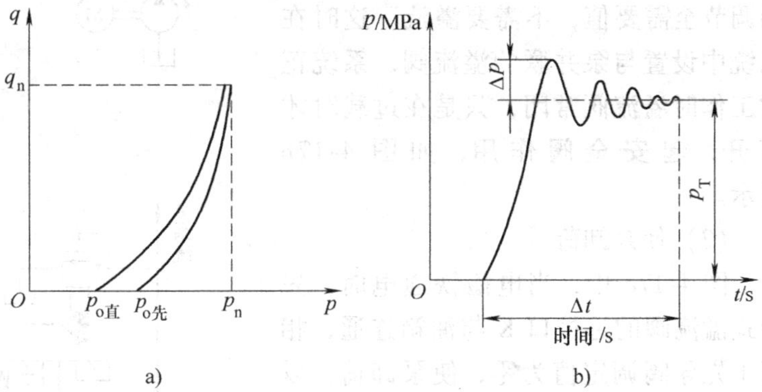

图 4-16　溢流阀的特性

a）压力-流量特性　b）溢流阀的动态特性

（4）动态特征

动态特征是指溢流阀在系统负载发生突然变化时，从阀口压力突然升高到稳定溢流使压力恢复到调定值所经过的短暂动态过程中的工作特性。主要指标有：压力超调量 Δp，过渡过程时间 Δt 等。图 4-16b 为溢流阀在突变负载作用下的压力变化情况。

溢流阀从一种稳定工作状态过渡到另一种稳定工作状态所需的时间称过渡过程时间。图中 Δt 表示溢流阀控制的压力从零压开始上升到调定值并最后进入稳定溢流状态的过渡过程时间，Δt 越小，阀的动态特性越好。先导式溢流阀的过渡过程时间一般为 0.2 ~ 0.3s。

压力超调量是最大压力峰值与调定值之差。溢流阀开始工作时，在阀口将要打开的瞬间，会出现系统油液压力高于调整压力的现象，称为压力超调现象。由 4-16b 可见，在升压过程中，当系统压力升高到调定值时，阀门来不及打开，因此压力继续升高；当压力超过调整压力后，阀门才打开，溢流开始，压力又下降。经过一段时间的振荡后，压力最后稳定在调定压力上。因此压力超调量越小，阀的动作灵敏度越高。一般溢流阀的超调量为公称压力 p 的 10% ~30%。

3. 溢流阀的应用

溢流阀在液压系统中能起溢流定压、安全保护、远程与多级调压、使泵卸荷，以及使液压缸回油腔形成背压等多种功能。

（1）溢流定压

系统采用定量泵供油时，在进油路或回油路上设置节流阀或调速阀来控制执行元件的运动速度，溢流阀在调定的压力下阀口常开，溢流定压。图 4-17a 是定量泵供油系统的最基本形式，这也是溢流阀最基本的用法。

（2）安全保护

系统用定量泵供油，在油路关闭或运动到终点时，系统压力会急剧升高；采用变量泵供油，供油量随负载大小自动调节至需要值，不需要溢流。这时在系统中设置与泵并联的溢流阀，系统正常工作时溢流阀常闭，只是在过载时才打开，起安全阀作用，如图 4-17b 所示。

（3）使泵卸荷

图 4-17c 中，当电磁铁通电时，先导式溢流阀的远控口 K 与油箱连通，相当于先导阀调定值为零，使泵卸荷，以减少能量损耗与泵的磨损。

（4）远程与多级调压

如图 4-17d 所示，当先导式溢流阀的远程控制口与另外一个设置在别处并且调压较低的溢流阀连通时，主阀芯上腔的油压只要达到远程控制溢流阀的调定值，主阀芯即可抬起溢流，实现了远程调压。这时主阀自身的先导阀不再起调压作用，图 4-18a 所示为多级调压及卸荷回路可实现四级压力控制。当图 4-18a 中 1YA 不通电时，泵卸荷。在此回路中阀 1 的调整压力最高。4-18a 中溢流阀 2、3、4 的流量可以很小，而图 4-18b 中各溢流阀的额定流量要与泵相同。

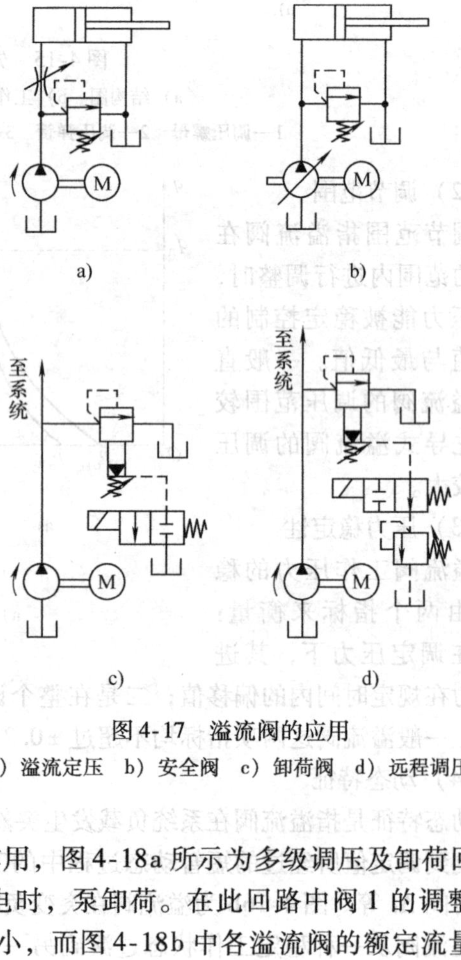

图 4-17 溢流阀的应用

a）溢流定压 b）安全阀 c）卸荷阀 d）远程调压

（5）形成背压

将溢流阀设在液压缸的回油路上，使缸的回油形成一定压力，一般称为背压。有背压可以使负载突然减小时避免活塞前冲，提高运动的平稳性。

4.3.2 减压阀

1. 减压阀的工作原理与结构

减压阀的作用是降低液压系统中某一部分的压力，并使其保持稳定值。减压阀也分为直动式和先导式两种。一般常用先导式减压阀，如图 4-19 所示。高压油 p_1 进入 d 腔，经阀口 h 变为 p_2，从 f 腔引出接减压油路。p_2 同时经孔 g 进入阀芯下腔，经阻尼孔 e 进入阀芯上腔，并通过孔 b、a 作用于先导锥阀 1。当出口压力 p_2 低于调定值时，锥阀关闭、主阀芯上下腔油压相等，弹簧 3 使主阀芯处于最下端，阀口全开，不起减压作用。当阀的出口压力达到调整的压力值时，锥阀打开，经阻尼孔 e 的油液流动产生压降，并经孔 b、a 和泄油孔 L 单独回油箱。当主阀芯上下腔的压差作用大于弹簧 3 的作用力 F_{s2} 时，阀芯上移，阀口关小到 x_1，控制出口压力为调定值。这时如果负载变化，造成出口 f 压力升高，则主阀芯上下腔压差增大，使主阀芯上移，阀口开度减小，液阻增大，致使出口压力下降。反之，则使出口压力回升。这样就能够自动调节阀口 h 开度，从而保持出口压力稳定在调定值上。由于进出油口均接压力油，所以泄油口要单独接油箱。调节先导阀弹簧压紧力 F_{s1} 就可以调节减压阀控制压力。通过远控口 K 来控制主阀芯上腔压力可实现远程调压与多级减压。图 4-19c 为减压阀的图形符号。

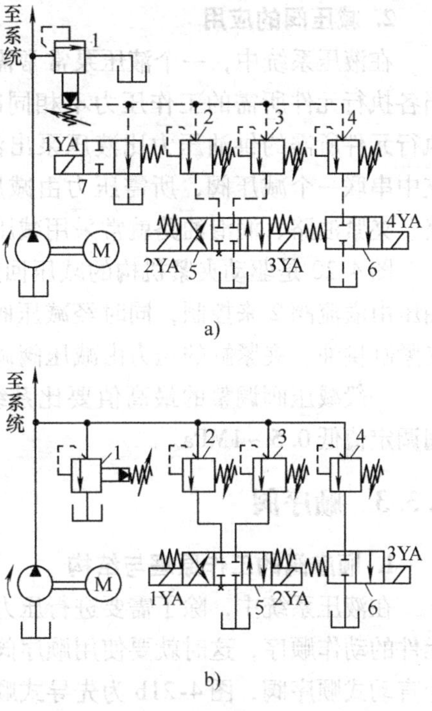

图 4-18 多级调压及卸荷回路

1—先导式溢流阀 2、3、4—溢流阀

5—三位四通阀 6、7—二位二通阀

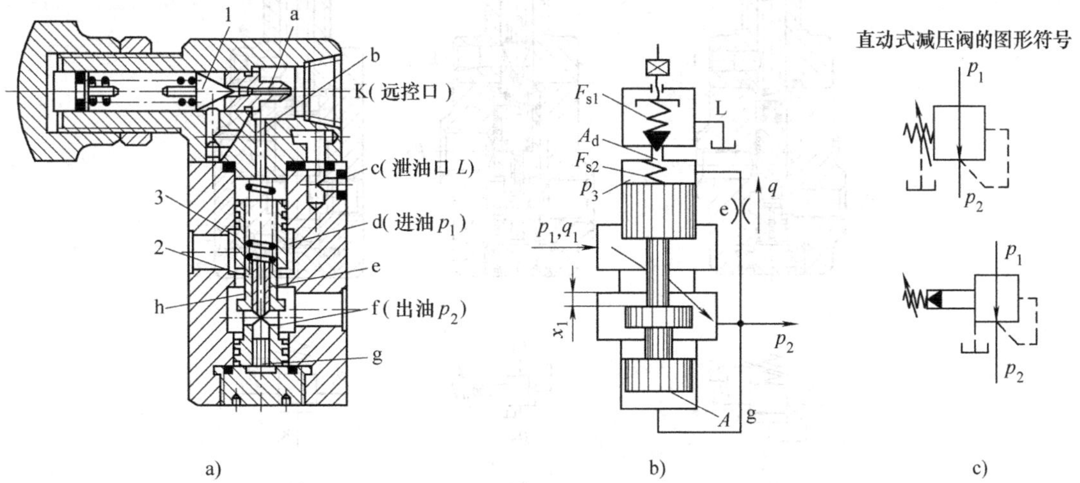

图 4-19 先导式减压阀

1—先导锥阀 2—主阀芯 3—主阀弹簧

2. 减压阀的应用

在液压系统中，一个液压泵常常需要向若干个执行元件供油。当各执行元件所需的工作压力不相同时，就要分别控制。若某个执行元件所需的供油压力比液压泵出油压力低时，可在此油路分支中串联一个减压阀，所需压力由减压阀来调节控制，如控制油路、夹紧油路、润滑油路就常采用减压回路。

图4-20是驱动夹紧机构的减压回路。液压泵1供给主系统的油压由溢流阀2来控制，同时经减压阀3、单向阀4、换向阀5向夹紧缸供油。夹紧缸的压力由减压阀调节，并稳定在调定值上。

一般减压阀调整的最高值要比系统中控制主回路压力的溢流阀调定值低0.5~1MPa。

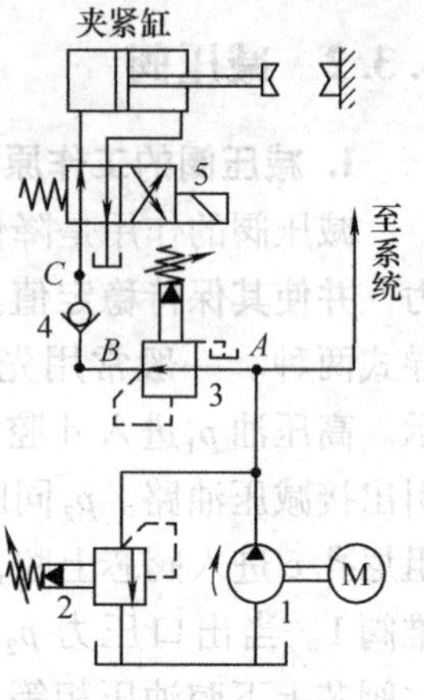

图4-20 减压回路

1—液压泵 2—溢流阀 3—减压阀 4—单向阀 5—换向阀

4.3.3 顺序阀

1. 顺序阀的工作原理与结构

在液压系统中，除了需要进行压力调控外，还常常需要根据油路压力的变化来控制执行元件的动作顺序，这时就要使用顺序阀。顺序阀从结构上可分为直动式和先导式（图4-21a为直动式顺序阀，图4-21b为先导式顺序阀），从控制方式上可分为内控式和外控式。内控式顺序阀的工作原理与溢流阀很相似，区别在于顺序阀的出油口 p_2 不接油箱而是接后续的液压元件，因此，泄油口L要单独接油箱。再就是顺序阀阀口的封油长度大于溢流阀，所以在进口压力 p_1 低于调定值时，阀口全闭；当进口油压达到调定值时阀口开启，进出油口接通，使后续元件动作，实现压力控制开关的功能。

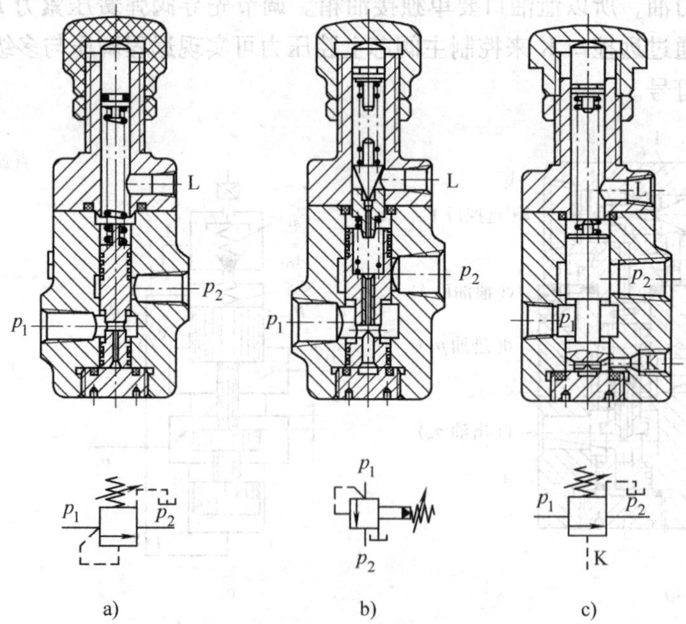

图4-21 顺序阀

a）直动式顺序阀 b）先导式顺序阀 c）液控顺序阀

图 4-21c 为外控式液控顺序阀，它与内控式顺序阀的区别在于阀芯上没有与进油相通的孔，因而进口油液不能进入阀芯下腔。控制阀芯运动的油液由控制口 K 引入，阀芯的启闭由控制油液压力是否达到调定值决定。调整调节螺母，改变弹簧压力，就能改变调定值。

2. 顺序阀的应用

应用顺序阀可以使两个以上的执行元件按预定的顺序动作，并可将顺序阀用作背压阀、平衡阀、卸荷阀等。

（1）用作顺序阀

图 4-22a 为实现先定位后夹紧工作顺序的液压控制回路。油液经两位四通电磁换向阀进入定位缸 A 下腔，实现定位动作。这个过程中，由于压力未达到顺序阀调定值，故夹紧缸不动作。待定位完成，油压升高达到顺序阀调定值时，顺序阀开启，油液经顺序阀进入夹紧缸，进行夹紧。为保证可靠工作，顺序阀调定压力值应大于定位缸工作压力 0.5～0.8MPa。

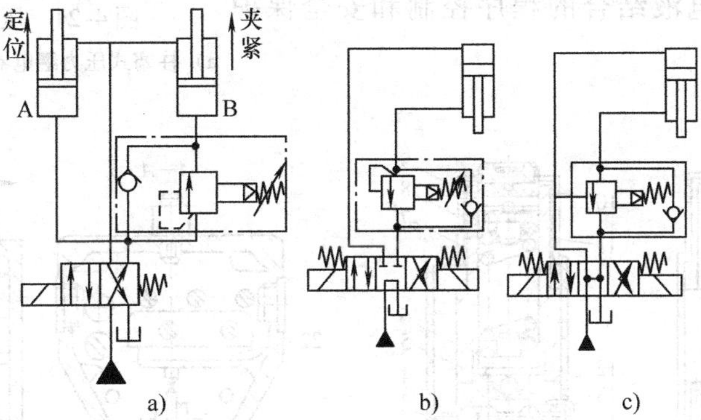

图 4-22　顺序阀的应用

a）顺序动作回路　b）、c）平衡回路

（2）用作平衡阀

图 4-22b 为应用单向顺序阀作用平衡阀的回路。在带有重物的液压缸向下运动时，可在其回油路上串入一单向顺序阀，保证活塞不自行下滑，并且避免下行时产生超速现象。

如图 4-22c 所示，在换向阀中位时，无论活塞上重量如何增大，也能在任意位置停留并被锁住。当换向阀左位工作时可以将液控顺序阀打开，活塞下行。

（3）用于防止执行元件误动作

如图 4-23 所示，活塞Ⅰ上升后，只有压力超过顺序阀 A 的调定值时缸Ⅱ才能动作，从而避免因缸Ⅱ误动作造成缸Ⅰ活塞下滑。

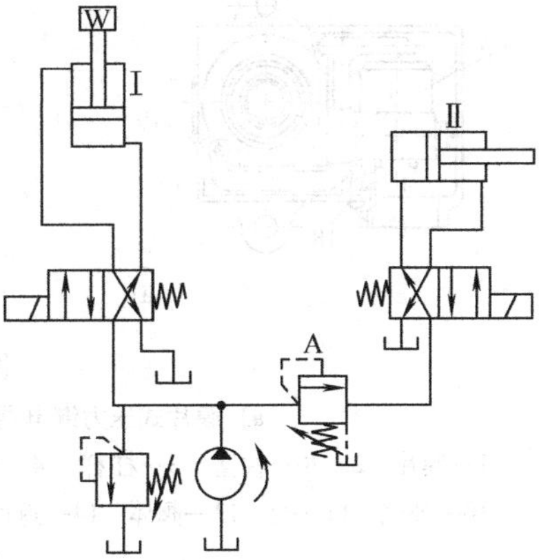

图 4-23　用顺序阀保证系统最低工作压力

4.3.4　压力继电器

1. 压力继电器的工作原理与结构

在液电结合控制的系统中，经常需要将一种形式的控制信号转换成另一种形式的信号，这时就需要信号转换元件。

压力继电器是一种将液压信号转换成电信号的元件，图4-24为其工作原理图。

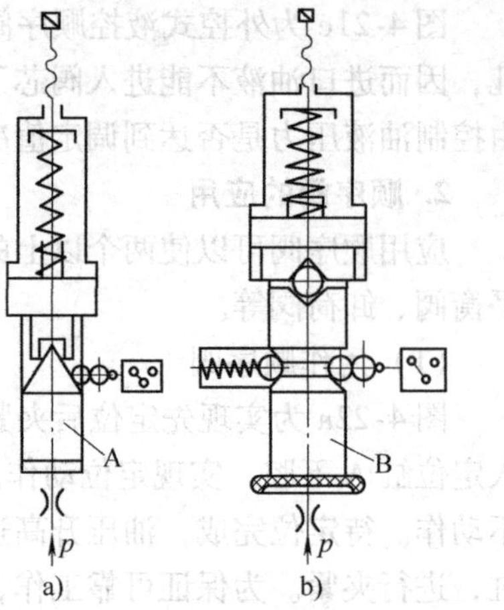

图4-24　压力继电器原理图

a）柱塞式压力继电器　b）膜片式压力继电器

图4-25为压力继电器的结构图。图4-25a为膜片式压力继电器，膜片式压力继电器反应快，重复精度高，调节范围为0.6～6.3MPa。图4-25b为柱塞式压力继电器，因柱塞式压力继电器工作时容积变化大，所以不易受压力波动影响，工作可靠，寿命长，但复位精度和灵敏度较低，调整压力可达50MPa。

2. 压力继电器的应用

用压力继电器发出的电信号可以控制电磁铁、继电器等元件，实现电液结合的程序控制和安全保护功能。

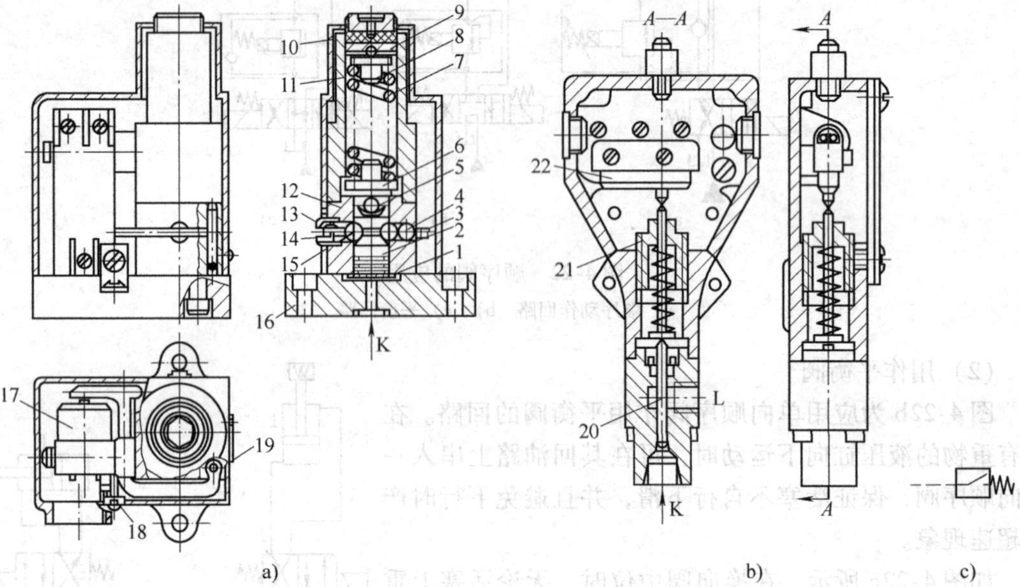

图4-25　压力继电器的结构

a）膜片式压力继电器　b）柱塞式压力继电器　c）压力继电器图形符号

1—膜片　2、20—柱塞　3—杠杆　4、5、15—钢球　6、8—弹簧座　7—调压弹簧　9、13—调节螺钉　10—外壳　11—套　12—阀体　14—返回区间调节弹簧　16—底座　17、22—微动开关　18—螺钉　19—销轴　21—调节螺塞

（1）实现程序控制

在图4-26a中，1YA、2YA通电，缸左腔进油、活塞右移实现“快进”。2YA断电，缸“工进”，“工进”至机构终点时、油压升高达到压力继电器调整值时，发出信号使1YA断电，2YA通电，缸右腔进油，活塞左移，实现“快退”。

（2）实现保压-卸荷

在图4-26b中，1YA通电，活塞右移；当夹头接触工件时油压开始升高，并向蓄能器储油；当油压达到夹紧力要求的调定值时，压力继电器发出信号，使3YA通电，泵卸荷。如果系统泄漏，则蓄能器可向缸中补油。当系统压力低至压力继电器复位压力时，使3YA断电，泵再次向缸和蓄能器充油。这样就可以长时间保压，并有效节能。

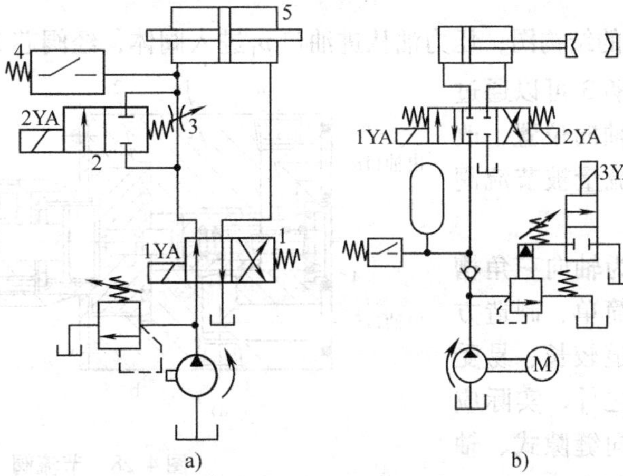

图4-26　压力继电器的应用

1—二位四通换向阀　2—二位二通换向阀　3—节流阀　4—压力继电器　5—液压缸

4.4　流量控制阀及其应用

流量控制阀是通过调节阀口通流面积来改变通过阀口的流量，从而控制执行机构运动速度的元件。流量控制阀有节流阀、调速阀等。

4.4.1　节流孔的流量特性公式

由第1章式（1-31）可知，节流孔的流量公式为

$$q = KA\Delta p^m \tag{4-1}$$

式中，m是由节流孔长径比决定的指数。一般节流口为薄壁孔，$m=0.5$，介于薄壁孔与细长孔之间的节流孔m取值在0.5~1之间。式中K是节流孔口断面形状和油液性质决定的系数，对于薄壁孔，$K=C_d\sqrt{2/\rho}$。A为节流口通流面积。公式中q和Δp的关系可用图4-27中节流孔的特性曲线来表示。

由上式知，决定节流孔流量的有四个参数，而我们希望流量q只与孔口的截面积A成比例，所以只要K、Δp、m为定值，则q就可以由A来确定。并且希望一旦调定A值，q值能保持稳定。但是在实际运用中，有以下几个主要因素影响流量稳定性。一是负载变化将引起Δp值改变，并且m值越大，对q影响越大；二是由于油液温度变化使K值改变，但薄壁孔的K值与油液粘度无关，所以温度对q的影响程度比细长孔小；三是油液中的沥青、胶质等杂质使调定的节流口面积A改变，

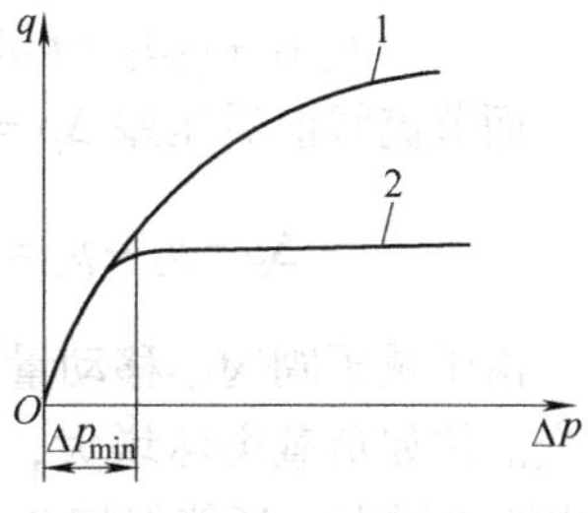

图4-27　节流口的特性曲线

1—节流阀　2—调速阀

导致流量改变。因此在制造流量控制元件时，要针对以上影响因素采取相应措施，提高流量控制的精度和稳定性。

4.4.2 节流阀和调速阀

1. 节流阀

图4-28为节流阀的结构图，压力油从进油口p_1进入阀体，经阀芯1左端的节流口从出油口p_2流出。调节手柄3可以通过推杆2调节阀芯1的轴向位置，改变通流面积，使油液流量被节流阀控制。

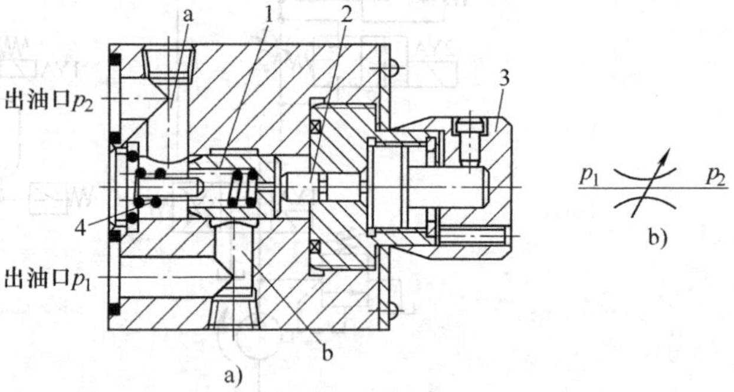

图4-28 节流阀

a）结构 b）图形符号

1—阀芯 2—推杆 3—调节手柄 4—复位弹簧

这类阀的节流口为轴向三角槽式，这种节流口结构简单、制造方便、不易堵塞，但通道较长、易受油液温度影响。除此之外，实际应用中还有偏心式、周向缝隙式、轴向缝隙式等形式的节流口。

节流阀没有解决负载与温度变化对流量稳定性影响较大的问题，因此，只适于在速度稳定性要求不高的液压系统中。

2. 调速阀

（1）调速阀的工作原理

如图4-29所示，为了使节流阀前后的压差不随负载发生变化，采用一个定差减压阀与节流阀串连组合起来，使通过节流阀的调定流量不随负载变化而改变，就可以有效提高流量的稳定性。调节原理如下：压力油p_1经减压阀阀口后变为p_2，p_2同时进入减压阀阀芯大端左腔b和小端左腔a；p_2经过节流阀后压力变为负载压力p_3；p_3再引入减压阀芯大端右腔c。因为a、b、c各腔有效作用面积满足$A = A_1 + A_2$，当阀芯在某一位置平衡时有

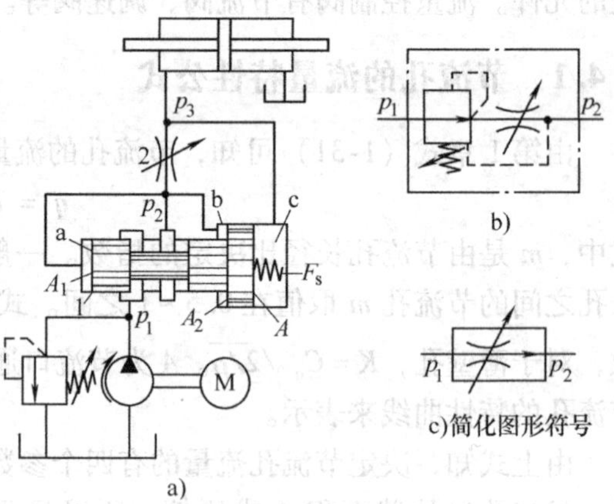

图4-29 调速阀的工作原理

1—减压阀芯 2—节流阀

$$p_2A_1 + p_2A_2 = p_3A + F_s$$

而节流阀前后压差$\Delta p = p_2 - p_3$，所以得

$$\Delta p = p_2 - p_3 = \frac{F_s}{A}$$

由于减压阀阀芯移动量不大，且弹簧刚度很小，所以F_s基本不变，这就保证了Δp基本不变。假如负载突然增大，造成p_3加大，迫使减压阀阀芯左移，阀口开大，液阻减小，使p_2也跟着增大，还能保持Δp不变。

调速阀流量特征曲线如图4-27中曲线2所示。在压力差小于Δp_{min}时，减压阀芯被弹簧

压向左端，阀口全开，不起减压作用，所以调速阀曲线在此段与节流阀重合。因此，在设计系统与使用调速阀时要使调速阀最小压差大于 Δp_{min}，一般 Δp_{min} 为 1MPa。在 Δp 大于 Δp_{min} 的范围中，q 基本保持定值。

（2）调速阀的结构

图 4-30 是调速阀的结构，其节流阀芯与减压阀芯轴线呈空间垂直关系安装在阀体内。调节旋钮 1，使节流阀芯轴向移动，就可以调节阀口开度，控制流量。

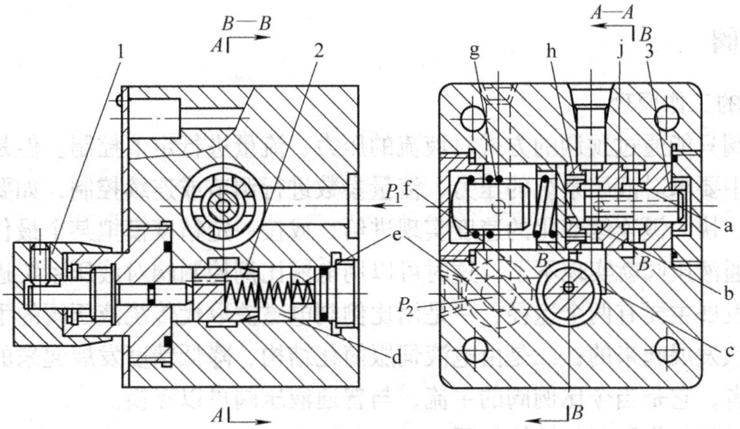

图 4-30　调速阀

1—调节旋钮　2—节流阀芯　3—轴套

如果在节流阀芯与调节推杆之间装一个热膨胀系统较大的聚氯乙稀温度补偿杆，则在油温升高时，就可使补偿杆膨胀增大，自动关小阀口，补偿因温度升高造成的流量变化，进一步提高流量稳定性。中压调速阀工作压力为 0.5 ~6.3MPa，使用时要注意进出油口不能调换使用。

4.4.3　流量控制阀的应用

在定量泵系统中，流量控制阀可以串联在执行元件的进、回路上，也可与执行元件并联，实现速度调节与控制。这时必须与起溢流定压作用的溢流阀配合使用。调速阀也可与变量泵组成容积节流调速回路，在提高速度稳定性的同时，提高系统效率。

图 4-31a、b 分别为进、回油节流调速回路。定量泵输出的油压由溢流阀控制，液压缸速度由节流阀控制，泵输出的多余油液经溢流阀回油箱。

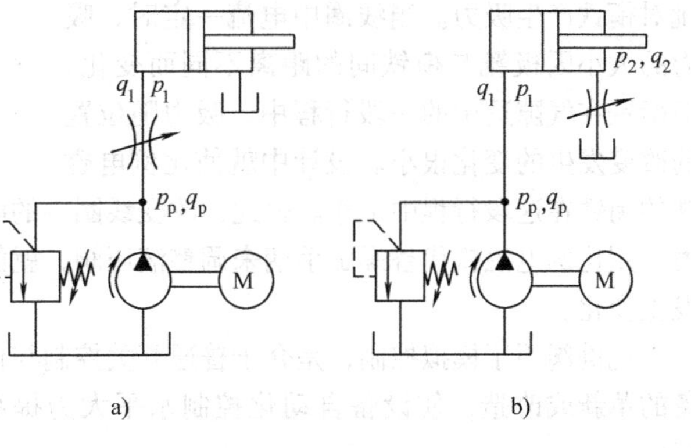

图 4-31　节流调速回路

a）进油节流调速回路　b）回油节流调速回路

这两种节流调速回路的结构简单，但效率低，只适用于负载变化小，低速和小功率的设备与系统中。在负载较重、速度较高或负载变化较大时，应将节流阀换为调速阀。

4.5 新型液压元件及其应用

比例阀、插装阀、叠加阀和数字阀是近几十年才得到较大发展的液压控制阀。与手控液压阀相比，它们有各自突出的优点。

4.5.1 比例阀

1. 比例阀的工作原理

普通液压阀只能通过预调的方式对液流的压力、流量进行定值控制。但是当设备执行机构在工作过程中要求对液压系统的压力、流量参数进行调节或连续控制，如要求工作台在工作进给时按慢、快、慢连续变化的速度实现进给，或按一定精度模拟某个最佳控制曲线实现压力控制，普通液压阀就实现不了。这时可以用电液比例控制阀对液压系统进行控制。

比例阀的发展主要有两个途径，一是用比例阀电磁铁取代传统液压阀的手动调节装置或取代普通电磁铁发展起来的；二是由电液伺服简化结构、降低精度发展起来的。下面介绍的比例阀均指前者，它是当今比例阀的主流，与普通液压阀可以互换。

比例电磁铁的工作原理与结构如图 4-32 所示。

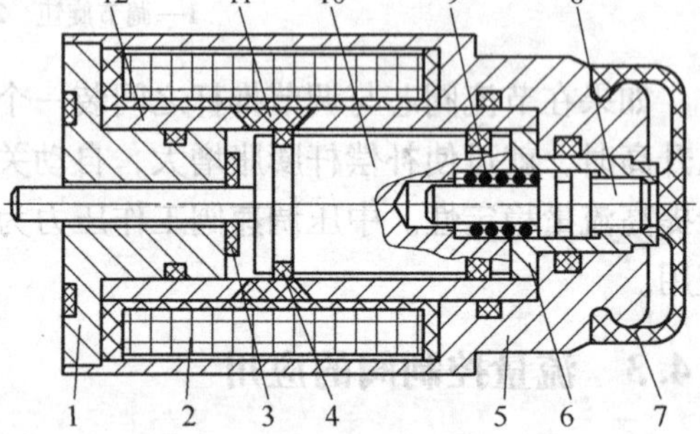

图 4-32 比例电磁铁的结构原理

1—极靴 2—线圈 3—限位环 4—隔磁环 5—壳体 6—内盖 7—盖 8—调节螺钉 9—弹簧 10—衔铁 11—支承环 12—导向管

比例电磁铁是直流电磁铁，但它与普通直流电磁铁不同。后者衔铁只有吸合和断开两个工作位置，并且在吸合时磁路中几乎没有气隙。而比例电磁铁要求吸力或位移与给定电流成比例，并在衔铁的全部工作行程上，磁路中保持一定的气隙，其结构主要由极靴 1、线圈 2、壳体 5 和衔铁 10 等组成。线圈 2 中通电后产生磁场，因隔磁环 4 的存在，使磁力线主要部分通过衔铁 10、气隙和极靴 1 形成回路。极靴对衔铁产生吸力。当线圈中电流一定时，吸力的大小因极靴与衔铁间的距离不同而变化。但衔铁在气隙适中的一段行程中，吸力随位置的改变发生的变化很小。设计中就使比例电磁铁的衔铁在这段行程中工作。因此，改变线圈中的电流，即可在衔铁上得到与其成正比的吸力。用比例电磁铁代替螺旋手柄来调整液压阀，就能使输出压力或流量与输入电流成比例地发生变化。

比例阀用于模拟控制，是介于普通开关控制与伺服控制之间的控制方式，特别适宜于设备的革新或改造，使设备自动化控制水平大为提高。比例阀在现代液压系统中所占比例很大。

比例阀也分为压力阀、流量阀和方向阀三大类。近年又出现了功能复合化的趋势。

2. 比例压力阀及其应用

用比例电磁铁代替溢流阀的调压螺母就构成了比例溢流阀。图 4-33 为先导式比例溢流阀，其下部为溢流阀，上部为比例先导阀。比例电磁铁的衔铁 4 通过顶杆 6 控制先导锥阀 2，从而控制溢流阀芯上腔压力，使控制压力与比例电磁铁输入电流成比例。其中手动调整的先导阀 9 用来限制比例压力阀的最高压力。远控孔 K 可以用来进行远程控制。用同样的方式可以组成比例顺序阀和比例减压阀。

图 4-34 为利用比例溢流阀和比例减压阀组成的多级调压回路。图中 2 和 6 为电子放大器。改变输入电流 I 即可控制系统的工作压力。用它可以代替普通多级调压回路中的若干个压力阀，且能对系统压力进行连续控制。

图 4-35 是使用比例溢流阀保持带材张力恒定的自控系统。卷取带材的卷筒 3 用液压马达 4 拖动，随着卷筒直径的增大，要增大转矩才能保持带材张力不变。现用杠杆端部的滚轮 2 与卷筒接触，并将滚筒直径的变化量通过电位计转换成电信号，放大后控制比例溢流阀，从而控制供油压力相应增大，使液压马达的输出转矩随之增加。

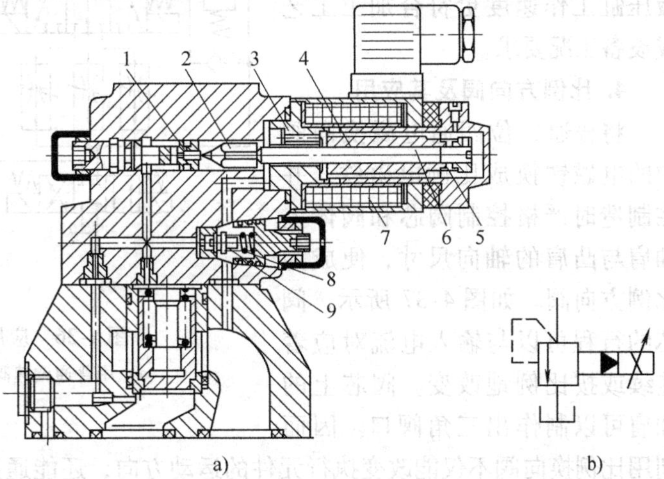

图 4-33 比例溢流阀

1—先导阀座 2—先导锥阀 3—极靴 4—衔铁 5、8—弹簧 6—顶杆 7—线圈 9—手调先导阀

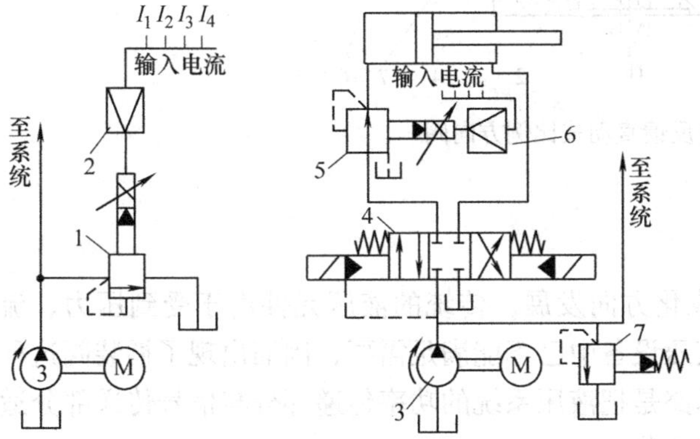

图 4-34 应用比例压力阀的调压回路

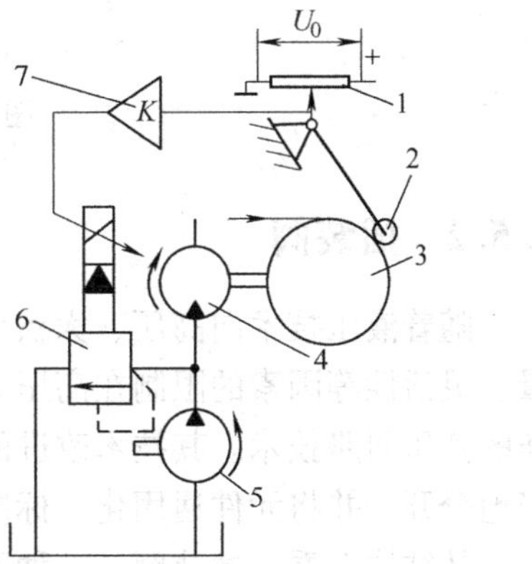

图 4-35 应用比例溢流阀的恒张力控制系统

1—电位计 2—滚轮 3—卷筒 4—液压马达 5—液压泵 6—比例溢流阀 7—放大器

3. 比例流量阀及其应用

把节流阀或调速阀的手动调节部分换成比例电磁铁就构成比例节流阀或比例调速阀。这时比例电磁铁要装入一弹簧，使比例电磁铁输出的推力变为位移，以实现用电信号控制阀口开度，从而控制油液流量。

比例调速阀主要用于各类液压系统连续变速与多速控制。图 4-36b 为采用比例调速阀的调速回路。与使用手控调速阀的调速回路（图 4-36a）相比，不但减少了控制元件的数量，而且使液压缸工作速度更符合加工工艺或设备工况要求。

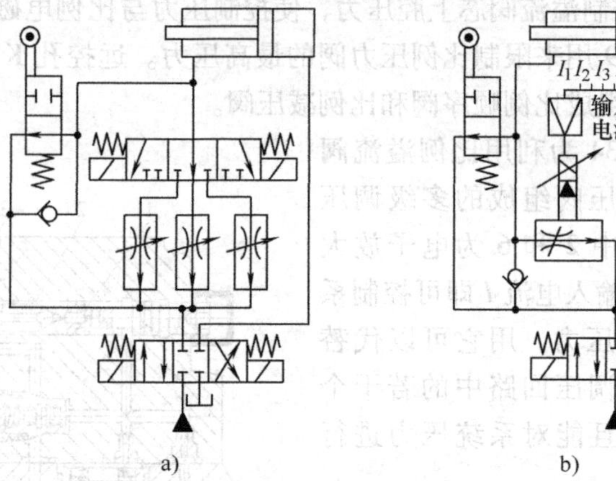

图 4-36　应用比例调速阀的调速回路

a）用普通调速阀调速　b）用比例调速阀调速

4. 比例方向阀及其应用

将普通二位四通电磁换向阀中的电磁铁换成比例电磁铁，并在制造时严格控制阀芯和阀体上轴肩与凸肩的轴向尺寸，便成为比例方向阀。如图 4-37 所示，阀芯的行程可以与输入电流对应着连续或按比例地改变。阀芯上的轴肩可以制作出三角阀口。因而利用比例换向阀不仅能改变执行元件的运动方向，还能通过控制换向阀的阀芯位置来调节阀口的开度，从而控制流量。因此，它同时兼有方向控制和流量控制两种功能。

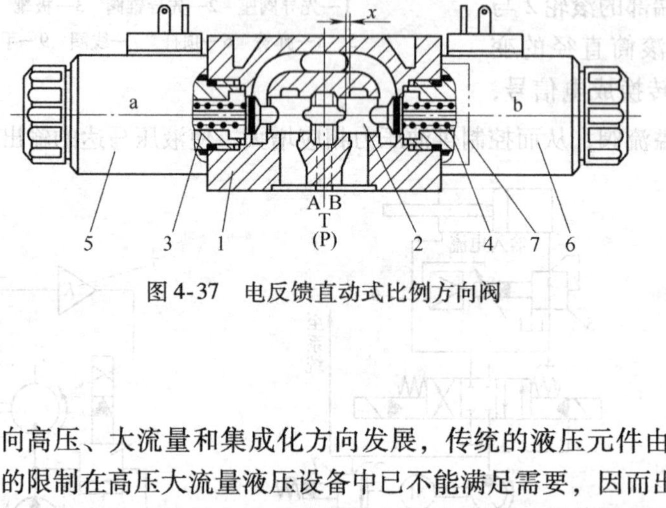

图 4-37　电反馈直动式比例方向阀

4.5.2　插装阀

随着液压技术向高压、大流量和集成化方向发展，传统的液压元件由于受到压力、流量、灵活性等因素的限制在高压大流量液压设备中已不能满足需要，因而出现了插装阀这种新的液压回路技术。其技术改进的基本思路是把液压系统的功率传递部分与信号传递部分适当地分开，并将元件通用化、标准化、组合化。

从结构上看，插装阀是一种不包括阀体，而直接将阀芯组件装入一个共同阀体的特殊二位二通阀，由控制口是否通入高压油来决定主阀口的通断状态，可以用来实现最基本的逻辑功能，所以也称为插装式锥阀或插装式逻辑阀。阀芯组件有插入式和旋入式两类。插入式也称为盖板式，其阀芯基本结构通常是一个锥阀，由控制盖板封入公共阀体内，盖板上再根据需要连接其他先导阀，主要用于高压大流量系统。旋入式也称为螺纹式，其阀芯结构有锥阀也有滑阀，通过螺纹装入公共阀体，主要用于高压小流量系统，常见于工程机械中。下面主要介绍插入式阀。这种阀结构简单，通用化程度高，通油能力大，密封性能和动态特性好，目前在锻压、冶金、船舶机械及塑料成型机械等高压大流量系统中得到广泛应用。

1. 插装阀的基本结构与工作原理

插装阀主要由三部分组成，一是锥阀组件，在图4-38中阀套2、弹簧3和锥阀4组成锥阀组件，插装在阀体5的孔内；二是控制盖板1，其上设有控制油路，必要时与先导元件连通，锥阀组件上配置不同的盖板就能实现各种不同的功能；三是阀体5，可由用户自己加工制作，同一阀体内可装入若干个不同机能的锥阀组件，使结构很紧凑。

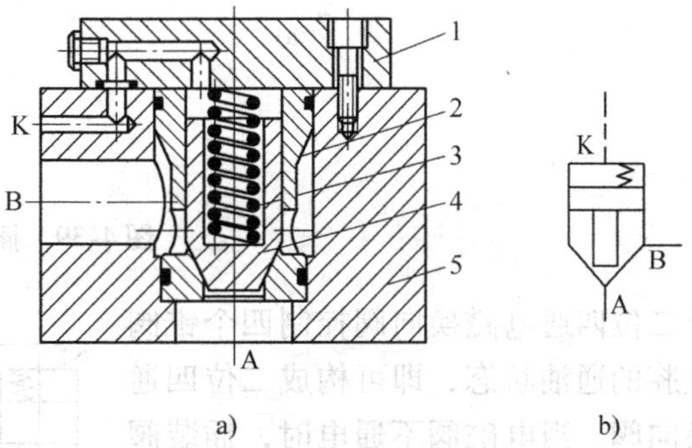

图4-38 插装阀

1—控制盖板 2—阀套 3—弹簧 4—锥阀 5—阀体

图4-38中，A、B为主油路接口，K为控制油口。设A、B、K油口所通油腔的油液压力为p_A、p_B、p_K，有效工作面积分别为A_1、A_2、A_K，显然$A_1+A_2=A_K$，弹簧的作用力为F_s，如果不考虑锥阀的质量、液动力和摩擦力等因素的影响，在p_A、p_B、p_K均为某一值时，阀口通断情况为：当$p_AA_1+p_BA_2<F_S+p_KA_K$时，锥阀闭合，A、B油口不通；当$p_AA_1+p_BA_2>F_S+p_KA_K$时，锥阀打开，A、B油口导通。也就是说，当p_A、p_B一定时，A、B油路的通断可以由控制油口的液压p_K来控制。当控制油口K接通油箱，$p_K=0$，锥阀下部的液压力超过弹簧力时，锥阀打开，使油路A、B连通。这时若$p_A>p_B$，则油液从A流向B；若$p_B>p_A$，则油液从B流向A。当$p_K \geqslant p_A$，$p_K \geqslant p_B$时，锥阀关闭，A、B不导通。

根据不同需要，插装阀锥阀芯上可开阻尼孔，端部可开节流三角槽，也可把锥阀芯制成$A_K:A_1$不同的面积比，或制成圆柱形。将插装阀进行相应组合，并将小流量方向阀、压力阀作为先导阀，对插装阀组合油路进行相应调控，就可以实现不同控制功能，用做方向控制阀、压力控制阀和流量控制阀。

由于插装阀可以将若干阀芯组件安装在一个公共阀体内，并且由控制盖板和小流量先导阀来共同决定其功能，所以一般用插装阀与先导阀及其控制连接的图形符号共同来表示其功能。分析时可以假设主油路的某路为高压来判断主阀的通断状态。为便于理解，将普通阀图形符号对应列出，以便进行功能分析。

2. 插装式方向控制阀

（1）插装式单向阀和液控单向阀

将插装阀的A或B油口与控制口K直接连通，即可构成大流量单向阀。图4-39a中A与K连通，可以阻断油液从A流向B。图4-39b中B与K连通，可以阻断油液从B流向A。

在控制盖板上接一个先导二位三通液动换向阀，控制锥阀上腔的通油状态，可以构成插装液控单向阀，如图4-39c所示。K口无油通入，则为单向阀。当K口通入控制油液，使B口与锥阀上腔油路断开，且使上腔通油箱，则油液也可从B口流向A口。

（2）插装式换向阀

用小规格先导二位三通电磁换向阀来改变锥阀上腔的通油状态，可构成插装式二位二通换向阀，如图4-40a所示。如果在辅助油路中增加一个梭阀（如图4-40c所示），则二位三通阀在原位时就可实现双向均不通油，如图4-40b所示。如图4-41a所示，用一个小规格先

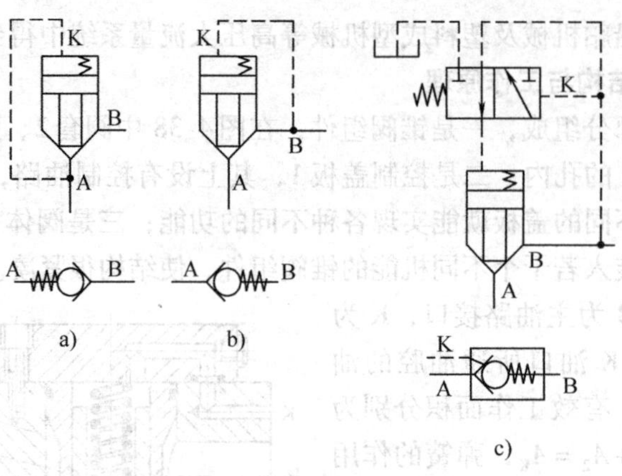

图 4-39　插装式单向阀

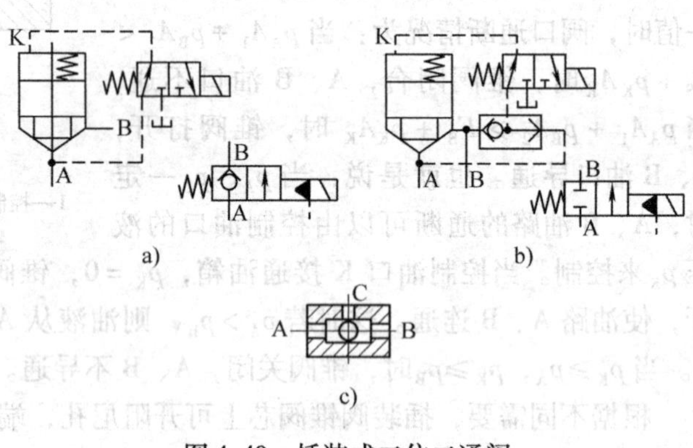

图 4-40　插装式二通阀

导二位四通电磁换向阀控制四个锥阀上腔的通油状态，即可构成二位四通换向阀。当电磁阀不通电时，插装阀1和3因上腔通油箱使主油路互通，实现A通T、P通B；插装阀2和4因上腔通控制压力油而关闭，使A不能通P、B不能通T。当电磁铁通电后，实现A通T、P通B。用一个三位四通电磁换向阀和四个插装阀可组成一个插装式三位四通换向阀，如图4-41b所示。电磁阀中位机构为O型。

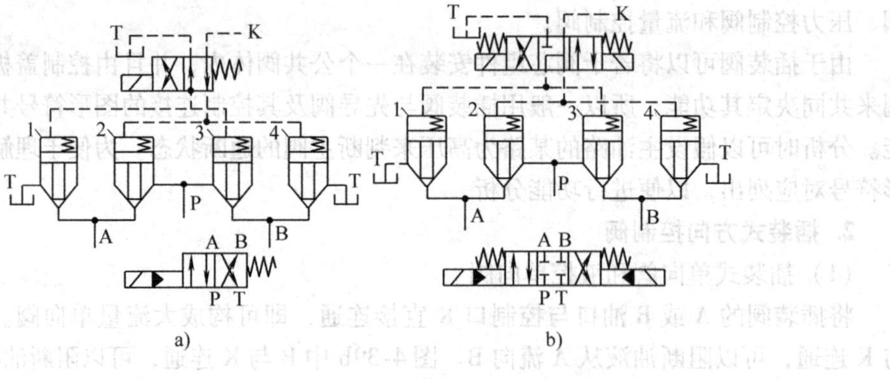

图 4-41　插装式四通换向阀

a）组成二位四通换向阀　b）组成三位四通换向阀

1、2、3、4—插装阀

因此，应根据插装换向阀不同的中位机能要求来选择先导电磁换向阀的中位机能。选用不同先导换向阀或用不同个数先导换向阀与插装阀组合，可以得到不同工作状态的插装换向阀。所以，采用插装阀换向时，可供选择的范围更广、更灵活，但使用时要综合考虑经济性与外形尺寸等因素。

3. 插装式压力控制阀

用一个直动式溢流阀作为先导阀，对插装阀控制油腔的油液压力进行控制，可以构成插装式压力控制阀，用来控制高压大流量液压系统的工作压力。其原理如图4-42a～图4-42c所示。在图4-42a中，插装阀1的A口与上腔经一阻尼孔a相连，上腔与先导阀2相连，先导阀的出油口和B口均与油箱相连。当插装阀A腔压力升高到先导阀2的调定压力时，先导阀打开，油液流经主阀芯阻尼孔a时造成阀芯两端压力差，使主阀芯抬起，A腔压力油经主阀口由B口回油箱，实现稳压溢流。其工作原理与一般先导式溢流阀完全相同，可实现的功能也相同。在图4-42b中，插装阀采用常开式阀芯，出油口接后续压力油路，先导阀出油口单独接油箱，则构成插装式减压阀，其工作原理与先导减压阀相同。

在图4-42c中，插装阀的B口接压力油路，先导阀的油口单独接油箱便构成插装式顺序阀，其控制压力由先导阀2调节。插装式顺序阀的工作原理与先导式顺序阀相同。图4-42d为插装式溢流阀结构图。

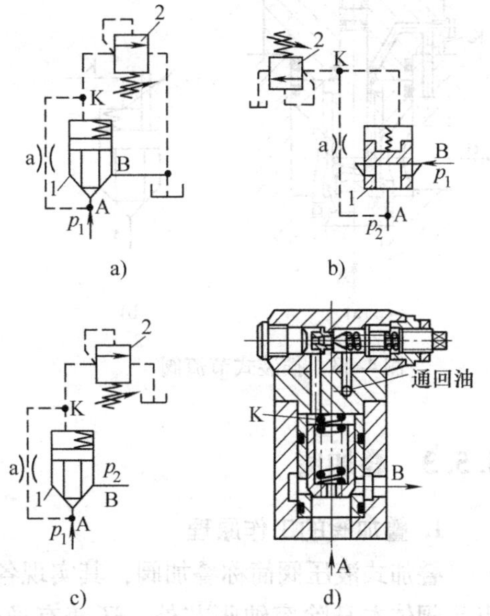

图4-42　插装式压力阀

1—插装阀　2—先导阀

如果用比例溢流阀作为先导阀代替直动式溢流阀，则可构成插装式比例溢流阀或插装式比例减压阀，用来进行高压大流量系统的多级控制和连续控制。

4. 插装式节流阀

通过插装阀的盖板，在阀芯上增加行程调节装置，就可以调节阀芯开度，构成插装式节流阀，如图4-43所示。也可以在插装阀的锥阀上开对称三角槽，以便进行细微流量调节。根据需要可以组成插装式调速阀、插装式比例节流阀等。

5. 插装阀的应用

插装阀组合成相应的功能阀后，在高压大流量系统中的应用与前述相应的液压阀相同。需要注意的是，在系统中使用插装阀时首先应根据单元的功能要求将插装阀组合单元内部的状况分析清楚，锥阀主油路之间、先导阀与控制油路之间要连接正确。然后再分析系统油路与各组单元的连接状况。控制油路或主阀芯上有阻尼孔的为压力阀单元，无阻尼孔的为方向阀单元。流量控制单元图形符号有明显特点。

图4-44为采用插装阀控制的液压系统。电磁换向阀在中位时，C、D、E、F四个锥阀上腔均通入控制压力油，阀口均关闭，使主油路各油口被封闭。1YA通电时，锥阀C、E上腔通入压力油，D、F上腔通油箱，使D、F打开，主油路压力油经阀D进入活塞缸左腔，缸右腔经阀F回油，活塞快速右移。1YA断电、2YA通电时，控制压力油进入阀D、F上腔，使D、F关闭。阀C、E上腔通油箱，使C打开，E开至调定的节流开度，主油路压力油经阀E节流后进入缸右腔，缸右腔经阀D回油，活塞向左慢速移动。

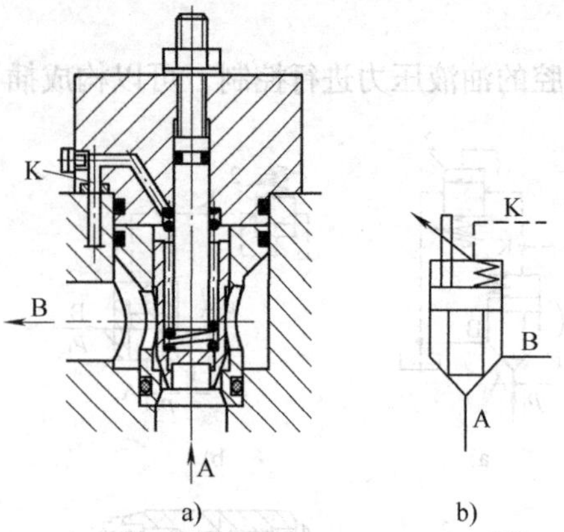

图 4-43　插装式节流阀

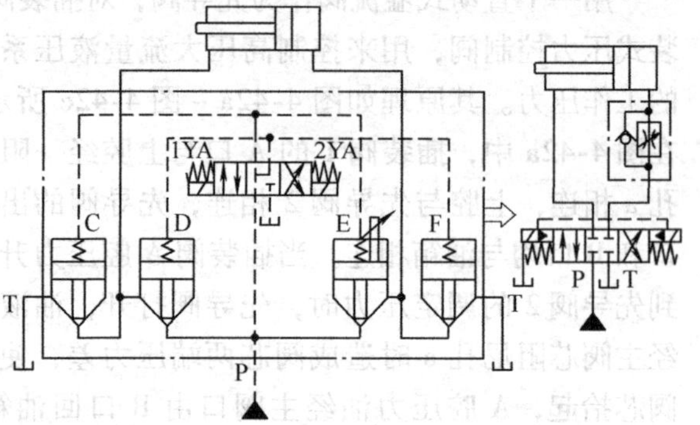

图 4-44　用插装阀控制的液压系统图

4.5.3　叠加阀

1. 叠加阀的工作原理

叠加式液压阀简称叠加阀，其实现各类控制功能的原理与普通液压阀相同。它的最大特点是阀体本身除容纳阀芯外，还兼有通道体的作用，每个阀体上都制有公共油液通道，各阀芯相应油口在阀体内与公共油道相接。用阀体的上下安装面进行叠加式无管连接可组成集成化液压系统。

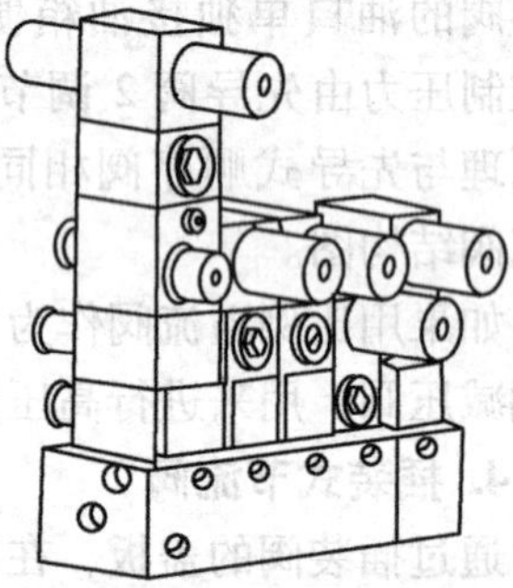

图 4-45　叠加阀液压系统外观图

叠加阀的结构与普通阀不同，在规格上自成系列。同一种通径系列的各类叠加阀，上下面主油路通道的直径与位置相同，并且连接螺栓孔的位置、尺寸、数量也相同。这样就可以用同一通径系列的叠加阀叠加成不同功能的系统。通常把控制同一个执行元件的各叠加阀与底板叠加起来，把不属于叠加阀的换向阀安装在最上面，组成一个子系统。各子系统之间再通过底板块横向叠加组成液压系统。其外观如图 4-45 所示。

叠加阀液压系统的集成化程度高，结构紧凑，重量轻，配置形式灵活，压力损失小，振动小，使用安全可靠。

我国生产的叠加阀现有 ϕ6mm、ϕ10mm、ϕ16mm、ϕ20mm、ϕ32mm 五个通径系列，额定压力为 20MPa，额定流量为 10～200L/min。

2. 叠加阀的结构

叠加阀分为压力控制、流量控制与方向控制三大类。其中方向控制阀仅有单向阀类，主换向阀可直接使用同规格的普通换向阀。

（1）叠加式溢流阀

图 4-46a 为 Y_1-F10D-P/T 先导型叠加式溢流阀的结构。它的主阀芯外圆与锥面同轴度要求很高，这样才能保证其密封性，所以称为二节同心式结构。先导阀为锥阀结构。其工作原理与一般先导式溢流阀相同。型号中 Y 表示溢流阀，F 表示压力等级，10 表示通径为 ϕ10mm，D 表示叠加阀，P/T 表示进口油为 P，回油口为 T。其图形符号如图 4-46b 所示。

图 4-46c 为 P_1/T 型叠加式溢流阀的图形符号，其进油口为 P_1。

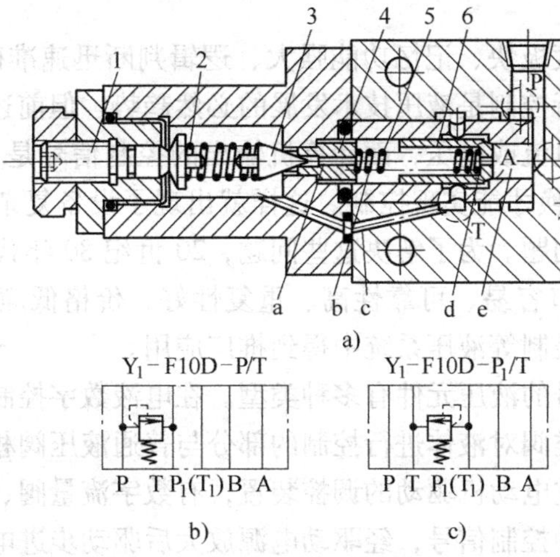

图 4-46 叠加式溢流阀

1—推杆 2—弹簧 3—锥阀 4—阀座 5—弹簧 6—主阀芯

a、b、c、d、e—油路通道

（2）叠加式流量阀

图 4-47 为 QA-F6/10D-BU 型单向调速阀。它由装在阀体内的单向阀与安装在阀体侧面的调速阀组合而成，这也称为组合式结构，其工作原理与普通单向调速阀完全相同。型号中 QA 表示单向调速阀，F 表示压力等级，6/10 表示盖阀通径为 ϕ6mm，而其接口尺寸属于 ϕ10mm 系列，D 表示叠加阀，BU 表示此阀适用于液压缸出口节流调速的回路。

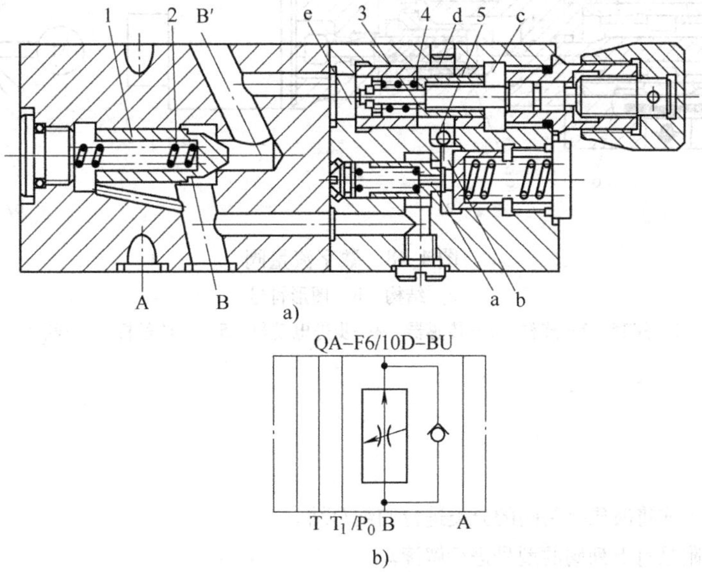

图 4-47 叠加式调速阀

1—单向阀 2—弹簧 3—节流阀 4—弹簧 5—减压阀

a、b、c、d、e—油路通道

4.5.4 电液数字控制阀

因为计算机具有运算速度极快、记忆功能强大、逻辑判断迅速准确等明显优势，所以，今后用计算机对液压系统进行控制是液压技术发展的必然趋势。但前述电液比例阀或伺服阀能接受的信号是连续变化的电流或电压，而计算机输出的控制信号是“1”或“0”的数字信息，所以必须进行数/模转换才能实现控制。这样就出现了设备复杂、成本高、可靠性降低、使用维护困难等一系列问题。为了解决这些问题，20 世纪 80 年代初期出现了电液数字控制阀，它具有与计算机接口容易、可靠性高、重复性好、价格低廉等优点，在非线性控制、多变量控制以及自适应控制等液压系统中得到推广应用。

能够接收计算机控制信号的液压元件有多种类型。在电液数字控制中，目前技术较成熟的元件是增量式数字阀。这类阀对液体进行控制的部分与普通液压阀相似，工作原理也基本相同，但其调控部分是由步进电动机驱动的调控装置，有数字流量阀、压力阀、方向阀三大系列产品。计算机发出的脉冲控制信号，经驱动电源放大后驱动步进电动机，使其每接受一个脉冲信号便转动一定的角度。步进电动机的转动由凸轮或丝杆等机构转换成直线位移量，从而推动阀芯或压缩弹簧，实现液压阀对油液方向、流量或压力的控制。下面仅用一数字流量阀进行说明。图 4-48 为增量式数字流量阀。计算机发出信号后，步进电动机 4 转动，通过滚珠丝杠 5 转化为连杆 2 的轴向位移，带动节流阀芯 6 移动。该阀有两个节流口，阀芯移动时首先打开右边非全周节流口，流量较小；继续移动则打开左边的第二个全周节流口，流量较大，可达 360L/min。零位传感器 3 能使阀芯在每个控制周期完成时回到零位。

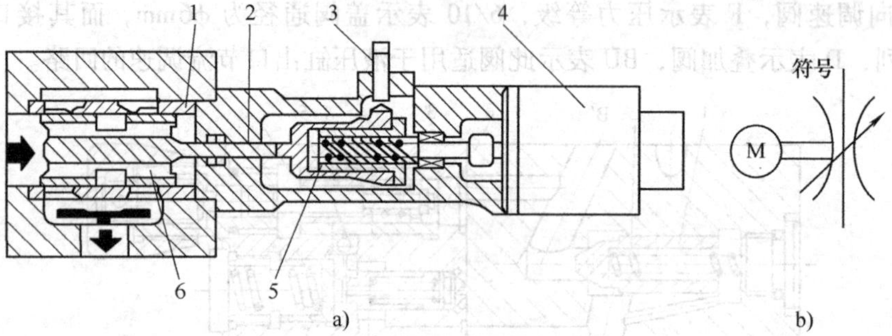

图 4-48　数字流量阀

a）结构　b）图形符号

1—阀套　2—连杆　3—传感器　4—步进电动机　5—滚珠丝杆　6—阀芯

4.6 习题

1. 用分支图的形式将液压控制阀的分类进行归纳总结。

2. 参阅书后的附录对下列阀的型号进行解读。

I—10B、IY—25B、34O—10、24S、22C、34Y—25B、Y—25B、J—25B、XY—25B、LI—10B

3. 单向阀和液控单向阀在液压系统中有哪些应用?

4. 分析三位四通换向阀“P”型中位机能的作用与特点。

5. 说明电液换向阀的组成特点、使用特点。如何调节其换向时间?

阀类 / 项目	溢流阀	减压阀	顺序阀
图形符号			
结构特点			
出油口情况			
泄油形式			
正常工作状态			
在系统中的连接方式			

6. 先导式溢流阀芯上的阻尼小孔被堵塞会出现什么现象？先导锥阀小孔被堵塞又会出现什么现象？

7. 列表对压力阀进行总结。

8. 压力阀的铭牌已无法辨别，能否不拆阀而判断出溢流阀、减压阀与顺序阀？

9. 在如图4-49所示的两个液压系统中，各溢流阀的调整压力分别为 $p_A = 4MPa$，$p_B = 3MPa$，$p_c = 2MPa$。系统的负载趋于无限大时泵出口的压力各为多少？

10. 在图4-20所示回路中，溢流阀2的调整压力为5.0MPa，减压阀3的调整压力为2.5MPa。试分析下列各小题，并说明减压阀的阀口处于什么状态。

1）夹紧缸在夹紧工件前空载运动，不计摩擦力和压力损失，A、B、C三点的压力各为多少？

2）夹紧缸夹紧工件后，主油路截止时，A、B、C三点的压力各为多少？

3）工件夹紧后，当主系统工作缸快进时，主油路压力降到1.5MPa，这时A、B、C三点的压力各为多少？

11. 如图4-50所示的液压系统，两液压缸的有效作用面积 $A_1 = A_2 = 100 \times 10^{-4} m^2$，缸Ⅰ的负载 $F_1 = 3.5 \times 10^4 N$，缸Ⅱ运动时负载为零。计算时不计摩擦力阻力、惯性阻力和管路损失。溢流阀、顺序阀和减压阀的调整压力分别为4.0MPa，3.0MPa和2.0MPa。求下列三种情况下A、B、C三点的压力。

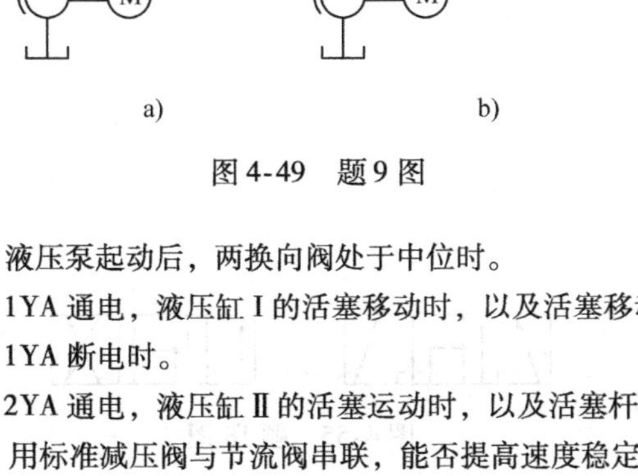

图4-49 题9图

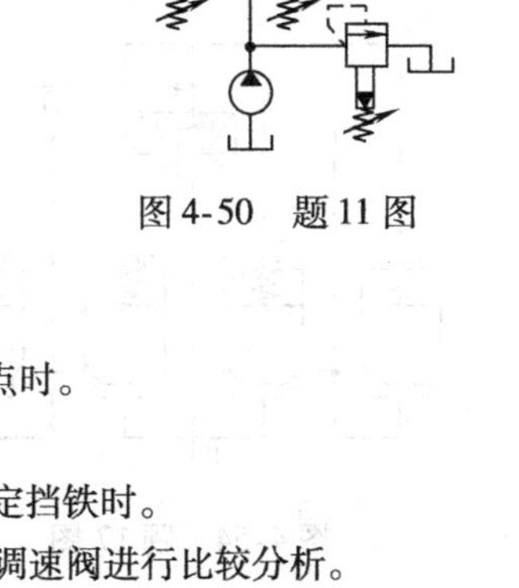

图4-50 题11图

1）液压泵起动后，两换向阀处于中位时。

2）1YA通电，液压缸Ⅰ的活塞移动时，以及活塞移动到终点时。

3）1YA断电时。

4）2YA通电，液压缸Ⅱ的活塞运动时，以及活塞杆碰到固定挡铁时。

12. 用标准减压阀与节流阀串联，能否提高速度稳定性？与调速阀进行比较分析。

13. 在图4-51所示的回油路节流调速回路中，已知液压泵的流量 $q_p = 25L/min$，负载 $F = 4000N$，溢流阀调定压力 $p_q = 5.4MPa$，$A_1 = 80 \times 10^{-4} m^2$，$A_2 = 80 \times 10^{-4} m^2$，液压缸工进速度 $v = 0.18m/min$。若不考虑管

路损失和液压缸的摩擦损失，试计算当负载 $F=0$ 时，活塞的运动速度和回油腔的压力。

14. 在图4-52所示的回路中，已知液压泵的流量 $q_p=6\text{L/min}$，溢流阀调定压力 $p_p=3.0\text{MPa}$，液压缸无杆腔面积 $A_1=20\times10^{-4}\text{m}^2$，负载 $F=4000\text{N}$。节流阀为薄壁孔口，流量系数 $C_q=0.62$，开口面积 $A_T=0.01\times10^{-4}\text{m}^2$，$\rho=900\text{kg/m}^3$。求：

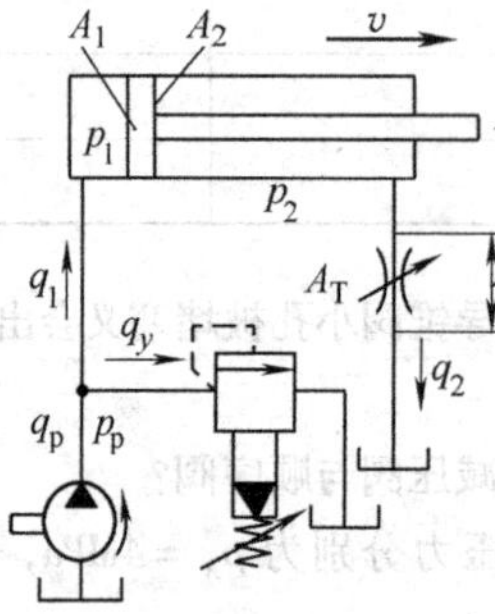

图4-51　题13图

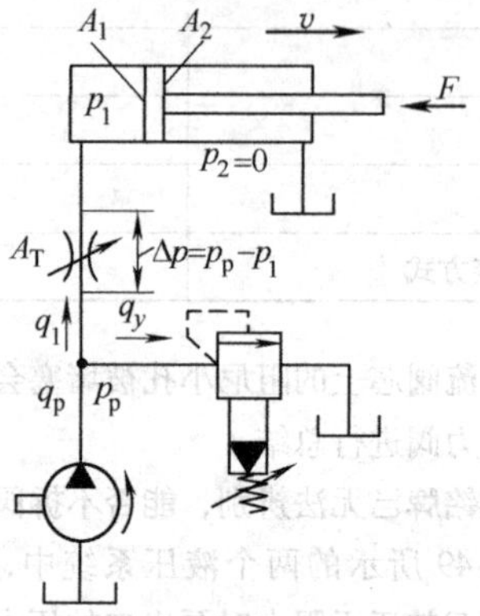

图4-52　题14图

1）活塞杆的运动速度 v。

2）溢流阀的溢流量。

3）当节流阀开口面积增大到 $A_{T1}=0.01\times10^{-4}\text{m}^2$ 和 $A_{T2}=0.05\times10^{-4}\text{m}^2$ 时，分别计算活塞杆的运动速度 v 和溢流阀的溢流量 q_r。

15. 试分析图4-53所示液压系统的工作情况。其中A、B、C、D、E、F各元件分别起什么作用？

16. 如果某设备的液压系统在工作过程中需要使液压缸的输出推力按“小—大—小”的规律连续变化，而输出的速度要求按“高—低—高”的规律连续变化。应选用怎样的控制元件？为什么？

17. 分析图4-54所示插装阀单元的工作原理，并画出具有对应功能的普通阀的图形符号。

18. 用插装阀实现图4-55所示三位换向阀的功能。

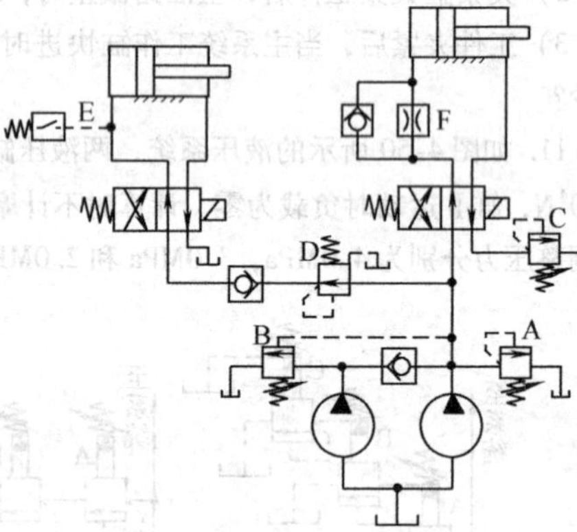

图4-53　题15图

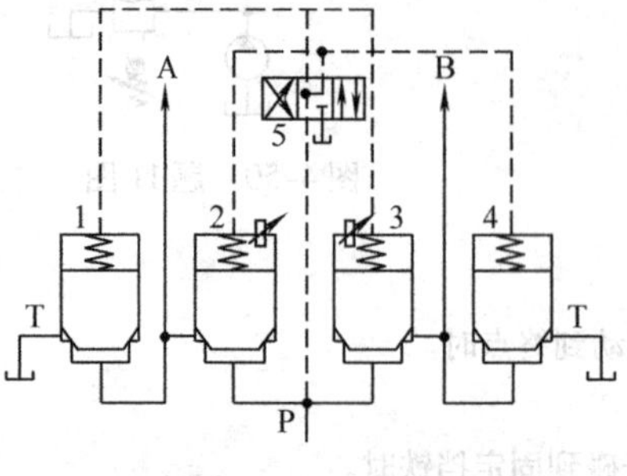

图4-54　题17图

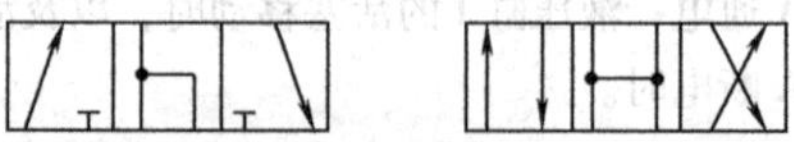

图4-55　题18图

第 5 章　液压系统的辅助元件

液压系统的辅助元件是指除液压泵、液压缸（包括液压马达）和各种控制阀之外的其他各类元件，如过滤器、蓄能器、油路通道元件、油箱、热交换器、压力表等。辅助元件是液压系统中不可缺少的组成部分。液压辅助元件中，除油箱经常需要根据系统要求自行设计外，其他的均有标准件供选用。本章介绍常用液压辅助元件的工作原理和基本结构。

5.1　过滤器

5.1.1　过滤器的功能与过滤精度

1. 过滤器的功能

过滤器的功能在于滤除混入液压油中的灰尘、异物、油液析出物、金属颗粒等机械类杂质，降低油液的污染程度，保证系统的正常工作，延长系统的使用寿命。对过滤器的基本要求：

1）具有较高的过滤精度，即能滤除大于一定尺寸的机械杂质。

2）通过性能好，即油液全部通过时不致引起过大的压力损失。

3）过滤材料要有足够的机械强度，在油压作用下不致于损坏。

4）过滤材料要有足够的耐腐蚀性，在一定温度下工作时，有足够的耐久性。

5）便于清洗和更换滤芯。

6）价格便宜。

其中过滤精度是选择过滤器时首先要考虑的参数。

2. 过滤精度

过滤器的过滤精度是指过滤器对各种不同尺寸机械杂质的滤除能力。常用的评定指标有绝对过滤精度、过滤比和过滤效率。

绝对过滤精度是指通过滤芯的最大坚硬球状颗粒的尺寸，它反映了过滤材料中最大的通孔尺寸。按通孔值的不同，过滤器可分为粗过滤器、普通过滤器、精过滤器和特精过滤器四种，它们分别能滤去大于 100μm、10 ~ 100μm、5 ~ 10μm、1 ~ 5μm 的杂质。一般来说，工作压力越高，要求的绝对过滤精度越高，其推荐值如表 5-1 所示。

表 5-1　绝对过滤精度推荐值

系统类型	润滑系统	传动系统			伺服系统
压力/MPa	0 ~ 2.5	≤14	$14 < p \leq 21$	>21	21
绝对过滤精度/μm	100	25	25	10	5

过滤比是指过滤器入口处，油液单位容积中大于某一给定尺寸的颗粒数与过滤器出口处油液单位容积中大于同一尺寸的颗粒数之比。

过滤效率反映过滤器滤除油液中污染颗粒的能力。

5.1.2 过滤器的类型与特点

按滤芯材料和结构形式的不同，过滤器可分为网式、线隙式、烧结式、纸芯式和磁性过滤器等。

1. 网式过滤器

网式过滤器如图 5-1 所示，这种过滤器的过滤精度与铜丝网的网孔大小和层数有关，绝对过滤精度一般为 80 ~ 400μm，压力损失不大于 4×10^3Pa。网式过滤器的优点是结构简单、通流能力大、压力损失小、清洗方便，但过滤精度低，主要用在液压泵的吸油口。

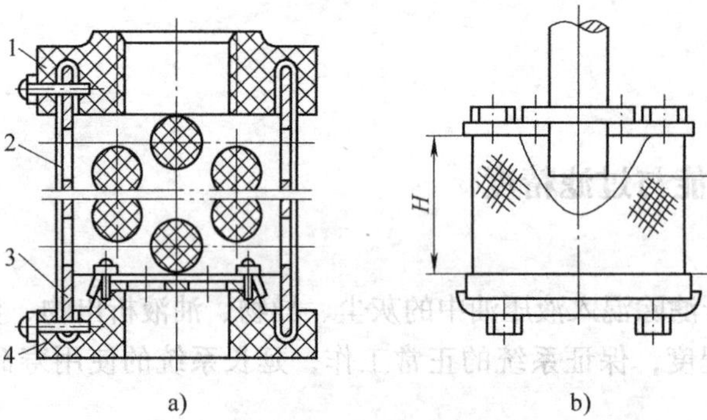

图 5-1 网式过滤器

1—上盖 2—铜丝网 3—骨架 4—下盖

2. 线隙式过滤器

线隙式过滤器是用铜丝或铝丝绕在筒形芯架的外部，利用线间的缝隙过滤杂质。图 5-2 为线隙式过滤器。

这种过滤器的绝对过滤精度一般为 100 ~ 200μm，额定流量的压力损失约为 $(3\sim6)\times10^4$Pa。其特点是结构简单、通流能力大、过滤精度高，但滤芯材料强度低、不易清洗，一般用于泵的吸油口和低压系统中。当用在吸油口时，只允许通过自身额定流量的 2/3 ~ 1/3。

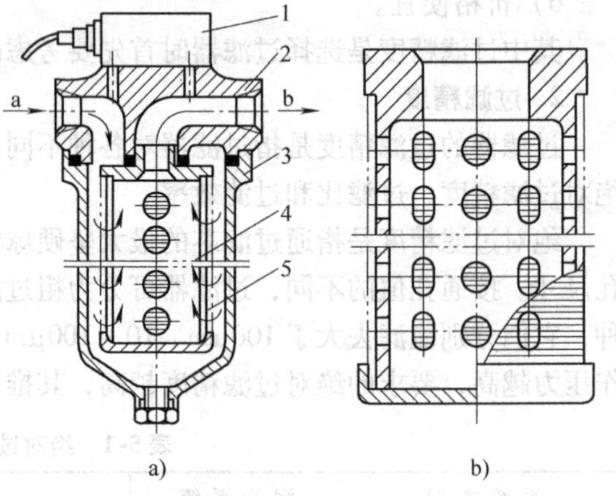

图 5-2 线隙式过滤器

1—发信号装置 2—端盖 3—壳体 4—骨架 5—铜丝

3. 金属烧结式过滤器

金属烧结式过滤器的滤芯一般是由颗粒状锡青铜粉末压制后烧结而成，具有杯状、管状、碟状和板状等多种形状。它利用材料颗粒之间的微孔滤去油液中的杂质。选择不同粒度的粉末，能得到不同的过滤纯度。目前常用的绝对过滤纯度一般为 10 ~ 100μm，压力损失一般为 $(3\sim20)\times10^4$Pa。图 5-3 为管状金属烧结式过滤器，A 为进油口，B 为出油口。这种过滤器的主要特点是强度高、抗腐蚀性好、制造简单、过滤精度高、适用于精过滤，其缺点是易堵塞、清洗困难、金属颗粒易脱落，最好与其他过滤器配合使用。

4. 纸芯式过滤器

纸芯式过滤器的滤芯以滤纸作为过滤材料。为了增加过滤面积，滤芯折叠成图5-4所示波纹状。纸芯1绕在带孔的镀锡铁皮骨架2上，以支撑纸芯以免被压力油冲破。油液沿箭头a方向流过滤芯后，再沿箭头b方向流出。这种过滤器的绝对过滤精度为5~30μm，压力损失为（1~4）$\times10^4$Pa。它的过滤精度高，但通流能力小、易堵塞、无法清洗、需要经常更换滤芯，因过滤元件强度低，适用于低压小流量的精密过滤。

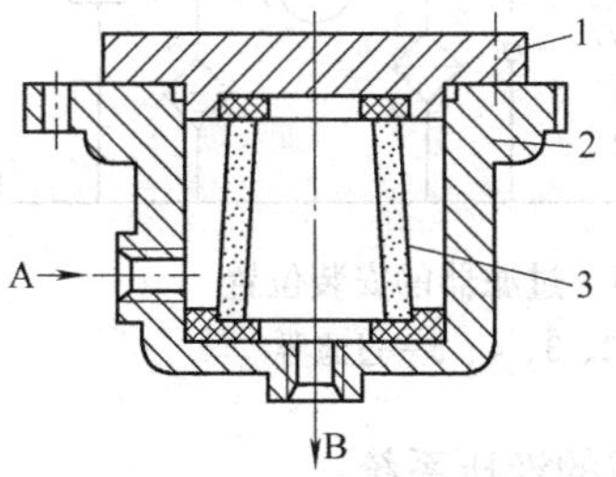

图5-3　烧结式过滤器

1—端盖　2—壳体　3—滤芯

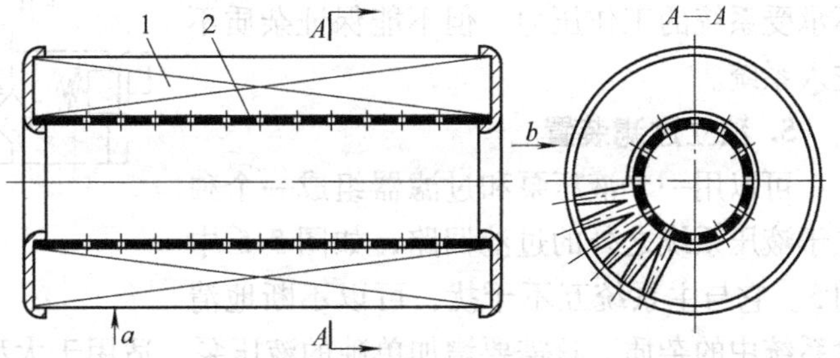

图5-4　纸芯式过滤器

1—滤芯　2—骨架

5. 磁性过滤器

磁性过滤器靠磁性材料把混合在油中的铁屑或带磁性的磨料吸住。简单的磁性过滤器可以由几块永久磁铁组成。这种过滤器常与其他种类的过滤器配合使用，需定期清理。

5.1.3　过滤器的选用与安装

在实际使用中，要根据液压系统的使用技术要求并结合经济性来选择过滤器的型号、规格。选用过滤器的具体参数有过滤精度、通过流量、允许压力损失和工作压力等。

根据过滤器的性能和液压系统的工作环境不同，过滤器在液压系统中有不同的安装位置。普通过滤器不允许反装使用，所以必须注意其进出油口标志和油路流向。在有双向流动的管道上只能装特殊双向过滤器，或与单向阀配合使用。

1. 安装在液压泵吸油路上

在液压泵吸油路上安装过滤器，如图5-5中的1，可使系统中所有元件都得到保护。但要求过滤器有较大的通油能力和较小的阻力，否则将造成液压泵吸油不畅，或出现空穴现象，所以一般都采用过滤精度较低的网式过滤器。由液压泵损磨产生的颗粒仍将进入系统，所以这种安装方式实际上主要起保护液压泵的作用。

2. 安装在压油路上

这种安装方式可以保护除泵以外的其他元件，如图5-5中的2。由于过滤器在高压下工作，滤芯及壳体应能承受系统的工作压力和冲击压力，压力损失应不超过3.5$\times10^5$Pa。为了防止过滤器堵塞而使液压泵过载或引起滤芯破裂，过滤器应安装在溢流阀的油路分支点之后，也可与过滤器并联一个旁通阀或堵塞指示器。

3. 安装在回油路上

由于回油路压力低，这种安装方式可采用强度较低的过滤器，而且允许过滤器有较大的压力损失。它对系统中的液压元件起间接保护作用。为防止过滤器堵塞，而损坏过滤器，也要并联单向阀，如图5-5中的3。

4. 安装在旁路上

这种安装方式是将过滤器装在溢流阀的回路上，并有一个安全阀与之并联，如图5-5中的4。这时过滤器通过的只是系统的部分流量，可降低过滤器的容量。这种安装方式不会在主油路造成压力损失，过滤器也不承受系统的工作压力，但不能保证杂质不进入系统。

5. 独立过滤装置

可以用一个液压泵和过滤器组成一个独立于液压系统之外的过滤回路，如图5-5中的5。它与主系统互不干扰，可以不断地清除系统中的杂质。这需要增加单独的液压泵，适用于大型机械的液压系统。

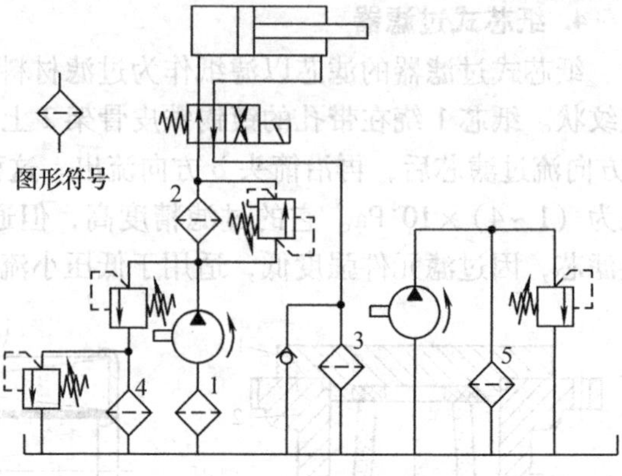

图5-5 过滤器的安装位置
1、2、3、4、5—过滤器

为在液压系统中获得更好的过滤效果，上述这几种安装方式经常综合使用。特别是在一些重要元件（如调速阀、伺服阀等）的前面，安装一个高精度过滤器来保证它们正常工作。

5.2 蓄能器

5.2.1 蓄能器的作用

蓄能器是把压力油的压力能存储在耐压容器中，在需要时再将其释放出来的一种装置。它在液压系统中主要有以下几方面的用途。

1. 短期大流量供油

对于短时间内需要大流量压力油的液压系统，采用蓄能器辅助供油可减少液压泵的流量，从而减少电动机的功率消耗，降低液压系统的温升。如图5-6所示的液压系统在溢流阀入口处并联蓄能器，当液压缸不工作时，液压泵的油液进入蓄能器存储起来；当液压缸运动时，蓄能器和液压泵同时供油，可使液压缸获得快速输出的运动。

2. 应急能源

在图5-6所示系统中，当突然停电或液压泵发生故障时，蓄能器中的压力油可以使液压缸继续运动到停车位置。

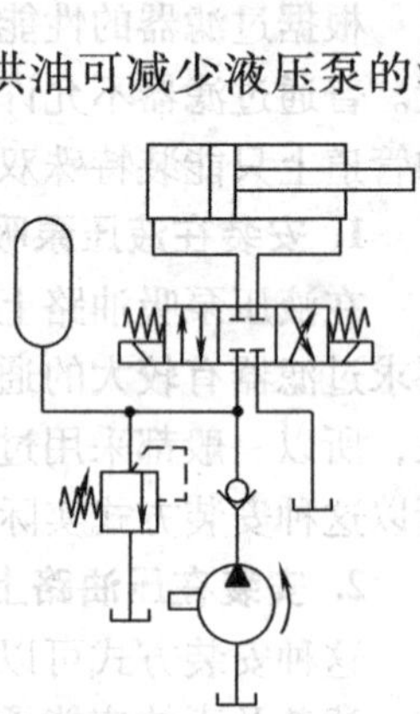
图5-6 蓄能器用于短期大量供油

3. 维持系统压力

在液压系统的保压回路中可以采用蓄能器。如图5-7所示，当需要保压时，远程控制溢流阀使液压泵卸荷，由蓄能器把存储的压力油不断释放出来，补偿系统泄漏，维持缸内压力。图中单向阀用来防止液压泵卸荷时蓄能器内的压力油回流。这样可以大大减少电动机的功率损耗，降低系统温升。

4. 吸收冲击压力或液压泵的脉动压力

可以采用蓄能器来吸收因液压缸的突然停止或换向、换向阀的突然关闭或换向，以及液压泵的突然起停引起的液压冲击，避免冲击压力过高造成液压元件损坏。用来吸收冲击压力的蓄能器应尽可能安装在靠近冲击源的地方，如图 5-8 所示。对于一些要求液压泵供油压力恒定的液压系统，可在液压泵的出口处安装蓄能器，来吸收液压泵的压力脉动。

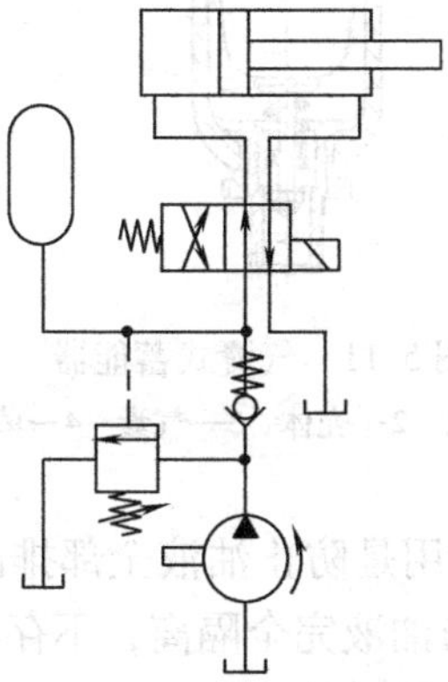

图 5-7　蓄能器用于维持系统压力

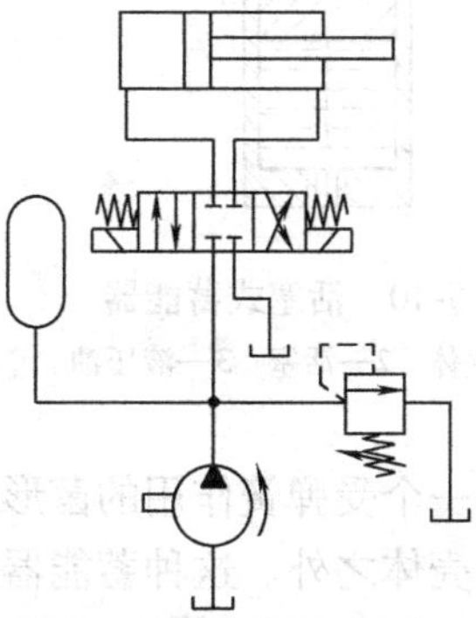

图 5-8　蓄能器用于吸收冲击压力

5.2.2　蓄能器的种类

目前在液压系统中广泛使用的是充气式蓄能器，特别是气囊式蓄能器。充气式蓄能器利用压缩气体来存储能量。为了安全起见，所充气体常采用氮气等惰性气体。下面介绍这类蓄能器的结构和性能。

1. 气瓶式蓄能器

气瓶式蓄能器是一种油和气在壳体内直接接触的非隔离式蓄能器，如图 5-9 所示。壳体内上半部充以压缩气体，下半部盛油液。其优点是结构简单、容量大、惯性小、反应灵敏、没有磨擦损失，缺点是气体容易混入油中，使液体的可压缩性增加，从而影响系统工作的平稳性，且气体消耗量大，需要经常补充。它仅适用于要求不高的大流量低压系统。

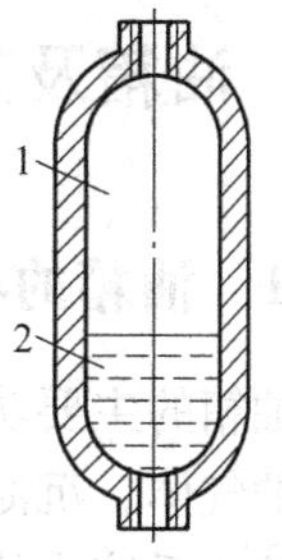

图 5-9　气瓶式蓄能器
1—气体　2—液压油

2. 活塞式蓄能器

如图 5-10 所示，活塞式蓄能器是一种利用活塞使气体与油液隔离的蓄能器。活塞随着油压的增减在缸筒内上下移动，可以阻止气体进入油液。这种蓄能器的特点是结构简单，气、油隔离，油液不易氧化，工作可靠，安装维护方便，寿命长。但缸筒和活塞制造精度高，而且活塞惯性大，与缸筒有磨擦，故反应不灵敏，容量小。活塞式蓄能器有逐渐被气囊式蓄能器所取代的趋势。

3. 气囊式蓄能器

气囊式蓄能器的结构如图 5-11 所示。壳体 2 是两端为半球形的圆柱体，上部安装充气阀 1，充气阀下部与固定于壳体内的气囊 3 相通，气囊由具有伸缩性的耐油橡胶制成。蓄能器工作前，打开充气阀向气囊充气。蓄能器工作时，充气阀始终关闭。

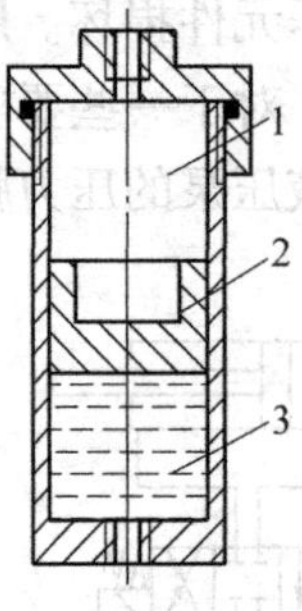

图 5-10　活塞式蓄能器

1—气体　2—活塞　3—液压油

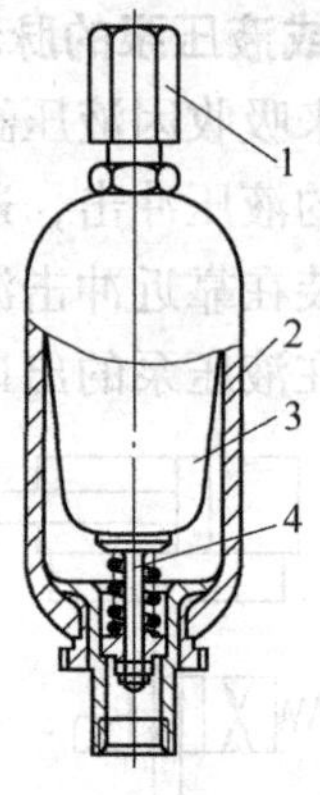

图 5-11　气囊式蓄能器

1—充气阀　2—壳体　3—气囊　4—菌形阀

壳体下部有一个受弹簧作用的菌形提升阀 4，其作用是防止油液全部排出时气囊受气压的作用而被挤出壳体之外。这种蓄能器的特点是气体与油液完全隔离，不存在漏气问题，而且气囊的惯性小，因此反应灵敏、容易维护、重量轻、尺寸小、工作可靠、安装容易，是目前使用最为广泛的一种蓄能器。它的缺点是气囊和壳体制造困难。气囊有折合型和波纹型两种。前者容量较大，适用于蓄能，后者则适合于吸收冲击压力。

4. 隔膜式蓄能器

隔膜式蓄能器的工作原理与气囊式蓄能器基本相同，如图 5-12 所示。耐油橡胶隔膜把油和气分开。其优点是容器为球形，重量与体积之比最小。缺点是容量很小（一般为 0.95 ~ 11.4L），只适用于吸收冲击，在航空机械中应用广泛。

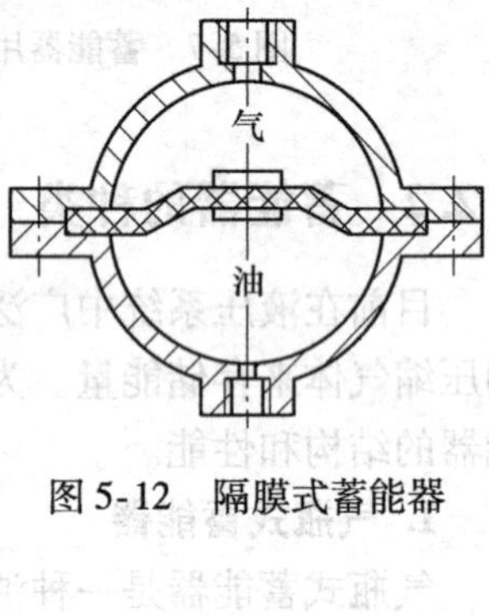

图 5-12　隔膜式蓄能器

5.3　油箱及其附件

5.3.1　油箱的功用和结构

油箱的主要功用是保证供给系统充足的工作油液，此外还起着散发油液中的热量，逸出油中的气体，沉淀油液中的杂质等作用。

液压系统中的油箱有整体式和分离式两种。

整体式油箱利用主机机身的内腔作为油箱，这种油箱结构紧凑、不占空间、漏油易于回收，但增加了机身结构的复杂性、维护不便、散热不良。由于温度升高，可引起主机变形。

分离式油箱是设置一个与主机分开的单独油箱。这样可以减少温升和振动对主机工作精度的影响。精密机床一般采用这种形式。

图 5-13 为分离式油箱的结构简图。隔板 7 用于阻挡沉淀物进入吸油管，隔板 9 用于阻挡泡沫进入吸油管。滤油网 2 还起到过滤空气的作用。

此外，近年来又出现了充气式封闭油箱。它是将油箱密封起来，并充入$(5\sim7)\times10^4$ Pa

已过滤的压缩空气。这种油箱的优点是改善了吸油条件，但回油管要受背压，油箱还必须配备安全阀和报警器，以防充气压力过高和过低。这种油箱只在特殊场合使用。

5.3.2 设计油箱时应注意的问题

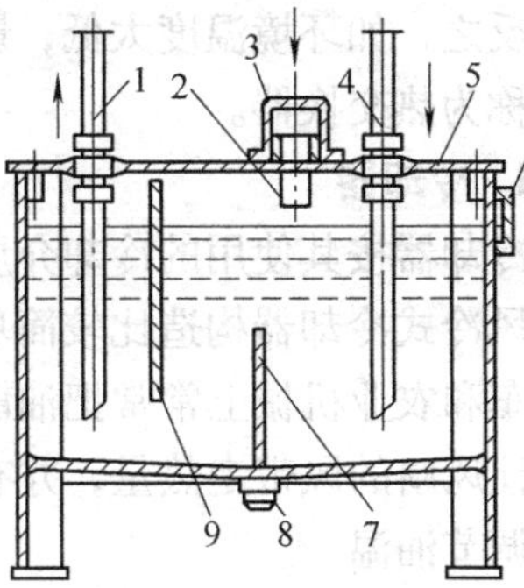

图5-13 分离式油箱结构简图

1—吸油管 2—加油和通气滤网 3—注油口盖 4—回油管 5—油箱上盖 6—油面指示器 7—隔板 8—放污口 9—隔板

1）油箱应有足够的容量，液面应保持一定的高度，保证液压系统工作时液压泵不会吸空。同时为了保证油液全部流回油箱时不致溢出，油箱液面不应超过油箱高度的80%，此时的油箱容积称为有效容积。

油箱的有效容积 V 一般可以按液压泵的额定流量估计出来，在低压系统中 V 取液压泵额定流量的2~4倍，在中压系统中取5~7倍，在高压系统中取6~12倍。

对于负载大、连续工作的液压系统，应按热量平衡的原则来计算油箱的有效容积，具体计算方法可参阅有关手册。

2）吸油管和回油管应尽量相距远些，两管之间最好用隔板隔开，使油液有充足的时间分离气泡、沉淀杂质、散发热量。隔板的高度约为油面高度的3/4。

吸油管入口处要装粗过滤器，过滤器必须始终浸没在油中，以免吸入空气和气泡，但也不能距箱底和箱壁太近，以便油流畅通。回油管也应插入油面以下，以免将空气带入油液中。管口应切成45°角以增大排油面积、降低流速、减小冲击和振动，切口应面向箱壁以利于散热。泄油管不应插入油中，以免增加泄油处的背压。

3）要防止油液渗漏和污染。油箱上各盖板、管口处都要妥善密封。注油器上要加过滤器。为防止油箱出现负压而设置的通气孔上须装空气过滤器。

4）油箱应有足够的刚度和强度。油箱一般用2.5~4mm的钢板焊接而成，尺寸高大的油箱要加焊角板、筋条以增加刚度。油箱上盖板若安装电动机、液压泵和其他液压元件时，盖板不仅要加厚，而且要采取局部加强措施。

5）油箱应便于清洗和维护。为便于排放污油，油箱底应适当倾斜，并与地面保持一定距离。在箱底最低处应安装放油阀或放油塞。油箱还应该能方便地拆装过滤器、清洗内部。油箱侧壁应安装观察油面高低的油面指示器。

6）油箱内壁应涂上耐油的防锈材料，或进行表面防锈处理，以延长寿命和减少油液污染。

7）如需要安装热交换器、温度计等附加装置，需要合理确定它们的安放位置。

5.3.3 热交换器

为了提高液压系统的工作稳定性，应使系统在允许的温度下工作并保持热平衡。液压系统的工作温度一般希望保持在（15~60)℃范围内。油温过高将加速油液的变质，增加污染，同时油的粘性和润滑能力降低，增加油液的泄漏，缩短液压元件的寿命；油温过低，则液压泵起动时吸油困难，系统的压力损失也增大。

如果液压系统依靠环境温度自然冷却不能使油温控制在允许值以下时，就必须安装冷却器。反之，如环境温度太低，影响液压泵的正常起动时，就必须安装加热器。冷却器和加热器统称为热交换器。

1. 冷却器

冷却器按其使用的冷却介质的不同分为风冷、水冷和氨冷等多种形式。

风冷式冷却器构造比较简单，它通常由许多带散热片的管子组成的散热器和风扇构成。在汽车和农业机械上常常把油散热器和主机的水散热器做成一体，让风扇的风带走热量，并有冬夏转换开关，以便根据不同季节调节油温。

水冷式冷却器有多种样式，最简单的一种是在油箱中安置蛇形水冷管，如图 5-14 所示。管内有冷水通过，把油中的部分热量带走。此法冷却效果好，但耗水量大。

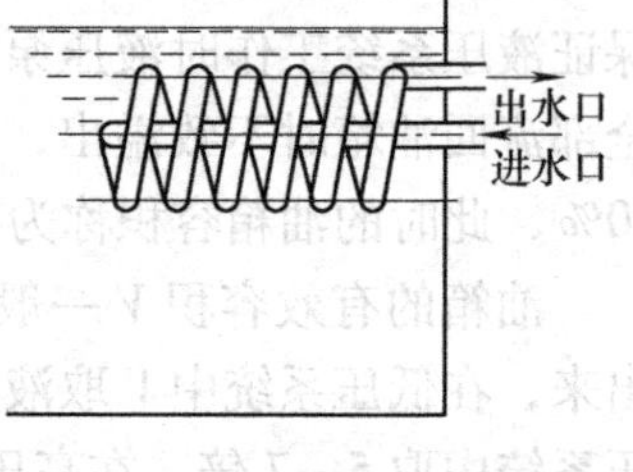

图 5-14　蛇形管式冷却器

图 5-15 为液压系统中采用较多的多管式冷却器。油液从 b 口流入，经过水管周围从 c 口流出，把热量传递给冷却水，由水把热量带走。隔板 2 的作用是增加油的循环距离，改善冷却效果。

图 5-16 为翅片管的结构。它是在通过冷却水的圆管或椭圆管外面嵌入许多横向或纵向的翅片，使散热面积增加 8 ~10 倍，大大提高了散热效率。

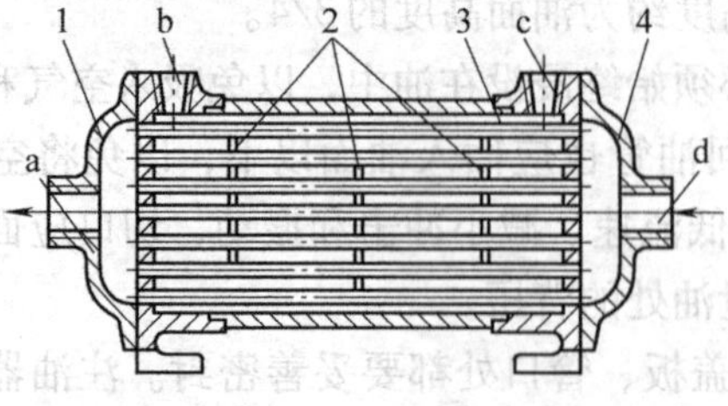

图 5-15　多管式冷却器

1、4—端盖　2—隔板　3—水管

a—水出口　b—油入口　c—油出口　d—水入口

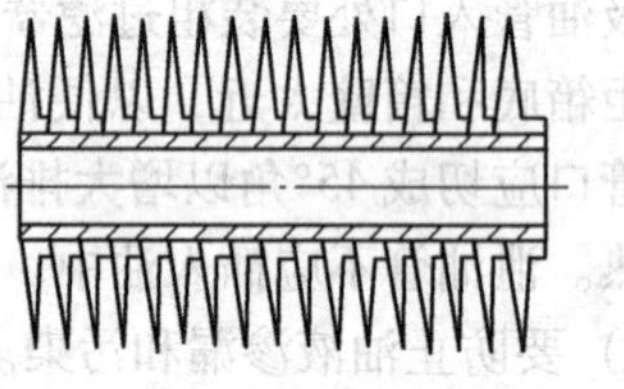
图 5-16　翅片管

冷却器一般装在回油路或溢流阀的溢流管路上，因为这里的油液温度高，冷却效果好。也可根据需要装在主油路上，或者设置独立的冷却回路。冷却器常常与起保护作用的安全阀和起短路作用的截止阀并联使用，如图 5-17 所示。

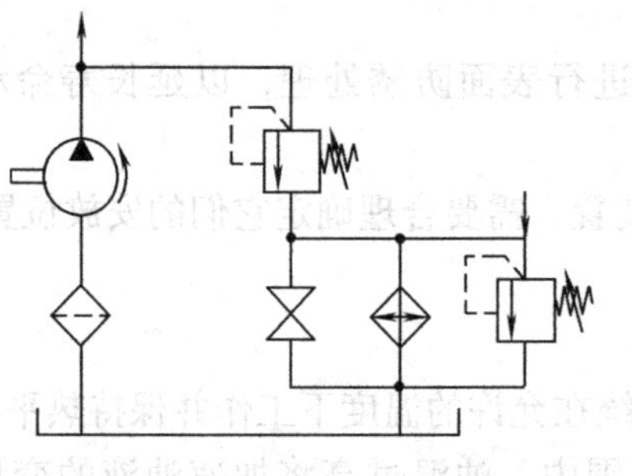
图 5-17　冷却器的安装位置

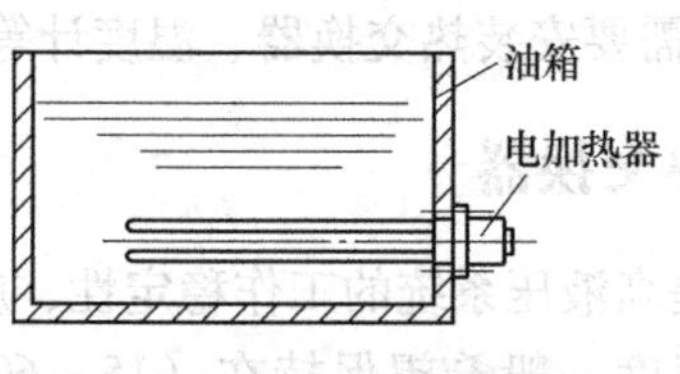

图 5-18　加热器的安装位置

2. 加热器

液压系统的加热一般都采用电加热器。这种加热器结构简单，使用方便，可根据需要自动调节温度。这种加热器一般用法兰横装在油箱的侧壁上。发热部分要全部浸入油中，尽可能装于油液流速高的位置，以利于加热，如图 5-18 所示。由于油是热的不良导体，单个加热器的功率不能太大，如有必要可安装多个加热器，使加热均匀。

5.4 油路通道元件

油路通道元件是将各种液压元件连接成系统并形成特定密封空间的重要元件。早期的通道元件主要是由油管和管接头组成的。为减小各种损失，人们将系统集成化，现代液压系统的控制元件的连接有些已用集成块和阀体上的孔来实现油管的油路通道功能，但在与执行元件连接时还多用油管。因此可以将它们统称为油路通道元件。

5.4.1 管路元件

管路元件包括油管和管接头。

1. 油管

（1）油管的种类及特点

液压系统中使用的油管主要分成硬管和软管两大类，有钢管、铜管、尼龙管等多种材质，应根据连接元件的相对位置、使用环境和工作压力来正确选用。

钢管、铜管、尼龙管属于硬管，用于连接相对位置不变的固定元件。钢管能承受高压，价格便宜，耐油、抗腐蚀性和刚性都很好，但装配时不易弯曲，适用于装配压力管道；铜管刚度小、易于弯曲，在装配时可允许少量变形，便于装配，其缺点是承压能力低，一般不超过6.5~10MPa，价格较高，抗振能力差，又易使油液氧化，应尽量少用；尼龙管的特点是在油中加热至60~170℃时可以随意弯曲或形成扩口，冷却后形状固定不变，耐压能力为2.5~8MPa，多用做回油管。

橡胶管和塑料管属于软管，常用于相对运动元件之间的管道连接。橡胶管分高压和低压两种：高压橡胶管是在橡胶管中加一层或几层钢丝编织网，价格较高，用于高压系统；低压橡胶管由耐油橡胶夹帆布制成，一般用做回油管。塑料管价格便宜，安装方便，但承载能力低，易老化，只适用于回油管或排油管。

（2）油管内径的确定

管径应根据管中的流速来确定，即

$$d = 20\sqrt{\frac{q}{6\pi v}} \tag{5-1}$$

式中，d 为油管内径（mm）；q 为管路中油液的流量（L/min）；v 为管中油液的平均流速，吸油管取0.5~1.5m/s，高压管取2.5~5m/s，压力高时取大值，压力低时取小值。若压力在6MPa以上取5m/s；在3~6MPa之间取4m/s；在3MPa以下取2.5~3m/s。管道较长时取小值；油液粘度大时取小值；回油管取1.5~2.5m/s，短管及局部收缩处取5~7m/s。

油管的壁厚由强度决定，计算公式为：

$$\delta = \frac{pdn}{2\sigma_b} \tag{5-2}$$

式中，δ 为管路壁厚（mm）；p 为管路的工作压力（MPa）；σ_b为材料的抗拉强度（MPa）；n

为安全系数。对钢管来说，当 $p<7\text{MPa}$ 时，取 $n=8$；$7\text{MPa}\leqslant p\leqslant17.5\text{MPa}$ 时，取 $n=6$；$p\geqslant17.5\text{MPa}$ 时，取 $n=4$。

2. 管接头

管接头是油管与油管、油管与液压元件间的可拆式连接件，它应符合拆装方便、连接牢固、密封可靠、外形尺寸小、通油能力大、压降小、工艺性好等要求。

管接头的种类很多，在选用品种规格时可查阅有关手册。按接头的通路分，有直通、角通、三通、四通等型；按油管与管接头的连接方式分，有焊接式、卡套式、扩口式、快换式等型式。表5-2列出了常用管接头的类型及特点，供选用时参考。

表5-2　管接头的类型和特点

类　型	结 构 图	特　点
扩口式管接头	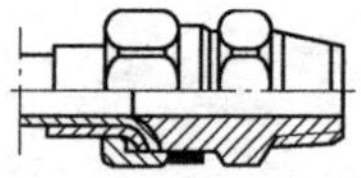	利用管子端部扩口进行密封，不需其他密封件，适用于薄壁管件和压力较低的场合
焊接式管接头	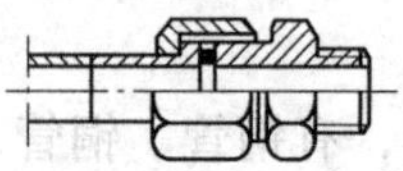	把接头与钢管焊接在一起，端面用O形密封圈密封，对管子尺寸精度要求不高，工作压力可达31.5MPa
卡套式管接头	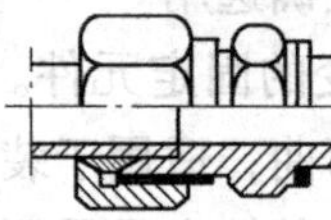	利用卡套的变形卡住管子并进行密封，轴向尺寸控制不严格，易于安装，工作压力可达31.5MPa，但对管子外径及卡套制作精度要求较高
球形管接头	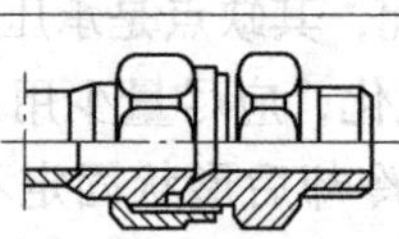	利用球面进行密封，不需要其他密封件，但对球面和锥面加工精度有一定要求
扣压式管接头（软管）	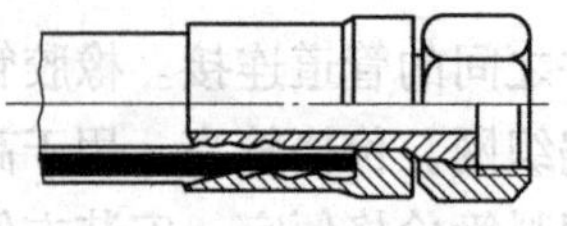	管接头由接头外套和接头心组成，软管装好后再用模具扣压，使软管得到一定的压缩量，此种结构具有较好的抗拔脱和密封性能
可拆式管接头（软管）	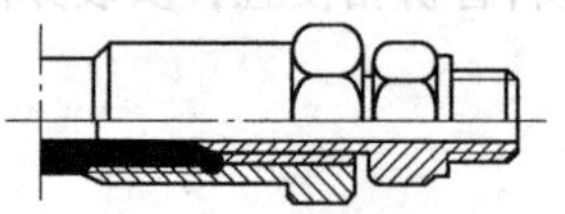	在外套和接头心上做成六角形，便于经常拆装软管，适于维修和小批量生产，这种结构装配比较费力，只用于小管径连接
伸缩管接头	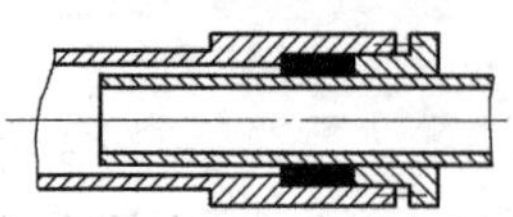	接头由内管和外管组成，内管可在外管内自由滑动，并用密封圈密封，内管外径必须进行精密加工，适于连接两元件有相对直线运动时的管道

5.4.2 液压通道集成块

随着设备对液压系统功能要求的提高，其结构也更加复杂，造成液压系统的连接通道和连接点数目大量增加。采用通道集成块可以很大程度上减少外部连接点的数目，提高通道效率，缩短装配时间，减少泄漏点。但需要对具体的系统设计制造专用的通道集成块。实际中可根据压力来选用铸铁、碳钢、铝合金、不锈钢等不同的材料，并采用数控加工技术来制造集成块，也可以在通道块上直接安装插装阀、板式连接阀等。

5.5 习题

1. 过滤器有哪几种类型？它们的效果怎样？
2. 蓄能器有哪几种类型？各有哪些功用？
3. 管接头有哪几种类型？说明其结构特点和使用场合。
4. 说明油箱的功用。设计油箱时应满足什么要求？结构设计时应注意哪些问题？

第 6 章　液压系统基本回路

一个完整的液压系统，不论其复杂程度如何，一般都是由一些基本回路组合而成的。这里所说的基本回路就是由液压元件组成，并且能完成某一项基本功能的回路。这些基本回路一般是以某类元件的功能为核心构成的。了解和熟悉常用的基本回路，对于正确分析各种液压系统的工作原理、功能特点，顺利阅读液压系统图和进行液压系统设计、使用、维护都是十分必要的。

6.1　压力控制基本回路

压力控制基本回路就是用压力控制阀对液压系统的压力进行调节控制的回路。它包括调压、减压、增压、卸荷、保压及平衡等回路。

6.1.1　压力控制的要求与基本概念

液压系统中对压力的控制包括调压和稳压。调压是人为地调整系统压力，使压力满足系统工作的要求。如图 6-1 所示液压刨床，当刀具未接触工件时液压缸只需克服各种摩擦负载，缸内压力较低；当刀具切削工件时还要克服水平切削负载 F_x，缸内压力要相应地提高；在活塞到达终点时被缸盖阻挡，压力还要继续升高。因此如果没有压力控制，切削工件时系统就不能维持在一个适于刨削的压力下工作；到达终点后系统可能会因压力过高而损坏。因此在加工前的系统调整时，要将与泵并联的溢流阀调整到比刨削时泵口最大工作压力高 5% ~10% 的调定值，配合流量控制元件，系统就可以保证工作台在切削时匀速运动，并且在到达终点后压力不会无限制升高；这就是调压过程。当系统有多个执行元件，或一个执行元件有多个压力工作阶段时，都需要设置压力控制元件来调压。

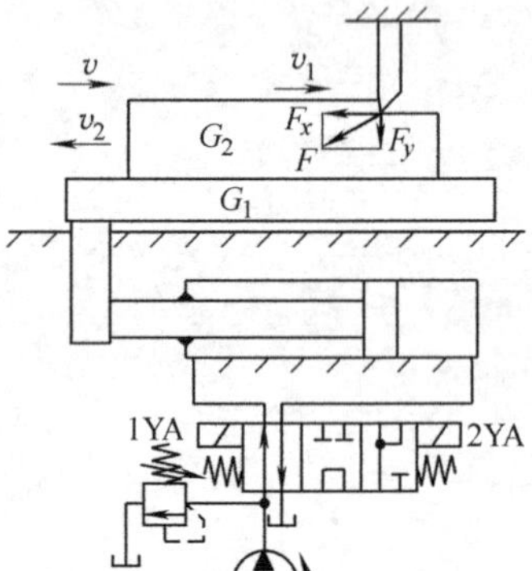

图 6-1　压力控制的要求

这种只能事先调整预期值的方式称为不可在线调整，或离线调整。所以离线调整元件在正常工作中只能自动维持在一个调定值。要改变调定值，只能离线调整，因而不易实现多级控制。

应该注意调压与压力变化是两个概念。压力变化是指因负载变化造成的系统压力的波动，例如，切削厚度的不同、材质强度的差异引起负载改变等。对负载一般只掌握一个平均值或最大值，严格说实际负载是一个随机变化的值，因而系统压力肯定受负载影响而产生变化。

稳压指的是维持压力稳定，是指由压力控制元件自动调整，使系统维持在某个已调定的压力值，而不产生过大波动。

6.1.2 调压回路

液压系统中的压力控制通常要用压力控制阀来实现。

1. 多级调压回路

如图4-18a所示，如果系统主溢流阀1的远控口接溢流阀2、3、4和换向阀6，再通过换向阀接油箱，系统就可以得到由四个溢流阀分别调定的压力。这种应用中主阀1的调定压力最高。换向阀在中位时系统压力由主阀确定，通过换向阀切换可以分别得到2、3、4阀调定的压力，系统通过阀6卸荷。

如果用一个比例溢流阀替代图中所有的阀，不仅可以得到比例溢流阀调控范围内的所有压力，而且可以在线调控。如图4-34a所示。

2. 多级减压回路

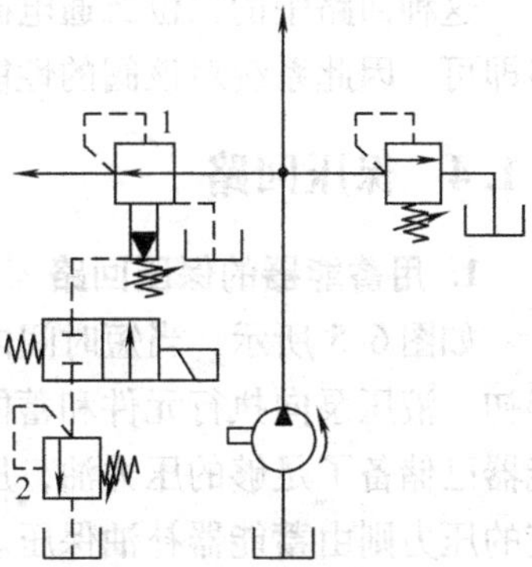

图6-2 多级减压回路

如图6-2所示，将减压阀的远控口再通过换向阀接一个溢流阀2。则系统支路可以得到由主减压阀控制的较高稳定压力和由溢流阀2与减压阀1共同控制的较低稳定压力。但如果溢流阀2的调整压力高于减压阀1，则溢流阀2就不起作用，不能得到两级减压。

6.1.3 卸荷回路

在执行元件短时间停止工作时，为了不频繁起停电动机，减少功率损耗，延长泵及电动机的使用寿命，一般采用让泵空载运转的卸荷回路，其方法有以下几种。

1. 用三位换向阀中位卸荷的回路

图6-3是用三位换向阀的M型中位实现卸荷的回路。如需液压泵短时卸荷，还可用H、K型换向阀。由于泵口输出的油液经换向阀直接回油箱，出口压力仅是换向阀及管道的损失，所以液压泵卸荷。

这种卸荷方法简单，但切换时压力冲击较大，并且不能用于一个泵同时驱动两个以上执行元件的系统。

2. 并联二位二通阀的卸荷回路

图6-4中，用一个二位二通电磁换向阀与液压泵并联，当执行元件短时间停止运动时，

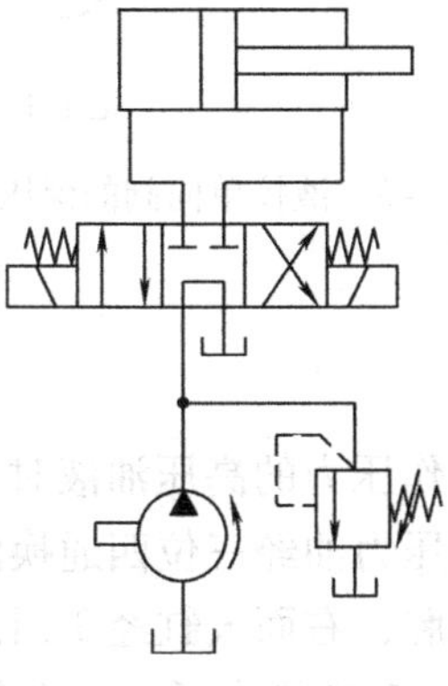
图6-3 利用换向阀中位卸荷

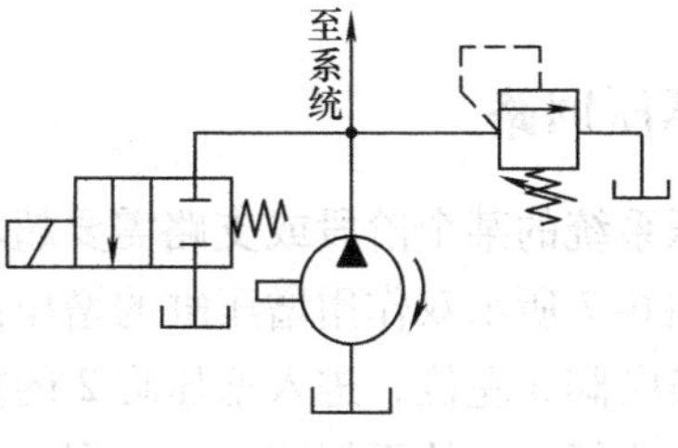

图6-4 利用二位二通换向阀卸荷

可使二位二通电磁阀处于接通位置，此时，泵输出的油液从该阀全部流回油箱，泵实现卸荷。注意所选换向阀要能通过泵的额定流量。

3. 用先导式溢流阀的卸荷回路

如图 6-5 所示，先导式溢流阀的远控口被二通换向阀与油箱导通后，致使溢流阀完全打开，泵排出的油液主要经过溢流阀流回油箱，泵卸荷。

这种回路中的二位二通电磁阀与图 6-4 中的二位二通电磁阀不同的是只需采用小流量规格即可。因此系统对该阀的性能要求不高，更为经济合理。

6.1.4 保压回路

1. 用蓄能器的保压回路

如图 6-5 所示，当短时间内执行元件需要保持一定压力时，系统压力可由蓄能器提供。起初，液压泵向执行元件和蓄能器供油。当系统压力升高并达到压力继电器的调定值时，蓄能器已储备了足够的压力油，压力继电器使二位二通电磁阀通电换向，液压泵卸荷。此时系统的压力则由蓄能器补油保压。由于系统泄漏等情况，当系统压力降低到压力继电器的闭合压力时，压力继电器自动复位，使二位二通阀断电，液压泵重新向执行元件和蓄能器供油。

2. 用液控单向阀的保压回路

如图 6-6 所示，当 1YA 得电，泵的压力油经换向阀和液控单向阀进入缸的上腔，活塞杆下移对工件加压，压力升至电接点压力表的上值点时，使 1YA 失电，换向阀返回中位，泵卸荷。液压缸中的压力由液控单向阀保压。当缸的上腔压力因泄漏下降至电接点压力表的下限值时，又使 1YA 得电泵再次向缸内供油，使压力上升。这样就能使缸内的压力一直保持在需要值。

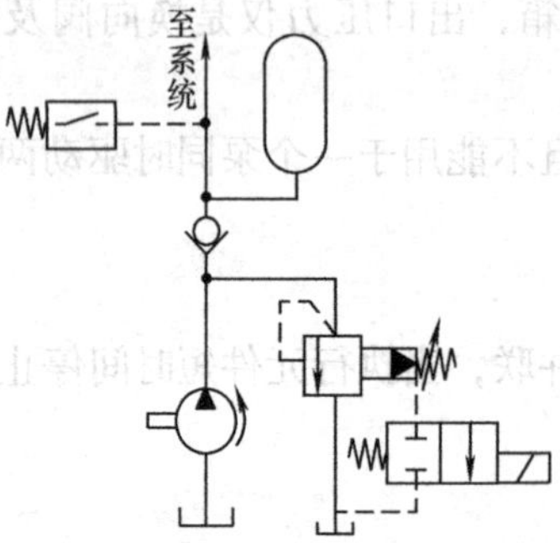

图 6-5　先导溢流阀卸荷与蓄能器保压回路

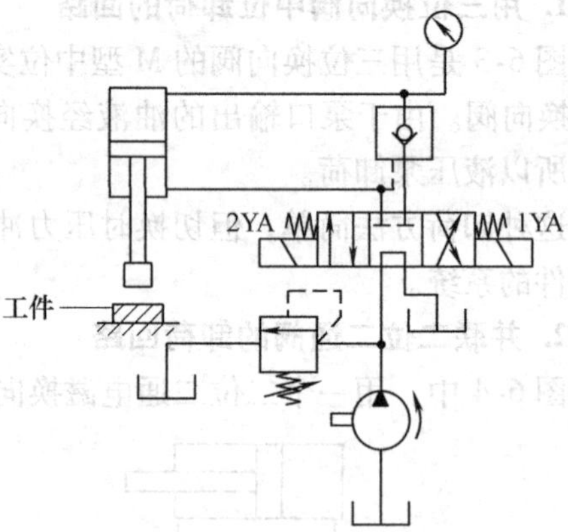

图 6-6　液控单向阀的保压回路

6.1.5 增压回路

当液压系统的某个阶段或支路需要超出液压泵最高工作压力的高压油液时，可采用增压回路。如图 6-7 所示双作用增压缸的增压回路，液压泵的压力油经三位四通换向阀右位和顺序阀 1 及换向阀 3 左位，进入增压缸 2 的左面的大小活塞腔，右面大缸经 3 回油，小缸高压油经 8 进入执行缸 4 的无杆腔，这时阀 6，7 关闭。增压缸 2 到终点后，阀 3 得电换向，压力油经1、3入增压缸右面的大小缸，左面小缸的高压油液经阀7进入执行缸。从而实现连续增压。

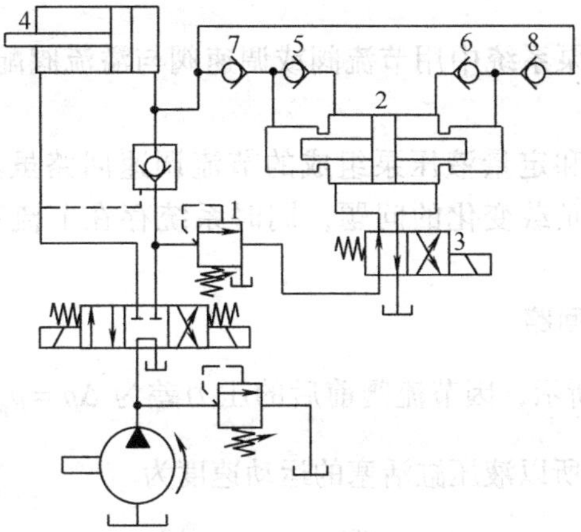

图6-7 双向增压回路

6.2 速度控制基本回路

速度控制基本回路就是应用流量控制元件对执行元件的速度进行控制的回路。

6.2.1 调速的概念和方法

1. 调速的概念

一般情况下，系统的速度是负载的函数，随负载发生变化。在一个传动系统确定后，其速度负载特性就被确定，也就是它的速度负载关系曲线的形状就不可改变了。

调速就是速度调节，是指在一定的负载条件下，通过人为改变系统的某些参数来改变执行元件稳定运动的速度。这里要注意几点：一是要区别速度调节与速度变化这两个不同的概念。速度调节改变的是一定负载下的稳定运动速度。速度变化是指在一定的特性下，因负载改变而引起的速度波动。二是起因不同，速度调节是人为主动改变，以便使系统适应要求；速度变化是系统随负载改变的被动反应。三是从结果看，速度调节和速度变化都导致了速度的改变，但调速得到的是需要的速度，而速度变化是指速度的不稳定性，速度变化大则系统的刚性差。四是不同系统的速度负载特性是不同的，有恒转矩、恒功率等特性。因此，研究传动系统的特性就是为了与生产机械的特性相匹配，保证生产机械能稳定运转。

2. 调速方法

液压传动系统中大量运用的调速方法有三种：节流调速、容积调速和容积节流调速。这三种调速方法形成了不同的速度负载特性，在速度控制精度、功率利用、方便性、设备复杂程度等方面各有特点，分别适用于不同系统。

液压系统调速的核心就是调控进入执行元件的流量或执行元件的排量。运用节流元件进行调控的方法称为阀控；运用泵进行调控的方法称为泵控。随着技术的发展，近年出现了通过调控驱动电源直接对定量泵的转速进行控制，从而控制流量的方法。这种方法可以称为电控。

6.2.2 节流调速

节流调速就是在定量泵系统中用节流阀或调速阀与溢流阀配合完成对执行元件的速度调控。

前面介绍的用流量阀和定量液压泵组成的节流调速回路虽然调节起来非常方便，但是节流调速存在着速度随负载变化的问题，同时系统存在节流和溢流功率损失，回路效率低。

1. 采用节流阀的调速回路

调速回路如图4-31a所示，因节流阀前后的压力差为$\Delta p = p_{\mathrm{p}} - \dfrac{F}{A_1}$，经节流阀进入液压缸的流量为$q = KA_{\mathrm{T}}\Delta p^{1/2}$，所以液压缸活塞的运动速度为

$$v = \frac{KA_{\mathrm{T}}}{A_1}\left(p_{\mathrm{p}} - \frac{F}{A_1}\right)^{1/2}$$

其中，A_1是活塞面积；A_{T}是节流阀开口面积。

如果把F/A_1视为自变量，则它与进入缸的流量或活塞速度的关系是抛物线关系，如图6-8a所示。液压泵达到额定转速后，活塞未承受负载时，缸内压力为p_{r}。由于被节流阀节流，泵口压力达到溢流阀调定压力p_{p}，所以泵的流量一部分被溢流，一部分进入液压缸。工作点在B或B_1点，由节流阀开口大小控制。开口大时对应E_1B_1CD曲线，开口小时对应$EBCD$曲线。这两种情况下曲线的抛物线特性关系没变，只是改变了位置。当活塞承担负载后，缸内压力升至p_{f}，工作点变到C点。对节流阀而言由于压差变小，进入缸的流量也减小，速度降低。这个速度变化并不是调速的结果，而是速度刚性差的结果。所以，对定量泵口并联溢流阀的系统串接节流阀是可以调速的，但速度负载特性不好。

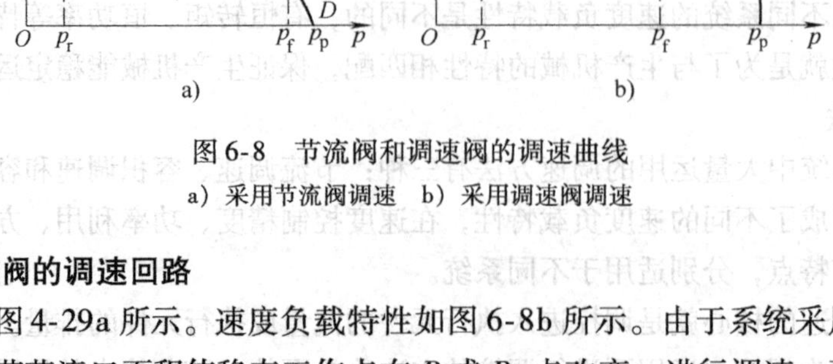

图6-8 节流阀和调速阀的调速曲线

a）采用节流阀调速 b）采用调速阀调速

2. 采用调速阀的调速回路

调速回路如图4-29a所示。速度负载特性如图6-8b所示。由于系统采用调速阀，所以不仅可以通过调节节流口面积使稳态工作点在B或B_1点改变，进行调速，而且由调速阀的特性决定系统的负载发生改变时，仍能保证速度不随负载变化，速度刚性良好。

6.2.3 容积调速回路

通过改变变量泵或变量马达的排量来进行调速的回路称为容积调速回路。与节流调速回路相比，容积调速回路中既无溢流损失又无节流损失，系统发热少、效率较高。但其速度也会随负载增加而下降，这主要是由于泵和马达的容积效率随负载的增加而引起的。这种回路适用于功率较大的大型机床、液压压力机、工程机械、矿山机械等设备。

在容积调速回路中有开式和闭式两种传动方式。开式传动方式就是前面常见的油液经过油箱进行循环；闭式传动方式时，执行元件的进、出油口直接与动力元件的出、进油口连接。闭式传动方式的最大优点就是可以省略油箱、结构紧凑，克服了液压系统结构庞大的弱点；但密封要求高，温升大，需要时要通过补油泵从油箱补油。

容积调速回路包括变量泵与定量执行元件，定量泵与变量液压马达以及变量泵与变量液压马达三种不同的组合。

1. 变量泵-定量执行元件的容积调速回路

（1）变量泵-液压缸容积调速回路

图6-9所示为变量泵-液压缸组成的容积调速回路。改变回路中变量泵的排量，即可调节液压缸中活塞的运动速度。系统正常工作时安全阀3不打开，该阀主要用于防止系统过载。

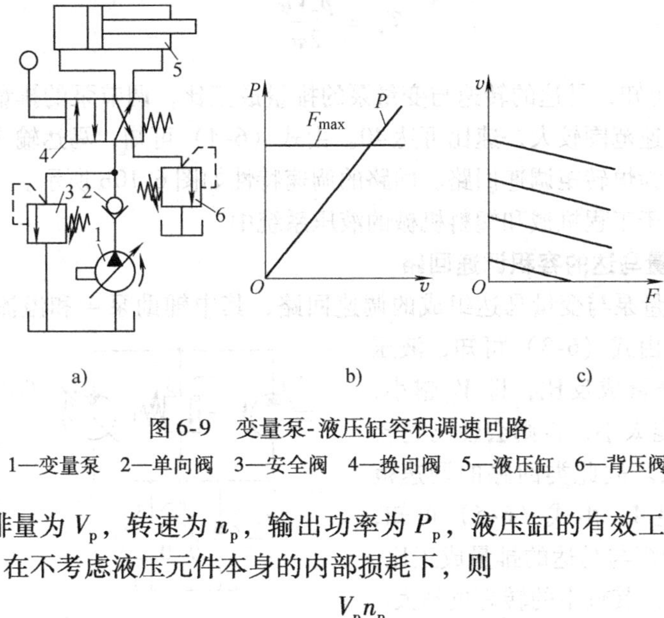

图6-9 变量泵-液压缸容积调速回路

1—变量泵 2—单向阀 3—安全阀 4—换向阀 5—液压缸 6—背压阀

若变量泵的排量为 V_p，转速为 n_p，输出功率为 P_p，液压缸的有效工作面积为 A，活塞的运动速度为 v，在不考虑液压元件本身的内部损耗下，则

$$v = \frac{V_p n_p}{A} \tag{6-1}$$

$$P_p = p_p V_p n_p \tag{6-2}$$

由上述两式知：因泵的流量全部进入液压缸，且泵的转速和活塞面积为定值，所以液压缸的活塞速度与变量泵的排量成正比。由于变量泵的最高工作压力由安全阀3限定，当不计回路的损失时，液压缸的输出功率 $P_p = p_p vA$ 与液压泵的排量或活塞速度成正比。而液压缸的最大推力 $F_{max} = p_p A$，在调速过程中为定值。其回路的调速特性见图6-9b、c所示。

这种调速回路常用于拉床、插床、压力机及工程机械等大功率的液压系统中。

(2) 变量泵-定量马达容积调速回路

图6-10a为变量泵与定量马达组成的调速回路，是闭式回路，即油液从执行元件排出，直接由液压泵吸入，中间不经过油箱的回路。实际上，由于泵和马达都存在外泄漏，闭式回路中还需及时对系统补油。图6-10中的定量泵是补油泵；阀5是溢流阀，其压力调得很低，使变量泵的吸油口保持一定的压力，并将多余的油液溢回油箱。

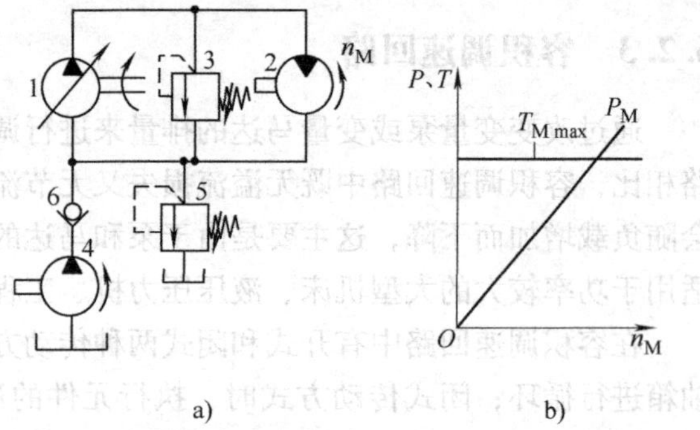

图6-10　变量泵-定量液压马达容积调速回路及其特性
1—变量泵　2—液压马达　3—安全阀
4—辅助泵　5—溢流阀　6—单向阀

若液压马达的排量为V_M，转速为n_M，工作压力为p_M，输出功率为P_M，输出转矩为T_M，在不考虑回路损失情况下，则

$$n_M = \frac{V_p n_p}{V_M} \tag{6-3}$$

$$P_M = P_p = p_p V_p n_p \tag{6-4}$$

$$T_M = \frac{p_p V_M}{2\pi} \tag{6-5}$$

由式（6-3）可知，马达的转速与变量泵的排量成正比，调节泵的排量即可调节马达的转速，其回路的调速范围较大，速比可达40。由式（6-4）可知，马达输出的最大转矩为定值，故将该回路称为恒转矩调速回路。回路的调速特性如图6-10b所示。

这种回路常见于工程机械和塑料机械的液压系统中。

2. 定量泵-变量马达的容积调速回路

图6-11a为定量泵与变量马达组成的调速回路，其中辅助泵4和溢流阀5组成补油油路。若不计损失，由式（6-3）可知，液压马达的转速与其排量成反比，即V_M越小，n_M越大。但V_M不能太小，否则会使马达转速过高而出现事故。故此类回路的调速范围较窄，速比不足4。由式（6-5）可知，液压马达的输出转矩与马达的排量成正比，即马达的排量越大，其输出的转矩也越大。

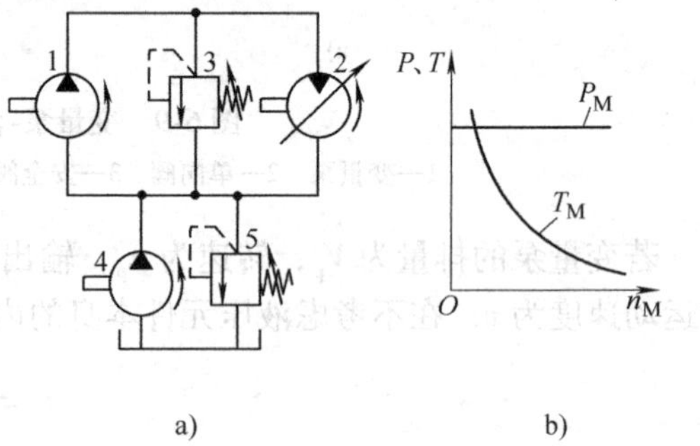

图6-11　定量泵-变量液压马达容积调速回路及其特性
1—定量泵　2—变量液压马达
3—安全阀　4—辅助泵　5—溢流阀

当不计损失时，液压马达的输出功率P_M等于定量泵的输出功率P_p（P_p为一定值），即

$$P_M = T_M 2\pi n_M = P_p = \text{定值} \tag{6-6}$$

由于液压马达的输出功率在调速过程中保持恒定，因此该回路也称为恒功率调速回路，其调速特性如图6-11b所示。

由于这种回路调速范围小，所以很少单独使用。

3. 变量泵-变量马达的容积调速回路

图 6-12a 为变量泵-变量马达组成的调速回路。图中 1 为双向变量泵，它既可以改变流量大小，又可以改变供油方向，用以实现马达的调速和换向。图中 2 为双向变量马达。由于液压泵和液压马达的排量都可以改变，因此回路的调速范围扩大，速比可达 100。辅助泵 4 和溢流阀 5 组成补油回路，单向阀 6 和 7 起双向补油作用。而单向阀 8 和 9 则使安全阀 3 能在两个方向上起过载保护作用。

这种调速回路实际是上述两种容积调速回路的组合。在调速过程中一般分成两个调速阶段。

第一阶段，即低速段先改变变量泵的排量来调速。这时应首先将马达的排量固定在最大值，然后从小到大逐渐增加变量泵的排量。此时液压马达的转速也随之从低到高逐渐增加，直到泵的排量达到最大值为止。在这个调速过程中，液压马达的最大输出转矩不变，而输出功率逐渐增加，所以这一阶段属于恒转矩调速。

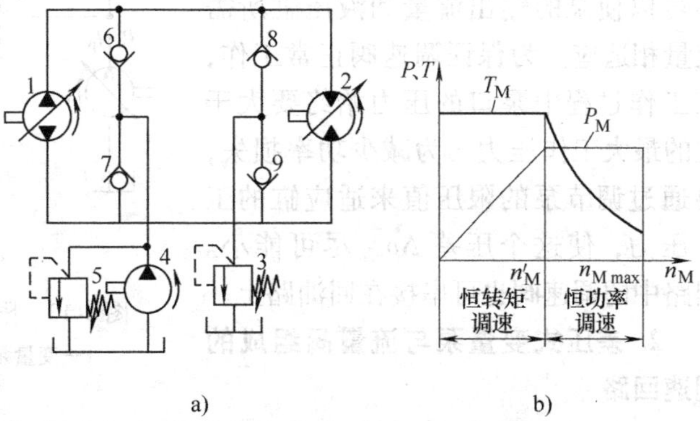

图 6-12　变量泵-变量液压马达容积调速回路及其特性
1—双向变量泵　2—双向变量液压马达　3—安全阀
4—辅助泵　5—溢流阀　6、7、8、9—单向阀

第二阶段，即高速段改变变量马达的排量来调速。这时应先使泵的排量固定在最大值，然后再调节变量马达的排量，使其从最大值逐渐减小到最小值。此时马达的转速继续升高，直到马达容许的最高转速为止。在这个过程中，液压马达的最大输出转矩由大变小，而输出功率却保持不变。所以这一阶段属于恒功率机械调速。

图 6-12b 为其调速特性。这种调速方法可以满足多数生产设备在低速运转时要求输出大转矩、高速运转时输出恒功率的要求，工作效率高，因此广泛应用于各种行走机械、机床主运动等大功率设备中。

上述三种容积调速回路，在调速时既无流量损失又无压力损失，回路效率较高。但其速度也将随负载增加而下降，使得低速稳定性较差。若要提高液压系统的速度稳定性，则可采用另一种调速回路——容积节流调速回路。

6.2.4　容积节流调速回路

容积节流调速回路是用变量泵与流量阀组成的一种调速回路。这种回路无溢流损失，其效率比节流调速回路高，又可改善低速稳定性，因此常用于空载时需快速、承载时需稳定低速的各种中等功率机械设备的液压系统中，如组合机床动力滑台液压系统等。

1. 限压式变量泵与调速阀的容积节流调速回路

图 6-13 为用限压式变量泵与调速阀组成的调速回路。其中，溢流阀 2 为安全阀，4 为背压阀。调节调速阀 3 的开口可以调节输入液压缸的流量。如果调速阀开口由大到小变化，则变量泵 1 输出的流量也随之由大减小。这是因为调速阀开口变小，液阻增大，泵的出口压力也随之升高，使泵的偏心量自动减小，所以泵的输出流量也减小，直至泵的输出流量等于

调速阀允许通过的流量为止。如果限压变量泵的流量小于调速阀调定的流量，则泵口的压力将降低，使泵的偏心量自动增大，泵的输出流量增大到与调速阀调定的流量相适应。这里，调速阀除了稳定进入液压缸的流量外，还可以使泵的输出流量和液压缸所需流量相适应。为保证调速阀正常工作，在工作过程中泵口的压力始终要大于缸的最大工作压力。为减少功率损失，要通过调节泵的限压值来适应缸的工作压力，使这个压差 Δp_{min} 尽可能小。回路中的调速阀也可串接在回油路上。

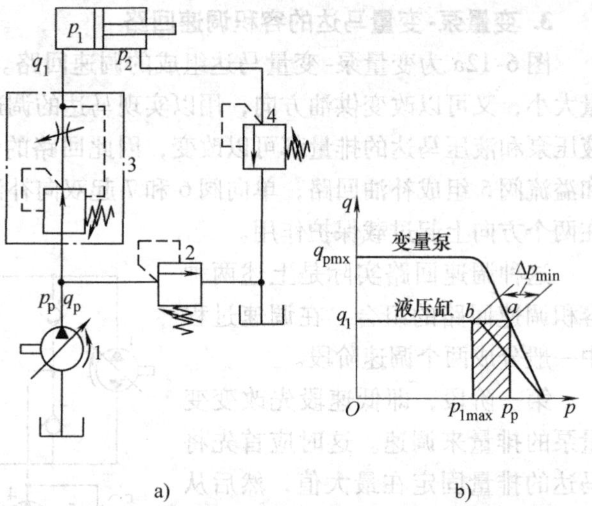

图 6-13　限压式变量泵与调速阀组成的调速回路

1—变量泵　2—安全阀　3—调速阀　4—背压阀

2. 差压式变量泵与流量阀组成的调速回路

图 6-14 为变量叶片泵与节流阀串联组成的容积节流调速回路。液压泵定子左右各有一个控制缸。节流阀 3 进油口与 A、B 相通，其出口经 C 节流小孔到液压泵右边控制缸。当换向阀 2 通电处于左位时，泵输出流量通过阀 2 进入液压缸左腔，使液压缸活塞快速向右运动。这时 A、B、C 有三点压力相同，泵定子在弹簧力的作用下处于最左位置泵输出流量最大。当电磁阀断电处于右位时，压力油只能经节流阀 3 进入液压缸左腔。此时 A、B 压力相等，而且大于 C 点压力，即 $p_p > p_1$，泵定子受不平衡力作用，定子右移，减小偏心量 e，泵的流量减小，与节流阀的调节值相适应。因此，改变节流阀的开口就能改变泵的输出流量。同理，若负载发生变化，则节流阀的出口压力 p_1 发生变化。由于 p_1 的变化又能自动调节泵的输出流量，使液压缸运动速度不因负载的变化而改变，保持液压缸运动速度平稳。

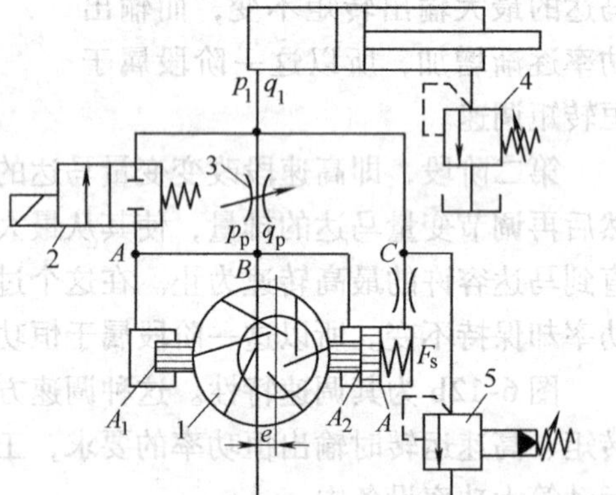

图 6-14　变压式变量泵与节流阀串联的容积节流调速回路

1—变量叶片泵　2—换向阀

3—节流阀　4—背压阀　5—溢流阀

图中溢流阀 5 主要用于防止系统过载，泵控制缸的节流阀是为防止泵定子移动过快产生振荡而设置的。

这种调速回路的效率比前一种高，适用于负载变化大、速度比较低的中小功率系统。

6.2.5　快速运动回路

某些机械要求执行元件在空行程时快速运动，以提高生产率。为使执行元件获得快速运动，可以减小执行元件的有效工作面积或排量，增大进入执行元件的流量。下面介绍几种快速运动回路。

1. 液压缸差动连接的快速运动回路

图 6-15 为利用液压缸差动连接获得快速运动的回路。当液压缸差动连接时，其有效工作面积仅为活塞杆的面积。这样，当相同流量进入液压缸时，其运动速度将明显提高。当然，此时活塞上的有效推力相应减小，因此它一般适用于空载。

图 6-15 中通过二位三通换向阀 4 的左位使压力油与液压缸左、右两腔同时相通，实现差动连接，使活塞实现快速运动；同时还可通过阀 4 的右位使缸右腔的回油流经调速阀 5，实现活塞慢速运动。这种回路简单、经济，但快、慢速的转换不够平稳。

2. 双泵供油的快速运动回路

图 6-16 为采用双泵供油实现快速运动的回路。其中液压泵 1 为高压小流量泵，泵 2 为低压大流量泵。当系统中执行元件空载快速运动时，大流量泵 2 的压力油经单向阀后和小流量泵 1 的供油汇合，共同向系统供油；当工作进给承受负载时，系统压力升高，液控顺序阀 3 被打开，泵 2 卸荷，单向阀关闭。此时系统只由泵 1 单独供油完成慢速进给运动。溢流阀 5 调节泵 1 的供油压力，它根据系统工作时所需的最大压力来调定；液控顺序阀 3 则使泵 2 在快速空载时供油，而在工作进给时卸荷，它的调整压力应高于快速空载时的压力，而低于工作进给时的系统压力。

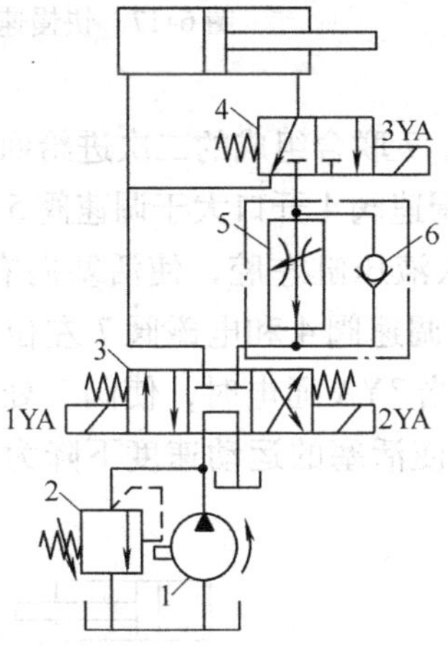

图 6-15　液压缸差动连接的快速回路

1—泵　2—溢流阀　3、4—换向阀

5—调速阀　6—单向阀

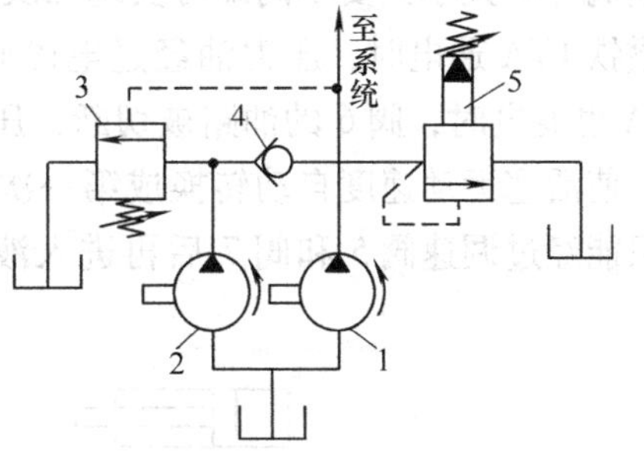

图 6-16　双泵供油的快速运动回路

1、2—双联泵　3—液控顺序阀

4—单向阀　5—溢流阀

这种回路功率损失小，效率较高，但成本较高。它常用于组合机床、注塑机等设备的液压系统中。

6.2.6　速度转换回路

液压系统中常要求某一执行元件在完成一定的自动工作循环中进行速度的转换。如先由快速运动转换为第一种工作进给速度，而后再进一步转换为更慢的第二种工作进给速度等。这时就需要使用速度转换回路。

1. 快慢速转换回路

在液压系统的快慢速转换回路中，常采用电磁换向阀和行程阀实现速度的转换。

图 6-17 采用电磁换向阀实现速度转换。1YA、2YA 通电，缸 5 快速运动；2YA 失电，

缸 5 变为慢速运动。其速度换接快，便于实现自动控制，缺点是速度换接的平稳性较差。

如将图 6-17 中的换向阀 2 更换为单向行程阀，则成为采用行程阀实现的速度转换回路。行程阀在被压下的过程中阀口是逐渐关闭的，因此速度的转换比较平稳，与采用电气元件控制相比更可靠。但是，行程阀必须装在运动部件的附近。

2. 两种工作进给速度的转换回路

(1) 串联调速阀的二次进给回路

图 6-18 为用两个调速阀串联，并与两个二位二通电磁阀联合组成的二次进给回路。当电磁铁 1YA、4YA 均通电时，压力油经阀 3 进入液压缸左腔，使活塞向右快速前进；当 4YA 断电处于右位时，阀 3 油路被切断，压力油需先经调速阀 5 后再经电磁阀 4 进入液压缸左腔，由快速运动转换为第一次工作进给；而当 1YA、3YA 均通电时，阀 4 处于右位，该阀油路被断开，压力油在经过调速阀 5 后必须经过调速阀 6 最后进入到液压缸左腔，使活塞运动速度进一步下降，实现第二次工作进给。值得注意的是，在这种回路中，调速阀 5 的开口必须大于调速阀 6 的开口，否则二次进给不能实现。

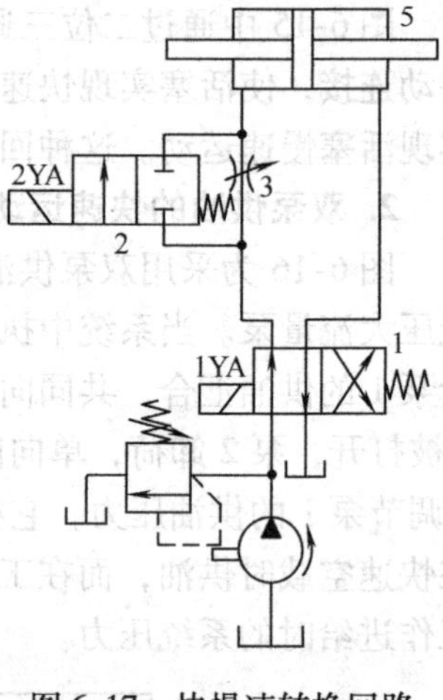

图 6-17 快慢速转换回路

(2) 并联调速阀的二次进给回路

图 6-19 为用两个调速阀并联，并与两个电磁阀 6、7 联合组成的二次进给回路。图中两个调速阀开口大小只要不同即可实现二次进给。假设调速阀 4 开口大于调速阀 5 开口，当只有电磁铁 1YA 通电时，压力油经过电磁阀 6 直接进入液压缸左腔，使活塞向右快速运动；当 4YA 也通电时，阀 6 的油路被切断，压力油就经过调速阀 4 和电磁阀 7 左位进入液压缸左腔，使活塞运动速度自动转换成第一次工作进给；当 3YA 通电时，使阀 7 处于右位，压力油只能经过调速阀 5 和阀 7 后再进入液压缸左腔，使活塞的运动速度下降为第二次工作进给。

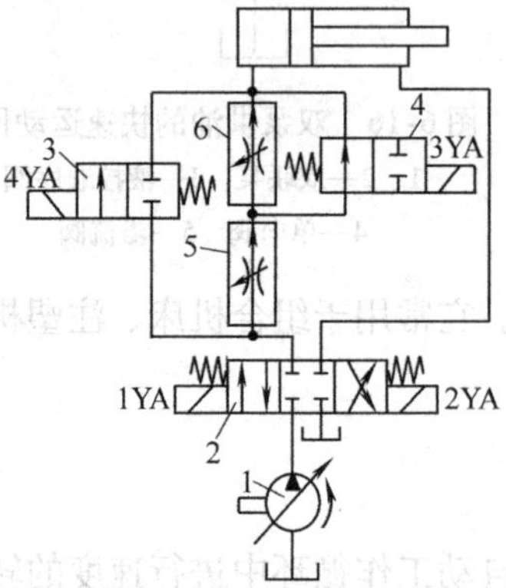

图 6-18 调速阀串联的二次进给回路

1—变量泵 2、3、4—换向阀

5、6—调速阀

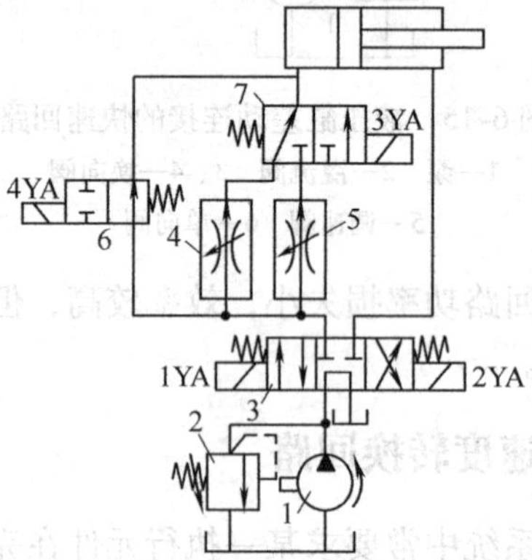

图 6-19 调速阀并联的二次进给回路

1—泵 2—溢流阀 3、6、7—电磁阀

4、5—调速阀

上述两种二次进给回路，常用于机床等需要有二次进给的液压系统中。

6.3 多缸动作回路

多缸工作的液压系统中，往往需要不同的控制动作，如顺序动作、同步动作等，因而需要用多缸工作控制回路来满足要求。

6.3.1 顺序动作回路

顺序动作回路主要使系统中几个执行元件按照预定顺序依次进行动作，按其控制方法可分为压力控制、行程控制、时间控制等几种。

1. 用压力控制的顺序动作回路

（1）用顺序阀控制的顺序动作回路

图 4-22a 是用顺序阀实现先定位后夹紧的顺序动作。

（2）用压力继电器控制的顺序动作回路

图 6-20 是用压力继电器控制的顺序动作回路。两液压缸的顺序动作是通过压力继电器对两个电磁阀的操纵来实现的。压力继电器的动作压力应高于前一动作的最高工作压力，以免产生错误动作。其动作原理如下：当电磁铁 1YA 通电后，压力油进入缸 A 左腔，其活塞右移实现动作①；当缸 A 到达终点后系统压力升高使压力继电器 1 动作，并使电磁铁 3YA 通电，此时压力油进入缸 B 左腔，缸 B 活塞右移实现动作②；同理，当电磁铁 3YA 断电、电磁铁 4YA 通电时，压力油开始进入缸 B 右腔，使其活塞先向左退回实现动作③；而当缸 B 退回到原位后，压力继电器 2 开始动作，并使电磁铁 1YA 断电、2YA 通电，此时压力油进入缸 A 右腔，使其活塞最后向左退回实现动作④。

此回路使用方便，动作转换迅速且顺序可变，但压力继电器及其调定压力对回路工作可靠性有重大影响，只适用于继电器数量不多且负载较稳定的场合。

2. 用行程控制的顺序动作回路

（1）用行程阀控制的顺序动作回路

图 6-21 是用行程阀控制的顺序动作回路。当电磁阀通电时，压力油进入缸 A 左腔，其活塞右移实现动作①；当缸 A 活塞运动到预定位置时，其挡块压下行程阀 1 后，压力油进入缸 B 左腔，其活塞右移实现动作②；当电磁阀断电换向时，压力油先进入缸 A 右腔，使活塞左移实现动作③；当缸上挡块离开行程阀使其复位时，压力油经行程阀下位进入缸 B 的右腔，使其活塞左移退回，实现动作④。

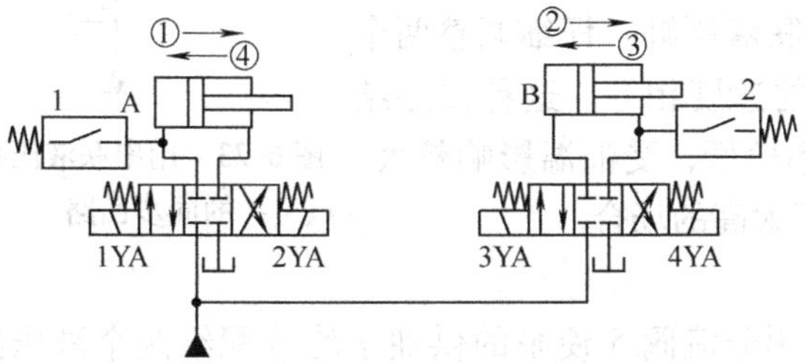

图 6-20　压力继电器控制的顺序动作回路

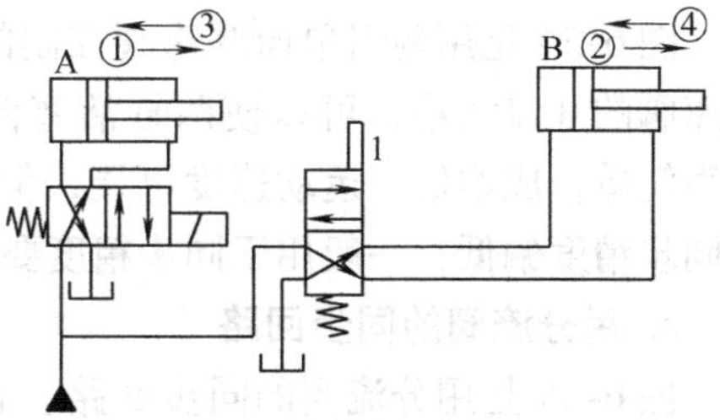

图6-21　行程换向阀控制的顺序动作回路

回路是通过挡块操纵行程阀实现两缸的顺序动作的，其动作可靠，不会产生误动作，顺序换向平稳，行程位置可调，主要用于专用机械液压系统。

（2）用行程开关控制的顺序动作回路

如图6-22所示，当电磁阀1YA通电处于左位时，其活塞右移实现动作①；当到达预定位置时，挡块碰到行程开关S2，使电磁阀2YA通电处于左位，压力油液进入缸B左腔，其活塞右移实现动作②；当缸B上挡块碰到行程开关S4时，使电磁阀1YA断电恢复右位，压力油进入缸A右腔，其活塞向左退回实现动作③；当缸A退至原位后碰到行程开关S1时，电磁铁2YA断电恢复右位，压力油进入缸B右腔，其活塞向左退回实现动作④，完成一个工作循环。缸B退回至原位其挡块碰到行程开关S3后，又可使电磁阀1YA重新通电，开始新的工作循环。

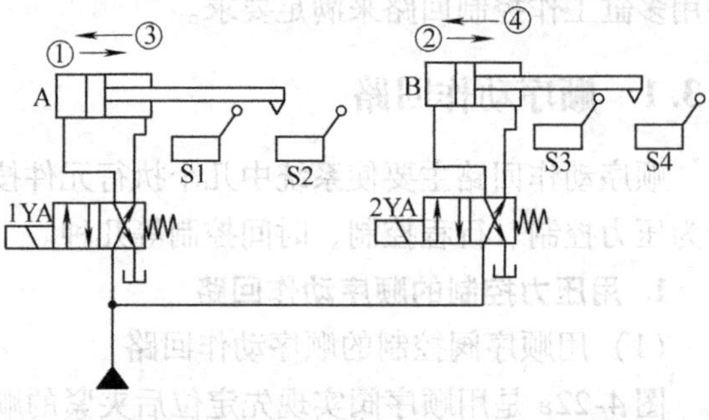

图6-22　行程开关和电磁阀控制的顺序动作回路

这种回路中，两液压缸通过行程开关对电磁铁的操纵来实现顺序动作，其顺序动作及行程位置的调整方便灵活，回路简单，利用电气互锁使顺序动作可靠，易于实现自动控制，但顺序动作的转换平稳性较差，在动作顺序需改变的场合应用广泛。

6.3.2　同步运动回路

在某些设备上，为使多个执行元件克服负载、摩擦、泄漏、制造质量、结构变形上的差异，常要求两个或两个以上的执行元件保证它们的运动速度和位移相同。完成这种功能的回路称为同步运动回路。

1. 用串联液压缸的同步回路

图6-23是用串联液压缸实现的同步回路。它将有效面积相等的两个液压缸串联起来，使两缸的运动速度与位移均相等。这种回路结构简单，不需要同步元件，在严格的制造精度和良好的密封性能条件下能适应较大的偏载，且回路效率高。但这种串联方法将使泵出口的压力至少是两缸所需工作压力之和。同时，由于液压缸总存在泄漏，长时间使用后将出现同步的失调。为此，一般应在此回路中增设位置补偿装置。

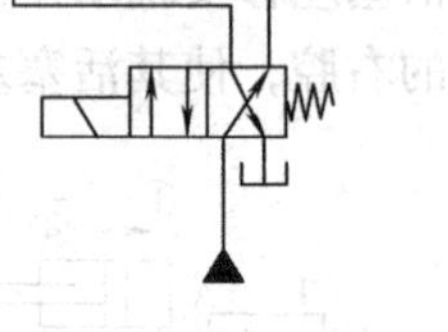

图6-23　用串联液压缸的同步回路

2. 用调速阀的同步回路

图6-24是用两组单向调速阀控制的并联液压缸。仔细调整两个调速阀的开口大小，可以使两缸活塞伸出的速度相等。这种回路结构很简单，成本低，运动速度可调，但效率较低，受油温影响较大，其同步精度偏低，一般用于同步精度要求不太高的场合。

3. 用分流阀的同步回路

图6-25是用分流阀的同步回路。它利用分流阀5使泵的供油平均分配给两个液压缸，两缸活塞能同步向右运动而不受负载变化的影响。该回路结构简单，使用方便，偏载下仍能保持同步，但效率较低，压力损失大。

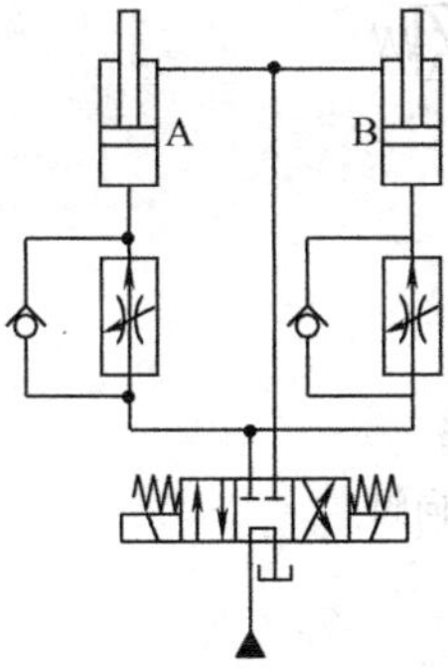

图 6-24　用调速阀的同步回路

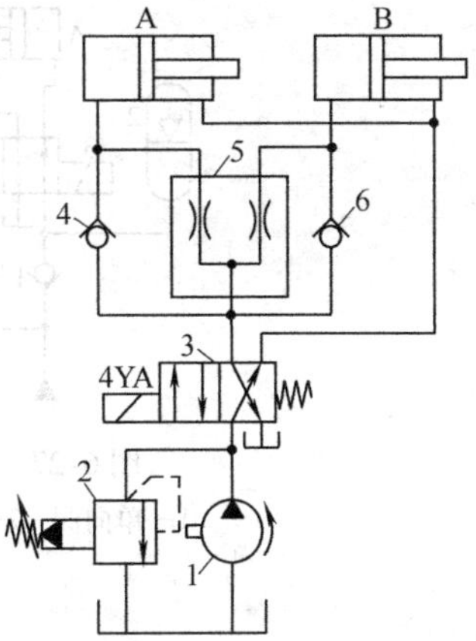

图 6-25　用等量分流阀的同步回路

1—泵　2—溢流阀　3—换向阀

4、6—单向阀　5—等量分流阀

6.3.3　防干扰回路

防干扰回路的目的是使几个执行元件在完成各自的循环动作时，彼此互不影响。

1. 双泵供油的防干扰回路

图 6-26 是多缸快慢速的防干扰回路。图中两缸的快速运动由低压大流量液压泵 2 供油，两缸的慢速运动则由高压小流量泵 1 供油。由于快慢速的供油渠道不同，避免了相互的干扰。

两液压缸均能完成“快进、工进、快退”的自动工作循环，并保证工进时速度平稳。快进时，可使阀 7、8 均处于左位，阀 5、6 处于右位，此时泵 2 提供的压力油分别经阀 5、7 进入缸 9 的两腔，同时压力油也经阀 6、8 进入缸 10 的两腔，使两缸均实现差动连接而快速运动。当阀 5 左位接入，而阀 7 右位接入时，泵 1 提供的压力油经调速阀 3、阀 5 左位和阀 7 右位进入缸 9 左腔，实现工作进给；而泵 2 供油则经阀 6 右位及阀 8 左位进入缸 10 两腔仍可实现差动快进，两缸快慢速互不干扰。如果阀 5、阀 6 均处于左位，阀 7、阀 8 均处于右位时，泵 2 油路被封闭不能进入两个液压缸，只有泵 1 的供油分别经调速阀 3、4 及二位五通换向阀进入缸 9 和缸 10 左腔，使两缸均实现工作进给。当工进结束后，两缸均可由图示的换向阀位置由泵 2 供油实现快速退回。

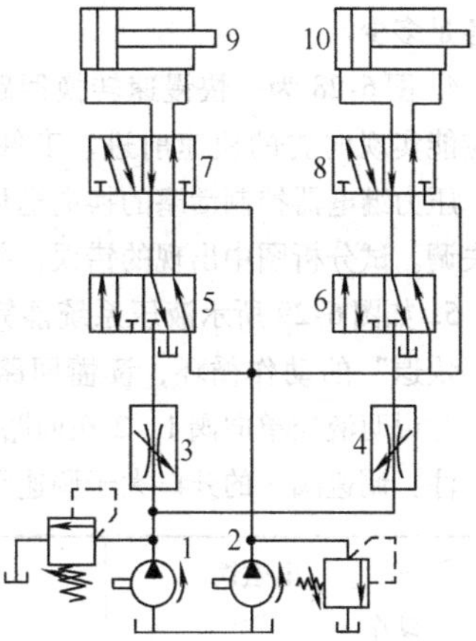

图 6-26　双泵分别供油防干扰回路

1、2—液压泵　3、4—调速阀　5、6、7、8—二位五通换向阀　9、10—液压缸

这种回路工作可靠，但效率较低，常用在速度平稳性要求较高的多缸系统中。

2. 蓄能器保压的防干扰回路

图 6-27 是采用蓄能器保压来达到防干扰的目的。图中缸 A 用于夹紧工件，当进给缸 B 快速运动时，主油路压力会下降。为保证缸 A 保持原来的夹紧力不变，图中的蓄能器 2 和单向阀 1 起到供油保压作用，不受缸 B 影响。

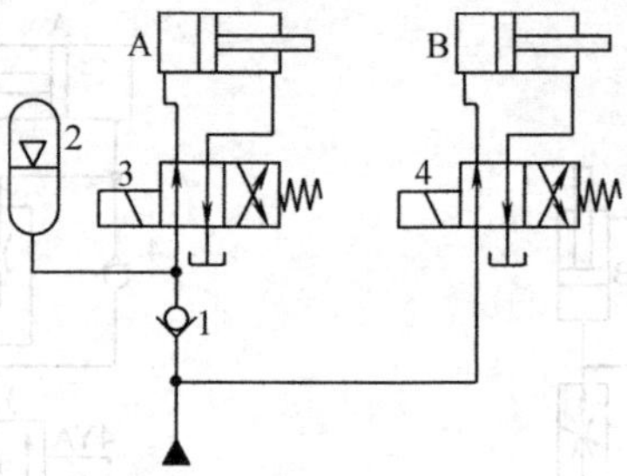

图 6-27　蓄能器防干扰回路

1—单向阀　2—蓄能器　3、4—换向阀

6.4　习题

1. 用二位二通电磁阀使泵直接卸荷与用先导式溢流阀使泵卸荷的两种回路有什么不同？试比较各自特点。

2. 变量泵-变量马达容积调速回路应按怎样的调速方法进行调整？为什么？其调速特点是什么？

3. 有一液压缸，采用节流阀的进油路节流调速工件进给时，所需流量 $q=9L/min$，工作压力为 3MPa，节流阀压降为 0.3MPa。快进时需流量 40L/min。现分别采用 YB40 泵或 YYB—10/32 双联泵对液压缸供油，且双联泵中低压大流量泵卸荷压力为 0.3MPa。不计其他损失，试分别计算采用单个定量泵供油或双泵供油时，液压缸工进速度最大情况下的回路效率各是多少？

4. 图 6-28 为一快慢速转换回路。按设计要求，液压缸活塞应能实现向右的快速前进、工件进给及向左的快速退回动作。压力继电器控制活塞的换向退回。但在试车时，发现其动作失调。试分析图中出现的错误，并画出改正后的回路图。

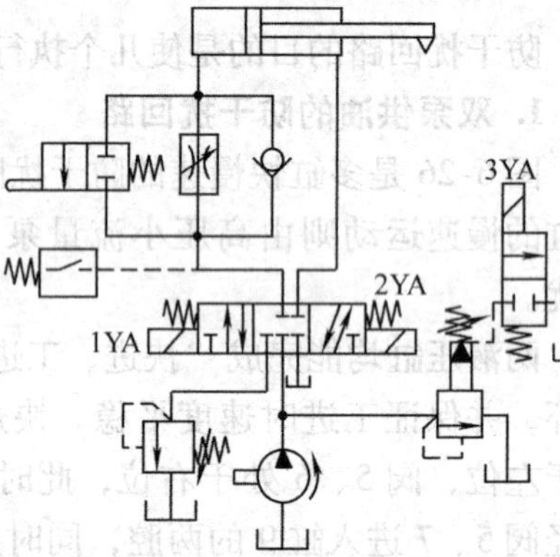

图 6-28　题 4 图

5. 如图 6-29 所示液压系统能完成“快进、一工进、二工进、快退”的动作循环，读懂回路图，编写电磁铁动作顺序表，并说明液控单向阀 1、2 在回路中所起的作用。

注：调速阀 3 的开口大于调速阀 4 的开口。

动作＼电磁铁	1YA	2YA	3YA	4YA
快进				
一工进				
二工进				
快退				

6. 图 6-30 为一个二级减压回路，活塞运动时需克服的摩擦阻力 $F=1500N$，活塞无杆腔面积 $A=15cm^2$，溢流阀调整压力 $p_Y=4.5MPa$，两个减压阀的调整压力分别为 $p_{J1}=2MPa$，$p_{J2}=3.5MPa$，管道和换向阀的压力损失均不计。

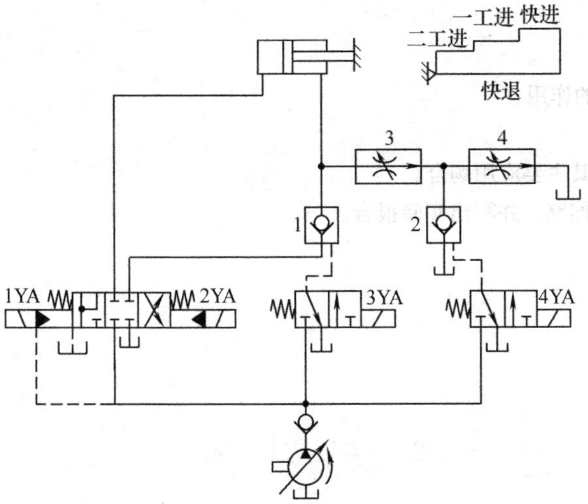

图6-29　题5图

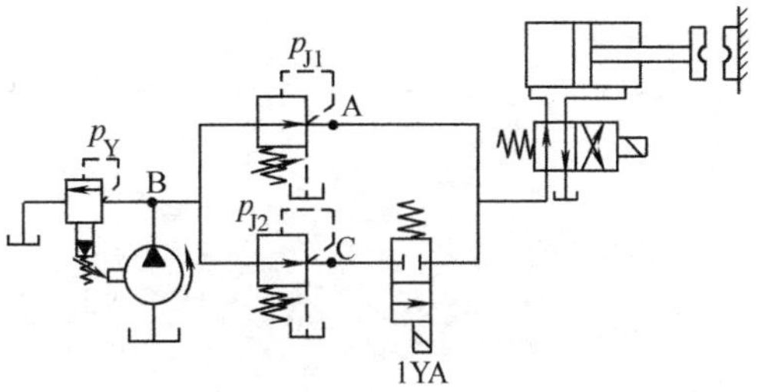

图6-30　题6图

试分析

1）当1YA通电时，活塞处于运动过程，A、B、C三点的压力各为多少？

2）当1YA通电，活塞夹紧工件时，上述三点压力又各为多少？

3）如果在调整减压阀压力时，将减压阀压力改为 $p_{J1}=3.5\text{MPa}$，$p_{J2}=2\text{MPa}$，该系统是否能使工件得到两种不同的夹紧力？

7. 在图6-20~6-22的回路中，试问在不增加其他元件的基础上，能否将其③、④动作顺序调换？若能调换试画出改正后的回路图。

8. 图6-31是一个多缸动作控制回路。该系统有进给和夹紧两个液压缸，要求完成的动作循环如图6-31a所示，试分析该系统并回答以下问题。

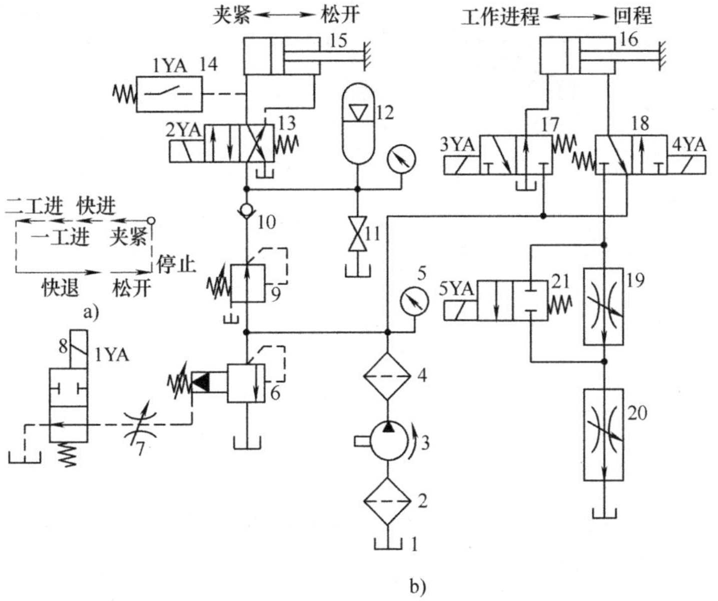

图6-31　题8图

1）写出从序号 1 到 21 的液压元件的名称。

2）根据动作循环填写电磁铁动作顺序表。

3）指出序号 7、10、14 等元件在系统中所起的作用。

4）分析该系统中包含哪几种液压基本回路。

9. 试分析图 6-25 所示回路的工作原理，指出其主要应用场合。

10. 在液压实验台上搭接给定要求的基本液压回路，并写出实验报告。

第7章　典型液压系统实例与液压系统设计

液压传动系统广泛应用在机械制造、冶金、轻工、工程机械等各个领域，适用面很广。各种设备有不同的使用特点，对传动系统的调速范围、推力、效率、速度稳定性、换向位置精度、多执行元件的动作顺序等方面都有不同的要求，因此要求液压传动系统在完成整个工作循环中的各个阶段对压力、流量、方向的调节和控制要有不同的侧重点。经过专业人员的不断创新和工程实践检验，产生了很多各有特色的典型液压系统，给我们提供了可以学习借鉴的范例。对范例进行分析，不仅可以对典型液压系统的全貌和特点形成完整认识，也可以在分析过程中学习分析方法，初步学习液压系统的设计方法。

7.1　分析液压系统的一般方法

一个完整的液压系统是由各种不同功能的基本回路相互组合而成的。其中，最基本的换向、压力、流量控制回路是所有系统都必须具备的，但这些基本回路的组合方式并不相同。在此基础上，为完成设备的具体工作要求，还要结合其他不同的基本回路。因此，在上一章由核心元件认识基本回路的基础上，应该逐步从识别元件转向识别基本回路。

阅读分析液压系统图，一般按以下步骤进行。

1）了解设备的用途及对液压系统的要求。

2）阅读液压系统图时，可按执行元件将其分解为若干个子系统。

3）详细分析各个子系统，认识基本回路的构成和组合特点。按执行元件的工作循环，把握每步动作的进油和回油路线。可以从执行元件开始，沿着油路向动力元件逆读；也可以从泵开始向缸顺读，对复杂系统也可以在关键的油路分支点汇合。要结合各类液压元件的特点来理解系统。其中，流量阀要理清在哪个阶段有油液流过即可；要注意只能沿一个流向工作，进出油口不能反接；必要时与方向阀并联使用。压力阀首先要识别功能，分清溢流阀、减压阀、顺序阀，其中减压阀只减压，但溢流阀、顺序阀可起卸荷、背压等作用；其次要判断状态；最后分清是近控还是远控，也就是决定压力阀状态的位置点。换向阀的油路汇集，第一要认识其原始工作位置决定的油路走向，复杂时可以先按高压油液的通路进行识别，要结合执行元件的要求来判断动作后的位置；第二注意换向阀在系统的不同位置所起的作用不同，动力元件和执行元件油路汇集的是主换向阀，在局部并联的有旁通、卸荷、配合等作用，要注意单杆活塞缸的差动可能要经过多个阀形成连接。

4）根据液压系统的工作要求分析各个子系统之间的关系，进而理解整个液压系统的工作原理和特点。

7.2 组合机床动力滑台液压系统

7.2.1 概述

液压动力滑台是组合机床上用以实现进给运动的一种通用部件，可以与床身、中间底座等其他通用部件组装成各种组合机床。根据加工要求，滑台台面上可安装各种专用切削主轴箱等工作部件，完成钻、扩、铰、镗、铣等工序，并能按多种进给方式实现自动工作循环，成为大批量生产的高效专用设备。

组合机床一般为多刀加工，切削负荷变化大，快慢速差异大。要求在切削时速度低而平稳；空行程进退速度快；快慢速度转换平稳；系统效率高、发热少、功率利用合理。由于液压滑台运动是靠液压缸驱动的，所以要求液压系统满足上述要求。

图 7-1 是一种典型的液压动力滑台系统原理图。其进给范围为 6.6～600mm/min，最大进给力为 45kN。该系统采用限压式变量泵供油；电液换向阀换向；快进由液压缸差动连接来实现；用行程阀实现快进与工进的转换；采用限位挡铁来保证进给的尺寸精度。液压系统可实现多种自动工作循环，如

1）快进→一工进→二工进→（挡铁）停留→快退→原位停止。

2）快进→工进→（挡铁）停留→快退→原位停止。

3）快进→工进→快进→工进……→快退→原位停止。

下面以典型的二次工作进给，并由挡铁停留的自动工作循环为例，说明该系统的工作原理。

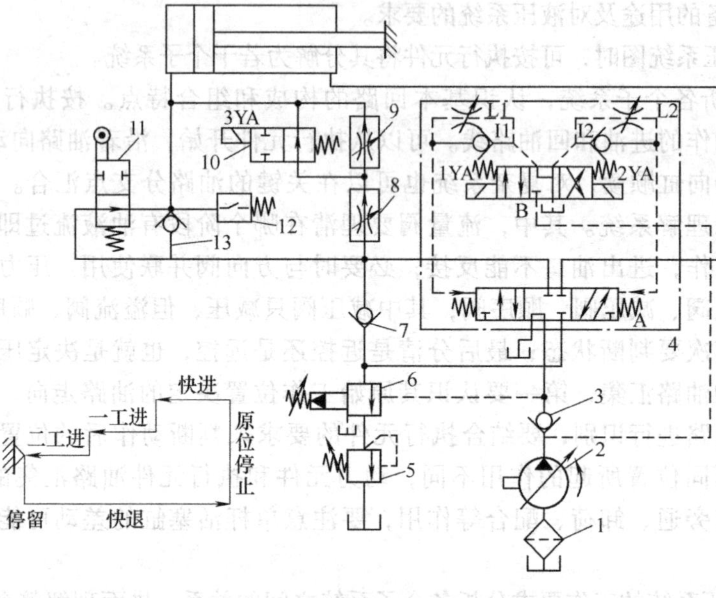

图 7-1 动力滑台液压系统原理图

1—过滤器 2—变量泵 3、7、13—单向阀 4—电液换向阀 5—背压阀 6—液控顺序阀 8、9—调速阀 10—电磁换向阀 11—行程阀 12—压力继电器

液压滑台的行程阀和电气行程开关是由固定在滑动工作台侧面上的行程压块来压动的，作为输入信号；其余电磁阀的动作由电气控制部分的接触器继电器控制线路（也可用 PLC 控制）对输入信号处理后给出的控制信号，实现顺序动作。电磁铁和行程阀的动作顺序如表 7-1 所示。图中的电液换向阀 4 是由液动换向阀 A、电磁换向阀 B、单向阀 11 和 12、节流阀 L1 和 L2 组成的。

表 7-1　电磁铁和行程阀动作顺序表

液压缸工作循环		信号来源	电磁铁			行程阀
			1YA	2YA	3YA	
1	快进	起动按钮	+	−	−	−
2	一工进	行程压块压下行程阀	+	−	−	+
3	二工进	行程压块压下行程开关	+	−	+	+
4	挡铁停留	压力继电器	−	−	+	+
5	快退	时间继电器	−	+	−	+ −
6	原位停止	行程压块压下终点行程开关	−	−	−	−

注：“+”表示电磁铁通电或行程阀压下；“−”表示电磁铁断电或行程阀复位。

7.2.2　动力滑台液压系统的工作原理

液压动力滑台的工作循环与油路状态如下。

1. 快进

按下起动按钮，电磁铁 1YA 通电，电磁换向阀 B 左位接入系统，液动换向阀 A 在控制压力油作用下也将左位接入系统，其油路如下。

控制油路——进油路：过滤器 1→泵 2→阀 B（左）→单向阀 I1→阀 A 左端。

回油路：阀 A 右端→L2→阀 B（左）→油箱。

于是，液动换向阀 A 的阀芯右移，使其左位接入系统，换向时间由 L2 调节。

主油路——进油路：过滤器 1→泵 2→阀 A（左）→行程阀 11→缸左腔。

回油路：缸右腔→阀 A（左）→单向阀 7→行程 11→缸左腔。

此时由于负载较小，液压系统的工作压力较低，所以液控顺序阀 6 关闭，液压缸左右腔形成差动连接，泵在低压下输出最大流量，滑台快进。

2. 第一次工作进给

当滑台快进结束时，滑台上的压块压下行程阀 11，切断了快进油路。电液换向阀 4 的工作状态不变，控制油路因而没有变化。而主油路中，压力油只能通过调速阀 8 和电磁换向阀 10（右位）进入液压缸左侧。由于油液流经调速阀而使液压系统压力升高，液控顺序阀开启，单向阀 7 关闭，液压缸右侧的油液经液控顺序阀 6 和背压阀 5 流回油箱。同时，泵 2 的流量也自动减小。滑台实现由调速阀 8 调速的第一次工作进给。

主油路——进油路：过滤器 1→泵 2→阀 3→阀 A（左）→阀 8→阀 10（右）→缸左侧。

回油路：缸右腔→阀 A（左）→阀 6→背压阀 5→油箱。

3. 第二次工作进给

第二次工作进给的控制油路与第一次工作进给时相同，其主油路的回油路也与第一次工作进给时的相同，不同之处是主油路的进油路。当第一次工作进给结束，挡块压下行程开关使电磁铁 3YA 通电，阀 10 左位接入系统使其油路关闭，压力油需通过调速阀 8 和 9 进入液压缸左腔。由于调速阀 9 的开口比调速阀 8 小，所以进给速度再次降低，因而滑台实现由阀 9 调速的第二次工作进给。

4. 挡铁停留

当滑台第二次工作进给结束，碰上限位挡铁后停止前进，停留在挡铁处。这时液压缸左腔油液的压力升高，达到压力继电器 12 的开启压力时，压力继电器动作，发出信号给时间继电器，由时间继电器控制停留时间。

5. 快退

滑台停留时间结束时，时间继电器发出信号，使电磁铁 2YA 通电，1YA、3YA 断电。这时电磁换向阀 B 的右位接入，控制油液使液动换向阀 A 的右位接入系统工作。滑台返回时负载小、系统压力低，泵 2 的流量自动增至最大，所以动力滑台快速退回。

控制油路——进油路：过滤器 1→阀 B（右）→单向阀 I2→阀 A 右端。

回油路：阀 A 左端→L1→阀 B（右）→油箱。液动换向阀 A 由控制油路使其换为右位，换向时间由 L1 调节。

主油路——进油路：过滤器 1→泵 2→阀 3→阀 A（右）→缸右腔。

回油路：缸左腔→阀 13→阀 A（右）→油箱。

动力滑台快速后退，当其退到第一次工进的起始位置时，行程阀 11 复位，使回油路更为畅通，但不影响快退动作。

6. 原位停止

当滑台退回到原始位置时，挡铁压下终点行程开关发出信号，使电磁铁 2YA 断电，换向阀 A、B 都处于中位，液压缸两腔油路被封闭，滑台停止运动。

主油路——进油路：过滤器 1→泵 2→阀 3→阀 B（中）→油箱。

单向阀 3 的作用是使滑台在原位停止时，控制油路仍保持一定的控制压力，以便能迅速起动。

7.2.3 动力滑台液压系统的特点

动力滑台的液压系统是能完成较复杂工作循环的典型单缸中压系统，有以下特点。

1）采用容积节流调速回路。该系统采用了“限压式变量泵 + 调速阀 + 背压阀”节流调速回路。用变量泵供油可使空载时获得泵的最大流量，快速运动；工进时，负载增加，泵的流量会自动减小，且无溢流损失，因而功率的利用合理。用调速阀调速可保证工作进给时获得稳定的低速，有良好的速度刚性。调速阀设在进油路上，便于利用压力继电器发信号实现动作顺序的自动控制。在油路上加背压阀能防止负载突然减小时产生的前冲现象，并能使工进速度平稳。

2）采用电液换向阀的换向回路。以反应灵敏的小规格电磁阀作为先导阀，控制能通过大流量的液动换向阀实现主油路的换向，发挥了电液联合控制的优点。而且由于液动换向阀的阀芯移动的速度可由节流阀 L1、L2 调节，因此能使流量较大，速度较快的主油路换向平稳，无冲击。

3）采用液压缸差动连接的快速回路。主换向阀心采用了三位五通阀，因此换向阀左位工作时能使缸左腔的回油路又返回缸的左腔，从而使液压缸两腔同时通压力油，实现差动快进。这种回路简便可靠。

4）采用行程控制的速度转换回路，系统选择行程阀、液控顺序阀的配合方式，实现快进与工进速度的转换，使速度转换平稳、可靠，且位置准确。使用两个串联的调速阀及用行程开关控制的电磁换向阀实现两种工进速度的转换。由于进给速度较低，故也能保证换接精度和平稳性的要求。

5）采用压力继电器控制动作顺序。滑台工进结束，液压缸碰到挡铁时，缸内工作压力升高，因而采用压力继电器发信号，使滑台反向退回方便可靠。挡铁还能提高滑台工进结束时的位置精度。

7.3 注塑机液压系统

7.3.1 概述

塑料注射成型机简称注塑机。它是将颗粒状的塑料加热融化到流动状态，以快速、高压注入模具腔，并保压一定时间，经冷却后成型为塑料制品。注塑机的工作循环如图 7-2 所示。

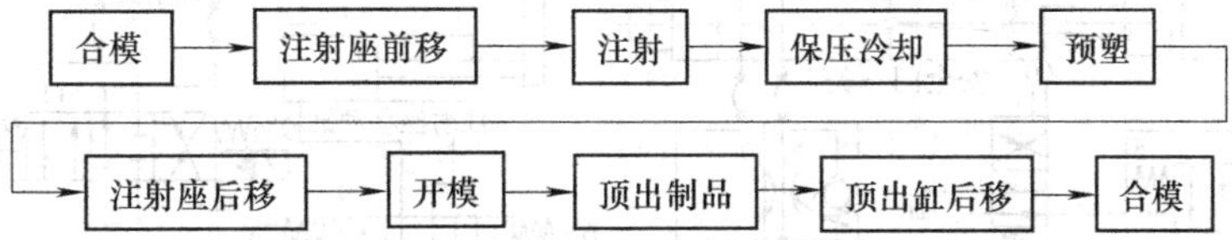

图 7-2 注塑机的工作循环

根据注塑工艺的需要，注塑机液压系统应满足以下要求。

1）有足够的合模力。合模装置由定模板、动模板、起模合模机构和制品顶出机构等组成。在注射过程中以一定的注射压力将塑料熔体射入模腔，为防止塑料制品产生溢边或脱模困难，要求具有足够大的合模力。合模缸和连杆增力机构共同实现合模和锁模。

2）注射座整体可前进与后退。注射部由加料装置、料筒、螺杆、喷嘴、加料预塑装置、注射缸和注射座移动缸等组成。注射缸固定，其活塞与注射座整体由液压缸驱动，保证在注射时有足够的推力，使喷嘴与模具浇口紧密接触，以防熔体流涎。

3）注射压力和速度可调节。针对不同粘度的熔体以及塑料制品不同几何形状，注射压力是有区别的。注射速度直接影响制品的质量，对于形状复杂的制品注射速度要高一些，而速度过高又会使某些熔体产生高温而分解。所以注射压力和注射速度应能调节。

4）可保压冷却。当熔体注满型腔后，在冷却凝固时材料体积有收缩，故型腔内应保持一定的压力并补充熔体，否则会因充料不足而出现残品。因此，保压压力和保压时间应能调节。

5）预塑过程可以调节。在保压冷却期间，料筒内螺杆仍在回转，使料斗内的塑料颗粒被卷入料筒，加热、塑化、搅拌并挤压，向喷嘴方向推移成为熔体。这个过程就是预塑过程，它应当可以调节，以满足不同塑料、不同制品的需要。

6）可顶出制品。塑料制品冷却成型后要从模具中顶出，顶出缸的运行要平稳，其速度应能根据制品的形状及尺寸进行调节，避免制品受损。

随着计算机技术的发展，注塑机的工作循环越来越多地由计算机进行控制。液压系统的多级压力和多级速度均可设定，并由相应的阀和泵来自动调节。

7.3.2 SZ-250型注塑机液压系统的工作原理

SZ-250/160型注塑机属中小型注塑机，ϕ40mm、ϕ45mm、ϕ50mm三种机筒螺杆的每次理论最大注射容量分别为201cm^3、254cm^3、314cm^3，锁模力为1600kN。图7-3为其液压系统图。各执行元件的动作循环主要依靠行程开关切换电磁阀来实现，电磁铁的动作顺序如表7-2所示。

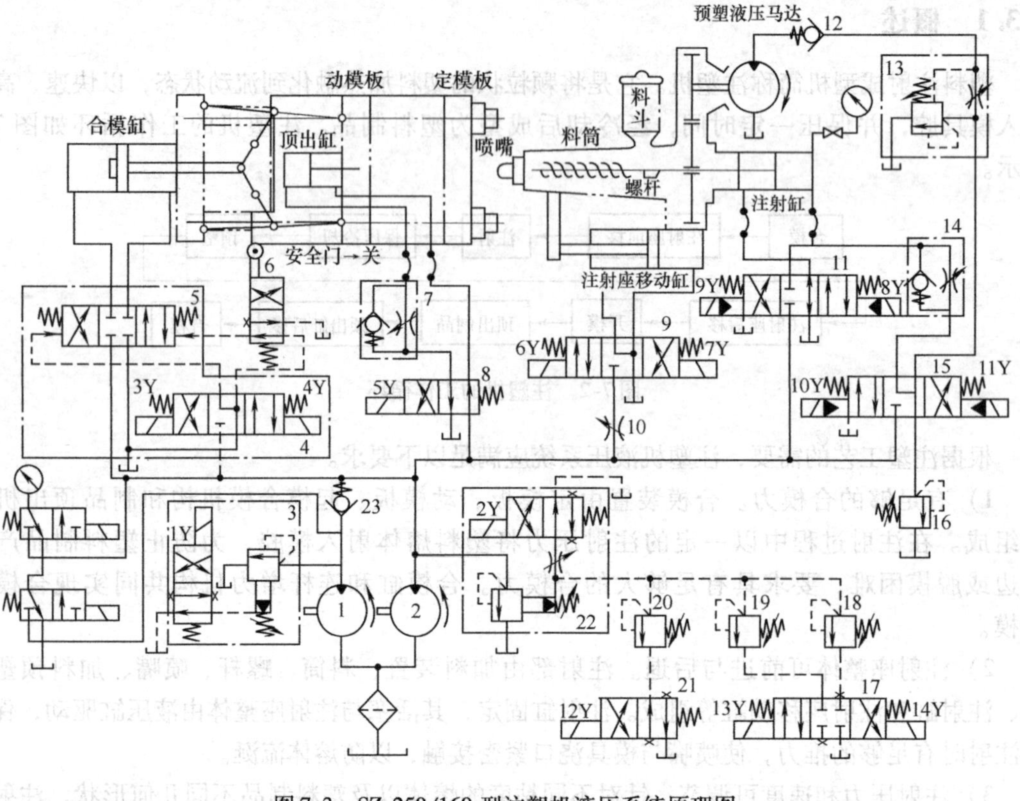

图7-3 SZ-250/160型注塑机液压系统原理图

1—大流量泵 2—小流量泵 3、22—电磁溢流阀 4、8、9、17、21—电磁换向阀 5—电液换向阀 6—行程阀 7、14—单向节流阀 10—节流阀 11、15—电液换向阀 12、23—单向阀 13—旁通型调速阀 16—背压阀 18、19、20—远程调压阀

表 7-2 SZ-250/160 型注塑机电磁铁动作顺序表

动作循环		电磁铁（Y）通电													
		1	2	3	4	5	6	7	8	9	10	11	12	13	14
合模	慢速		+	+											
	快速	+	+	+											
	低压慢速		+	+										+	
	高压		+	+											
注射座前移			+					+							
注射	慢速		+					+			+		+		
	快速	+	+					+	+		+		+		
保压			+					+			+	+			+
预塑		+	+					+							
防流涎			+					+		+					
注射座后退			+				+								
开模	慢速 1		+		+										
	快速	+	+		+										
	慢速 2	+			+										
顶出	前进		+			+									
	后退		+												
螺杆后退			+							+					

1. 关安全门

为保证操作安全，注塑机都装有安全门。关安全门，行程阀 6 恢复常位，合模缸才能动作，开始整个动作循环。

2. 合模

动模板慢速起动，快速前移，接近定模板时，液压系统转为低压、慢速机构。在确认模具内没有异物存在后，系统转为高压使模具闭合。这里采用了液压-机械合模机构，合模缸通过对称五连杆机构推动模板进行开模和合模，连杆机构具有增力和自锁作用。

（1）慢速合模（$2Y^+$、$3Y^+$）

大流量泵 1 通过电磁溢流阀 3 卸载，小流量泵 2 的压力由溢流阀 22 调定，泵 2 的压力油经电液换向阀 5 右位进入合模缸左腔，推动活塞带动连杆慢速合模，合模缸右腔油液经阀 5 和冷却器返回油箱。其油路如下。

控制油路——进油路：泵 2→阀 4（左）→阀 6（下）→阀 5 右端。

回油路：阀 5 左端→阀 4（左）→回油箱。

控制油路使液动换向阀 5 换为右位。

主油路——进油路：泵 2→阀 5（右）→合模缸左腔。

回油路：合模缸右腔→阀 5（右）→油箱。

（2）快速合模（$1Y^+$、$2Y^+$、$3Y^+$）

慢速合模转换为快速合模时，由行程开关发令使 1Y 得电，泵 1 不再卸载，其压力油经单向阀23与泵2的供油汇合，同时向合模缸供油，实现快速合模，最高压力由阀3限定。其控制油路及主油路的回路与过程（1）相同，而主油路的进油路为泵1、2→阀5（右）→合模缸左腔。

（3）低压合模（$2Y^{+}$、$3Y^{+}$、$13Y^{+}$）

泵1卸载，泵2的压力由远程调压阀18控制。因阀18所调压力较低，合模缸推力较小，可避免两模板的硬质异物损坏模具表面。

（4）高压合模（$2Y^{+}$、$3Y^{+}$、$13Y^{+}$）

泵1卸载，泵2供油，系统压力由高压溢流阀22控制，高压合模并使连杆产生弹性变形，牢固地锁紧模具。

3. 注射座前移（$2Y^{+}$、$7Y^{+}$）

泵2的压力油经电磁换向阀9右位进入注射座移动缸右腔，注射座前移使喷嘴与模具接触，注射座移动缸左腔油液经阀9回油箱。

4. 注射

注射螺杆以一定的压力和速度将料筒前段的熔料经喷嘴注入模腔，分慢速注射和快速注射两种。

（1）慢速注射（$2Y^{+}$、$7Y^{+}$、$10Y^{+}$、$12Y^{+}$）

泵2的压力油经电液换向阀15左位和单向节流阀14进入注射缸右腔，左腔油液经电液换向阀11中位回油箱，注射缸活塞带动注射螺杆慢速注射，注射速度由单向节流阀14调节，远程节流阀20起定压作用，其油路如下。

进油路：泵2→阀15（左）→阀14→注射缸右腔

回油路：注射缸左腔→阀11（中）→油箱。

（2）快速注射（$1Y^{+}$、$2Y^{+}$、$7Y^{+}$、$8Y^{+}$、$10Y^{+}$、$12Y^{+}$）

泵1和泵2的压力油经电液换向阀11右位进入注射缸右腔，左腔油液经阀11回油箱。由于两个泵同时供油，且不经过单向节流阀14，注射速度加快。此时，远程调压阀20起安全作用，其油路如下。

进油路：泵1、2 →阀15（左）→阀14→注射缸右腔。
　　　　　　　　└→阀11（右）→注射缸右腔。

回油路：注射缸左腔→阀11（右）。

5. 冷却保压（$2Y^{+}$、$7Y^{+}$、$10Y^{+}$、$14Y^{+}$）

高温的熔料进入钢制的模具中立刻冷却；同时，模具内的冷却水流道通以冷却水，更加快了冷却速度。注射缸对模腔内的熔料实行保压并补塑，此时只需少量油液，所以泵1卸载，泵2单独供油，多余的油液经溢流阀4流回油箱，保压压力由远程调压阀19调节。其油路与慢速注射时相同。

6. 预塑（$1Y^{+}$、$2Y^{+}$、$7Y^{+}$、$11Y^{+}$）

保压结束时，阀15的10Y断电，11Y得电，预塑液压马达带动螺杆转动，从料斗加入的物料随着螺杆的转动被带至料筒前端，进行加热塑化，并建立起一定压力。

当螺杆头部熔料压力达到克服注射缸活塞退回的压力时，注射缸右腔的油液经阀14的单向阀，阀15的右位和阀16回油箱，螺杆在熔料压力作用下后退，注射缸右腔压力由阀16控制。同时注射缸左腔产生局部真空，经阀11中位从油箱补油。后退到预定位置，即螺杆头部熔料达到所需注射量时，由电接点压力表控制 11Y 断电，螺杆停止转动，准备下一次注射。与此同时，在模腔内的制品冷却成形。

螺杆转动由预塑液压马达通过齿轮机构驱动。泵 1 和泵 2 的压力油经电液换向阀 15 右位、旁通型调速阀 13 和单向阀 12 进入马达。马达的转速由阀 13 控制。预塑马达的油路为：

进油路：泵 1、2→阀 15（右）→阀 13→阀 12→液压马达进油口。

回油路：液压马达回油口→油箱。

7. 防流涎（$2Y^+$、$7Y^+$、$9Y^+$）

采用直通开敞式喷嘴时，预塑加料结束，要使螺杆后退一小段距离，减小料筒前端压力，防止喷嘴与模具保持接触。泵 1 卸载，泵 2 压力油一方面经阀 9 右位进入注射座移动缸右腔，使喷嘴与模具保持接触；另一方面经阀 11 左位进入注射缸右腔，使螺杆强制后退。注射座移动缸左腔和注射缸右腔油液分别经阀 9 和阀 11 回右腔。其油路可自行分析。

8. 注射座后退（$2Y^+$、$6Y^+$）

保压结束，7Y、9Y 断电，6Y 得电。泵 1 卸荷，泵 2 压力油经阀 9 左位进入注射座移动缸左腔，右腔油液经阀 9 左位回油箱，使注射座后退。

9. 开模

开模速度一般为慢-快-慢。

1）慢速开模（$2Y^+$或 $1Y^+$、$4Y^+$）

泵 1（或泵 2）卸载，泵 2（或泵 1）压力油经电液换向阀 5 左位进入合模缸右腔，左腔油液经阀 5 回油箱。

2）快速开模（$1Y^+$、$2Y^+$、$4Y^+$）

泵 1 和泵 2 合流向合模缸右腔供油，开模速度加快。

10. 顶出

（1）顶出缸前进（$2Y^+$、$5Y^+$）

泵 1 卸载，泵 2 压力油经电磁换向阀 8 左位、单向节流阀 7 进入顶出缸左腔，推动顶出杆顶出制品，其运动速度由单向节流阀 7 调节，压力由溢流阀 4 为调定。

（2）顶出缸后退（$2Y^+$）

泵 2 的压力油经阀 8 常位使顶出缸后退。

7.3.3 注塑机液压系统的特点

1）因注射缸液压力直接作用在螺杆上，因此注射压力 p_Z 与注射缸的油压 p 的比值为 D^2/d^2，D 为注射缸活塞直径，d 为螺杆直径。为满足加工不同塑料对注射压力的要求，一般注射机都配备了三种不同直径的螺杆，在系统压力 $p=14\text{MPa}$ 时，获得注射压力为 $p_Z=40\sim150\text{MPa}$。

2）为保证足够的合模力，防止高压注射时模具“离缝”产生塑料溢边，该注射机采用了液压-机械增力合模机构。还可采用增压缸合模装置。

3）根据塑料注射成型工艺，模具的起闭过程和塑料注射的各阶段速度不一样，而且快慢速比可达 50～100。为此，该注塑机采用双泵供油系统，快速时双泵合流，慢速时泵 2（流量为 48L/min）供油，泵 1（流量 194L/min）卸载，系统功率利用比较合理。有时在多泵分级调速系统中还兼用差动或充液增速的方法。

4）系统所需多级压力，由多个并联的远程调压控制阀控制。如果采用电液比例压力阀来实现多极压力调节，加上电液比例流量阀调速，不仅可减少元件，降低了压力及速度变换过程中的冲击和噪声，还为实现计算机控制创造了条件。

5）注射机多执行元件的循环动作主要依靠行程开关按事先编制的顺序完成，这种方式灵活方便。

7.4 JS01 工业机械手液压系统

7.4.1 概述

机械手是模仿人的手部动作，按给定的程序实现自动抓取、搬运和操作的自动装置。它在高温、高压、多粉尘、易燃、易爆、放射性等恶劣环境中，以及笨重、单调、频繁的操作中能代替人进行作业，因此获得日益广泛的应用。

机械手一般由执行机构、驱动系统、控制系统与检测装置三大部分组成，智能机械手还具有感觉系统和智能系统。驱动系统多采用电、液、气联合驱动。

JS01 工业机械手是圆柱坐标式、全液压驱动机械手，具有手臂升降、伸缩、回转和手腕回转四个自由度。执行机构由手部伸缩、手腕伸缩、手臂伸缩、手臂升降、手臂回转和回转定位等机构组成，每一部分均由液压缸驱动与控制。它完成的动作循环为：插销定位→手臂前伸→手指张开→手指夹紧抓料→手臂上升→手臂缩回→手腕回转 180°→拔定位销→手臂回转 95°→插定位销→手臂前伸→手臂中停（此时主机的夹头下降夹料）→手指松开（此时主机夹头夹着料上升）→手指闭合→手臂缩回→手臂下降→手腕回转定位复位→拔定位销→手臂回转复位→泵卸载待料。

7.4.2 JS01 工业机械手液压系统的工作原理

JS01 工业机械手液压系统如图 7-4 所示。各执行机构的动作均由电控系统发出信号控制相应的电磁换向阀，按程序依次步进动作。电磁铁动作顺序如表 7-3 所示，其动作次序如下。

表 7-3 JS01 工业机械手液压系统电磁铁动作顺序表

动作顺序表	1Y	2Y	3Y	4Y	5Y	6Y	7Y	8Y	9Y	10Y	11Y	12Y	K26
插定位销	+											+	+
手臂前伸					+							+	+
手指张开	+								+			+	+
手指抓料	+											+	+
手臂上升			+									+	+
手臂缩回						+						+	+
手腕回转	+									+		+	+
插定位销	+												
手臂回转	+						+						
插定位销	+											+	− +
手臂前伸					+							+	+
手臂中停												+	+

（续）

动作顺序表	1Y	2Y	3Y	4Y	5Y	6Y	7Y	8Y	9Y	10Y	11Y	12Y	K26
手指张开	+								+			+	+
手指闭合	+											+	+
手臂缩回						+						+	+
手臂下降				+								+	+
手腕反转	+										+	+	+
拔定位销	+												
手臂反转	+							+					
待料卸载	+	+											

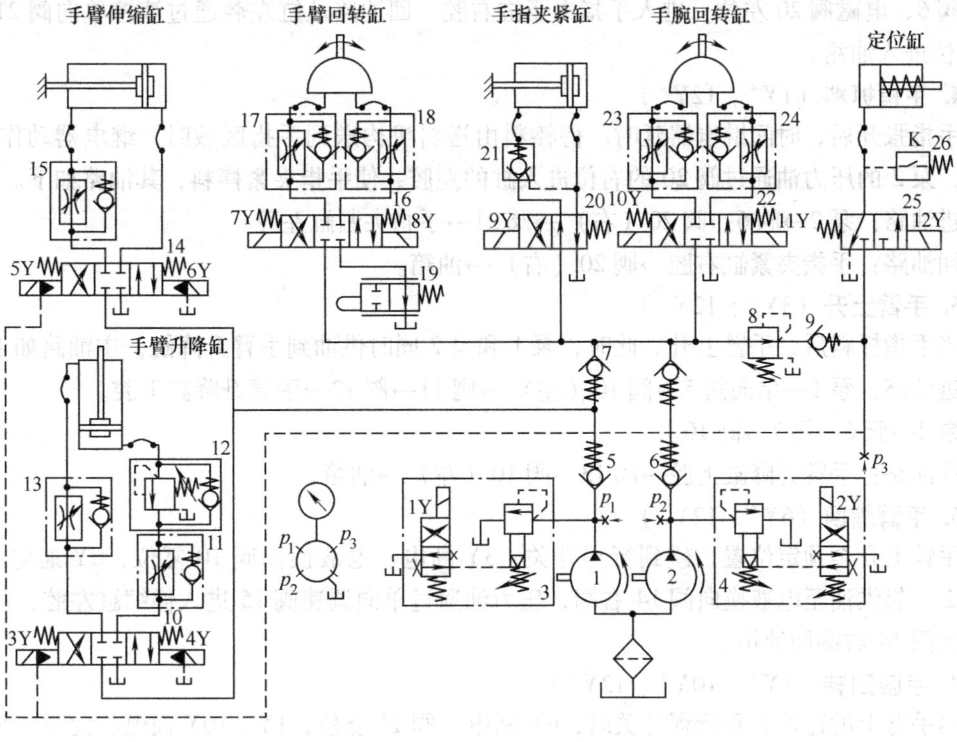

图 7-4　JS01 工业机械手液压系统图

1—大流量泵　2—小流量泵　3、4—溢流阀　5、6、7、9—单向阀　8—减压阀　10、14、16、22—电液换向阀
11、13、15、17、18、23、24—单向调速阀　12—单向顺序阀　19—行程节流阀　20、25—电磁换向阀
21—液控单向阀　26—压力继电器

1. 插销定位（$1Y^+$、$12Y^+$）

按下液压泵起动按钮后，双联叶片泵 1、2 同时供油，电磁铁 1Y、2Y 通电，油液经溢流阀 3 和 4 回油箱，机械手处于待料卸荷状态。

当棒料到达待上料位置，起动程序动作。电磁铁 1Y 通电，2Y 不通电，使泵 1 继续卸荷，而泵 2 停止卸荷，同时 12Y 通电。进油路为：泵 2→阀 6→减压阀 8→阀 9→阀 25（右）→定位缸左腔。

此时，插销定位以保证初始位置准确。注意，定位缸没有回油路，它是依靠弹簧复位的。

2. 手臂前伸（$5Y^+$、$12Y^+$）

插销定位后，此支路系统油压升高，使继电器 K26 动作，接通电磁铁 5Y，泵 1 和泵 2 输出的油液经相应的单向阀汇流到电液换向阀 14 左位，进入手臂伸缩缸右腔，油路如下。

进油路：泵 1→单向阀 5→阀 14（左）→手臂伸缩缸右腔。

泵 2→阀 6→阀 7→阀 14。

回油路：手臂伸缩缸左腔→单向调速阀 15→阀 14（左）→油箱。

3. 手指张开（$1Y^+$、$9Y^+$、$12Y^+$）

手臂前伸至适当位置，行程开关动作，电磁铁 1Y、9Y 带电，泵 1 卸载，泵 2 供油，经单向阀 6、电磁阀 20 左位，进入手指夹紧缸右腔。回油路从缸左腔通过液控单向阀 21 及阀 20 左位进入油箱。

4. 手指抓料（$1Y^+$、$12Y^+$）

手指张开后，时间继电器延时。待棒料由送料机构送到手指区域时，继电器动作使 9Y 断电，泵 2 的压力油通过阀 20 的右位进入缸的左腔，使手指夹紧棒料，其油路如下。

进油路：泵 2→阀 6→阀 20（右）→阀 21→手指夹紧缸左腔。

回油路：手指夹紧缸右腔→阀 20（右）→油箱。

5. 手臂上升（$3Y^+$、$12Y^+$）

当手指抓料后，手臂上升。此时，泵 1 和泵 2 同时供油到手臂升降缸，主油路如下。

进油路：泵 1→单向阀 5→阀 10（左）→阀 11→阀 12→手臂升降缸下腔。

泵 2→阀 6→阀 7→阀 10。

回油路：手臂升降缸上腔→阀 13→阀 10（左）→油箱。

6. 手臂缩回（$6Y^+$、$12Y^+$）

手臂上升至预定位置，碰到行程开关，3Y 断电，电液换向阀 10 复位，6Y 通电。泵 1 和泵 2 一起供油至电液换向阀 14 右端，压力油通过单向调速阀 15 进入伸缩缸左腔，而右腔油液经阀 14 右端回油箱。

7. 手腕回转（$1Y^+$、$10Y^+$、$12Y^+$）

当手臂上的碰块碰到行程开关时，6Y 断电，阀 14 复位，1Y、10Y 通电。此时，泵 2 单独供油至阀 22 左端，通过阀 24 进入手腕回转油缸，使手腕回转 180°。

8. 拔定位销（$1Y^+$）

当手腕上的碰块碰到行程开关时，10Y、12Y 断电，阀 22、25 复位，定位缸油液经阀 25 左端回油箱，在弹簧力作用下，拔定位销。

9. 手臂回转（$1Y^+$、$7Y^+$）

定缸支路无油压后，压力继电器 26 动作，接通 7Y。泵 2 的压力油→阀 6→换向阀 15 左端→单向调速阀 18→手臂回转缸，使手臂回转 95°。

10. 插定位销（$1Y^+$、$12Y^+$）

当手臂回转碰到行程开关时，7Y 断电，12Y 重新通电，重复步骤 1 插定位销。

11. 手臂前伸（$5Y^+$、$12Y^+$）

此时的动作顺序同步骤 7。

12. 手臂中停（$12Y^+$）

当手臂前伸碰行程开关后，5Y 断电，伸缩缸停止动作，确保手臂将棒料送到准确位置。"手臂中停"等待主机夹头夹紧棒料，夹头夹紧棒料后，时间继电器动作。

13. 手指张开（$1Y^+$、$9Y^+$、$12Y^+$）

接到继电器信号后，1Y、9Y 通电，手指张开（同步骤 3），并启动时间继电器延时，主机夹头移走棒料后，继电器动作。

14. 手指闭合（$1Y^+$、$12Y^+$）

接继电器信号，9Y 断电，手指闭合，油路动作同步骤 4。

15. 手臂缩回（$6Y^+$、$12Y^+$）

当手指闭合后，1Y 断电，使泵 1 和泵 2 一起供油，同时 6Y 通电，其动作顺序同步骤 6。

16. 手臂下降（$4Y^+$、$12Y^+$）

手臂缩回碰到行程开关，6Y 断电，4Y 得电。此时，电液换向阀 10 右端动作，压力油经阀 10 和单向调速阀 13 进入升降缸上腔，主油路如下。

进油路：泵 1→单向阀 5→阀 10（右）→阀 13→手臂升降缸上腔。

泵 2→阀 6→阀 7→阀 10。

回油路：手臂升降下腔→阀 12→阀 11→阀 10（右）→油箱。

17. 手腕反转（$1Y^+$、$11Y^+$、$12Y^+$）

当升降导套上的挡块碰到行程开关时，4Y 断电，1Y、11Y 通电。泵 2 供油至阀 22 右端，压力油通过单向调速阀 23 进入手腕回转缸的另一腔，并使手腕反转 180°。

18. 拔定位销（$1Y^+$）

手腕反转行程开关后，11Y、12Y 断电。动作顺序同步骤 8。

19. 手臂反转（$1Y^+$、$8Y^+$）

拔定位销，压力继电器发信号，8Y 通电，换向阀 16 切换至右位动作，压力油进入手臂回转缸的另一腔，手臂反转 95°，机械手复位。

20. 待料卸载（$1Y^+$、$2Y^+$）

手臂反转到位后，起动行程开关，8Y 断电，2Y 接通。此时，两液压泵同时卸荷。机械手的动作循环结束，等待下一个循环。

机械手的动作也可由计算机程序控制，与相关主机连为一体，其执行动作顺序和油路相同。

7.4.3 机械手液压系统的特点

1）系统采用了双联泵供油，额定压力为 6.3MPa，手臂升降及伸缩时由两个泵同时供油，流量为（35 + 18）L/min。手臂及手腕回转、手指松紧及定位缸工作时，只由小流量泵 2 供油，大流量泵 1 自动卸载。由于定位缸和控制油路所需压力较低，在定位缸支路上串联有减压阀 8，使之获得稳定的 1.5 ~ 1.8MPa 压力。

2）手臂的伸缩和升降采用单活塞杆双作用液压缸驱动。手臂的伸出和升降速度分别由单向调速阀 15、13 和 11 实现回油节流调速；手臂和手腕的回转由摆动液压缸驱动，其正反向运动也采用单向调速阀 17 和 18、23 和 24 回油节流调速。

3）执行机构的定位和缓冲是机械手工作平稳可靠的关键。从提高生产效率来说，希望机械手正常工作速度越快越好，但工作速度越高，起动和停止时的惯性力就越大，振动和冲击也越大，这不仅会影响到机械手的定位精度，严重时还会损伤到机件。因此为达到机械手的定位精度和运动平稳性的要求，一般在定位前要求采取缓冲措施。

该机械手手臂伸出、手腕回转由挡铁定位保证精度，端点到达前发信号切断油路，滑行缓冲，手臂缩回和手臂上升由行程开关适时发信号，提前切断油路滑行缓冲并定位。此外，手臂伸缩缸和升降缸采用了电液换向阀换向，调节换向时间，可增加缓冲效果。由于手臂的回转部分质量较大，转速较高，运动惯性矩较大，系统的手臂回转缸除采用单向调速阀回油节流调速外，还在回油路上安装有行程节流阀 19 进行缓冲，最后由定位缸插销定位，满足定位精度要求。

4）为使手指夹紧工件后不受系统压力波动的影响，保证牢固地夹紧工件，采用了液控单向阀 21 的锁定回路。

5）手臂伸降缸为立式液压缸，为支承平衡手臂运动部件自重，采用了单向顺序阀 12 的平衡回路。

7.5 液压系统设计要点

液压系统设计是设备整机设计的一部分，本节主要介绍其基本步骤。

7.5.1 确定对液压系统的要求

在开始设计液压系统之前，首先要求对机器的工作情况进行详细的分析，通常要考虑以下几个问题。

1. 确定哪些运动需要用液压传动来完成

制定设备总体方案过程中，究竟选用机械传动、电力传动还是液压传动，必须进行充分的调查研究。根据机器的工作对象、技术要求及工作环境等，将使用液压、机械和电力传动的各种方案从使用性能、生产条件和成本等方面进行比较，确定哪些运动需要用液压传动来完成。

2. 确定各运动阶段的工作顺序或自动工作循环

对于自动化程度不高的机器，根据液压驱动件的运动方式（移动、转动或摆动）及运动间的关系，确定各运动同时动作或依次动作的顺序；对于自动化程度高的机器，要确定它的自动工作循环顺序。对于工作循环较复杂的单个液压执行元件，或相互动作关系复杂的多个液压执行元件来说，应绘出其动作循环如图 7-5 所示，或整机的动作周期表，以表示各运动部件间的动作顺序、转换方式和联系。然后根据工作循环阶段中的行程 s 与时间 t 算出各阶段的速度，并绘出速度循环图，如图 7-6 所示，为选定系统方案、选择液压元件提供依据。

3. 确定液压系统的主要性能

根据上述运动分析绘制的速度循环图，确定液压执行部件的空行程速度、工作行程速度及调速范围。通过计算或试验，对工作部件进行动力分析，确定液压执行元件要求的最大进给力。对于某些设备，若负载变化较复杂，在条件许可时应绘出负载循环图，为确定液压执行元件的工作压力和拟定液压系统提供依据。液压系统的工作性能还包括工作平稳性、可靠性、转换精度、停留时间、冲击力等方面。

7.5.2 拟定液压系统原理图

拟定液压系统原理图，通常可以根据各个运动的要求首先选择和拟定各基本回路，然后将各个回路组成液压系统。

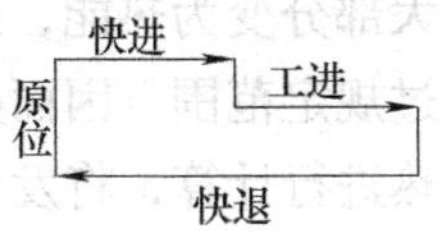

图7-5　组合机床动作循环图

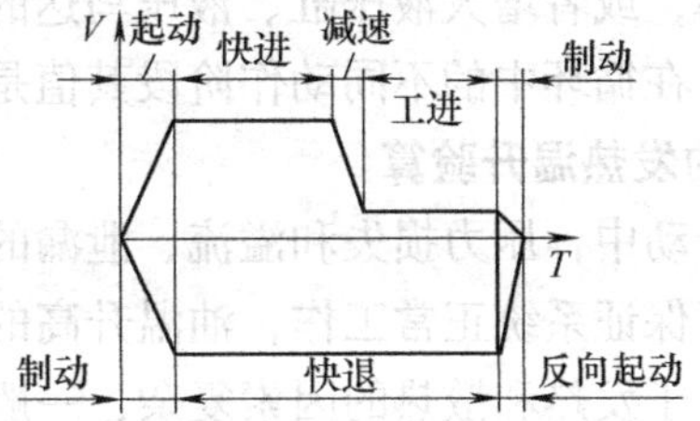

图7-6　组合机床速度循环图

1. 基本回路的选择

选择基本回路的依据是机器的工作情况对液压系统提出的运动、动力和性能要求。这一工作，常常会出现多种方案。为此，可参考同类型产品液压系统进行全面的分析和比较，从而明确调速方式、液流流向的控制方式，以及顺序动作控制方式等基本回路。

2. 液压系统的组成

液压基本回路选好之后，再配置辅助性回路或元件（如控制油路、润滑油路、过滤器、压力表及其测压点布置等），即可组成液压系统原理图。进行这步工作时，尚须注意以下几点。

1）组合成的液压系统应保证其循环中的每一个动作安全可靠，相互间没有干扰。

2）系统中各元件的安放位置应正确，以便充分发挥其工作性能。

3）去掉作用相同或相近的元件，力求系统结构简单。

4）组合成的系统应经济合理，尽量选用标准元件。

7.5.3　计算和选择液压元件

计算和选择液压元件大致包括下列内容。

1. 执行元件主要参数的计算

一般从计算工作载荷开始，再根据工作载荷和执行元件的运动速度计算液压缸的面积（或液压马达的排量）、所需要油液的压力和流量。

2. 液压泵主要参数的计算

计算液压泵的工作压力和流量，选择液压泵的规格，确定驱动电动机的功率。

3. 辅助元件的相关计算

根据流过各元件油液的压力和流量，选择阀类元件、确定管道尺寸和油箱容量。选择元件时应尽量选用标准元件，在有特殊要求时才自行设计专用元件。

7.5.4　对液压系统进行必要的验算

按照上述步骤，在初步确定了各个液压元件之后，为了判断液压系统工作性能的好坏，需要对整个液压系统的某些技术性能进行必要的验算。其验算内容如下。

1. 系统的压力损失验算

液压元件的规格和管道尺寸确定之后，便应估算回路中的压力损失，以便确定系统的供油压力。而系统压力损失的验算工作，往往要求先画出液压系统和元件的装配草图后才能进行。如果验算结果大于粗略计算时的估算值，应修改设计，要求另选液压泵型号和规格，增大电动机功率，或者增大液压缸、液压马达的结构尺寸，以降低系统工作压力。液压回路中的压力损失，在循环中的不同动作阶段其值是不同的，必须分开计算。

2. 系统的发热温升验算

在液压传动中，压力损失和溢流、泄漏的能量损失，绝大部分变为热能，致使系统的油温升高。为了保证系统正常工作，油温升高的允许值不应超过规定范围，因而必须验算发热和散热量。由于发热和散热的因素复杂，一般仅对油箱的散热进行计算，将发热和散热进行比较，以决定采取什么样的热平衡措施，如增大油箱容积，增设散热设施等。

3. 其他验算

对精度和平稳性要求较高的系统，还需要对液压冲击、换向性能等方面进行验算。

7.5.5 绘制正式工作图和编制技术文件

液压系统正式工作图一般包括的液压系统原理图、机械管路装配图和各种非标准液压元件的装配图和零件图。

正式的液压系统原理图就是在以前初步拟定的液压系统原理图上标明各液压元件的型号规格，必要时加上简要的说明。对于自动化程度较高的机器还应包括运动部件的动作循环图和电磁铁、压力继电器、行程开关的动作程序表，以便使读图者顺利理解系统的工作原理。

机械管路装配图是正式的安装施工图，它应按实际尺寸的比例绘出系统中所用的全部液压元件、辅件、电动机、油箱等的形状，各种元件在机器上的相对位置和固定方式，相互间连接的油管的规格和分布位置，各种管接头的形状和规格等。在设计管路装配图时应认真考虑系统各种元件的连接安装型式和系统的布置方式，尽量做到安装、使用、调整、检修方便，安全可靠，外形美观，占地面积小。

对于自行设计的非标准液压件，如液压缸、操纵板等，必须画出部件装配图和零件图。

技术文件编制一般包括零、部件目录表，标准件、通用件和外购件总表，试运转要求和技术说明等。

上面所列的液压系统的设计步骤只是一般的设计过程和内容。在实际的设计工作中，这些步骤并不是固定不变的，往往需要进行多次修改，才能完成液压系统的设计。

7.6 习题

1. 如图 7-1 所示的动力滑台液压系统由哪些基本回路所组成？该系统是如何实现差动连接的？采用行程开关进行快、慢速度的转换，有何特点？液控顺序阀 6 起什么作用？

2. 如图 7-3 所示的 SZ-250/160 型注塑机液压系统是如何实现多级压力控制的？系统中的行程阀 6、背压阀 16 各起什么作用？写出其动作循环 7 防流涎的主油路。

3. 如图 7-4 所示的 ZS01 工业机械手液压系统是如何实现手臂升降的调速？说明液控的单向阀 21、行程节流阀 19 的功用。动作循环 6 手臂缩回的油路是怎样的？

4. 图 7-7 为车床液压系统图及工作循环图，请分析此系统由哪些基本回路组成，并填写完整工作循环的电磁铁动作顺序表。通电用“+”表示，不通电用“-”表示。

5. 图 7-8 是压力机液压系统，可以实现“快进→工进→保压→快退→停止”的动作循环。试读解此系统图并完成以下问题。

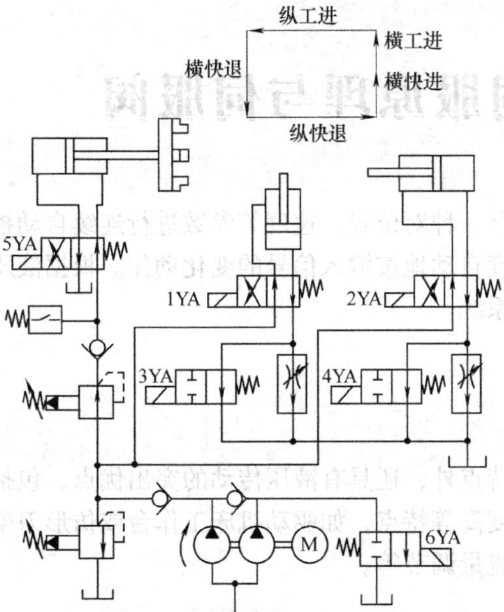

图 7-7　题 4 图

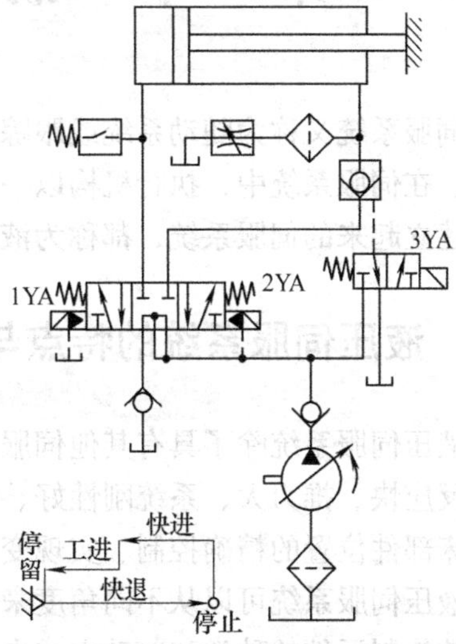

图 7-8　题 5 图

1）各元件的名称和功能。

2）系统由哪些基本液压回路组成。

3）各动作阶段的油路接通状态及电磁铁工作循环表。

6. 试写出如图 7-9 所示液压系统的工作循环表，标出各元件的名称并评述这个液压系统的特点。

7. 图 7-10 是一台专用铣床液压系统原理图。如果液压缸所需承担的工作负载为 40kN，各种摩擦负载为 5kN，工作循环图要求图中已绘出。请自己设定速比等其他参数，对此液压系统进行必要的设计计算。

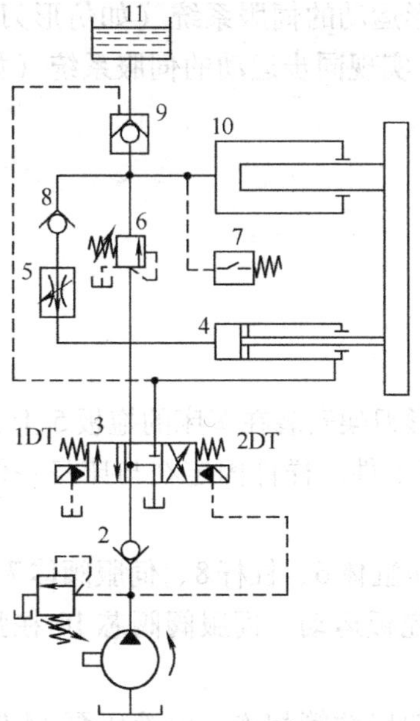

图 7-9　题 6 图

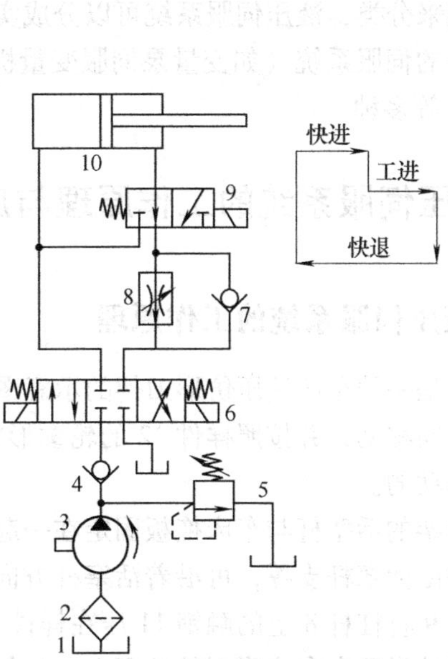

图 7-10　题 7 图

第8章　液压伺服原理与伺服阀

伺服系统又称为随动系统或跟踪系统，是一种对位置、速度等参数进行连续自动控制的系统。在伺服系统中，执行机构以一定的精度自动地按输入信号的变化动作。根据液压传动原理建立起来的伺服系统，都称为液压伺服系统。

8.1　液压伺服系统的特点与分类

液压伺服系统除了具有其他伺服系统的特点外，还具有液压传动的突出优点，包括惯性小、反应快、推力大、系统刚性好、伺服精度高等特点，如驱动机床工作台或仿形刀架、实现机床部件位置的精确控制、实现变量泵的流量调节等。

液压伺服系统可以从不同角度来分类。

按控制元件的种类和驱动方式来分类，液压伺服系统可以分成节流控制系统和容积控制系统两类。节流控制系统就是伺服阀控制系统，它又可分为伺服阀控制液压缸系统（简称阀控缸系统）和伺服阀控制液压马达系统（简称阀控马达系统）两种。容积控制系统又可分成伺服变量泵系统和伺服变量马达系统两种。

按控制信号的类别和回路的组成来分类，液压伺服系统可以分成机液伺服系统、电液伺服系统和气液伺服系统三类。

按控制的物理量来分类，液压伺服系统可分成位置控制系统、速度控制系统、加速度控制系统、力控制系统和其他物理量控制系统等多种。

按功用来分类，液压伺服系统可以分成实现仿形运动的伺服系统（如仿形刀架）、实现力放大功能的伺服系统（如变量泵伺服变量机构）、实现同步运动的伺服系统（如横梁同步伺服机构）等多种。

8.2　液压伺服系统的工作原理与应用

8.2.1　液压伺服系统的工作原理

图8-1是一种车床液压仿形刀架的示意图。仿形刀架安装在车床的拖板5上，随拖板一起沿水平方向移动，并按照样件12的轮廓形状车削工件。样件固定在与床身一体的样件支架上，是不动的。

仿形刀架的活塞杆与车床拖板固定在一起，液压缸体6、杠杆8、伺服阀体7是和刀台3连成一体并由活塞杆支撑，可沿着活塞杆方向相对拖板运动。伺服阀阀芯10在弹簧力作用下通过阀杆9将杠杆8上的触销11压在样件12上。

液压泵站设置在车床附近的地面上，与仿形刀架以软管相连。由液压泵14输出的油液经过滤器13通入伺服阀a口，并根据阀芯所在的的位置经b或c口通入液压缸的上腔或下腔，使刀台3和车刀2离开或切入工件1。当杆件8上的触销还没有碰到样件12时，伺服阀阀芯10在弹簧力作用下处于最下端的位置；液压泵14输出的油液通过伺服阀的c口进入液压缸的下腔，液压缸上腔的油液则经伺服阀的b口流回油箱，仿形刀架快速向左下方移动，接近工件。当杠杆8的触销11触到样件时，随着刀架继续向左下方运动，使杠杆绕触销尖摆动；阀杆9和阀芯10相对阀体7向左上方移动，直到a口和c口间的通道被切断，液压缸下腔不再进入压力油，刀台不再继续向左下方运动时为止。这样就完成了刀台快速接近工件的运动。由此可知，刀台有相对工件径向的运动分量。

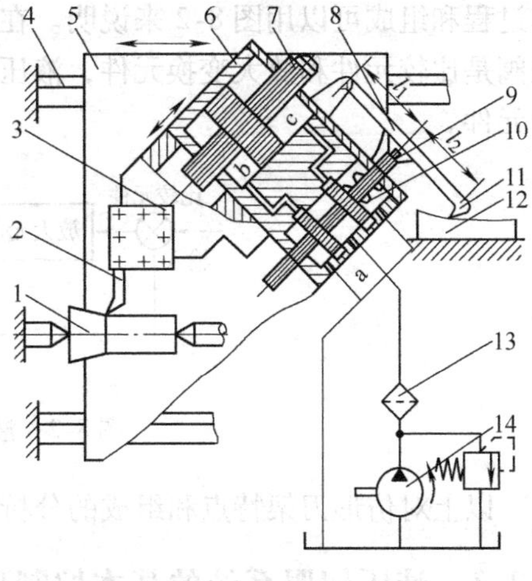

图8-1　液压仿形刀架

1—工件　2—车刀　3—刀台　4—导轨　5—拖板　6—缸体　7—伺服阀体　8—杠杆　9—阀杆　10—阀芯　11—触销　12—样件　13—过滤器　14—液压泵

在车削圆柱面的阶段，拖板5沿着导轨4作水平方向移动，使杠杆的触销沿着样件的圆柱表面滑动，伺服阀口不打开，没有油液进入液压缸，整个仿形刀架跟随拖板一起水平移动，从而在工件上车出圆柱表面。

当杠杆触销碰到样件12上的凸肩、凹槽、斜面或成形表面时，触销尖使杠杆以铰链点为支点摆动，给阀芯一个向左上方或左下方的位移输入，对应阀口接通，刀台就相应地向左上方或左下方移动。刀架在这个移动过程中又给了杠杆以触销尖为支点的反方向摆动，使对应阀口逐渐关小，直到阀芯恢复到两边的阀口都关闭为止。触销不断得到位移输入，刀架也不断改变位置，使刀架的运动完全跟踪触销，在工件上加工出相应的形状。

仿形加工结束时，通过电磁阀（图中没有画出）使阀芯移动到最上端的位置，这时伺服a口和b口接通，液压泵输来的油液大量进入液压缸上腔，液压缸下腔的油通过伺服阀的c口流回油箱，仿形刀架快速向左上方运动到终点，等待下一次仿形。

车床仿形加工的调整比较简单，加工一批零件时，可先用普通方法做出样件，然后用这个样件复制出一批零件。这种方法适合在中、小批量生产中使用。

8.2.2　液压伺服系统的特点及组成

从上节车床液压仿形刀架的例子中可以看出：仿形刀架（液压缸）的位置完全跟踪触销的位置（输入）而动作。推动触销的力很小，但仿形刀架液压缸克服的阻力、完成切削加工所输出的力则很大，输出的能量是由液压泵提供的。仿形刀架系统触销位移经杠杆使阀口打开、刀架移动，而刀架运动的结果又经过杠杆使阀口关小，抵消产生运动的信号，可见它是一个由负反馈构成的闭环系统。没有这个负反馈，仿形刀架是无法工作的。

仿形刀架又是一个误差系统，要使液压缸克服阻力并以一定的速度运动，伺服阀必须有一定的开口，所以刀架的位置（输出）必须落后于触销的位置（输入），即输出和输入之间必须有误差。液压缸运动的结果是力图减小这个误差，但任何时刻也不可能完全消除这个误差，没有误差就不可能使仿形刀架工作。

总之，仿形刀架的工作是建立在节流、误差、反馈和放大四个环节上的。仿形刀架的工作过程和组成可以用图8-2来说明。在这里，触销的位移是输入，液压缸的位移是输出，伺服阀是比较元件和放大变换元件，液压缸是执行元件，刀架是控制对象，而杠杆则是检测反馈元件。

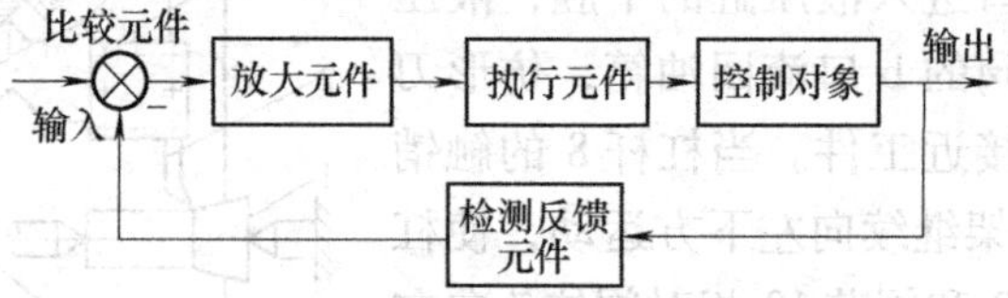

图8-2　液压仿形刀架的结构流程图

以上对仿形刀架特点和组成的分析，也适用于其他液压伺服系统。

8.2.3　液压伺服系统的基本控制形式

下面对机床上使用的伺服系统，按控制元件和驱动方式分类进行简单介绍。阀控缸式液压伺服系统按液压伺服阀结构形式的不同，有如下类别。

1. 使用滑阀式液压伺服阀的系统

滑阀式液压伺服系统的工作原理前面已经进行了介绍。根据滑阀上的控制边数（即起控制作用的阀口数）的不同，这种系统又分为单边滑阀控制式、双边滑阀控制式和四边滑阀控制式三种，如图8-3所示。

单边式、双边式、四边式液压伺服阀的控制作用是相同的。单边式、双边式用于控制差动连接的液压缸，四边式既可用来控制差动连接的液压缸，也可用来控制非差动连接的液压缸。从控制质量上看，控制边数越多越好，但从结构工艺上看，控制边数越少越容易制造。一般来说，四边式控制用于精度和稳定性要求较高的系统，单边式、双边式控制用于一般精度要求的系统。滑阀式伺服阀的装配精度要求较高，价格也较贵，对油液的污染也较敏感。

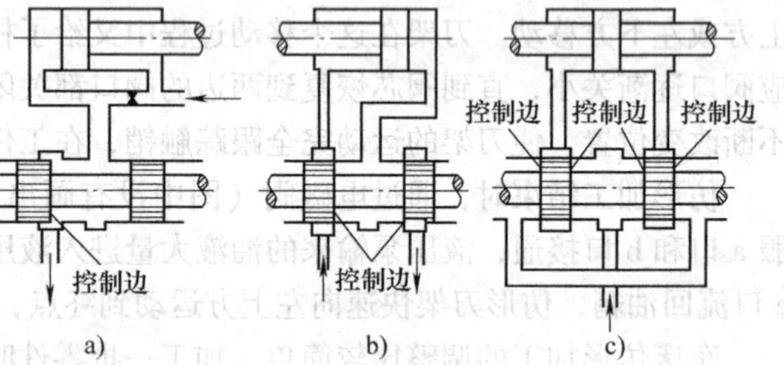

图8-3　滑阀式伺服系统

a）单边式　b）双边式　c）四边式

2. 使用射流管式液压伺服阀的系统

如图8-4所示，系统由射流管3、接受板2和液压缸1组成。射流管可绕垂直于图的轴线向左右摆动一个不大的角度。接受板上有两个并列的孔道a和b，并把射流管端部锥形喷嘴中射出的油液分别通向液压缸的左右两腔，使之产生向左或向右的运动。当射流管处于两个接受孔的中间对称位置时，两个接受孔内油液的压力相等，液压缸不动。如果有输入信号作用在射流管上，例如，使它向左偏转一个很小的角度时，两个接受孔内的压力就不相等了，这时液压缸左腔的压力就会大于右腔的压力，液压缸便向着射流管偏转的方向（这时是向左）移动，直到跟随液压缸移动的接受板到达射流管又处于两孔道的中间位置时为止。

由此可见，在这种伺服系统中，液压缸的运动方向取决于输入信号的方向，运动速度的大小取决于输入信号的大小。

射流管式液压伺服系统的优点是结构简单、元件加工精度低、射流管出口处面积大、抗污染能力强、射流管上没有不平衡的径向力、不会产生“卡紧”现象；它的缺点是射流管运动部分惯量较大、工作性能较差、射流能量损失大、零位处无用功损耗大、效率较低、供油压力高时容易引起振动，此外沿射流管轴线有较大的轴向力。因此，这种伺服系统只适用于低压、功率较小的场合，如某些液压仿形机床的伺服系统中。

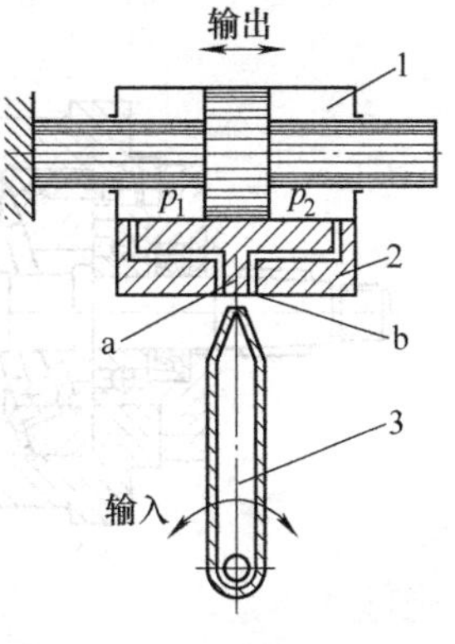

图 8-4 射流管式伺服系统

1—液压缸 2—接受板 3—射流管

3. 使用喷嘴挡板式液压伺服阀的系统

这种伺服系统的工作原理如图 8-5 所示。它由喷嘴 1、挡板 2、管板 3 和液压缸 4 组成。喷嘴内有一固定节流孔 a 和一中间油室 b，从液压泵来的压力油 p_p 一部分直接进入液压缸有杆腔，另一部分经喷嘴挡板间的间隙 δ 流回油箱。挡板位置由输入信号控制，当它的位置改变时（即 δ 发生变化时），喷嘴挡板间的节流阻力发生变化，中间油室中的压力 p_1 也发生变化，液压缸就发生相应的运动。

上述的结构是一种采用单喷嘴挡板式液压伺服阀的系统。此外还有双喷嘴挡板式液压伺服阀，如图 8-9 所示，其工作原理与单喷嘴挡板式相同。

喷嘴挡板式液压伺服系统的优点是结构简单、运动部分惯量小、位移小、反应快、精度和灵敏度高、加工的要求不高、没有径向不平衡力、不会发生“卡住”现象，因而工作较可靠；缺点是无功损耗大、喷嘴挡板间距离很小时抗污染能力差，适合在多级放大伺服系统中作为前置级。

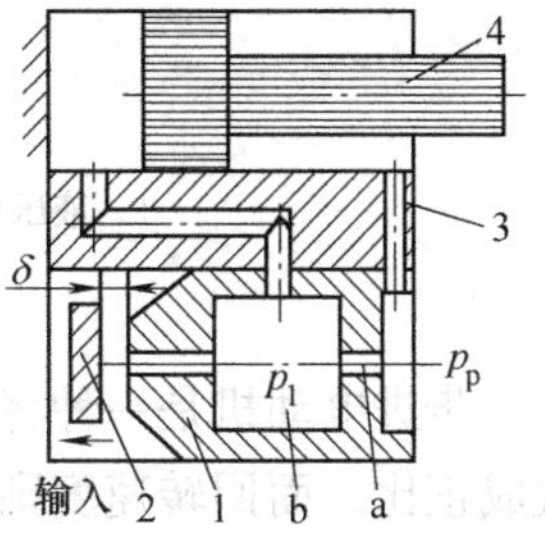

图 8-5 喷嘴挡板式伺服系统

1—喷嘴 2—挡板

3—管板 4—液压缸

4. 使用阀控马达的液压伺服系统

如图 8-6 所示，采用阀控马达的液压伺服系统由回转式控制阀芯 4、阀套 3、联轴节 2 和液压马达 1 组成。当阀芯得到一个输入信号顺时针转过角度 θ 时，阀芯和阀套间的阀口打开，压力油经阀口 d 和 h 沿图中箭头方向进入液压马达的一腔，液压马达另一腔的油液通过阀口 b 和 f 与回油接通，于是液压马达的输出轴也顺时针转动。由于阀套 3 通过联轴节 2 与液压马达 1 的输出轴相连，故两者一起转动。阀套在转过角度 θ 后把阀口 b、d、f、h 关闭，液压马达停止转动。由此可见，液压马达是跟随控制阀芯运动的，前者运动速度的大小和运动方向都是由后者决定的。在这种液压伺服系统中，用比较小的转矩控制阀芯就可以在液压马达的输出轴上得到很大的输出转矩，起到放大转矩的作用，所以一般称为液压转矩放大器。

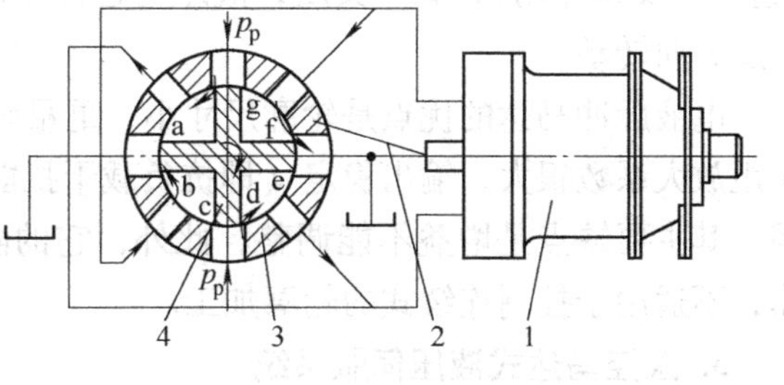

图 8-6 液压转矩放大器

应用于机床上的液压转矩放大器最常见的是电液步进马达，或电液脉冲马达。

这是一个由液压转矩放大器和步进电动机组成的独立部件，广泛应用在开环数字程序控制机床上，图 8-7 是它的一种结构。

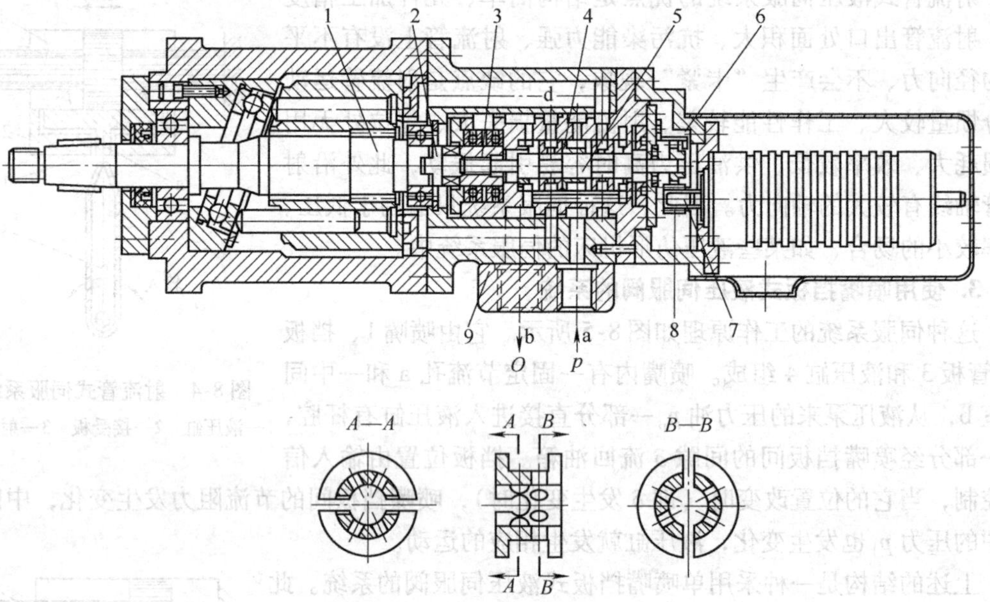

图 8-7　电液脉冲马达结构图

1—液压马达输出轴　2—十字联轴器　3—螺母　4—阀套　5—控制阀芯
6、8—齿轮　7—步进电机输出轴　9—壳体

步进电动机是一种将电脉冲信号转变为角位移的特殊电磁机械，其角位移量与输入脉冲数成正比，而回转速度则与输入脉冲的频率成正比。改变步进电动机内绕组的通电次序可以改变步进电动机的回转方向。步进电动机每接受一个脉冲可以转过 1.2°或 1.5°。当步进电动机接受脉冲信号转过一个角度时，齿轮 8 和 6 带动阀芯 5 回转。由于阀芯 5 左端的螺纹与螺母 3 啮合，而后者又装在两个推力轴承内，只能跟着液压马达转动不能轴向移动，因此阀芯 5 在相对于螺母回转的同时产生了轴向移动，使它和阀套 4 之间的阀口打开，压力油 P_p 经孔口 a，通过相应的阀口 c 或 d（视阀芯 5 移动的方向而定）进入液压马达，另一腔的油则经相应的通道和阀口由孔口 b 回油，于是液压马达就随动回转，其回转方向与阀芯回转方向一致。由于液压马达的输出轴是通过联轴节 2 和螺母 3 相连的，所以螺母 3 也跟着液压马达一起回转。当它转过一个与阀芯相同的角度时，阀芯被反方向移动回原来的中间位置（这就是反馈作用），阀口关闭，液压马达停止转动。步进电动机反方向转动时，液压马达也反方向转动。

电液脉冲马达的优点是轮廓尺寸小、重量轻、惯性小，可在脉冲频率高的情况下工作，转矩放大系数很大，输出稳定（即抗负载干扰能力强）。这是它广泛使用于数控机床上的原因。其主要缺点是增益不能调整，此外，它的随动误差较大，只适用于控制断续的定位工作，不适用于控制连续式的轮廓加工。

5. 泵控马达式液压伺服系统

泵控马达式液压伺服系统的工作原理如图 8-8 所示，它实际上是用一个伺服阀控制主液压泵变量机构的容积调速系统。在这里，构成容积调速基础的是变量泵3和定量马达4。液压泵1和溢流阀9构成控制油路的液压源，通过伺服阀控制主液压泵3的变量机构。而液压泵2、单向阀5、6和溢流阀10组成辅助供油油路，单向阀5、6和安全阀11则起保护作用。

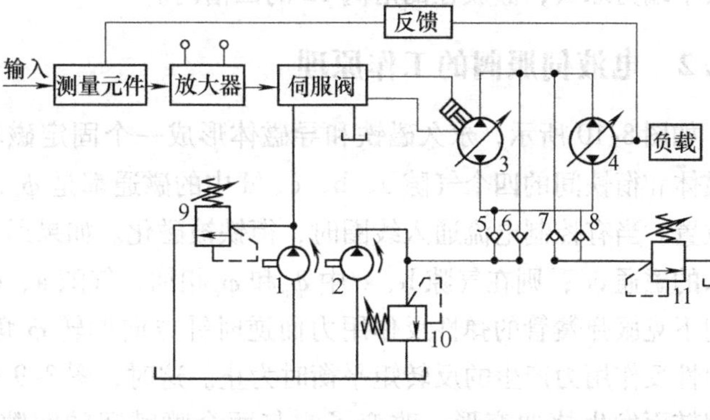

图8-8 泵控式液压伺服系统

1、2—液压泵 3—变量泵 4—定量马达 5、6、7、8—单向阀 9、10—溢流阀 11—安全阀

外来的输入信号和从负载传递来的反馈信号在测量元件内经过比较后，将误差信号输入到放大器中放大，放大后的信号输入伺服阀，使伺服阀阀芯移动，打开阀口，液压泵1的压力油通过伺服阀进入主液压泵3的变量机构，控制泵3的输油量。液压泵3的压力油使液压马达带着负载转动，液压马达的转动又经过反馈机构发出的反馈信号输送回去和输入信号进行比较。液压马达的回转方向取决于输入信号的方向，转速大小取决于输入信号的大小。

由于泵控马达式液压伺服系统的供油压力和流量都与负载严格匹配，因而效率较高，但体积庞大、响应较慢，因此适用于大功率、反应快速性要求不高的场合使用。

从这个伺服系统的例子中可以看到，泵控伺服系统中依然包含着阀控伺服系统，但伺服阀控制的不是执行元件的液压缸，而是泵上变量机构的液压马达。由此可见，阀控式伺服系统是液压伺服系统中最基本的形式。

8.3 电液伺服阀

在伺服系统中，如果用电信号作为控制信号，则信号传递快、线路连接方便，适于远距离控制，易于测量比较和校正；以液压能为动力，输出力大、惯性小、反应快；因此两者结合而成的电液伺服系统是一种控制灵活、精度高、快速性好、输出功率大的系统。这种系统一定要有一个将电气信号转换为液压信号的转换装置或接口元件，此元件就是电液伺服阀。

8.3.1 电液伺服阀的结构

20世纪40年代，航空工业中出现了一种以小电气信号控制系统内液流压力或流量的伺服元件，叫做电液伺服阀。这是为满足伺服系统的快速响应和精密控制而创造出来的。这种元件在20世纪50年代因采用了快速响应的永磁力矩马达而更加完善。现在，这种液压元件已自成一个种类，有着各种形式的结构，并已标准化，得到了广泛的应用，主要用来进行位置控制、速度控制、加速度控制、力控制、压力控制、同步控制等方面。

图8-9是一种电液伺服阀的结构，这是由电磁部分和液压部分组成的。电磁部分包括一对磁铁4，导磁体2、3，衔铁5，线圈1和弹簧管6等组件；液压部分包括两个喷嘴7、8，挡板9，滑阀12等组件。衔铁5与挡板9连接在一起，由固定在阀座上的弹簧管6支承着，

挡板下端为球头，嵌放在的滑阀 12 的凹槽内。

8.3.2 电液伺服阀的工作原理

如图 8-10 所示，永久磁铁和导磁体形成一个固定磁场。当线圈 1 中没有电流通过时，导磁体和衔铁间的四个气隙 a、b、c、d 中的磁通都是 ϕ_g，且方向相同，因此，衔铁处于中间位置。当有控制电流通入线圈时，衔铁被磁化。如果通入电流的方向使衔铁产生如图8-10所示的磁通 ϕ_c，则在气隙 b、c 中 ϕ_g和 ϕ_c相加，气隙 a、d 中则相减，于是衔铁就在磁力的作用下克服弹簧管的弹性反作用力而逆时针方向偏转 ϕ 角，也就是偏转到磁力产生的转矩与弹性反作用力产生的反转矩平衡时为止。这时，图 8-9 中的滑阀尚未移动，挡板 9 因随衔铁偏转而发生挠曲变形，改变了它与两个喷嘴间的间隙，右面的间隙减小，左面的间隙增大。

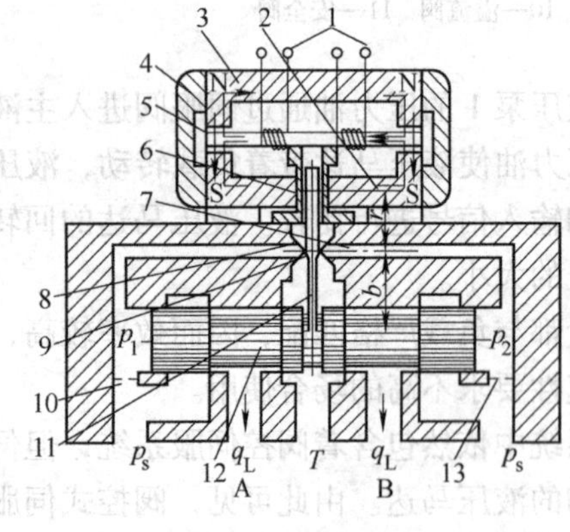

图 8-9　电液伺服阀

1—线圈　2、3—导磁体　4—磁铁　5—衔铁　6—弹簧管　7、8—喷嘴　9—挡板　10、13—节流孔　11—球头　12—滑阀

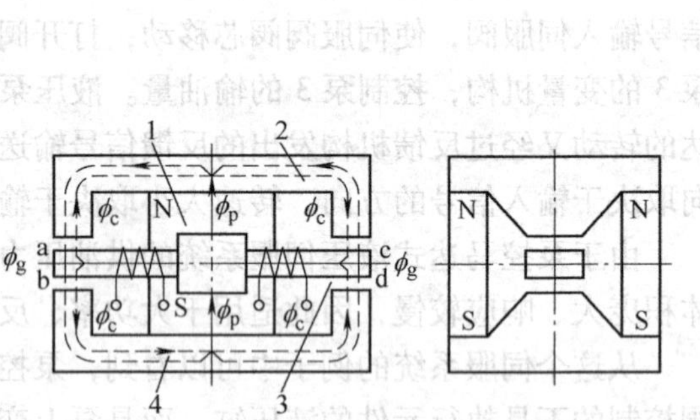

图 8-10　力矩马达

1—永久磁铁　2、4—导磁体　3—衔铁

通入伺服阀的压力油一路通向滑阀，并从它的左边或右边的出口处输出（视滑阀开口情况而定），另一路经两个对称的节流孔 10、13 和左右喷嘴 7、8 流出，通向回油。当挡板与左、右喷嘴间的间隙相等时，喷嘴后侧（也就是滑阀两端）的压力 p_1、p_2 相等，滑阀处于中间平衡位置。当挡板挠曲变形，出现上述的右侧间隙减小。左侧间隙增大的情况时，喷嘴后侧的压力 p_2 增大，p_1 减小，使滑阀向左移动一段距离，压力油就由阀上左边的出口输出，右边和出口则通向回油。滑阀左移时，挡板下端球头跟着移动，在衔铁挡板组件上产生了一个顺时针方向的转矩，这个转矩试图使衔铁顺时针方向偏转，并使挡板在两喷嘴间的偏移量减少。当滑阀上的液压作用力和挡板下端因移动而产生的弹性反作用力达到平衡时，滑阀便不再移动，并一直保持在这一开度上。

通入线圈 1 的控制电流越大，衔铁的偏转角与挡板的挠曲变形越大，使滑阀两端的压差和滑阀的偏移量越大、伺服阀输出的流量也就越大。由于滑阀的位移、喷嘴和挡板的间隙、衔铁的转角都和电流成正比，因此这种阀的输出流量也和输入电流成正比。输入电流反向时，输出的液流也反向。

综上所述，电液伺服阀中电磁部分的作用是把输入电流转变成转矩，使衔铁偏转，所以把它叫做力矩马达。图 8-9 中的力矩马达是干式的，因为在这里弹簧管 6 把电磁部分和液压部分分隔开了。也有一些电液伺服阀的力矩马达是放在油液中的，这就是“湿式”力矩马达，油液中的细尘对它的工作性能有一定的影响。

液压部分的喷嘴挡板装置使微小的电信号有可能借助挡板间隙的改变来使阀移动，这是一个液压放大器。滑阀在移动后接通传递力的主回路，因而也是一个液压放大器。前者称为第一放大级或前置放大级，后者称为第二放大级或功率放大级。电液伺服阀按其放大级数的多少和每级具体结构的不同又有多种形式。图 8-9 是由喷嘴挡板和滑阀组成的两级放大器，它是电液伺服阀中最普通的形式之一。这种伺服阀由于其输出流量与输入流量成正比而称为流量控制阀。除此以外，电液伺服阀还有压力控制阀、压力流量控制阀等多种形式。

8.4 习题

1. 在图 8-1 中，仿形速度加快一倍对刀架性能有何影响？外负载加大一倍对性能又有何影响？
2. 电液伺服控制系统与电液比例控制系统的异同点有哪些？各适用于何种场合？

第 9 章　液压系统的运用

液压系统的最终工作效果如何，与设计、制造、安装、调试、使用和维护等环节有直接的关系。如果能科学、正确、合理地完成上述环节，液压系统就能充分发挥其效能，产生预定的效果。

9.1　液压系统的安装调试与维护

任何一个设计合理的液压系统，如果安装调试不正确或使用维护不当，都会出现各种故障，不能长期发挥并保持其良好的工作性能。因此，在安装调试及使用中，必须熟悉液压系统的工作原理与所有液压元件的工作原理、功能和结构。在此基础上才能依据相应的技术规范，结合具体使用场合，制定出使用维护细则。

9.1.1　液压系统的安装

液压系统由各种液压元件和辅件组成，它们分布在设备各部位。液压系统安装是否安全可靠、合理和整齐，对工作性能有很大的影响，因此，必须认真做好各项工作。

1. 安装前的注意事项

在液压系统安装之前，首先应熟悉有关技术资料，如液压系统图、系统管道连接图、电气原理图及液压元件使用说明书等，按图样准备好所需的液压元件、辅件，并应认真检查其质量和规格是否符合图样要求和完好，有缺陷应及时更换。

同时还要准备好所需的通用工具和专用工具。在安装前，对装入主机的元件和辅件必须经过严格清洗去除对工作液有害的防锈剂和一切污物。液压元件和管道各油口所有的堵头、塑料塞子、管道等应随着工程的进展逐步拆除，而不要先行卸掉，防止污物从油口进入元件内部。

2. 液压元件和管道安装

（1）液压元件安装

1）液压泵和液压马达的安装。液压泵、液压马达与电动机、工作机构间的同轴度偏差应在 0.1mm 以内，轴线间倾角不大于 1°。避免敲击泵轴和马达轴，以免损伤轴承和转子。同时泵与马达的旋转方向与进出油口方向不得接反。

2）液压缸的安装。安装时，先要检查活塞杆是否弯曲，要保证活塞杆的轴线与运动部件导轨平行度的要求。

3）各种阀类元件的安装。以板式阀为例，方向阀一般应保持轴线水平安装，各油口的位置不能接反或接错，各油口处的密封圈在安装后应有一定的压缩量以防泄漏，固定镙钉应对角逐次均匀拧紧，最后使元件的安装平面与底板全部接触。

4）其他辅件的安装。辅助元件安装的好坏也会严重影响正常工作，不容有丝毫的马虎。应严格按设计要求的位置安装辅件，并注意整齐美观。在符合设计要求的情况下，尽量考虑使用、维护和调整的方便，如蓄能器应安装在易用气瓶充气的地方，过滤器应安装在易于拆卸、检查的位置。

（2）管路的安装

管路的安装质量影响到漏油、漏气、振动和噪声，以及压力损失的大小，所以应按设计要求安装。

全部管路应分成两次安装，即预安装→耐压测试→安装拆散→酸洗→正式安装→循环冲洗→组成系统。

要先准确下料和弯制，进行配管试装。合适后将油管拆下，用温度为50℃左右的10%～20%的稀盐酸溶液酸洗30～40min，取出后再用40℃左右的苏打水中和，最后用温水清洗、干燥，转入正式安装。要注意，油管长度要适宜，管道尽可能短，避免急拐弯，拐弯的位置越少越好。平行及交叉的管道间距至少在10mm以上；吸油管宜短粗些，回油管尽量远离吸油管并应插入油箱液面之下，可防止回油飞溅而产生的气泡很快被吸入泵内。回油管管口应切成45°斜面并朝向箱壁以扩大散热面积，改善回油状态并防止空气反灌进入系统内。溢流阀的回油为热油，应远离吸油管，这样可避免热油未经冷却又被吸入系统造成油温过高。

9.1.2 液压系统的调试

新设备安装完毕或经过修理后，必须对液压设备按有关标准进行调试。

1. 调试前的准备工作

（1）做好技术准备，熟悉被调试的设备

先仔细阅读设备使用说明书，全面了解被调试设备的用途、技术性能、结构、使用要求、操作方法和试车注意事项等。看懂液压系统图，弄清液压系统各元件在设备上的实际位置、作用、性能、结构原理及调试的方法。还要分析液压系统整个动作循环的步骤，对可能发生的错误有应变的措施。在上述技术准备的基础上确定调试内容、步骤及调试方法。

（2）调试前的检查

调试前应做好必要的检查。检查管路连接和电气线路是否正确、牢固、可靠；泵和电动机的转数、转向是否正确；油箱中油液牌号及液面高度是否符合要求；各控制手柄是否在关闭或卸荷位置，各行程挡块是否紧固在合适位置。旋松溢流阀手柄，适当拧紧安全阀手柄，使溢流阀调至最低工作压力，流量阀调至规定值。待各处按试车要求调整好后，方可进行试车。

2. 调试

（1）空载试车

空载试车主要是全面检查液压系统各回路，各个液压元件及辅助装置的工作是否正常，工作循环或各种动作的自动转换是否符合要求。

1）起动液压泵。先向液压泵内灌油，然后起动电动机，使泵旋转一两转，观察泵的转向是否正确、运转情况是否正常、有无异常噪声等。一般运转开始要点动三、五次，每次点动时间可逐渐延长，直到使液压泵在额定转速下运转。

2）液压缸排气。按压相应的按钮，使液压缸来回运动。若液压缸不动，可逐渐旋紧溢流阀，使液压压力增加到液压缸能实现全程往复运动，往返数次将系统中的空气排掉。对低速性能要求比较高的液压系统要特别注意排气操作，因为在缸内混有空气后，会影响其运动平稳性，引起工作台在低速运动时的爬行，同时会影响机床的换向精度。

3）控制阀的调整。各压力阀应按其实际位置，从溢流阀开始依次调整。将溢流阀逐渐调到规定的压力值，使泵在工作状态下去检查溢流阀在调节过程中有无其他异常声响、压力是否稳定，并要检查系统各管道接头、元件结合面处有无漏油。其他压力阀可根据工作需要进行调整。压力调定后，应将压力阀的调整螺杆锁紧。

为使执行元件在空载条件下按设计的要求动作，需要操作相应的控制阀，使执行元件在空载下按预定的顺序动作，检查它们的动作是否正确，起动、换向、速度及速度变换是否平稳，有无爬行、冲击现象。

在各项调试完毕后，应在空载条件下动作2h，然后再检查液压系统工作是否正常。一切正常后，方可进入负载试车。

（2）负载试车

负载试车时，一般先在低于最大负载和速度的条件下试车，以进一步检查系统的运行质量和存在的问题。若试车一切正常后，才可逐渐将压力阀和流量阀调到规定值，进行最大负载试车。检查功率、发热、噪声、振动、高速冲击、低速爬行等方面的情况，检查各部分的漏油情况。若系统工作正常，便可正式投入使用。

9.1.3 液压系统的使用与维护

为保证液压系统处于良好的状态，延长使用寿命，应合理使用并进行日常检查和维护。

1. 使用过程的注意事项

1）使用前必须熟悉液压设备的操作要领，对各液压元件所控制的相应执行元件与调节旋钮的转向和压力、流量变化的关系等要弄清楚，防止调节错误造成事故。

2）要注意温度变化。低温下，油温应达20℃以上才允许使用；油温高于60℃时应注意工作情况，异常升温时，应停车检查。

3）停车4h以上的设备应先使液压泵空载运行5min，然后再起动执行机构工作。

4）保持液压油清洁，加油时要过滤，液压油要定期检查和更换。过滤器的滤芯应定期清洗或更换。

5）各种液压元件不能私自拆换或调节。液压系统出现故障时，不能随意拆卸，应由专门的维修人员分析原因并排除故障。

2. 设备的维护

设备的维护分为日常维护、定期维护和综合维护。

（1）日常维护

日常维护是指液压设备的操作人员每天在设备使用前、使用中以及使用后对设备的例行检查，主要检查油箱内的油量、油温、油质、噪声、振动、漏油及调节压力等情况。一旦出现异常现象应检查原因及时排除，避免一些重大事故的发生。

（2）定期维护

定期维护的内容包括：按定期检查的内容检查，如对油液的检查化验；对各种液压元器件的检查；对过滤器的拆卸清洗；对液压系统的性能检查，以及对规定必须定期维护的部件进行认真保养。定期检查一般分为3个月或半年两种。

(3) 综合维护

综合维护大约1~2年进行一次，检查的内容和范围力求广泛，尽量进行彻底而全面的检查，应对所有的液压元件进行解体，根据解体后发现的情况和问题进行修理或更换。

9.2 液压系统的故障分析和排除

在液压设备使用过程中，液压系统可能出现的故障多种多样。这些故障有的是由单一元件失灵引起的，有的是由多个元件失调引起。即使是同一种故障，产生的原因也不一样，特别是液压与机械、电气等结合的设备。一旦出现故障，必须对引起故障的因素逐一分析，注意其内在联系，找出主要矛盾，才能解决问题。由于液压系统中的一些元件出现故障后不易直接从外部观察到，测量时又不如电气系统方便，所以查找故障原因时需花时间认真分析，必要时还要进行一些测试。故障排除的技术要求较高，在排除故障时要注意避免次生故障。同时应加强日常维护和管理，出现问题和故障苗头要及时解决。

9.2.1 故障诊断的步骤

液压系统故障出现时，一般都以一定的表现形式显露出来，因此诊断故障应从故障现象入手，然后根据工作原理分析故障原因，最后确定排除故障的方法。

1. 故障调查

处理故障前要深入现场，全面了解设备出现故障前后的工作状况和异常现象、确定产生故障的部位，要查阅设备技术档案，了解过去有否发生过类似情况及其处理方法。把调查到的一手资料记录下来。

2. 故障原因

一般情况下导致故障的原因有下述几个方面。

1）人为因素，包括操作使用及维护人员的素质、技术水平、管理水平及工作态度，是否违章操作，保养状况等。人为因素是造成设备故障的一个方面。

2）液压设备及元器件本身的质量问题。原设计的合理程度、原生产产家加工安装调试质量好坏、用户调试保养状况等是造成设备故障的另一原因。

3）故障机理的分析，如使用时间长、磨损、润滑密封性能、材质性能及失效形式、液压油老化污染变质等方面。

3. 故障的排除和修理

从故障现象入手，查明故障原因是排除故障最关键的环节。查找液压故障的方法有很多，现简单例举一些主要方法。

1）根据液压系统图查找液压故障。根据液压系统工作原理图深入了解元件的结构、性能、作用及安装位置，并结合实际调查了解和观察的现象，依据工作原理进行综合比较、归纳、分析，从而确定故障的准确部位。这是排除液压故障的基础，也是查找液压故障最基本的方法。

2）根据动作循环表查找液压故障。液压设备使用说明书中，除液压系统图外，一般还有动作循环表。如果没有动作循环表，可以自行编制，用于查找液压故障。动作循环表一般包括：动作循环过程的内容、循环过程中一个动作转到另一个动作的信号来源；在各循环动作中各液压元件应处的正常位置。通过动作循环表，就可以根据故障出现在哪个动作阶段，从表中查出故障原因所在。对于比较复杂的液压系统，利用此方法可提高查找故障原因的效率。

3）利用因果图查找液压故障。这一方法就是找出影响某一故障的主要原因和次要原因，编制因果图。编制时可以借他人经验，查阅有关资料，总结工作实践进行编制。例如，液压缸外泄漏故障就可以利用这种方法查找外泄漏的原因。

4）利用检测仪查找液压故障。在查找液压故障时，需要借助一定的检测手段和检测仪表，如压力、流量、温度检测仪表，传感测量仪表，油液污染度检测仪表，振动和噪声测量仪表等。通过对液压系统的检测，从仪表进行观察和记录，能对故障作出比较准确的定量分析。例如，通过装在系统各部分的压力表及压力变化状况，分析液压上不去、下不来及压力脉动等故障的部位，进而分析查找原因。

5）利用设备自诊断功能（辅助功能）查找液压故障。一些采用数控系统的设备上，通过辅助功能（M 功能）、接口电路及传感技术，可以对液压机床的某些故障进行自诊断并显示在屏幕上，这样就可根据显示故障的内容进行故障排除。

6）从电气和液压元件的相互关系查找液压故障。在液压设备中，控制系统一般由电气部分和液压部分构成。为了迅速准确地排除液压设备故障，弄清电气和液压元件的工作原理、功能及作用，弄清它们相互之间的类比关系对查找液压故障是大有益处的。

7）利用计算机测试帮助查找液压故障。在液压设备和故障诊断技术中，用计算机对振动、噪声和脉动信号进行数据采集和分析处理，是常用的诊断方法之一。例如，用计算机采集液压元件壳体的振动信号，再进行时域、频域以及各种经典谱和现代谱分析，从多方面提取故障特征，从而进行故障的监视与预报。又如，对声学信号或泵出口处的低频振动、压力脉动信号的计算机数据采集和频谱分析来诊断液压泵是否已经发生了气蚀现象。

总之，计算机信号采集与处理（即计算机测试技术）已成为现代机器设备和液压系统状态监测、故障早期预报以及故障诊断的重要手段之一。

以上是几种常用的查找液压故障的方法。一旦故障确认后，就可以结合具体条件，本着“先外后内、先调后拆、先洗后修”的原则，制订出修理工作的具体措施。同时，在排除故障、修好设备后还要认真总结其中有益的方法和经验，找出防止故障发生的改进措施，并记载归档。

9.2.2 液压系统常见故障产生的原因及排除方法

1. 油液污染造成的故障及排除方法

液压设备出现故障在很大程度上与油液污染有关，有资料认为这个比例高达 90%。因此，如何防止油液受到污染是避免设备出现故障的重要方面。

（1）油液中侵入空气

油液中如果侵入空气，在油箱中就会产生气泡，而气泡是导致压力波动、产生噪声和振动、部件产生爬行、换向冲击等故障的原因。当气泡迅速受到压缩时，会产生局部高温，使油液蒸发、氧化，致使油液变质、变黑，油质受到污染。空气的侵入主要是因为管接头和液压元件的密封不良，以及油液质量较差等因素造成的。所以要经常检查管接头和液压元件连接处的密封情况，并及时更换不良密封件。

（2）油液中混入水分

油液中混入一定的水分后会变成乳白色，同时这些水分会使液压元件生锈、磨损以至出现故障。导致混入水分的主要原因有：从油箱盖进入冷却液、水冷却器或热交换器渗漏，以及温度高的空气侵入油箱等。防止油液中混入水分的主要方法有严防由油箱盖进入冷却液，及时更换破损的水冷却器、热交换器等；若水分太多，要采取措施将水分去除或更换新油。

（3）油液中混入各种杂质

油液中混入的杂质能引起泵、阀等元件中的活动件卡死及小孔、缝隙堵塞，导致故障发生。油液中混入各种杂质还会加快元件的磨损，引起内泄漏的增加。磨损严重时会使阀控制失效，造成液压设备不能工作，降低液压元件的寿命。

为了延长液压元件的寿命，保证液压系统可靠工作，防止油液污染是必要的手段。应力求减少外来污染，液压系统组装前后要严格清洗，油箱通大气处要加空气过滤器，维修拆卸元件时最好在无尘区进行。要定时清洗系统中的过滤器，控制油液的温度在60℃以下，并定期检查和更换液压油。

2. 液压系统常见故障的产生原因及排除方法

液压系统常见故障的产生原因及排除方法如表9-1～表9-6所示。

表9-1　液压系统无压力或压力不足的原因及排除方法

产生原因	排除方法
电动机电源接错	调换电动机电源接线
液压系统不供油	泵本身损坏或连轴器部分损坏需更换
溢流阀主阀芯被卡死在开口位置	清洗检修溢流阀
溢流阀弹簧折断或永久变形	更换弹簧
溢流阀阻尼孔堵塞或阀芯与阀体接触不良	清洗、修研或更换
泄漏量大	检修泵、缸、阀的易损件和系统各连接处的密封

表9-2　液压系统流量不足的原因及排除方法

产生原因	排除方法
液压泵转速过低或反转	检查电动机和接线
油液粘度不适合	更换粘度适合的油液
油箱油位太低	补充油液至油标规定处
液压系统吸油不良	加大吸油管径，增加吸油过滤器通油能力，清洗滤网，避免空气进入系统
液压元件磨损，内泄漏增加	拆修或更换相关元件
控制阀动作不灵	调整或更换相关元件
回油管在油面之上，空气进入	检查管路连接是否正确，密封是否可靠

表 9-3　运动部件换向有冲击或冲击大的原因及排除方法

产 生 原 因	排 除 方 法
活塞杆与运动部件连接不牢固	检查并紧固连接螺栓
电液换向阀中的节流螺钉松动	检查、调整节流螺钉
电液换向阀中的单向阀卡住或密封不良	检查及修研此阀
节流阀口有污物，运动部件速度不均	清洗节流阀节流口
导轨润滑油量过多	调节润滑油压力或流量
油温高，粘度下降	检查其原因并排除
泄漏增加，进入空气	防止泄漏、排除空气

表 9-4　运动部件爬行的原因及排除方法

产 生 原 因	排 除 方 法
油箱油位太低，吸入空气	补充油液至油标处
空气进入系统	检查泵的吸油管连接正确与否及密封情况
吸油口过滤器堵塞，造成局部真空	拆洗过滤器
液压泵性能不良，流量脉动大	采取降低流量脉动措施，调换流量脉动小的泵
流量阀的节流口处有污物，通油量不均匀	检修或清洗流量阀
液压缸端盖密封圈压得太死	调整好压盖螺钉
运动部件精度不高、润滑不良局部阻力变化	提高运动部件精度，使其各部分均匀，选用合适的润滑油充分形成油膜，减少阻力变化
系统内、外泄漏大	检查泵及管路的磨损及连接处的密封情况，修理或更换元件

表 9-5　液压系统产生振动和噪声的原因及排除方法

产 生 原 因	排 除 方 法
液压泵本身或其进油管路密封不良或密封圈损坏、漏气	拧紧泵的连接螺栓及管路各管螺母或更换密封元件
泵内零件卡死或损坏	修复或更换
泵与电动机联轴器不同心或松动	重新安装紧固
电动机振动，轴承磨损严重	更换轴承
油箱油量不足或泵吸油管过滤器堵塞，使泵吸空引起噪声	将油量加至油标处，或清洗过滤器
溢流阀阻尼小孔被堵塞、阀座损坏或调压弹簧永久变形、损坏	可清洗、疏通阻尼小孔，修复阀座或更换弹簧
电液换向阀动作失灵	修复该阀
液压缸缓冲装置失灵造成液压冲击	进行检修和调整

表 9-6 液压系统发热、油温升高的原因及排除方法

产生原因	排除方法
油箱容量设计太小或散热性能差	适当增大油箱容量，增设冷却装置（或检修、更换冷却装置）
油液粘度过低或过高	选择粘度适合的油液
液压系统背压过高，使系统的压力损失大，造成油温升高	改进系统设计，重新选择回路或液压泵
压力调节不当，选用的阀类元件规格小，造成压力损失增大导致系统发热	将溢流阀压力调至规定值，重新选用符合系统要求的阀类
液压元件内部磨损严重，内泄漏大	拆洗、修复或更换已磨损零件
系统管路太细太长，致使压力损失大	尽量缩短管路长度，适当加大管径，减少弯曲
电控调温系统失灵	检修相关部件

下面以组合机床动力滑台液压系统为例，对容易出现的故障进行分析，并说明排除故障的方法。

（1）动力滑台不运动（无快进）

动力滑台不运动是指当起动液压泵发出滑台前进信号时，驱动滑台运动的液压缸不动作。产生原因和排除方法有以下几种。

1）限压式变量叶片泵有故障，如泵不出油或输出流量不够，或者泵输出的油压力不够甚至无压力，造成液压缸无动作。产生的原因可能是：泵的旋转方向不对，泵吸不上油，可改变电动机转向；叶片泵转速过低或过高致使泵吸不上油液，可使泵的转速控制在要求范围以内；泵的吸油管路有问题、漏气，可检查相应的部位，并加以排除；油箱油量不够，油面在过滤器以下，使泵吸进空气，可添加油液至油标处；油液粘度过高，加之叶片泵的吸油特性不好，吸不上油液，要更换适当粘度的油液；叶片泵本身有问题等，这时可查有关机修手册即可查找解决方法。

对于压力上不去或根本没有压力的原因，除前面讲过的故障外，还可能是装在回路中的压力阀调节不正常或者是某个方向阀（如 H 型）在卸荷位置，此时应检查这些阀是否处于卸荷位置或卡死在不能调压的位置。另外要查一查电气回路是否正常，油液是否从溢流阀全部溢出回油箱等。

2）电液换向阀和电磁换向阀出现故障，如电磁铁未能通电或断电、液动阀阀芯被卡死、电液换向阀的阻尼调节螺钉被拧得过死导致其内的节流阀处于关闭状态，致使液动阀无法换向。

3）液压缸本身的故障，如缸内零件安装别劲、密封调得过紧、污物卡住活塞及活塞杆等原因，造成压力油推不动液压缸，此时可根据具体情况予以排除。

4）滑台本身出现故障，可检查相关原因，并予以排除。

（2）滑台能正常快进，但快进速度不够

1）如果是泵输出流量不够，可修理或更换液压泵。

2）如果是液压缸两腔串通，可拆开缸更换活塞密封，并注意防止液压缸别劲现象。

（3）滑台能正常快进，但不能由快进转为第一次工进

1）快进转为第一次工进的行程阀未被压下，多半是挡块松脱或修理后漏装的缘故。

2）因顶压行程阀的挡块严重磨损或错位而不能完全压下行程阀，使快进油路不能彻底切断，致使速度降不下来，此时应更换挡块。

（4）滑台无第二次工进

1）由第一次工进转为第二次工进的行程开关没有被压下，或二位二通电磁铁因电路接触不良、断线等故障不能通电，油路仍按第一次工进的动作进行。可检查和调整第二次工进的行程开关位置，并检查电路、行程开关及电磁铁的接触状况，并予以解决。

2）控制第二次进给的调速阀开口未调好，应将该调速阀的开口调得比第一调速阀的开口还小，才会有第二次进给。

3）电磁换向阀的复位弹簧太硬，电磁铁推不动阀芯，无第二次工进。若电磁铁伴随有严重的叫声，可更换合适的弹簧。

（5）滑台工进时有爬行或跳跃现象

1）液压系统中进入空气，可利用排气装置排气。

2）流量阀节流口有污物，通油量不均匀，可检修或清洗流量阀。

3）液压缸压盖压得太紧，可调整压盖螺钉。

4）滑台导轨接触精度不好、摩擦力不均匀、润滑油不足或选用不当，这时可检修导轨，同时调节润滑油量，选用合适的润滑油。

（6）滑台工进时力量不够或根本无压力

1）液控顺序阀的阀芯磨损等原因造成阀芯配合间隙较大，控制油经控制油路进入该阀控制腔后，经过该阀阀芯间隙再通过背压阀漏往油箱，使泵输出的压力有部分泄压，压力上不去，使滑台工进时无力。这时可修理或更换液控顺序阀。

2）调速阀的开口被堵塞或因调节不当而关死，导致工进时无力推动液压缸，可检修或合理调节调速阀，并根据具体情况更换干净油液。

3）液压泵的故障，使泵输出压力和流量不够，此时可参照泵的故障排除方法处理。

（7）动力滑台工进未结束就快速回退

1）电路设计不合理，行程开关与压力继电器无互锁回路，只要其中一个动作，液压缸就会后退，需适当调整二者所处的位置。

2）压力继电器调节不当，误发信号，此时可对压力继电器进行正确调整。

（8）滑台工进到底后不能快速回退或不回退

1）返回的行程开关未被压下或电磁铁线圈断线或控制电路未导通，使电磁铁未通电，可检查和调整相应元件并予以排除。

2）查明压力继电器和行程开关动作的互锁情况，是只要其中一个动作还是需要二者同时动作后，电磁铁才能通电并完成返回动作。

3）电液换向阀被卡死在左位，使其不能换向，应拆修电液换向阀。

（9）滑台返回时换向冲击

1）电液换向阀的换向停留时间调节不良，即该阀中的节流阀开口调得过大，失去了阻尼作用，可适当关小节流阀。

2）该阀中的单向阀密封不良或漏装钢球，可换新钢球，并使之与换向阀阀盖上之阀座密合。

（10）振动与噪声

1）空气进入系统，需采用排气和防止空气进入等措施。

2）导轨润滑不良以及组合机床其他部位刚性差、精度差，可分析各种不同的情况，做出不同的处理。

以上是动力滑台工作中常见故障产生原因及排除方法。对于液压系统中各液压元件所产生的故障及检修方法，不再单独列出，需要时可参考《液压手册》等有关资料。

9.3 习题

1. 根据图 7-7 所示液压系统写出调试步骤。

2. 安排必要的实训，如进行液压系统的安装、调试或检修。

1）根据给定系统图在液压实验台上完成系统组建和调试。

2）对已有系统设置故障环节，要求查找故障原因并排除。

3）在实训现场对给定的液压元件和系统图进行安装、调试、检修等作业，要求写出安装、调试、检修计划或报告。

第 10 章　气压传动基础知识

气压传动是利用压缩空气作为工作介质来传递动力和控制信号的。因此必须了解空气的基本物理性质，研究气体运动与能量转换的规律，这是进一步理解和运用气压传动技术的基础。

10.1　空气的基本性质

气压传动系统绝大多数是用空气作为工作介质的，这是由空气的性质和使用的方便性决定的。

10.1.1　空气的组成和状态变化

1. 空气的组成

自然界的空气是由很多种气体混合而成的，其主要的成分有氮（N_2）和氧（O_2），其他气体占的比例极小。此外，空气中常含有一定量的水蒸气。含有水蒸气的空气称为湿空气，不含水蒸气的空气称为干空气，大气中的空气都是湿空气。在温度 $t = 0℃$、压力 $p_0 = 0.1013\text{MPa}$ 的标准状态下，干空气的组成如表 10-1 所示。

表 10-1　干空气的组成

成分	氮（N_2）	氧（O_2）	氩（Ar）	二氧化碳（CO_2）	其他气体
体积（%）	78.03	20.93	0.932	0.03	0.078
质量（%）	75.50	23.10	1.28	0.045	0.075

2. 空气的压力

湿空气压力称为全压力 p，是干空气的分压力 p_g和水蒸气的分压力 p_s之和，即

$$p = p_g + p_s \tag{10-1}$$

分压力是指湿空气的各个组成成分气体，在相同温度下独占湿空气总容积时的压力。平常所说的大气压力是指湿空气的全压力。

3. 密度

空气具有一定质量，密度是单位体积空气的质量，密度用 ρ 表示，单位是 kg/m^3，即

$$\rho = \frac{m}{V} \tag{10-2}$$

式中，m 是空气的质量（kg）；V 是空气的体积（m^3）。

由于空气的体积随温度、压力而变化，因此不能将气体的密度视为常数，这与固体液体不同。

4. 粘度

气体在流动中产生内摩擦力的性质称为粘性，气体粘性的大小用粘度表示。空气粘度的

变化只受温度的影响，温度升高后，空气内的分子运动加剧，使分子间碰撞增多，粘度增大。而压力变化对粘度的影响很小，可忽略不计。空气的运动粘度在温度 $t=20℃$ 时为 $\nu=0.157\times10^{-6}m^2/s$，可在气动手册中查取。

5. 压缩性和膨胀性

由于气体分子间的距离大，内聚力小，故气体分子可自由运动，因此气体的体积容易随压力和温度的变化而改变。气体体积随压力增大而减小的性质称为压缩性，气体体积随温度升高而增大的性质称为膨胀性。气体的压缩性和膨胀性都远大于液体的压缩性和膨胀性，故研究气压传动时应予以考虑，气体体积随压力和温度而变化的规律服从气体状态方程。

工程实际中，管道内流动的气体在流速较低、温度变化不大的条件下才可视为不可压缩，这样可以简化计算过程，得到结果的误差在工程计算中是允许的。但在冲击气缸、气动马达、节流孔等元件中气流速度达到甚至超过声速，这时必须考虑气体的可压缩性和膨胀性。

6. 湿空气

一般空气中都含有水蒸气，在一定温度下，含水蒸汽越多，空气就越潮湿。作为气动系统工作介质的空气中含有的水分过多，会使金属气动元件生锈。因此空气中含水量的多少对气动系统的稳定性和元件的使用寿命有很大影响，通常要采取一些措施减小含水量。

为了确定空气的干湿程度，要用湿度来衡量。

（1）饱和湿空气和未饱和湿空气

湿空气中水蒸汽的最大含量有一个极限，这个极限与温度和压力有关。在温度和压力一定时，空气中所含水蒸气达到这一极限时的湿空气称为饱和湿空气，未达到这一极限的湿空气称为未饱和湿空气。一般的湿空气都处于未饱和状态。

（2）湿度

湿度分为绝对湿度和相对湿度。

1）绝对湿度。每立方米湿空气中含有的水蒸气的质量称为湿空气的绝对湿度，用 χ 表示，单位为 kg/m^3，即

$$\chi=\frac{m_s}{V} \tag{10-3}$$

式中，m_s是空气中水蒸气的质量（kg）；V是湿空气的体积（m^3）。

每立方米饱和湿空气中含有的水蒸气的质量称为饱和湿空气的绝对湿度，也称为饱和绝对湿度，用χ_b表示，单位为 kg/m^3，即

$$\chi_b=\frac{p_b}{R_sT} \tag{10-4}$$

式中，p_b是饱和湿空气中水蒸气的分压力（Pa）；R_s是水蒸气的气体常数，$R_s=462.05J/(kg\cdot K)$；T是热力学温度（K）。

2）相对湿度。当空气的温度越高时，其饱和绝对湿度越大。例如，在10℃时，绝对湿度为$\chi=9\times10^{-3}kg/m^3$的空气已接近饱和状态，$\chi_b=9.4\times10^3kg/m^3$，会感到很潮湿；但当温度升到30℃时，其$\chi_b=30.3\times10^3kg/m^3$，却感到很干燥。因此仅由绝对湿度并不能判断空气距饱和状态的接近程度，为此要引入相对湿度。

相对湿度是指在一定温度和压力下，湿空气的绝对湿度和饱和绝对湿度之比，用 φ 表

示，即

$$\varphi = \frac{\chi}{\chi_b} \times 100\% = \frac{p_s}{p_b} \times 100\% \tag{10-5}$$

因此当 $p_s = 0$，$\varphi = 0$ 时，空气中没有一点水分，绝对干燥。当 $p_s = p_b$，$\varphi = 100\%$ 时，湿空气绝对饱和，湿空气吸入水蒸气的能力为0，此时的温度为露点温度，简称露点。达到露点以后，湿空气将有水分析出。一般 φ 在0~100之间变化。空气的相对湿度在60%~70%范围内人体感觉舒适。气动技术中规定，为了使各元件正常工作，工作介质的相对湿度不得大于90%，当然越小越好。

10.1.2 气体状态方程

气体的三个状态参数是压力 p、温度 T 和体积 V，气体状态方程描述气体处于某一平衡状态时这三个参数之间的关系。

在压力不高，温度较低的条件下可以忽略气体粘度的影响，把气体视为理想气体。理想气体遵守气体实验定律，状态变化符合表10-2的理想气体状态变化规律。

表10-2 理想气体状态变化规律

名称	适用条件	数学表达式	说明
理想气体状态方程	一定质量的气体状态方程式，压力和体积的乘积与其热力学温度之比稳定后在某一瞬时不变	$\frac{pV}{T}=$ 常数 $pv = RT$ $\frac{p}{\rho} = RT$	p 是绝对压力，单位为 N/m^2 V 是气体容积，单位为 m^3 v 是比容，单位为 m^3/kg ρ 是气体密度，单位为 kg/m^3 T 是热力学温度，单位为K R 是气体常数 干空气 $R = 287.1 J/(kg \cdot K)$
等容过程（查理定律）	容积不变	$\frac{p}{T}=$ 常数 $\frac{p_1}{T_1} = \frac{p_2}{T_2}$	气体状态变化时，其压力 p 与热力学温度 T 成正比
等压过程（盖-吕萨克定律）	压力不变	$\frac{V}{T}=$ 常数 $\frac{V_1}{T_1} = \frac{V_2}{T_2}$	气体状态变化时，其体积 V 与热力学温度 T 成正比
等温过程（波依耳定律）	温度不变	$pV=$ 常数 $p_1V_1 = p_2V_2$	气体状态变化时，其压力 p 与体积 V 成反比
绝热过程	与外界无热交换	$\frac{p}{\rho^k}=$ 常数 $\frac{p_1}{p_2} = \left(\frac{\rho_1}{\rho_2}\right)^k$ $\frac{p_1}{p_2} = \left(\frac{T_1}{T_2}\right)^{\frac{k}{k-1}}$ $\frac{\rho_1}{\rho_2} = \left(\frac{T_1}{T_2}\right)^{\frac{k}{k-1}}$	k 是绝热指数，对干空气 $k = 1.4$

（续）

名 称	适用条件	数学表达式	说 明
多变过程	气体按其中间过程变化	$\frac{p}{\rho^n}=$常数 $\frac{p_1}{p_2}=\left(\frac{T_1}{T_2}\right)^{\frac{n}{n-1}}$ $\frac{\rho_1}{\rho_2}=\left(\frac{T_1}{T_2}\right)^{\frac{1}{n-1}}$	n是多变指数 绝热过程 $n=k$ 等温过程 $n=1$ 等压过程 $n=0$ 等容过程 $n=\infty$

［**例 10-1**］ 由空气压缩机向储气罐内充入空气，使罐内的绝对压力由 0.1MPa 升到 0.25MPa，气罐的温度由室温 20℃升到 t，充气结束后，气罐温度又逐渐下降到室温，此时罐内的压力为 p，求 t 和 p 各为多少。（提示，气源温度也为 20℃）

解 将此复杂过程看成是由两个简单过程接续完成的。

一是简单的绝热充气过程：

已知 $p_1=0.1\text{MPa},p_2=0.25\text{MPa},T_1=(20+273)\text{K}=293\text{K}$

由绝热过程状态变化公式知

$$T_2=T_1\left(\frac{p_2}{p_1}\right)^{\frac{k-1}{k}}=293\times\left(\frac{0.25}{0.1}\right)^{\frac{1.4-1}{1.4}}\text{K}=380.68\text{K}$$

所以 $t=T-273=107.68℃$

二是充气结束后的等容变化过程：

$$p_1=\frac{T_1}{T_2}p_2=\frac{293}{380.68}\times0.25\text{MPa}=0.192\text{MPa}$$

10.2 气体流动的基本方程

气体在运动状态下的规律是理解气压传动原理和进行工程计算的基础。但由于气体的特殊性，在使用质量守恒和能量守恒定律时必须注意应用条件。

10.2.1 气体的流动速度与流量

1. 流速与声速

1）气体在管道中流动的平均速度称为流速。一般压缩气体在管道中流动时，其速度小于 30m/s，压力变化不大，密度变化很小，因此可当做不可压缩流体来处理，它的运动规律与液体一样。当气体在管道中以较大的速度运动时，一般认为当气体的速度大于 70m/s 时，就要考虑密度的变化；还有，在某些场合，虽然气体速度并不高，但因管道很长，存在压力损失，压力变化也很大，因此气体的密度也跟着变化，这时也必须把气体当做压缩流体来对待。

2）声速。由于气体在气压系统中流动的速度有时会超过声速，所以就把声速作为计算的基准。声速以 a 表示，在 0℃干空气中的声速为 311m/s，湿空气中的声速为 340m/s。气流速度与声速 a 的比值称为马赫数，用 $M_a=v/a$ 表示，$M_a<1$ 称为亚声速，$M_a>1$ 称为超声速。

2. 管道截面变化对气流速度的影响

压缩空气流经管道截面积改变处会造成压力变化，从而导致气流速度改变。但是这种变化与气流速度有关，速度不同时这种变化不同。

1）亚声速流动。当气流的马赫数 $M_a<1$ 时，如果沿流动方向管道截面增大，则气流速度减小，这与液流相同。

2）超声速流动。当气流的马赫数 $M_a>1$ 时，如果沿流动方向管道截面增大，则气流速度也增加，这与液流相反。

因此，为了给气流加速，可以使用图 10-1 所示的缩放管。对低速气流，可先使气流截面减小加速，在达到截面最小处时达到声速，然后使气流截面增大继续加速。

3. 流量

1）单位时间内流过通流截面的气体体积称为体积流量，用 q_V 表示，单位是（m^3/s），即

$$q_V = \frac{V}{t} = vA \tag{10-6}$$

式中，V 为气体体积（m^3）；t 为时间（s）；v 为气体平均流速（m/s）；A 为通流截面积（m^2）。

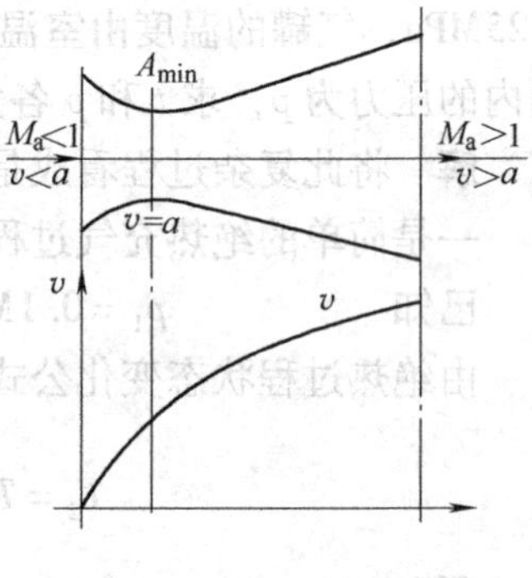

图 10-1　缩放管加速

2）单位时间流过通流截面的气体质量称为质量流量，即

$$q_m = \frac{m}{t} = \rho q_V A \tag{10-7}$$

式中，m 为气体质量（kg）；ρ 为气体密度（kg/m^3）。

在气压传动中的流量一般都指体积流量，所以在不特别指明的情况下用 q 表示体积流量。

10.2.2　连续性方程

气体在管道中流动时，根据质量守恒定律，通过流管任意截面的气体的质量都相等，即

$$\rho_1 v_1 A_1 = \rho_2 v_2 A_2 = 常数 \tag{10-8}$$

如果气体运动速度较低，可视为不可压缩流体，即 $\rho_1=\rho_2=$ 常数，则式（10-8）变为

$$v_1 A_1 = v_2 A_2 = 常数 \tag{10-9}$$

10.2.3　伯努利方程

1. 可压缩气体的努伯利方程

由于气流在高速状态下是可压缩的，所以 $\rho \neq$ 常数。而且气体的流动速度很快，来不及和周围环境进行热交换，因而可按照绝热变化过程进行状态计算，则有

$$\frac{k}{k-1}\frac{p_1}{\rho_1} + \frac{v_1^2}{2} + gh_1 = \frac{k}{k-1}\frac{p_2}{\rho_2} + \frac{v_2^2}{2} + gh_2 + gh_w \tag{10-10}$$

式中，p_1、p_2 分别为气体在 1、2 截面的压力（Pa）；h_1、h_2 分别为气体在 1、2 截面的位置高度（m）；g 为重力加速度，$g=9.8m/s^2$；k 为绝热指数，空气 $k=1.4$；h_w 为摩擦阻力损失（m）。

因气体的粘度很小，若不考虑摩擦阻力，再忽略位置高度的影响，则有

$$\frac{k}{k-1}\frac{p_1}{\rho_1}+\frac{v_1^2}{2}=\frac{k}{k-1}\frac{p_2}{\rho_2}+\frac{v_2^2}{2} \tag{10-11}$$

2. 不可压缩气体的努伯利方程

当气体在低速流动时，可认为它是不可压缩的，ρ = 常数，则有

$$\frac{p_1}{\rho}+\frac{v_1^2}{2}+gh_1=\frac{p_2}{\rho}+\frac{v_2^2}{2}+gh_2+gh_w \tag{10-12}$$

10.2.4 气体在管道中流动的压力损失

因气体的可压缩性、粘性、管道壁的粗糙度、截面形状的改变等因素，造成气流的一部分压力能转化为热能而损耗。气动系统总压力损失包括沿程压力损失和局部压力损失两部分。由于工程实际中系统内气流速度较低，故均按不可压缩气体考虑，计算方法与液流类似。

1）沿程压力损失。低速流动的不可压缩气体在等径直管中稳定流动时其压力损失为

$$\Delta p_\lambda=\lambda\frac{l}{d}\frac{\rho v^2}{2} \tag{10-13}$$

2）局部压力损失。气流经过管道截面改变、弯管、阀门等处的局部压力损失为

$$\Delta p_\xi=\xi\frac{\rho v^2}{2} \tag{10-14}$$

3）总压力损失。各沿程压力损失和局部压力损失之和就是气流在系统中流动的总压力损失。

$$\sum\Delta p=\sum\Delta p_\lambda+\sum\Delta p_\xi=\left(\sum\lambda\frac{l}{d}+\sum\xi\right)\frac{\rho v^2}{2} \tag{10-15}$$

上面各式中，λ 是沿程阻力系数，数值见相关手册；l 是管长（m）；d 是管径（m）；ρ 是气体密度（kg/m^3）；v 是气体平均流速（m/s）；ξ 是局部阻力系数，数值见相关手册。

［**例 10-2**］ 空气在一直径相等的圆管中流动，入口时绝对压力为 180kPa，温度为 40℃，流速为 220m/s，出口时的流速达到声速 340m/s，求出口处的压力和温度。（忽略气体流动时能量损失和位置高度的影响）

解 由理想气体状态方程可以求得入口气体的密度为

$$\rho_1=\frac{p_1}{RT_1}=\frac{180\times10^3}{287.1\times(40+273)}kg/m^3=2.003kg/m^3$$

空气在等径直管中连续流动，由式（10-8）可得出口的密度为

$$\rho_2=\rho_1\frac{v_1}{v_2}=2.003\times\frac{220}{340}kg/m^3=1.296kg/m^3$$

忽略位置高度影响，由式（10-11）得

$$p_2=\rho_2\left[\frac{p_1}{\rho_1}+\frac{k-1}{2k}(v_1^2-v_2^2)\right]=1.296\times\left[\frac{180\times10^3}{2.003}+\frac{1.4-1}{2\times1.4}(220^2-340^2)\right]Pa=104023.7Pa$$

由理想气体状态方程可得到出口的温度为

$$T_2=\frac{p_2}{\rho_2 R}=\frac{104023.7}{1.296\times287.1}K=279.6K$$

所以 $t=6.6$℃

10.3 习题

1. 把绝对压力 $p=0.1\text{MPa}$，温度 $t=20$℃，体积为 V 的干空气压缩为 $0.1V$，请分别按等温和绝热过程计算压缩后的压力和温度。

2. 空气压缩机向一容积为 50L 的储气罐充气，在绝对压力达到 0.8MPa 时停止，此时储气罐内的温度为 $t_1=50$℃。2h 后，气罐内的温度降至 $t_2=10$℃。问：

1）此时罐内的绝对压力和表压力各为多少？

2）此时罐内压缩的自由空气的体积是多少？

3. 如图 10-2 所示，在直径 $D=32\text{mm}$ 的气缸内，从无杆腔充入压力为 $P_1=0.4\text{MPa}$ 的压缩空气。假如外部施加给活塞外力 F 后，在绝热变化条件下，使活塞位置从 $L_1=250\text{mm}$ 变至 $L_2=225\text{mm}$，问缸内压力为多少？如果未压缩时的初始温度为 27℃，求活塞压缩后缸内的温度为多少？

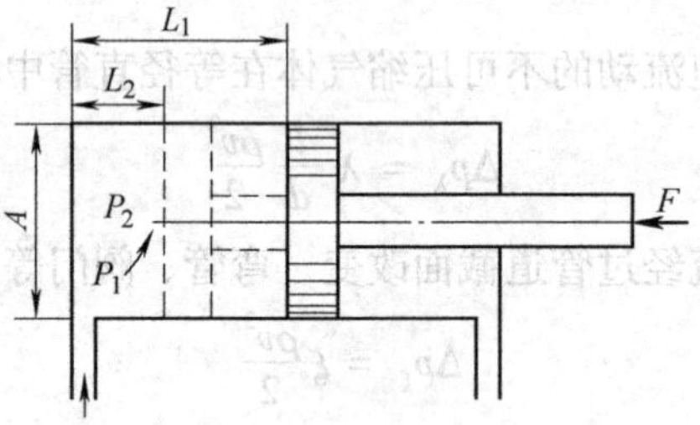

图 10-2 题 3 图

4. 压缩空气在一段气管中流动，接气泵的一端绝对压力为 0.5MPa，温度为 55℃，流速为 200m/s，进入气缸时速度为 330m/s。求进入气缸时的压力与温度。

第 11 章　气压传动元件

气压传动系统由各类气压传动元件组成。了解各类元件的功能和基本结构是正确理解与应用气压传动系统的基础。由于气压传动元件与液压传动元件在工作原理方面有很多相似之处，故不再将各类气动元件分别讲述。气压传动元件由专业企业生产，应用中只有个别特殊气缸需要用户设计制造，其余均可按标准选购。

11.1　气压传动系统元件的分类

气压传动元件及装置可分为以下几类。

1）气源装置。将机械能转变为压力能、获得压缩空气的装置是气源装置，如空气压缩机等。在车间和大型设备的空气压缩机站（气压站）中，空气净化和过滤装置是与气泵分离的。在小型设备中将气泵、气罐、空气净化过滤装置等组合成一个装置。

2）气动执行元件。将压力能转换成机械能的转换装置是气动执行元件，如气缸、气马达。

3）气动控制元件。气动控制元件包含以下两大类。

第一类主要是控制调节进入执行元件气流的压力、流量及流动方向的功率控制元件，如各种方向阀、压力阀、流量阀等。

第二类主要是用于处理气流信号的气动逻辑元件，包括有运动件的逻辑阀和无运动件的射流元件。本书只介绍是门、与门、或门等逻辑元件。

4）气动辅件。系统中除上述三类元件外，其余的元件都称为气动辅助元件（气动辅件）。包括使压缩空气净化、润滑、消声以及用于元件间连接的元件，如过滤器、油雾器、消声器、管道、管接头等。

11.2　气源装置及气动辅助元件

11.2.1　气源装置与空气压缩机

所有气压系统均由气源装置供气。一般规定，当空气压缩机的排气量小于 $6m^3/min$ 时，直接安装在主机旁；当排气量大于或等于 $6m^3/min$ 时，就应独立设置压缩空气站，作为整个工厂或车间的统一气源。

1. 气源装置

气压传动系统以空气压缩机及其辅助装置作为气源装置。图 11-1 为一般气压站的设备组成和布置示意图。

空气压缩机 1 产生压缩空气，一般由电动机带动，其进气口装有简易空气过滤器，过滤掉空气中的一些灰尘、杂质。后冷却器 2 用于降温、冷却压缩空气，使汽化的水、油凝结出

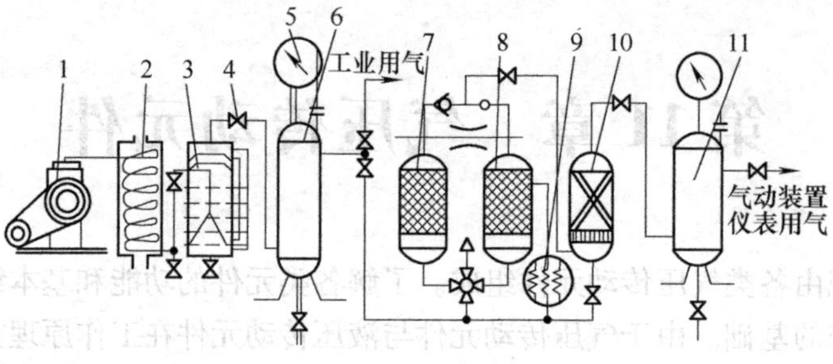

图 11-1　压缩空气站的设备组成和布置示意图

1—空气压缩机　2—后冷却器　3—除油器　4—阀门　5—压力表　6、11—储气罐

7、8—干燥器　9—加热器　10—空气过滤器

来。除油器 3 使降温冷凝出来的水滴、油滴、杂质从压缩空气中分离出来，再从排油水口排出。储气罐 6 用以存储压缩空气，稳定压缩空气的压力，并除去其中的油和水，储气罐 6 输出的压缩空气即可用于一般要求的气压传动系统。干燥器 7、8 用以进一步吸收和排除压缩空气中的水分和油分，使之变成干燥空气。空气过滤器 10 用以进一步过滤压缩空气中的灰尘、杂质。从储气罐 11 输出的压缩空气可用于要求较高的气压传动系统，如气动仪表及射流元件组成的控制回路。

2. 空气压缩机的工作原理

空气压缩机是气压传动的动力源，它是把电动机输出的机械能转换成气体压力能的能量转换装置，有容积式和动力式两大类。常见的容积式空气压缩机有活塞式、螺杆式、滑片式等，动力式空气压缩机主要有离心式。容积式空气压缩机多用于中小流量系统，动力式空气压缩机多用于大流量系统。

气压系统中最常见的空气压缩机为往复活塞式压缩机，其工作原理如图 11-2 所示。当活塞 5 在电动机曲柄 10 和滑块 7 的带动下向右运动时，气缸 4 内容积增大，形成部分真空，外界空气在大气压作用下推开吸气阀 3 而进入气缸中，这个过程称为吸气过程；当活塞向左运动时，吸气阀在缸内压缩气体作用下关闭，随着活塞的左移，缸内空气受到压缩，压力升高，这个过程称为压缩过程；当气缸内的压力增大到略高于输气管内压力 p 时，排气阀 2 打开，压缩空气进入输气管路内，这个过程称为排气过程。曲柄旋转一周，活塞往复运动一次，即完成“吸气—压缩—排气”一个工作循环。图 11-2 为单缸空气压缩机，实际中大多数空压机是多活塞缸组合的。

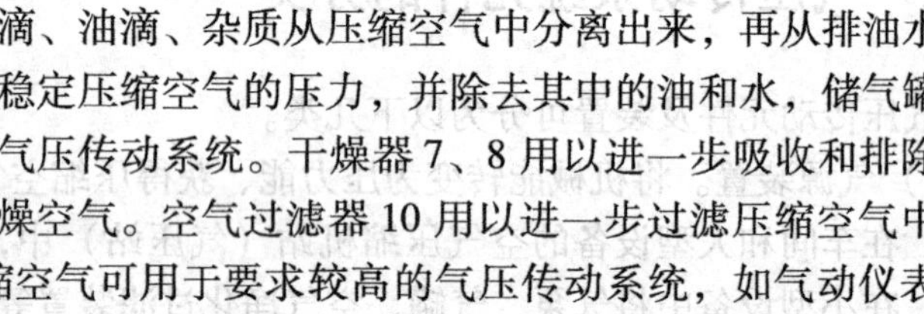

图 11-2　活塞式空气压缩机工作原理图

3. 空气压缩机的选择

空气压缩机按输出压力的大小可分为低压空压机（0.2 ~ 1MPa）、中压空压机（1.0 ~ 10MPa）、高压空压机（10 ~ 100MPa）和超高压空压机（ > 100MPa）；按输出流量可分为微型（ < $1m^3$/min）、小型（1 ~ $10m^3$/min）、中型（10 ~ $100m^3$/min）和大型（ > $100m^3$/min）

空气压缩机。

选择空气压缩机的依据主要是系统所需的工作压力和流量这两个参数。一般气压传动系统工作压力为0.5~0.6MPa，选用额定输出压力为0.7~0.8MPa的低压空气压缩机。有特殊需要时也选用中、高压或超高压的空气压缩机。空气压缩机标牌上的排气量是标准大气压下自由空气的排气量，选用时可参考下式。

$$q = \psi K_1 K_2 \sum_{i=1}^{n} q_{zi} \tag{11-1}$$

式中，q为空气压缩机的排气量（m^3/s）；q_{zi}为单台设备需要的平均自由空气耗气量（m^3/s）；K_1为漏损系数，考虑各气动元件、管件、接头的泄漏，尤其是风动工具的磨损泄漏，供气量应增加15%~50%，则系数$K_1=1.15\sim1.5$，风动工具多时取大值；K_2为备用系数，由于系统各工作阶段用气量不可能相等，考虑其最大用量和有时增设新的气动装置，备用系数$K_2=1.3\sim1.6$；ψ为利用系数，考虑同类气动设备在不同阶段用气，利用系数ψ由图11-3选取。

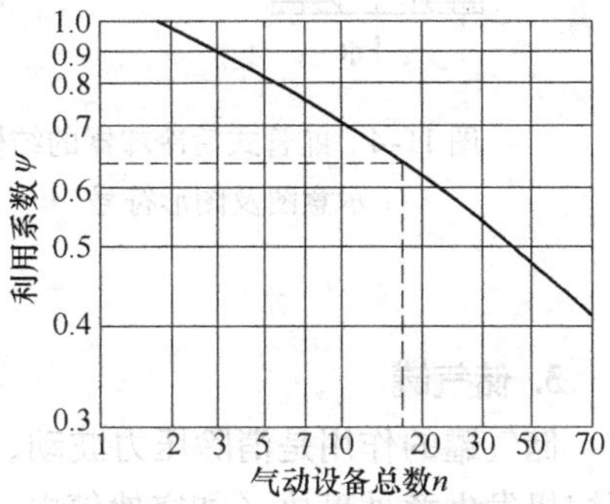

图11-3　气动设备利用系数

11.2.2　气动辅助元件

1. 后冷却器

压缩气体时，由于体积减小、压力增高，温度也增高。对于一般空气压缩机，排气温度可达140~170℃。此时的压缩空气中含有的油、水均为汽态，成为易燃易爆的气体，且腐蚀作用很强，会损坏气动装置，影响系统正常工作，因此必须在空气压缩机排气口处安装后冷却器。它的作用是将空气压缩机排出的压缩空气温度由140~170℃冷却到45~50℃，使其中的水汽和油雾凝结成水滴和油滴，以便经除油器排出。后冷却器一般采用水冷换热方式，其结构形式有蛇管式、套管式、列管式和散热片式等。

蛇管式后冷却器的结构如图11-4所示，主要由一只蛇管状空心盘管和一只盛装此盘的圆筒组成。蛇管状盘管可用铜管弯曲制成，蛇管的表面积就是该冷却器的散热面积。由空气压缩机排出的热空气由蛇管上部进入，通过管外壁与管外的冷却水进行热交换，冷却后由蛇管下部输出。这种冷却器的结构简单，使用和维修方便，因而被广泛用于流量较小的场合。

2. 除油器

除油器安装在后冷却器之后的管道上，它的作用是分离压缩空气中含有的油分、水分和灰尘等杂质，使压缩空气得到初步净化。其结构有环形回转式、撞击折回并回转式、离心旋转式、水浴式，及以上形式的组合使用等。经常采用的除油器是使气流撞击并产生环形回转流动的除油器，其结构如图11-5所示，其工作原理是当压缩空气由进气管进入除油器壳体以后，气流先受到隔板的阻拦，产生流向和速度的急剧变化，流向如图中箭头所示。压缩空气中凝聚的水滴、油滴等杂质，受惯性力作用而分离出来，沉降于壳体底部，由下部的排油、排水阀定期排出。

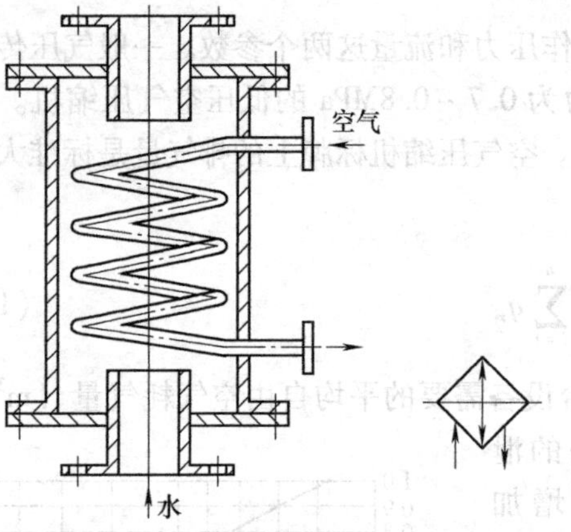

图 11-4　蛇管式后冷却器的结构示意图及图形符号

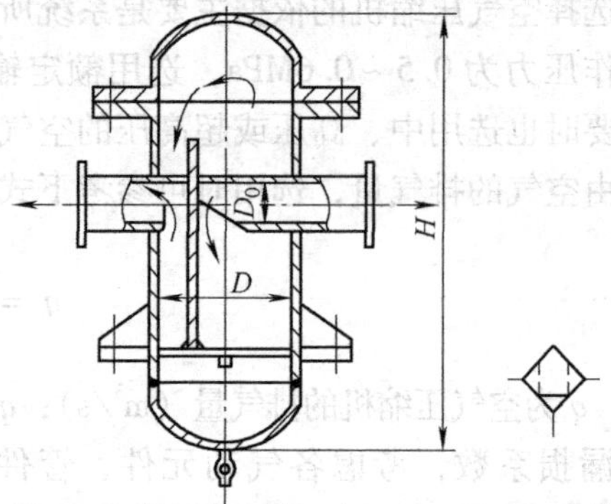

图 11-5　撞击折回并回转式除油器结构示意图及图形符号

3. 储气罐

储气罐的作用是消除压力波动、保证输出气流的稳定、储存一定量的压缩空气。当空气压缩机发生意外事故（如突然停电）停机时，储气罐中存储的压缩空气可作为应急气源使用。储气罐还能进一步分离压缩空气中的水分和油分。储气罐一般采用圆筒状焊接结构，有立式和卧式两种，一般以立式居多，其结构如图 11-6 所示。进气口在中下部，出气口在上部，并尽可能加大两口之间的距离，以利于进一步分离空气中的油水杂质。罐上设有安全阀和压力表，其调整压力为工作压力的 110%。罐底设置手孔，以便清理检查内部。底部设排放油、水和杂质的阀，以便定期排放。储气罐应布置在室外人流较少和阴凉的地方。

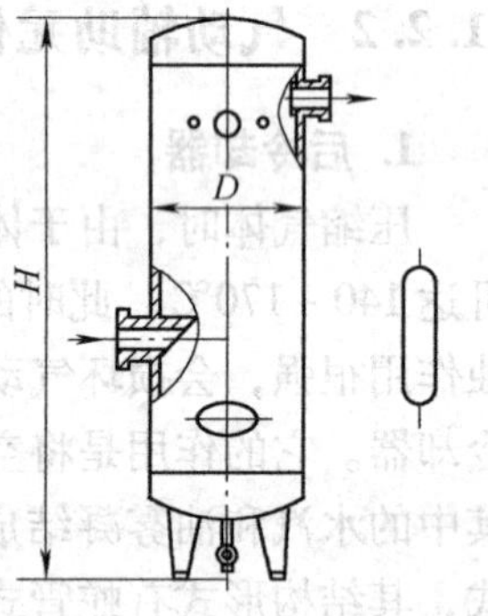

图 11-6　储气罐及图形符号

4. 空气干燥器

空气干燥器的作用是吸收和排除压缩空气中的水分、油分和杂质，使湿空气变成干空气，如图 11-7 所示。从空气压缩机输出的压缩空气经过后冷却器、除油器、储气罐的初步净化处理后已能满足一般气动系统的使用要求，但对于一些精密机械、仪表等装置还不能满足要求。为防止初步净化后的气体中所含的水分对精密机械、仪表产生锈蚀，需要进行干燥和过滤。

目前使用的干燥方法主要有冷冻法、吸附法、机械法和离心法等。在工业上常用的是冷冻法和吸附法。

（1）冷冻式干燥器

它使压缩空气冷却到露点温度，然后析出空气中超过饱和气压部分的水分，降低其含湿量，增加空气的干燥程度。此方法适用于处理低压大流量，并对干燥度要求不高的压缩空气。压缩空气的冷冻除了可以用冷冻设备外，也可以采用制冷剂直接蒸发，或用冷却液间接冷却的方法。

(2) 吸附式干燥器

它主要利用具有吸附性的吸附剂（如硅胶、活性氧化铝、焦炭、分子筛等物质）表面能够吸附水分的特征来清除水分，从而达到干燥、过滤的目的。吸附法应用较为普遍。当干燥器使用几分钟后，吸附剂因吸水达到饱和状态而失去吸水能力，因此需设法除去吸附剂中的水分，使其恢复干燥状态，以便继续使用，这就是吸附剂的再生。

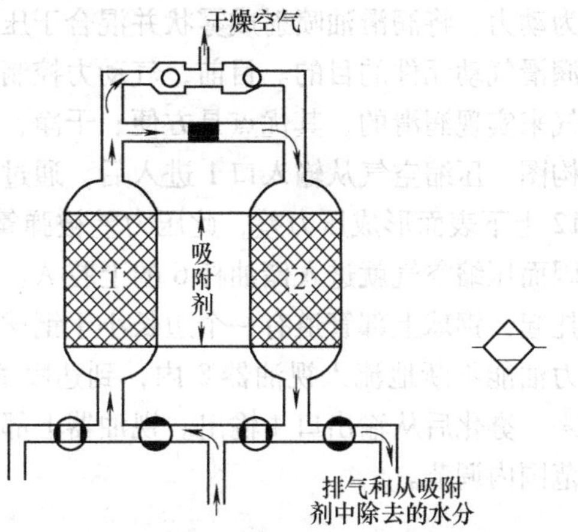

图 11-7　不加热再生式干燥器工作原理图及图形符号

图 11-7 为一种常见的不加热再生式干燥器，它有两个填满吸附剂的容器 1、2。当空气从容器 1 的下部流到上部，空气中的水分被吸附剂吸收而得到干燥，一部分干燥后的空气从容器 2 的上部流到下部，把吸附在吸附剂中的水分带走并排放入大气，即实现了不需外加热源而使吸附剂再生。两容器定期的交换工作（约 10 ~ 15min）使吸附剂产生吸附和再生，这样可以连续输出干燥空气。

5. 过滤器

过滤器的作用是滤除压缩空气中的杂质，达到系统要求的净化程度。常用的有一次过滤器、二次过滤器和高效过滤器。

一次过滤器（也称简易空气过滤器）由壳体和滤芯组成，按滤芯所采用的材料可分为纸质、织物质（麻布、绒布、毛毡）、陶瓷、泡沫塑料和金属（金属网、金属屑）等过滤器。空气进入空气压缩机前必须经过简易空气过滤器，以滤去空气中含有的一部分灰尘和杂质。空气压缩机中普遍采用纸质过滤器和金属过滤器。

在空气压缩机的输出端使用的过滤器为二次过滤器（也称空气过滤器）。图 11-8 为二次过滤器的结构图。其工作原理是压缩空气从输入口进入后，被引入旋风叶子 1，旋风叶子上有许多成一定角度的缺口，迫使空气沿切线方向产生强烈旋转。这样夹杂在空气中的较大水滴、油滴和灰尘等便获得较大的离心力，从空气中分离出来沉至水杯底部。然后气体通过中间的滤芯 2，部分杂质又被滤掉，洁净的的空气便从输出口输出。为防止气体旋转的旋涡将存水杯 3 中积存的污水卷起，在滤芯下部设有挡水板 4。为保证空气过滤器正常工作，必须及时将存水杯中的污水通过排水阀 5 排放。在某些人工排水不方便的场合，可选择自动排水式空气过滤器。存水杯由透明材料制成，便于观察其工作情况、污水高度和滤芯的污染程度。

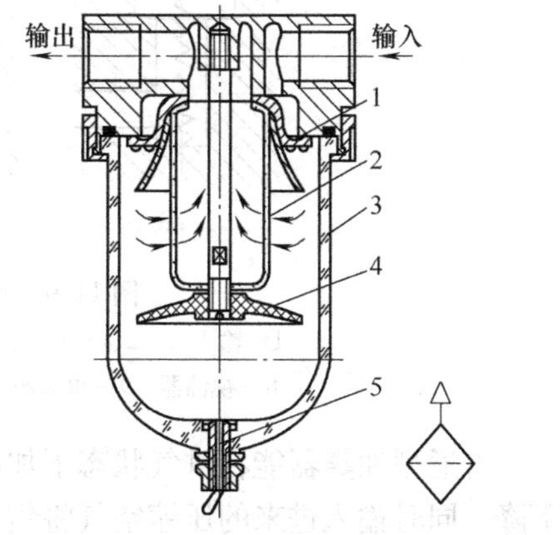

图 11-8　空气过滤器的结构简图及图形符号

1—旋风叶子　2—滤芯　3—存水杯　4—挡水板　5—排水阀

6. 油雾器

气压传动中的各种阀和气缸一般都是需要润滑的，油雾器是一种特殊的注油装置，它以压缩空气为动力，将润滑油喷射成雾状并混合于压缩空气中，随压缩空气进入需要润滑的部位，达到润滑气动元件的目的。目前，气动力控制阀、气缸和气马达主要是靠这种带有油雾的压缩空气来实现润滑的，其优点是方便、干净，润滑质量高。图 11-9 为普通型油雾器的原理和结构图。压缩空气从输入口 1 进入后，通过小孔 3 进入特殊单向阀，在单向阀阀座腔内的钢球 12 上下表面形成压力差，此压力差被弹簧 13 的部分弹簧力所平衡，使钢球处于中间位置，因而压缩空气就进入储油杆 6 的上腔 A。油面受压，压力油经吸油管 10 将单向阀 9 的钢球托起，钢球上部管道有一个边长小于钢球直径的四方孔，使钢球不能将上部的管道封死，压力油能不断地流入视油器 8 内，到达喷嘴小孔 2 中，被主通道中的气流从小孔 2 中引射出来，雾化后从输出口 4 输出。视油器上部的节流阀 7 用以调节滴油量，可在 0～200 滴/min 范围内调节。

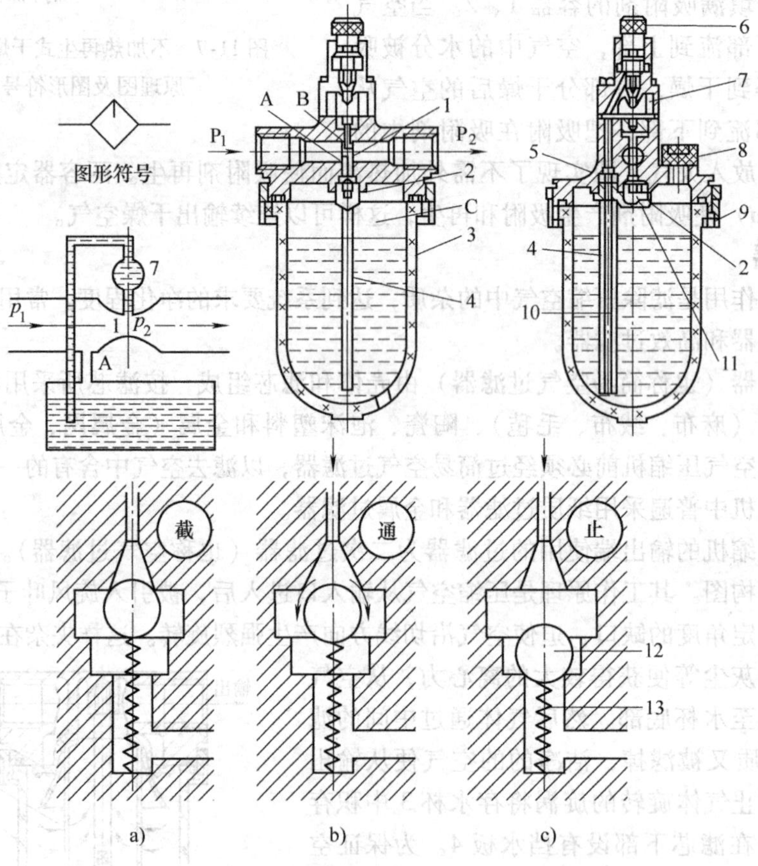

图 11-9　普通型油雾器的结构及图形符号

1—输入口　2、3—小孔　4—输出口　5—阀管　6—储油杆　7—节流阀

8—视油器　9—单向阀　10—吸油管　11—油塞　12—钢球　13—弹簧

普通型油雾器能在进气状态下加油，这时只要拧松油塞 11 后，A 腔与大气相通而压力下降，同时输入进来的压缩空气将钢球 12 压在阀座 5 上，切断压缩空气进入 A 腔的通道。由于吸油管中单向阀 9 的作用，压缩空气也不会从吸油管倒灌到储油杯中，所以就可以在不停气状态下加油。加油完毕后，拧上油塞，特殊单向阀又恢复工作状态，油雾器又重新开始工作。

储油杯一般用透明的聚碳酸酯制成，能清楚地看到杯中的储油量和清洁程度，以便及时补充更换油液。视油器用透明的有机玻璃制成，能清楚地看到油雾器的滴油情况。

安装油雾器时要注意进、出口不能接错，杯体竖直安装，不可倒置或倾斜；保持正常油面，不应过高或过低。其供油量根据使用条件的不同而调节，一般以 $10m^3$ 自由空气供给 1mL 的油量为标准。

7. 消声器

气动装置的噪声一般都比较大，尤其是当压缩气体直接从气缸或换向阀排向大气时，由于阀内的气路复杂且十分狭窄，压缩空气以接近声速（340m/s）的流速从排气口中排向大气时，较高的压差使气体体积急剧膨胀，产生涡流，发出强烈噪声，一般可达 100～120dB，危害人的健康，使作业环境恶化，工作效率降低。为消除和减弱这种噪声，应在气动装置的排气口安装消声器。常用的消声器有三种形式：吸收型、膨胀干涉型和膨胀干涉吸收型。

（1）吸收型消声器

吸收型消声器主要利用吸声材料（如玻璃纤维、毛毡、泡沫塑料、烧结金属、烧结陶瓷及烧结塑料等）来降低噪声。这种消声器在气体流动的管道内固定吸声材料，或按一方定式在管道中排列，如图 11-10 所示。其工作原理是：当气流通过消声罩 1 时，气流受阻，可使噪声降低为 20dB。吸收型消声器主要用于消除中高频噪声，特别对刺耳的高频声波消声效果显著，在气动系统中广泛应用。

（2）膨胀干涉型消声器

膨胀干涉型消声器的结构相当于一段比排气孔口直径大的管件。当气流通过时，让气流在管道内膨胀、扩散、反射，相当于干涉而消声，主要用于消除中、低频噪声，尤其是低频噪声。

（3）膨胀干涉吸收型消声器

这是综合上述两种消声器的特点而制成的消声器，其结构如图 11-11 所示。工作原理是：气流由端盖上的斜孔引入，在 A 室扩散、减速、碰壁撞击后反射到 B 室，气流束互相冲撞、干涉进一步减速，并通过消声器内壁的吸声材料排向大气。这种消声器的消声效果好，低频可消声 20dB，高频可消声 45dB 左右。

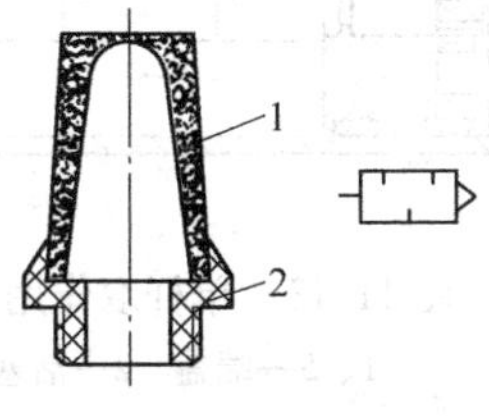

图 11-10　吸收型消声器结构示意图及图形符号

1—消声罩　2—连接螺钉

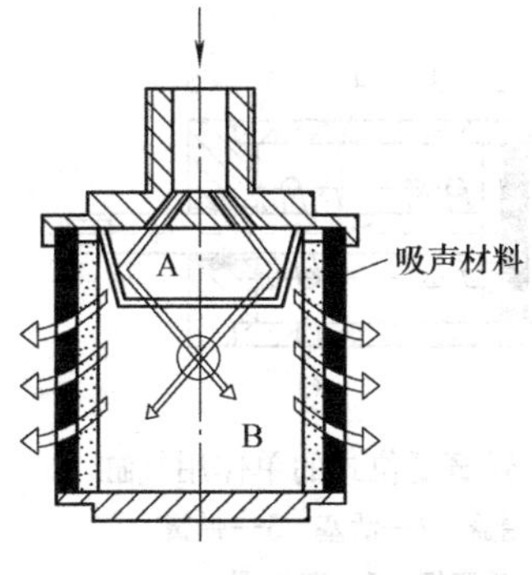

图 11-11　膨胀干涉吸收型消声器

11.3 气动执行元件

气动执行元件是将压缩空气的压力能转换成机械能的能量转换装置，包括气缸和气马达。气缸用于实现直线往复运动，气马达用于实现旋转运动。气缸的优点是结构简单、成本低、工作可靠，使用安全。气缸的运动速度可达 1～3m/s，这在自动化生产线中可以缩短辅助动作（如传输、压紧等）的时间，提高效率，具有十分重要的意义。气缸的缺点，主要是由于空气的压缩性使速度和位置控制的精度不高，输出功率小。

11.3.1 气缸

按气缸的结构特征可分为活塞式、薄膜式和柱塞式气缸；按气缸的功能可分为普通气缸（包括单作用式气缸和双作用式气缸）、薄膜缸、冲击气缸、气-液阻尼气缸、缓冲气缸和摆动气缸等。

1. 普通气缸

（1）单杆单作用气缸

压缩空气推动活塞杆伸出，而活塞杆的反向运动依靠复位弹簧力、重力和其他外力，这类气缸称为单作用式气缸。图 11-12 为弹簧复位的单作用式气缸，压缩空气由端盖上的 p 孔进入无杆腔，推动活塞向右运动，活塞退回由复位弹簧力实现。气缸右腔通过孔 O 始终与大气相通。这种气缸在夹紧装置中应用较多。

静态输出推力为

$$F = \frac{\pi D^2}{4} p\eta - lk_s \tag{11-2}$$

式中，D 为活塞直径（m）；p 为进气压力（Pa）；η 为气缸总效率；l 为弹簧压缩量（m）；k_s 为弹簧刚度（N/m）。

（2）单杆双作用式气缸

活塞在两个方向上的运动都是依靠压缩空气的作用实现的，这类气缸称为双作用式气缸，其结构如图 11-13 所示。

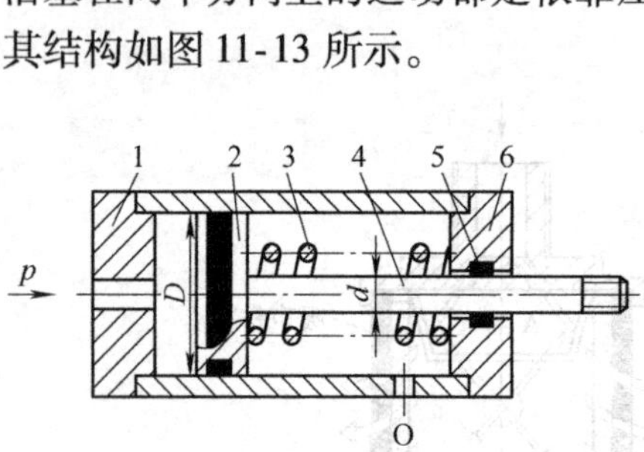

图 11-12 弹簧复位式的单作用气缸

1、6—端盖 2—活塞 3—弹簧

4—活塞杆 5—密封圈

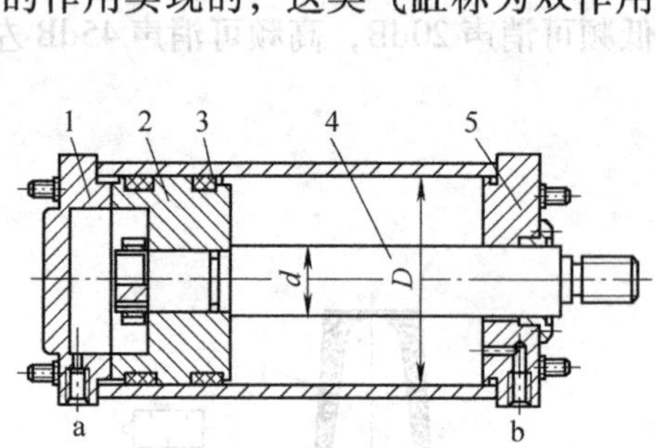

图 11-13 单杆双作用气缸

1、5—端盖 2—活塞

3—密封圈 4—活塞杆

在不计背压时，无杆腔进气的静态推力为

$$F_1 = \frac{\pi D^2}{4} p\eta \tag{11-3}$$

有杆腔进气时的静态推力为

$$F_2 = \frac{\pi}{4}(D^2 - d^2)p\eta \tag{11-4}$$

式中，d 为活塞杆直径（m）。

（3）气缸的运动速度

$$v = \frac{q}{A} \tag{11-5}$$

式中，q 为气体体积流量，单位是 m^3/s。

（4）气缸耗气量

设单杆双作用气缸一次往复的时间为 t，活塞行程为 L，气缸的容积效率为 η_v，则气缸的耗气量为

$$Q = \left[\frac{\pi}{4}D^2 + \frac{\pi}{4}(D^2 - d^2)\right]\frac{L}{t\eta_v} = \frac{\pi L}{4t\eta_v}(2D^2 - d^2)\ (m^3/s) \tag{11-6}$$

实际中由于每个执行元件的工作压力不同，因此一般要将不同压力下的耗气量换算成标准大气压下的自由空气量

$$Q_z = Q\frac{p + 0.1013}{0.1013}(m^3/s) \tag{11-7}$$

式中，p 为工作压力（MPa）。

2. 薄膜气缸

薄膜气缸分为单作用式和双式作用式两种。单作用式薄膜气缸如图 11-14a 所示，其工作原理是：当压缩空气进入左腔时，膜片 3 在气压作用下产生变形使推杆 2 伸出；退回时则靠弹簧的作用使膜片复位。图 11-14b 为双作用薄膜气缸，推杆伸出和退回均由气压推动。这种气缸的推杆伸出位移一般小于 40mm，其结构紧凑、重量轻、维修方便、密封性好、制造成本低，广泛应用于各种自锁机构及夹具。

3. 冲击气缸

图 11-15 为普通型冲击气缸的结构示意图。它与普通气缸相比增加了蓄能腔 B 以及带有喷嘴和具有排气小孔的中盖 4。其工作原理是：压缩空气由气孔 2 进入 A 腔，其压力只能通过喷嘴口 3 作用在活塞 6 上，还不能克服 C 腔的排气压力所产生的向上的推力以及活塞与缸体间的摩擦力，喷嘴处于关闭状态，从而使 A 腔的充气压力逐渐升高。当充气压力升高至能使活塞向下移动时，活塞的下移使喷嘴口开启，聚集在 A 腔中的压缩空气通过喷嘴口突然作用于活塞的全面积上，喷嘴口处的气流速度可达声速。高速气流进入 B 腔进一步膨胀并产生冲击波，其压力可高达气源压力的几十倍，给予活塞很大的向下的推力。此时 C 腔内的压力很低，活塞在很大的压力差作用下迅速加速，在很短的时间内（约

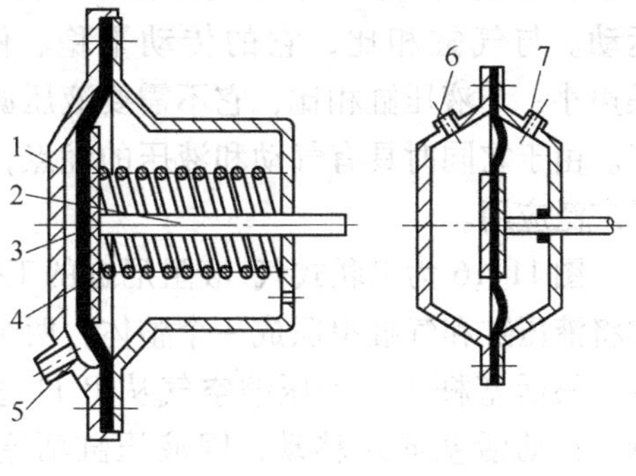

图 11-14 薄膜气缸

a）单作用式 b）双作用式

1—缸体 2—活塞杆 3—膜片 4—膜盘

5—进气口 6、7—进、出气口

为0.25s）以极高的速度（最大速度可达10m/s）向下冲击，从而获得很大的动能。利用此能量做功，可完成锻、冲压等多种作业。当气孔10进气，气孔2与大气相通时，作用在活塞下端的压力使活塞上升，封住喷嘴口，*B*腔残余气体经低压排气阀5排向大气。冲击气缸与同等做功能力的冲压设备相比，具有结构简单、体积小、成本低、使用可靠易维修、冲裁质量好等优点。缺点是噪声大、能量消耗大、冲击效率低，故在加工数量大时不能代替冲床。总的来说，由于它有较多的优点，所以在生产上得到日益广泛的应用。

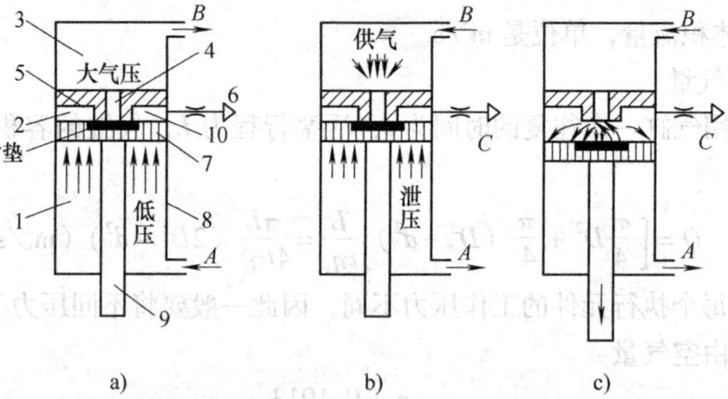

图11-15　普通型冲击气缸的结构示意图

1、9—端盖　2、10—进、出气孔　3—喷嘴口　4—中盖
5—低压排气阀　6—活塞　7—活塞杆　8—缸体

4. 气-液阻尼缸

在机械加工中实现进给运动的气缸，因为气体的可压缩性，使得气缸在慢速时容易产生“爬行”、“自走”现象，因此输出推力和速度就有波动，会影响到加工的精度，严重的甚至破坏刀具。为了克服这些缺点，通常可以采用气-液阻尼缸。它是由气缸和液压缸组合而成的，以压缩空气为能源，利用油液的不可压缩性控制流量来获得活塞的平稳运动。与气缸相比，它的传动平稳、停位准确、噪声小；与液压缸相比，它不需要液压源、经济性好。由于它同时具有气动和液压的优点，因此得到了广泛应用。

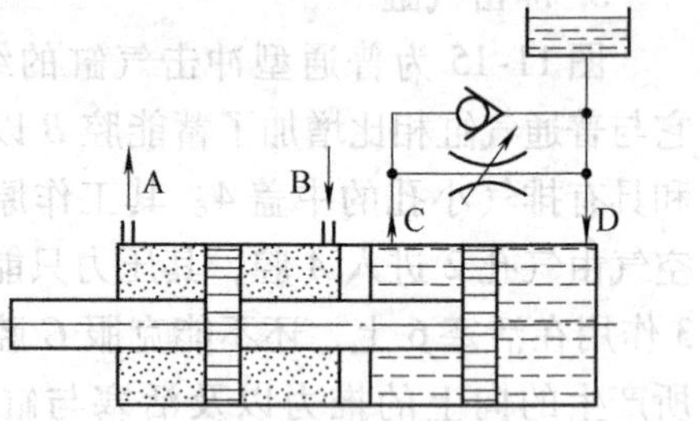

图11-16　串联式气-液阻尼缸的工作原理图

图11-16为串联式气-液阻尼缸的工作原理图，它将液压缸和气缸串联成一个整体，两个活塞固定在一根活塞杆上。若压缩空气从B口进入气缸右侧，推动活塞向左移动，因液压缸活塞也向左运动，此时液压缸左腔排油，油液由C口经节流阀回右腔，对整个活塞的运动产生阻尼作用，调节节流阀即可改变活塞的输出速度；反之，压缩空气自A口进入气缸左侧，活塞向右移动，液压缸右侧排油，此时单向阀开起，无阻尼作用，活塞快速向右运动。这种缸的缸体较长，加工与装配的工艺要求高，且两缸间可能产生窜气窜油现象。

这种气-液阻尼缸也可将双活塞杆腔作为液压缸，这样可以使液压缸左、右腔的排油量相等。此时，油箱的作用只是补充液压缸因外泄漏而减少的油量，因此可以改用油杯。

11.3.2 气动马达

气动马达是将压缩空气的压力能转换成转动机械能的能量转换装置，输出转速和转矩，驱动机构作回转运动。气动马达的优点是可以无级调速，只要控制进气流量就可以调节转速。由于其工作介质是空气，不会引起火灾，过载时能自动停转。它的缺点是输出功率小、耗气量大、效率低、噪声大和易产生振动。在气压传动中使用最广泛的是叶片式、活塞式和薄膜式气动马达，如图11-17所示。

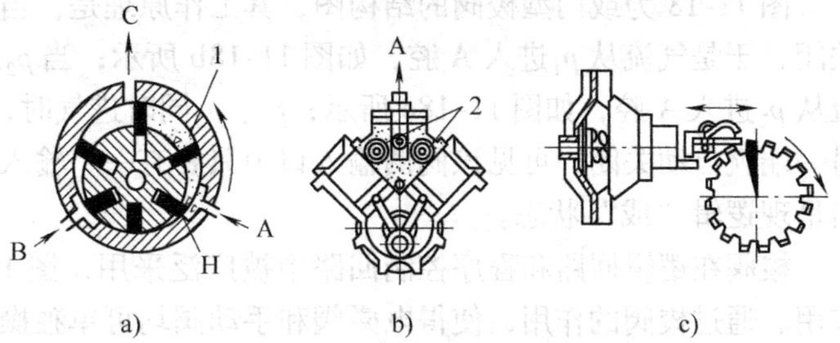

图11-17 气动马达工作原理

a）叶片式 b）活塞式 c）薄膜式

1—滑片 2—分配阀

叶片式气动马达有3～10个叶片安装在一个偏心转子的径向沟槽中，如图11-17a所示，其工作原理与液压马达相同。当压缩空气从进气口A进入气室后立即喷向叶片，作用在叶片的外伸部分，通过叶片带动转子逆时针转动，输出转矩和转速。做完功的气体从排气口C排出，残余气体则经B口二次排气。若进、排气口互换，则转子反转，输出相反方向的转矩和转速。转子运动的离心力和叶片底部的气压力、弹簧力使得叶片紧密与定子的内壁相接触，以保证可靠密封，提高容积效率。

叶片式气动马达主要用于风动工具，如风钻、风扳手、风砂轮、高速旋转机械及矿山机械等。

活塞式气马达由分配阀给各活塞配气，推动活塞沿直线运动，经连杆曲轴转换成转动输出。

薄膜式气马达通过薄膜气缸的往复运动经齿轮机构转换成回转运动输出。

11.4 气动控制元件及其应用

气动控制阀是控制和调节压缩空气压力、流量和方向的元件。气动系统中通往执行元件的功率控制回路由控制元件组成。控制阀按其作用和功能可分为方向控制阀、压力控制阀和流量控制阀三大类。

11.4.1 方向控制阀及其应用

方向控制阀按气流在阀内的流动方向可分为单向型控制阀和换向型控制阀。

1. 单向型控制阀

（1）单向阀

气动单向阀允许气流向一个方向流动而反向截止。

在气动系统中，为防止储气罐中的压缩空气倒流回空气压缩机中，在空气压缩机和储气罐之间安装有单向阀；单向阀还可以与其他阀组成单向节流阀、单向顺序阀等。

（2）梭阀

梭阀是两个单向阀反向串联的组合阀。由于阀芯像织布梭子一样来回运动，因而称为梭阀。

图 11-18 为或门型梭阀的结构图，其工作原理是：当 p_1进气时，将阀芯推向右边，p_2被关闭，于是气流从 p_1进入 A 腔，如图 11-18b 所示；当 p_2进气时，将阀芯推向左边，于是气流从 p_2进入 A 腔，如图 11-18c 所示；p_1、p_2同时进气时，哪端的压力高，A 就与哪端相通，另一端就自动关闭。可见该阀两输入口中只要有一个输入气体，输出口就有输出，输入和输出呈现逻辑“或”状态。

梭阀在逻辑回路和程序控制回路中被广泛采用，图 11-19 是梭阀在手动-自动回路上的应用。通过梭阀的作用，使得电磁阀和手动阀均可单独操纵气缸的动作。

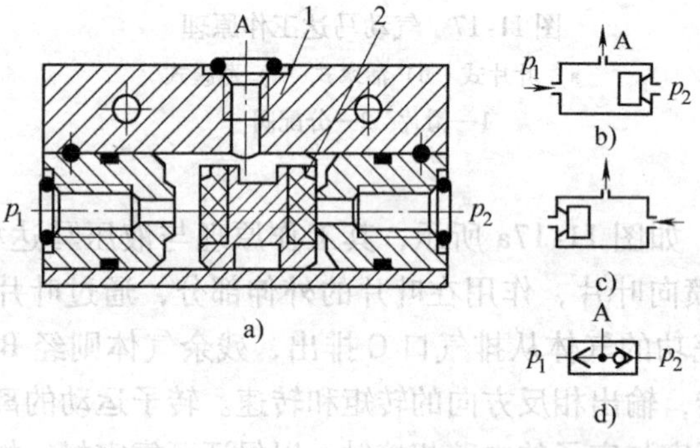

图 11-18　或门型梭阀的结构及图形符号

1—阀体　2—阀芯

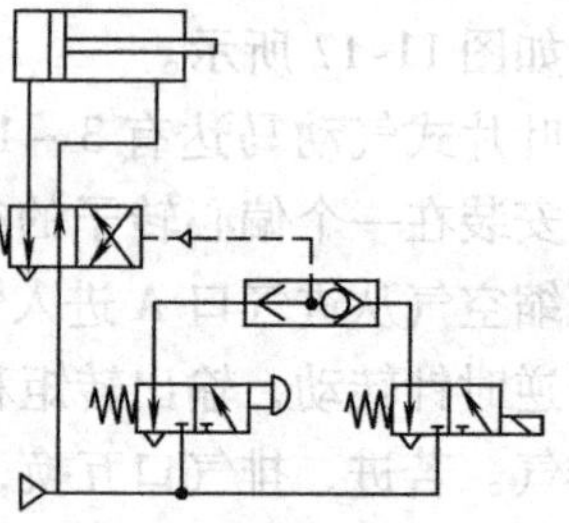
图 11-19　梭阀在手动-自动回路上的应用

（3）双压阀

图 11-20 是双压阀的工作原理图。当 p_1进气时，将阀芯推向右端，A 端没有输出，如图 11-20a 所示。当 p_2进气时，将阀芯推向左端，A 端没有输出，如图 11-20b 所示。只有当 p_1、p_2同时进气时，A 端才有输出，如图 11-20c 所示。当 p_1、p_2压力不相等时，则气压低的通过 A 输出。由此可见该阀两输入口 p_1、p_2同时输入，A 才有输出，输入和输出呈现逻辑“与”状态。

双压阀的应用很广泛，图 11-21 是其在互锁回路中的应用。只有工件的定位信号 1 和夹紧信号 2 同时存在时，双压阀才有输出，使换向阀换向，从而使气缸带动钻头进给。

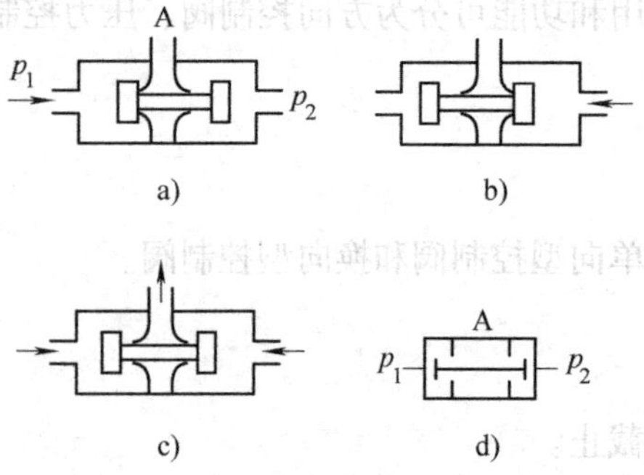

图 11-20　双压阀的工作原理图及图形符号

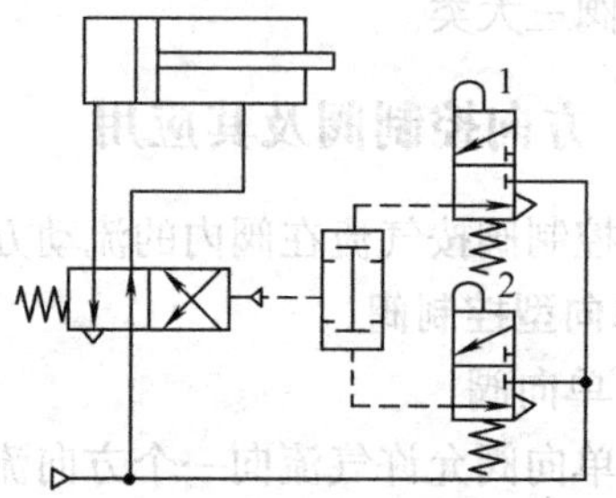

图 11-21　双压阀在互锁回路中的应用

(4) 快速排气阀门

用于使气动元件或装置快速排气的阀叫快速排气阀，简称为快排阀。通常气缸排气时，气体是从气缸经过管路，由换向阀排气口排出。如果从气缸到换向阀的距离较长，气缸运动速度就较慢。此时，若采用快速排气阀，则气缸内的气体就能直接由快速排气阀排向大气，加快气缸的运动速度。实验证明，安装快速排气阀后气缸的运动速度可提高4~5倍。图11-22a是快速排气阀的结构图。当P口进气时，膜片2被压下封住排气口O，气流经膜片四周的小孔向A腔流入，A口有输出，如图11-22b所示；当P腔排空时，A腔压力将膜片顶起，P与A不通，A与O相通，A腔气体快速排向大气中，如图11-22c。

图11-23是应用快速排气阀使气缸往复运动加速的回路，气缸往复运动排气都直接通过快速排气阀而不通过换向阀。在实际运用中，快速排气阀应配置在需要快速排气的气动执行元件附近，否则会影响效果。

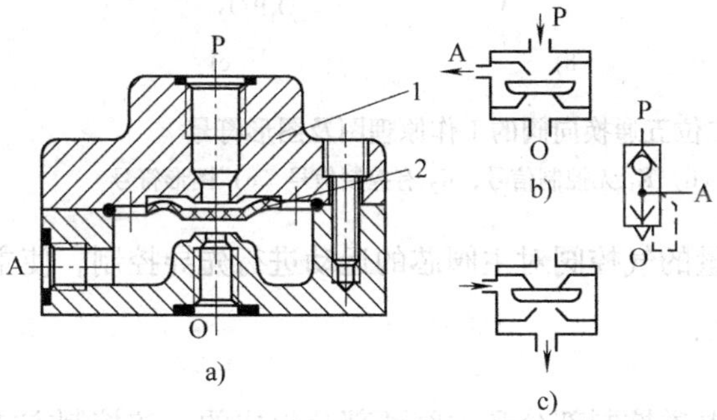

图11-22 快速排气阀的结构及图形符号

1—阀体 2—膜片

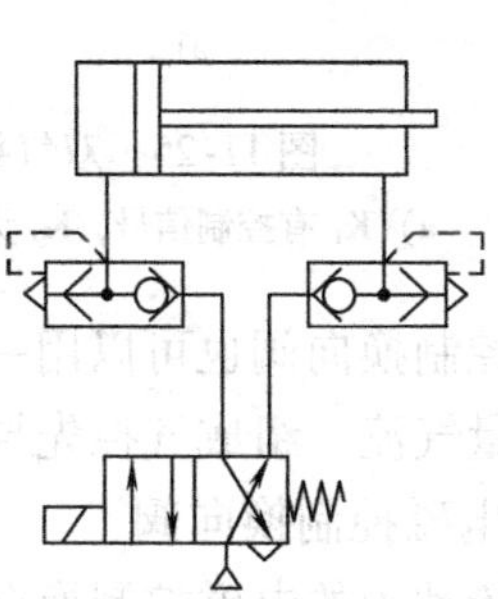

图11-23 快速排气阀的应用回路

2. 换向型控制阀

换向型控制阀按阀芯结构可分为截止式、滑柱式、滑板式和膜片式，其中以截止式、滑柱式换向阀的应用较多。截止式换向阀的阀芯面积比孔口大，通过开关孔口实现气流方向控制，其密封性好、寿命长，此种换向阀通路多时结构很复杂，所以一般用于二、三通换向阀。滑柱式换向阀结构与液压换向阀相似，可做成多通阀。

换向型控制阀按控制方式可分为：气压控制、电磁控制、机械控制、人力控制和时间控制。一般压力入口用P表示，压力出口用A、B表示，排气口以O表示。

(1) 气压控制换向阀

气压控制换向阀利用控制气体推动主阀芯运动，使气流通断或改变流向，按其作用原理可分为加压控制、卸压控制和差压控制三种。

加压控制是指所加的控制信号压力是逐渐上升的，当气压增加到阀芯的动作压力时，主阀芯便换向；卸压控制是指所加的控制信号压力是逐渐减小的，当气压减小到某一压力值，主阀芯便换向；差压控制是使主阀芯在两端压力差的作用下换向。

图11-24为单气控截止式二位三通换向阀的工作原理图，图11-25为双气控滑阀式二位五通换向阀的工作原理图。

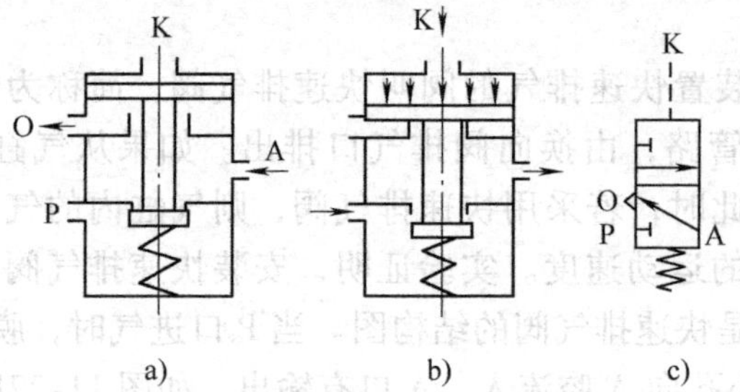

图 11-24　单气控截止式二位三通换向阀的
工作原理图及图形符号

a）K 无控制信号　b）K 有控制信号　c）图形符号

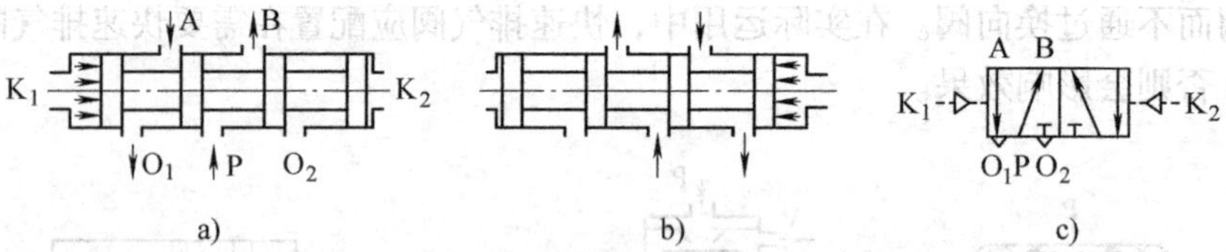

图 11-25　双气控滑阀式二位五通换向阀的工作原理图及图形符号

a）K_1 有控制信号，K_2 无控制信号　b）K_1 无控制信号，K_2 有控制信号　c）图形符号

气压控制换向阀也可以用一个小流量的气控阀对主阀芯的运动进行先导控制，使主阀芯通过大流量气流，组成气控先导换向阀。

（2）电磁控制换向阀

气压传动中的电磁控制换向阀是由电磁控制部分和主阀两部分组成的，按控制方式不同分为电磁铁直动控制和先导控制两种。

1）直动式电磁换向阀。由电磁铁的衔铁直接推动换向阀阀芯运动的换向阀称为直动式电磁换向阀。直动式电磁换向阀可分为单电磁铁和双电磁铁两种。单电磁铁二位三通电磁换向阀的工作原理如图 11-26 所示。若将阀中的弹簧改成电磁铁，就成了双电磁铁直动式电磁换向阀，如图 11-27 所示。这种阀的两个电磁铁只能交替得电工作，不能同时得电，否则会产生误动作。

这种双电磁铁直动式电磁换向阀也可构成三位阀。在两个电磁铁均失电时，阀芯处于中间位置，其中位机能类似于三位液压换向阀。

2）先导式电磁换向阀。先导式电磁阀可分为单电磁控制式和双电磁控制式两种。先导式电磁阀是由电磁先导阀和气控主阀两部分组成。该阀的先导控制部分实际上是一个电磁换向阀，主阀是一个气控换向阀，与电液换向阀类似。图 11-28 为单电磁控制的先导式电磁换向阀的工作原理图，其中控制的主阀为二位阀。

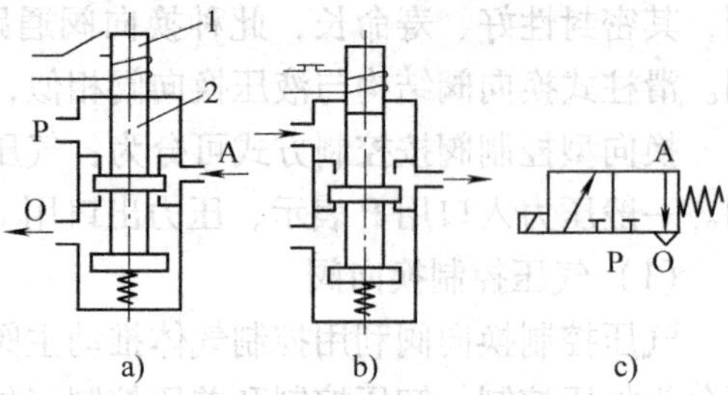

图 11-26　直动式单电磁铁二位三通电磁
换向阀工作原理图及图形符号

a）电磁铁断电　b）电磁铁通电　c）图形符号

1—电磁铁　2—阀芯

（3）机动换向阀、手动换向阀

机动换向阀、手动换向阀的工作原理图、图形符号同液压阀类似。

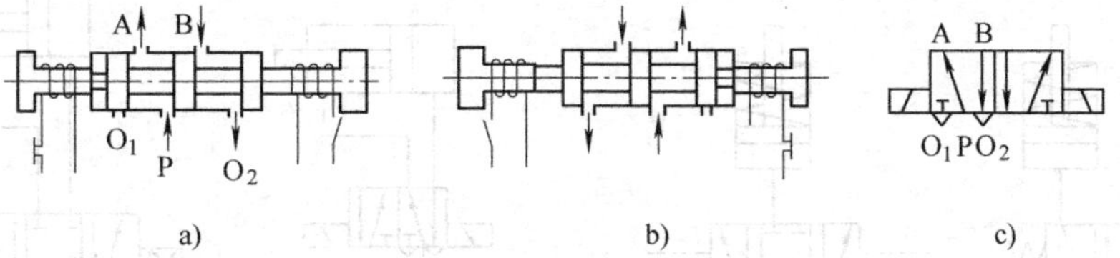

图 11-27

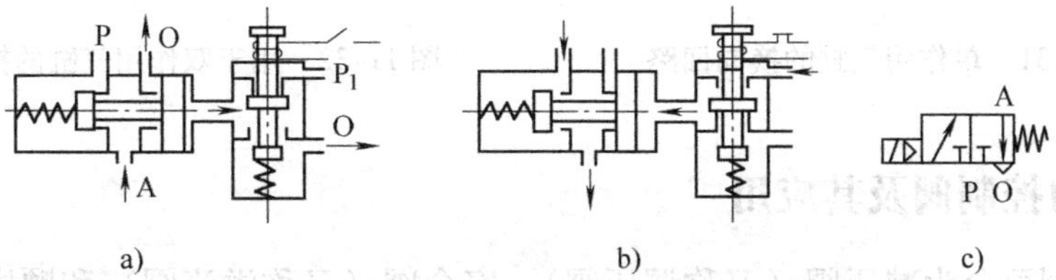

图 11-28 单电控先导式电磁换向阀的工作原理图及图形符号

a）先导式电磁阀断电 b）先导式电磁阀通电 c）图形符号

(4) 时间控制换向阀

时间控制换向阀是使气流通过气阻、气容等延迟一定时间再使阀芯切换的阀类。时间控制换向阀包括延时阀和脉冲阀。

图 11-29 为二位三通延时阀，它是由延时和换向两部分组成的，其工作原理是：当无气控信号 K 时，P 与 A 断开，A 与 O 相通，A 腔排气；当有气控信号 K 时，控制气流经滤芯 3、可调节流阀 2 到气容 C 内。由于节流后的流量较小，气容中气体的压力增大缓慢，经过一定时间后，当气容中气体压力升到一定值后，阀芯 4 左移，使 P 与 A 相通，A 腔有输出。当气控信号消失后，气容中的气体经单向阀 1 迅速排空。调节节流阀可调节延时时间的长短。这种阀的延时时间在 0 ~30s 之内，常用于易燃、易爆等不允许使用电磁时间继电器的场合。

图 11-30 为延时阀的应用回路，是一个压注机制的使用回路。按下手控阀 A 气缸压下工件，工件受压时间的长短是由 B、C、D 组成的延时阀完成的。

图 11-29 延时阀结构及图形符号

1—单向阀 2—节流阀 3—滤芯 4—阀芯

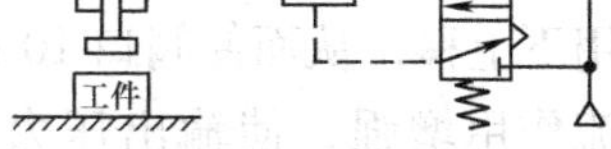

图 11-30 延时阀的应用

3. 换向阀的应用

换向阀用于单作用气缸的换向回路如图 11-31 所示。用于双作用气缸的换向回路如图 11-32 所示。由换向阀控制气缸的运动方向。

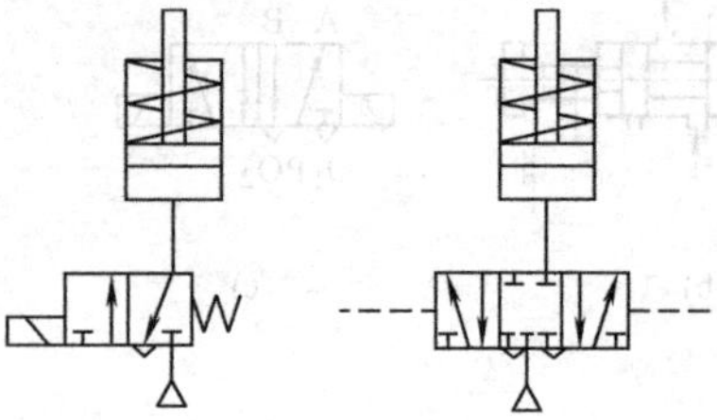

a) b)

图 11-31 单作用气缸的换向回路

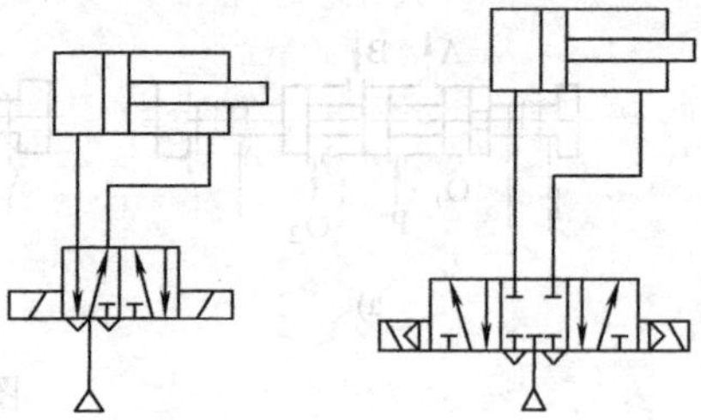

a) b)

图 11-32 用于双作用气缸的换向阀

11.4.2 压力控制阀及其应用

压力控制阀可分为减压阀（又称调压阀）、安全阀（又称溢流阀）和顺序阀等。所有的压力控制阀都是利用空气压力和弹簧力相平衡的原理进行工作的。

1. 减压阀

减压阀的作用是降压且使压力稳定在调定值。在气压传动系统中，一般都是由空气压缩机先产生压缩空气，再将压缩空气存储在储气罐中，然后经管路输送给各个气动装置。因气动装置所要求的工作压力都比空气压缩机的输出的压力低，而且空气压缩机的输出压力又是波动变化的，为了供给各气动装置所需的稳定工作压力，就要采用减压阀。减压阀按调节方式分为直动式和先导式两大类。

（1）直动式减压阀

直动式减压阀是由旋钮直接调节调压弹簧来改变减压阀输出压力的。图 11-33 为 QTY 型直动式减压阀的结构图。当顺时针方向调整手柄 1 时，压缩弹簧 2、3 推动膜片 6、溢流阀座 5、阀芯 8 向下移动，使进气阀口 10 开启，气流通过阀口的节流减压作用后压力降低，从右侧输出。与此同时，一部分气流由阻尼 7 进入膜片气室，在膜片下产生一个向上的推力与弹簧力相平衡，减压阀便有稳定的压力输出。当输入压力有波动时，如输入压力瞬时升高时，输出压力也随之升高，使膜片下的压力也升高，将膜片向上推，阀芯 8 在复位弹簧 9 的作用下上移，从而使阀口 10 的开度减小，节流作用增强，使输出压力下降到调定值。反之，输入压力下降时，输出压力也随之下降，使膜片下移，阀口 10 的开度增大，节流作用降低，使输出压力回升到调定压力，以维持压力稳定。调节手柄 1 就可以控制阀口开度的大小，即可控制输出压力

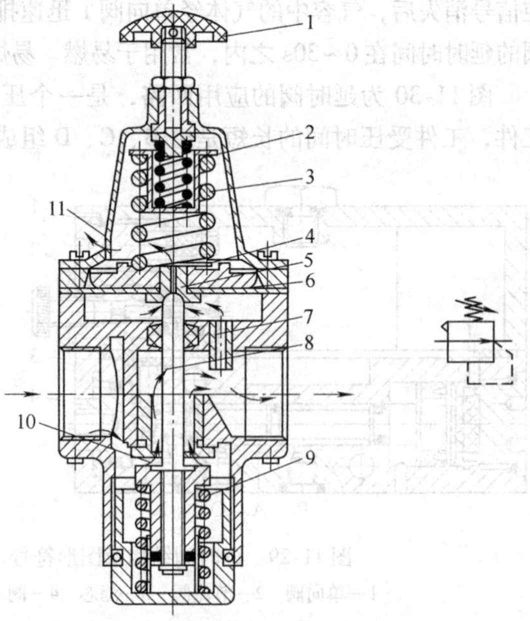

图 11-33 QTY 型直动式减压阀及图形符号

1—手柄 2、3、9—弹簧 4—溢流孔 5—溢流阀座 6—膜片 7—阻尼孔 8—阀芯 10—进气阀口 11—排气孔

的大小。

（2）先导式减压阀

当减压阀的输出压力较高或通径较大时，用调节弹簧直接调压，则弹簧的刚度很大，当流量变化时输出压力波动较大，且阀的结构尺寸也将增大。为了克服这些缺点可采用先导式减压阀。先导式减压阀由先导阀和主阀组成，它的工作原理与直动式减压阀的基本相同。先导式减压阀所用的调压空气是由小型的直动式减压阀供给的。若把小型直动式减压阀装在阀的内部，则称内部先导式减压阀；若把小型直动式减压阀装在主阀的外部，则称外部先导式减压阀。

图 11-34 为外部先导式减压阀的主阀，主阀的工作原理与直动式减压阀相同。在主阀的外部还有一个小的直动式减压阀（图中未画出），由它来控制主阀。此阀适用于通径在20mm 以上，距离在 30m 以内，高处、危险处和调压困难的场合。使用时，应按减压阀标记的气流方向接入系统。调压时，应由低向高调，直至规定的调压值为止。减压阀不用时，应把手柄松开，放松弹簧，避免膜片长时间受压变形，影响调压精度和使用寿命。安装位置通常在空气过滤器之后、油雾器之前。实际生产中，常把分水过滤器、减压阀、油雾器这三个元件连接在一起安装，称为气源调节装置。

2. 安全阀

当储气罐或回路压力超过某调定值时，要用安全阀往外排气。安全阀在系统中能够限制系统中的最高工作压力，起安全保护作用，其工作原理同液压溢流阀。

3. 顺序阀

一般顺序阀都与单向阀组成单向顺序阀。它依靠管路中压力的作用而控制执行元件的顺序动作。

4. 压力阀的应用

用两个减压阀和一个换向阀可以输出两种不同的压力 P_1 和 P_2，如图 11-35 所示，使一个执行元件得到两种不同的工作压力。

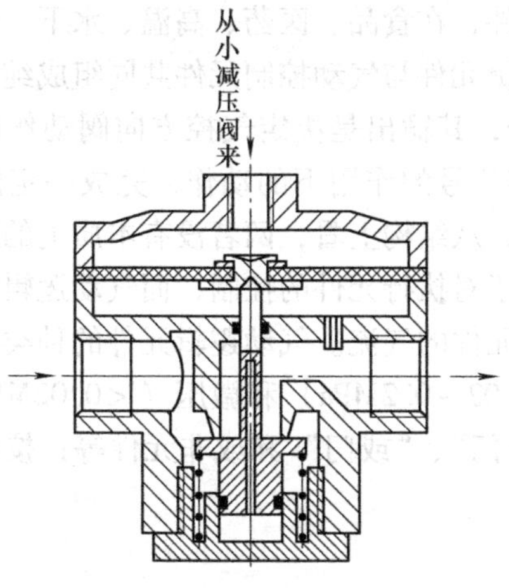

图 11-34　外部先导式减压阀

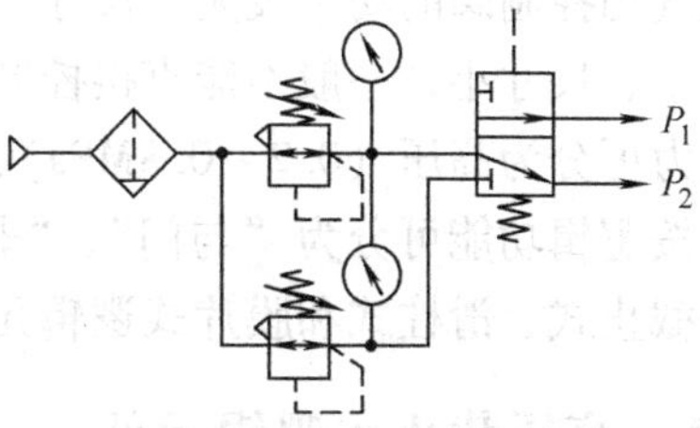

图 11-35　减压阀的应用

11.4.3 流量控制阀及其应用

流量控制阀是通过改变阀的通流截面来实现流量控制的元器件，它包括节流阀、单向节流阀、排气节流阀等。

1. 排气节流阀

排气节流阀只能安装在气动装置的排气口，调节排入大气的流量，以此来调节执行元件的运动速度。图 11-36 为排气节流阀的工作原理图，气流进入阀内，由节流口 1 节流后经消声套 2 排出，因而它不仅能调节执行元件的运动速度，还能起到降低排气噪声的作用。由于其结构简单、安装方便、能简化回路，故应用广泛。

2. 排气节流阀的应用

排气节流阀可以用来调节气缸的运动速度或实现气缸的缓冲等。如图 11-37 所示的回路，把两个排气节流阀安装在二位五通电磁换向阀的排气口上，用来控制活塞的往复运动速度。

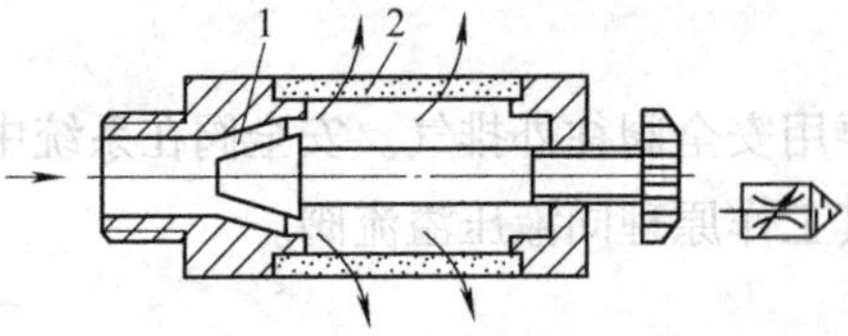

图 11-36 排气节流阀及图形符号

1—节流口 2—消声套

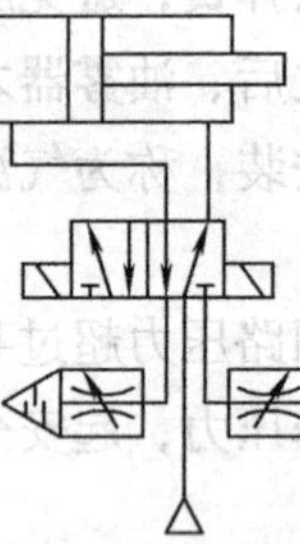

图 11-37 排气节流阀的应用

11.5 气动逻辑元件

气动逻辑元件是用来处理气动控制信号的元件，在食品、医药、高温、水下、强磁等不适合运用电气电子控制元件的场合可以用气动逻辑元件与气动控制元件共同组成纯气动控制系统。这时气动逻辑元件组成信号逻辑处理部分，其输出是决定气控方向阀动作的控制信号。逻辑阀中有可动部件，通过可动部件在气控信号的作用下的动作，完成一定的逻辑功能。实际上气动方向控制阀也具有各种逻辑功能，从结构上看，两者没有本质上的区别，不同的是气动控制阀的功率较大、尺寸大，一般用于对执行元件的控制，而气动逻辑阀的输出功率较小、尺寸小，一般不能直接控制气动执行元件的气流。气动逻辑元件的种类很多，按工作压力可分为高压（0.2～0.8MPa）、低压（0.02～0.2MPa）和微压（<0.02MPa）三种元件；按逻辑功能可分为“与门”、“非门”、“是门”、“或门”和或非元件等；按结构形式可分为截止式、滑柱式和膜片式逻辑元件等。

11.5.1 高压截止式逻辑元件

高压截止式逻辑元件是依靠气动信号推动大于孔口的阀芯动作，开闭气流通道，以实现一定逻辑功能的逻辑元件。这类元件的特点是行程小、流量大、工作压力高、对气源净化要求低，便于实现集成安装和集中控制，其拆卸很方便，近年来有很大发展。

1. 是门和与门元件

图11-38为是门元件的工作原理图。图中A、B为信号输入孔，S为信号输出孔，中间孔为气源孔P。当A无信号输入时，阀芯2在弹簧及气源压力作用下封住P、S间的通道，使输出孔S与排气孔相通，S无输出；反之，当A有信号输入时膜片1在输入信号作用下将阀芯2推动下移，封住S与排气孔间的通道，P与S相通，S有输出。输入和输出呈现逻辑“是”的关系。如果把气源看成是信号B，则S和A、B成为逻辑“与”的关系。

2. 或门元件

图11-39为或门元件的工作原理图。图中A、B为信号输入孔，S为信号输出孔。当A有信号输入，B无信号输入时，阀芯在信号作用下向下移动，封住信号输孔B，气流经S输出；当B有信号输入，A无信号输入时，阀芯在信号作用下上移，封住A信号输孔，S也有输出；当A、B均有信号输入时，阀芯在两个信号作用下上移、下移，或保持在中位，S均会有输出。也就是输入和输出呈现逻辑“或”的关系。

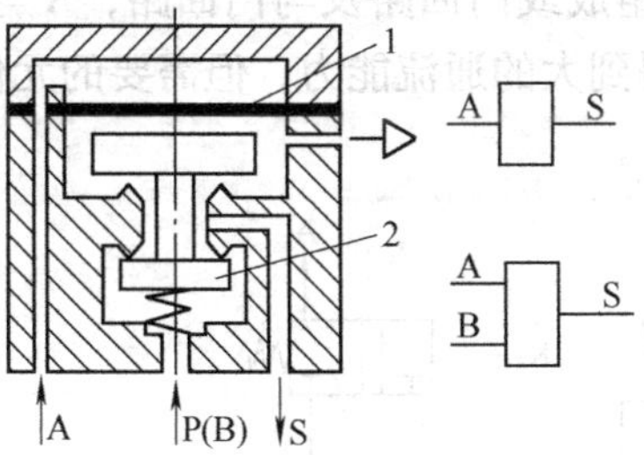

图11-38 是门和与门元件

1—膜片 2—阀芯

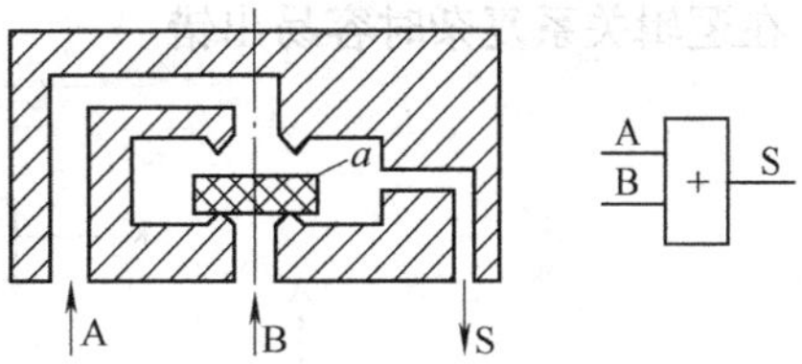

图11-39 或门元件

3. 非门和禁门元件

图11-40为非门元件的工作原理图。当A无信号输入时，阀芯2在气源压力作用下紧压在上阀座上，P与S相通，S有输出。当A有信号输入时膜片1在输入信号作用下将阀芯2推动下移，封住P与S通路，S没有输出。也就是A有信号输入时，S无输出；A无信号时，S有输出；输入和输出呈现逻辑“非”的关系。如果把气源看成信号B，则A对B起禁止作用。

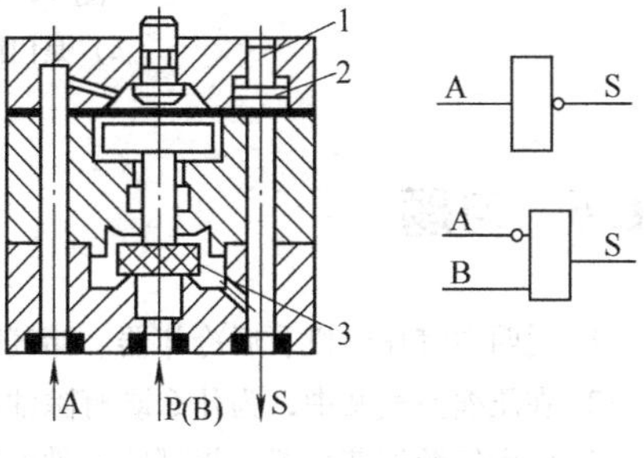

图11-40 非门和禁门元件

1—螺塞 2—膜片 3—阀芯

4. 或非元件

或非元件的工作原理图如图11-41所示，只有A、B、C都无信号输入时，S才有信号输出，输出与输入之间组成或非逻辑关系。用或非元件可以组合实现各种逻辑功能。

5. 双稳元件

双稳元件如图11-42所示，A有信号输入后，S_1有信号输出，S_2无信号输出，且这种状态一直保持，直到B有信号输入后，这种状态才发生改变，使S_2有信号输出，S_1无信号输出。也就是 S_1、S_2 的输出状态由 A、B 来决定并保持，形成双稳记忆功能。

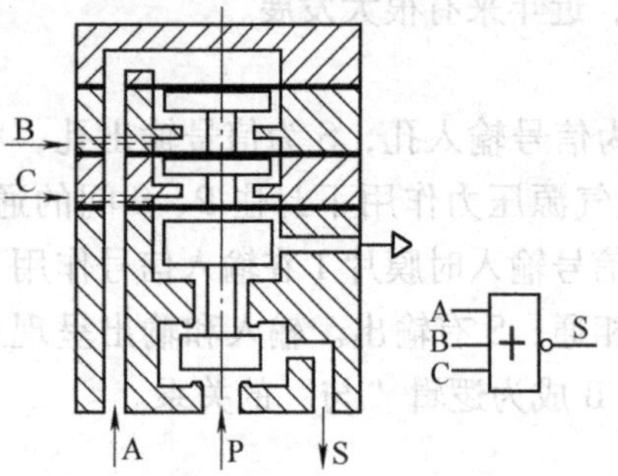

图 11-41　或非元件

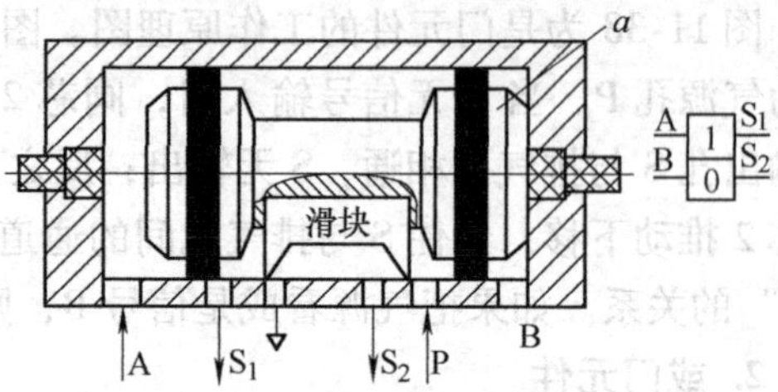

图 11-42　双稳元件

11.5.2　用换向阀实现的逻辑功能

用换向阀也可以实现逻辑功能。根据不同的连接方法可以组成多种逻辑回路，如图11-43所示。用两个两位三通换向阀并联或串联可以组成或门回路及与门回路，A 与 K_1、K_2 形成或的逻辑关系及与的逻辑关系。这种方法虽可得到大的通流能力，但需要的元件多，连接复杂，在逻辑关系复杂时容易出错。

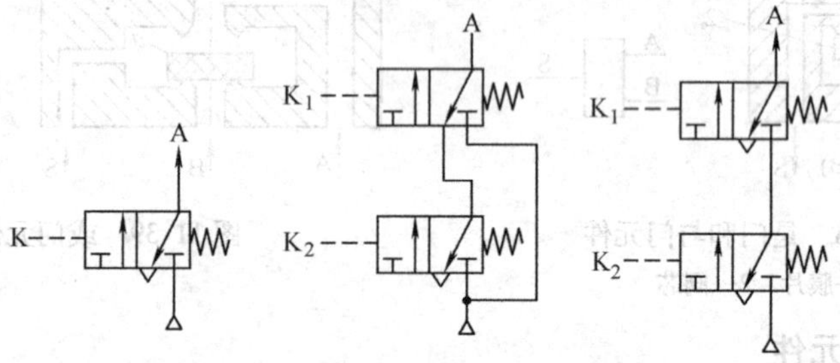

图 11-43　由逻辑阀组成的逻辑回路

a）是门回路　b）或门回路　c）与门回路

11.6　习题

1. 说明空气压缩机、后冷却器、储气罐的工作原理和作用。

2. 在压缩空气站中，为什么既有除油器又有油雾器？

3. 常用气源调节装置是指哪些元件？安装顺序如何？如果不按顺序安装，会出现什么问题？

4. 弹簧复位式单作用气缸的内径 $D=80\text{mm}$，复位弹簧的反作用力为 300N，工作压力为 0.5MPa，气缸的输出推力是多少？如果气缸的负载效率为 50%，气缸的推力又是多少？

5. 单作用气缸的内径 $D=80\text{mm}$，活塞杆直径 $d=25\text{mm}$，工作行程 $L=400\text{mm}$，工作压力为 0.5MPa，气缸的负载效率为 50%，求气缸的推力和拉力。活塞一个往复运动所消耗的自由空气量是多少？

6. 写出下列阀的图形符号：二位三通气控加压换向阀，双电控二位五通先导式电磁换向阀，中位机能 O 型三位五通气控加压换向阀，二位三通手动换向阀，梭阀，快速排气阀，二位三通延时阀，减压阀。

7. 简述梭阀和双压阀的工作原理，并举例说明其应用。

8. 快速排气阀为什么能快速排气？在安装使用快速排气阀时应注意什么问题？

9. 说明减压阀的工作原理。

10. 说明哪些气动元件具有“与”门逻辑关系，哪些元件具有“或”门逻辑关系。

11. 设计一种常用的快进-慢进-快退-的气控回路。

12. 用一个单电控二位五通阀、一个单向节流阀、一个快速排气阀，设计一个可使双作用气缸慢进-快速返回的控制回路。

第 12 章　气压传动基本回路

气压传动基本回路是由一些气压传动元件组成，并能完成气动系统某一特定功能的气动回路。围绕核心气动元件的基本控制作用构成气动基本回路的功能。这些基本回路功能的组合可以构成各种功能完善的气动系统。因此，熟悉和掌握气压传动的基本回路不仅可以进一步加深对各类气动控制元件在回路中作用的认识和理解，熟悉它们之间的相互关系，而且能够掌握回路单元的原理和特点，对分析和设计气动系统是非常必要的。

12.1　压力控制回路

对气压传动系统的压力进行调节控制的回路称为压力控制回路。由于气源装置决定并保证了系统的供气压力，所以设备压力均由减压阀进行调控。

12.1.1　基本压力控制回路

1. 气源压力控制回路

如图 12-1 所示，从空气压缩机输出到储气罐的压缩空气的压力由安全阀限定。电触点压力表或压力继电器控制电动机的起停，保证罐内压力维持在气动系统压力需要值。此回路也称为一次压力控制回路。

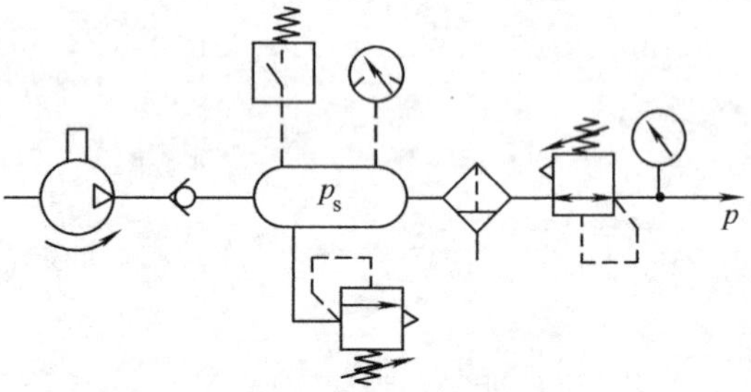

图 12-1　气源压力控制回路

2. 设备压力控制回路

如图 12-2 所示，设备压力控制回路由分水过滤器、减压阀、油雾器组成，由减压阀调节设备执行元件的工作压力。此回路也称为二次压力控制回路。图 12-2b 可向设备提供两种不同的工作压力。

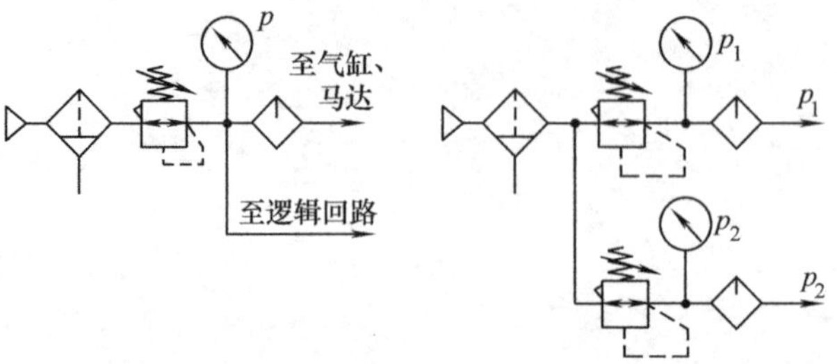

a)　　b)

图 12-2　设备压力控制回路

12.1.2 气液增压回路

图 12-3 是采用双侧控制的气液增压器增压回路。一般气液转换器或气液阻尼缸都只能得到与气压相同的液压压力，在要求推力很大时，将使缸的结构尺寸过大。为此可采用气液增压器来提高工作压力，以缩小缸的结构尺寸。图中，当二位四通电磁换向阀通电处于上位时，压缩空气进入气液增压器 1，并使增压后的液体驱动液压缸向右慢速前进，其速度由单向节流阀 5 调节；当换向阀断电处于下位时，压缩空气经气液转换器 3 使受压油液通过单向节流阀 4 进入缸的右腔，缸活塞退回。这种回路，液压缸双向运动较平稳，适用于需单向增压且要求负载在两个方向运动平稳的场合。

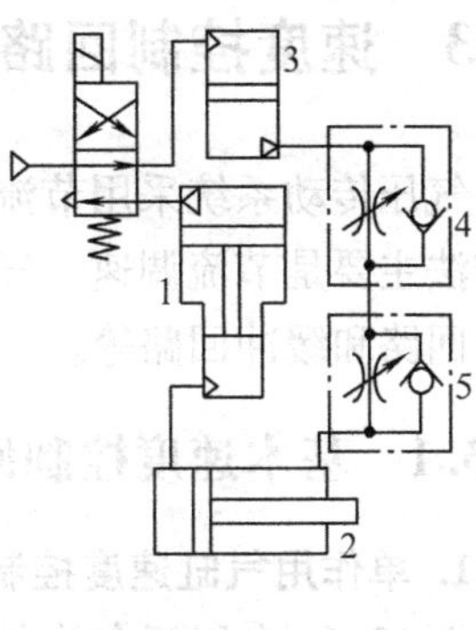

图 12-3　双侧控制气液增压回路
1—气液增压器　2—气缸
3—气液转换器　4、5—单向节流阀

12.2 换向回路

气压传动系统均采用换向阀对气流进行方向控制，保证执行元件的运动方向和换向位置要求。

12.2.1 基本换向回路

图 12-4 为采用电磁和手动换向阀对双作用气缸进行方向控制的回路。图 12-4a、12-4b 是直接由电磁换向阀进行气流换向控制的回路，图 12-4c、12-4d 则由小流量手动换向阀控制大流量气动换向阀对执行元件进行方向控制的回路。其中，图 12-4b 可以实现中间任意位置停止，但停止位置精度不高。

12.2.2 使用气液转换器的换向位置控制回路

图 12-5 是使用气液转换器的位置控制回路。该回路利用二位二通电磁换向阀控制液压缸在任意位置停留。当二通阀断电时，液压缸可实现左右运动；当二通阀处于左位时，即可切断进入或排出缸左腔的油液，使缸实现任意位置停留。这种回路适用于定位精度要求高的场合。

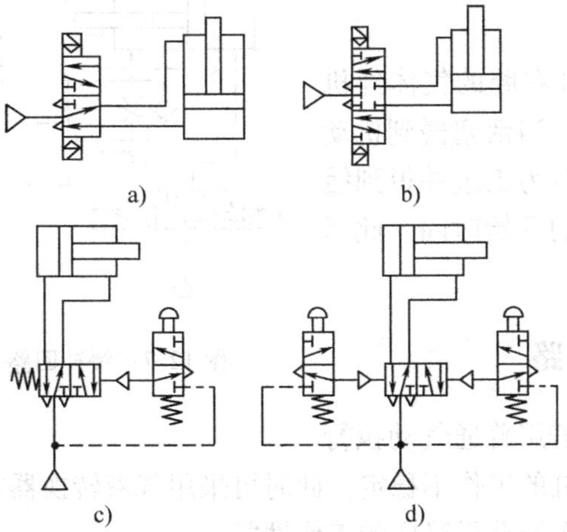

图 12-4　双作用缸的换向回路

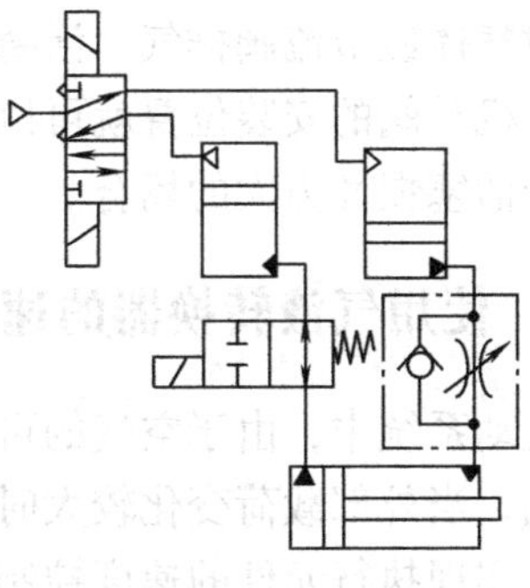
图 12-5　气液转换器的位置控制

12.3 速度控制回路

气压传动系统采用节流阀对执行元件的速度进行调控。一般气动系统的功率较小，故调速方法主要是节流调速。气缸活塞的速度控制可以采用进气节流调速或排气节流调速，包括调速回路和缓冲回路等。

12.3.1 基本速度控制回路

1. 单作用气缸速度控制回路

图 12-6a 中用两个单向节流阀来分别控制活塞的升降速度，图 12-6b 用节流阀调节活塞的上升速度，活塞下降时，气缸下腔通过快速排气阀排气。

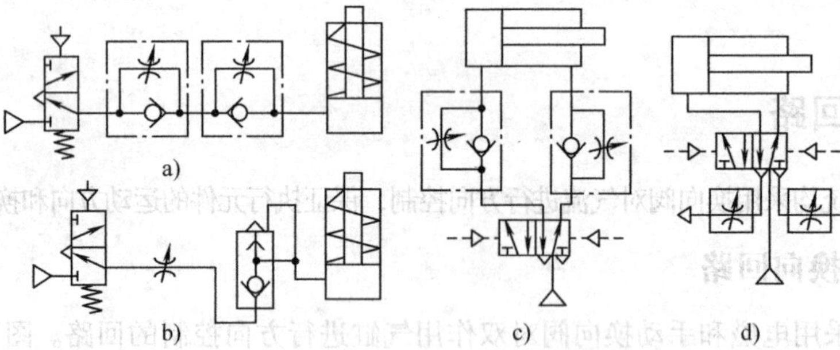

图 12-6 基本速度控制回路

2. 双作用气缸速度控制回路

图 12-6c 为气缸的双向排气节流调速回路。图示位置有杆腔经换向阀和单向阀进气，气缸活塞杆退回，无杆腔的气流经节流阀和换向阀排气。换向阀换位时则活塞杆伸出，仍为排气节流。若两个单向阀反装则为进气节流。图 12-6d 为用排气节流阀的双向排气节流回路。

12.3.2 缓冲回路

如图 12-7 所示，当活塞向右运动时，缸右腔的气体经机动换向阀及二位五通阀排气，活塞快速运动。当活塞碰到机动换向阀时气体经节流阀排气，活塞运动速度改为工进并得到缓冲。调整机动阀的安装位置就可以改变缓冲的开始时间。此回路适合于活塞惯性力大的场合。

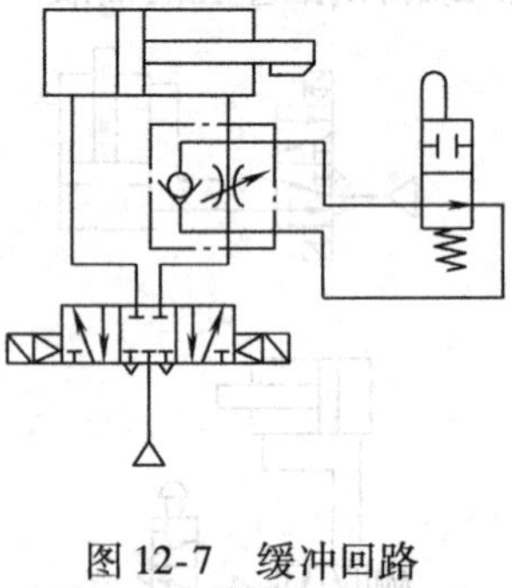

图 12-7 缓冲回路

12.3.3 使用气液转换器的速度控制回路

在气动系统中，由于空气的可压缩性，若用普通气动执行元件控制，当外部载荷变化较大时，会使气缸的工作不稳定。此时可采用气液转换器或气液阻尼缸来实现执行元件的速度控制，使气动系统获得稳定的工作性能。

1. 使用气液转换器的双向调速回路

图 12-8 是采用气液转换器实现双向调速的回路。图中压缩空气经换向阀进入气液转换器的气腔中，并以相同大小的压力传递到油压腔。即将气压力转换为液压力，回油中的油液由两个单向节流阀分别调节，控制活塞缸两个方向的运动速度。

2. 使用气液转换器的速度换接回路

图 12-9 是采用气液转换器和行程阀的速度换接和双向调速回路。当二位五通单气控换向阀处于下位接通时，压缩空气进入动力缸左腔，使缸右腔内油液经行程阀进入气液转换器，气液转换器经气控换向阀排气。同时缸的活塞实现快速右移。当挡块压下行程时，油液只能通过节流阀进入气液转换器，使动力缸转换为慢速前进。调节行程阀的安装位置，就可以调节缸速度转换的起点。而当气控换向阀恢复图示位置时，压缩空气进入气液转换器并使油液经单向阀进入动力缸的右腔，缸的活塞快速向左退回，实现了“快进、工进、快退”的动作循环。由于缸的一腔是压缩空气、另一腔是油液，所以活塞应严格密封，避免气液串通是保证速度稳定的关键。

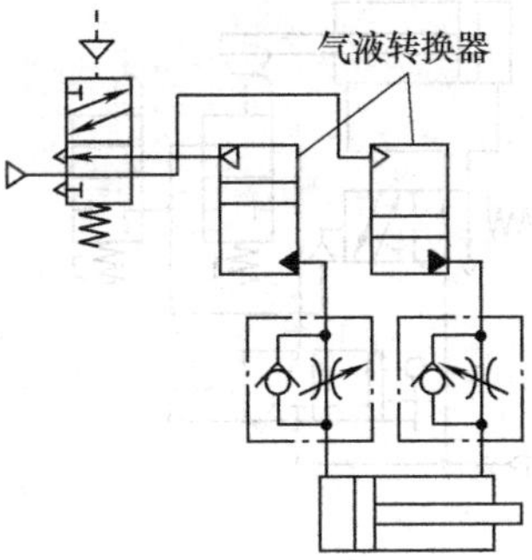

图 12-8　使用气液转换器的调速回路

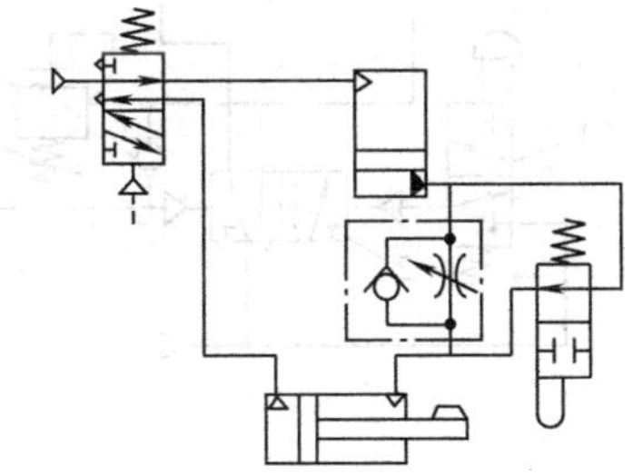

图 12-9　气液转换器的速度换接回路

12.4　顺序动作回路

顺序动作回路是使执行元件按照预定的工作顺序进行动作，完成整个工作循环的一系列动作阶段。气压传动系统中的顺序动作回路可以用顺序阀、行程阀、行程开关、时间控制等实现顺序动作。

12.4.1　往复动作回路

往复动作回路是在给定起动信号后，一个执行元件自动完成往复动作的回路。气动设备中采用往复动作回路可提高自动化程度。常用的往复动作回路有单往复动作和连续往复动作回路两种。

1. 单往复动作回路

图 12-10 是用压力控制的单往复动作回路，当按下手动阀 1 后，控制气体使气控换向阀 2 处于左位并保持，压缩空气进入气缸左腔，使活塞向右运动。当活塞到达终点后，缸左腔压力升高并打开顺序阀 3 使换向阀 2 处于右位，压缩空气进入气缸右腔，其活塞向左退回。

这种回路只能完成一次单往复动作，若要重新向右运动则需要再次按压手动阀1。

2. 连续往复动作回路

图12-11是行程阀控制的连续往复动作控制回路。当推动手动阀并保持位置后，单向气控换向阀处于右位，气缸左腔进入压缩空气，活塞向右运动。由于气缸释放行程阀1，使该阀自动复位而将控制气路封闭，使气控换向阀仍处于右位。当活塞到达终点，挡块压下行程阀2时，气控换向阀的控制气路经行程阀2排气。气控换向阀在弹簧作用下恢复至左位，这时压缩空气进入气缸右腔使活塞向左退回。在气缸返回到原位并再次压下行程阀1后，气控换向阀又重新换至右位，使气缸左腔重新进入压缩空气，重复上面所述的循环动作。该回路结构简单，只要扳动手动阀，连续往复动作就可以一直进行下去。如果在气缸两腔的气路上分别安装上两个单向阀、节流阀，还可以控制往复运动的速度。

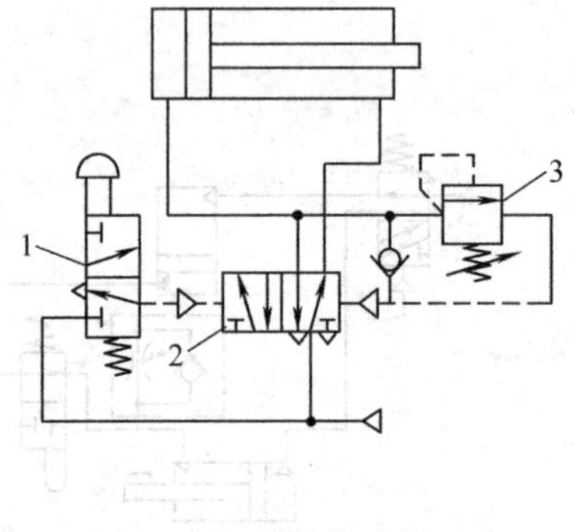

图12-10　单往复动作回路

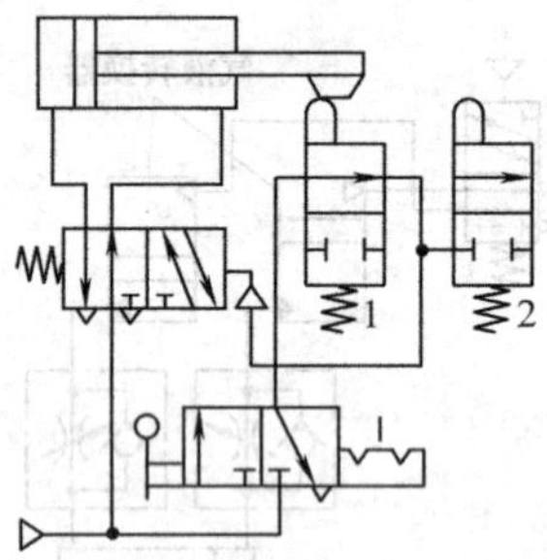

图12-11　连续往复动作回路

12.4.2　延时控制回路

气动延时回路的作用是使气动系统的执行元件或控制回路延后一定时间再发生动作。这一延时功能主要由气动延时元件实现的，与电气时间继电器功能相同。这种回路常用于易燃、易爆等不允许使用时间继电器的场合。

1. 延时接通回路

图12-12是延时接通回路，输入信号为A，输出信号为F。当输入信号出现后，压缩空气经阀2上位和延时元件的节流口进入气容，并同时进入主控阀1的信号输入侧。在压力未达到主控阀1动作压力的时间内，阀1不动作，延时等待。经过一段时间t_1使气容中的压力上升到阀1动作值后，主控制阀1输出F。延时时间可由节流阀调节。

2. 延时断开回路

图12-13是延时断开回路，图中延时元件组成排气节流回路。当输入信号A后，气流经单向阀进入气容并使主控换向阀切换为上位，立即有信号F输出。但当输入信号A消失后，在主控换向阀上端的气体要经节流阀排气，须经过一定延时时间t_2后，主控换向阀才会恢复原位，断开输出信号F。断开延时时间可由节流阀调节。

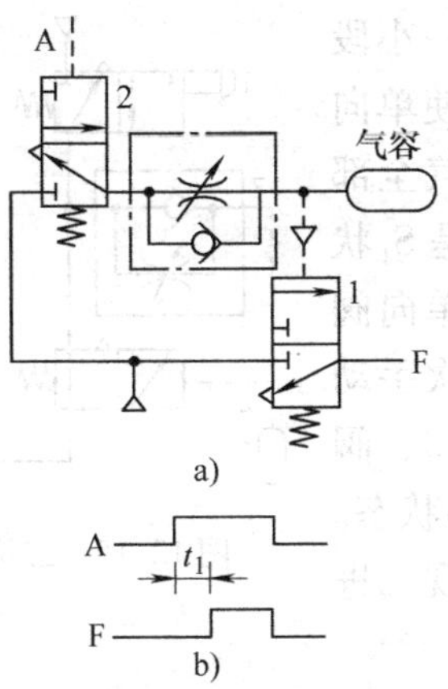

图 12-12　延时接通回路

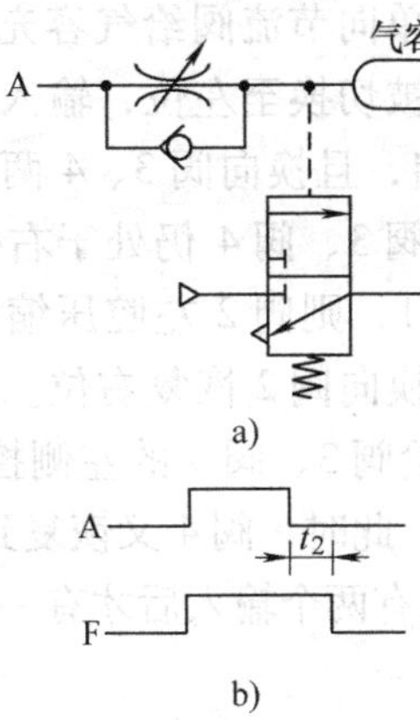

图 12-13　延时断开回路

12.4.3　多执行元件顺序动作回路

顺序动作回路主要是使多个执行元件按照预先设定的动作顺序，自动完成每步动作。

图 12-14 是双缸顺序动作回路。图中 A、B 两缸动作为 A 进→B 进→B 退→A 退。如果进用下标 1 表示，退用下标 0 表示，则这个顺序动作可以表示为 $A_1 \rightarrow B_1 \rightarrow B_0 \rightarrow A_0$。其动作过程如下：在图示位置，两缸均处于左端；当按下手动二位三通阀后，二位五通双气控换向阀 5 处于左位，压缩空气进入缸 A 左腔，使活塞先实现动作 A_1；当缸 A 向右运动并释放二位三通行程阀 1 后，换向阀 5 左侧控制气体排到大气中，但该换向阀具有双稳功能仍处于左位；直到挡铁压下右侧的二位五通行程阀 3 后，使二位五通单气控制换向阀 6 也换至左位，这时缸 B 左腔进入压缩空气，其活塞实现动作 B_1，此时缸 B 释放二位三通行程阀 2 使其自动复位；当缸 B 向右运动并压下二位五通行程阀 4 时，使二位五通单气控制换向阀 6 复位到右位，压缩空气进入缸 B 右腔，使缸 B 活塞向左退回实现动作 B_0；当缸 B 退回至原位并再次压下二位三通行程阀 2 时，使双气控换向阀 5 处于右位，因此缸 A 右腔进入压缩空气，使其活塞左退实现动作 A_0。这些动作均是按预定设计顺序进行的，此回路能在速度较快的情况下正常工作，主要用在气动机械手、气动钻床及其他自动设备中。

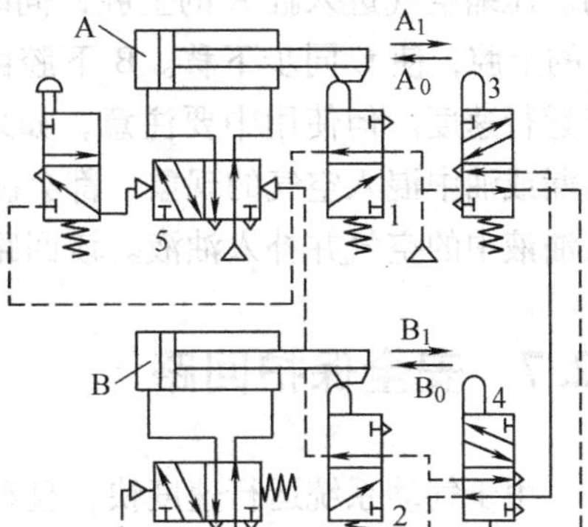

图 12-14　双缸顺序动作回路

12.5　计数回路

在一些气动设备中常采用一些计数回路来完成某些动作，实现不同执行元件的节拍匹配。用气动控制元件可以实现不同进制的计数控制。

图 12-15 是二进制计数回路。图示状态是 S_0 输出状态。按下手动阀 1 将脉冲信号输入给换向阀 3 和换向阀 4 的右侧控制腔，使阀 3 和阀 4 均切换至右位，这时阀 4 的输出状态为 S_1

状态。同时气流经单向节流阀给气容充气，在经过一小段时间后，换向阀2被切换至左位，输入的脉冲信号使单向阀5、6都随之开启，且换向阀3、4两侧的压缩空气全部经阀2排出。此时阀3、阀4仍处于右位，输出仍是S_1状态。若松开手动阀1，则阀2左腔压缩空气经7的单向阀和手动阀1排出，换向阀2恢复右位。若再按动一次手动阀1，则信号输入给阀3、阀4的左侧控制腔，使阀3、阀4均被切换至左位。此时，阀4又恢复到输出为S_0的状态。因此S_1和S_0都是在有两个输入后才有一次输出，实现二进制计数功能。

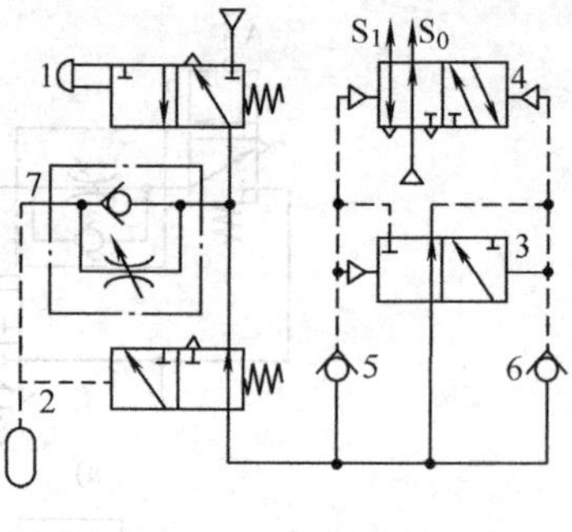

图12-15　二进制计数回路

12.6　同步动作回路

当气动系统需要控制两个以上执行元件按相同的速度和位移运动时，可采用同步动作回路。

如图12-16所示，缸A的下腔与缸B的上腔相连，内部封入一定量的液压油，且缸A的有效面积A_1和缸B的有效面积A_2相等，以保证两缸同步运动。压缩空气进入缸A的上腔，同时液压油进入缸B的上腔，使C同步下移。B下腔由排气节流阀调控运行速度。但使用中要注意，如果发生液压油的泄漏或油中混入空气的现象，都会破坏同步运动精度。因此要经常打开放气装置1，排放混入油液中的空气并补入油液。该回路可得到较高的同步精度。

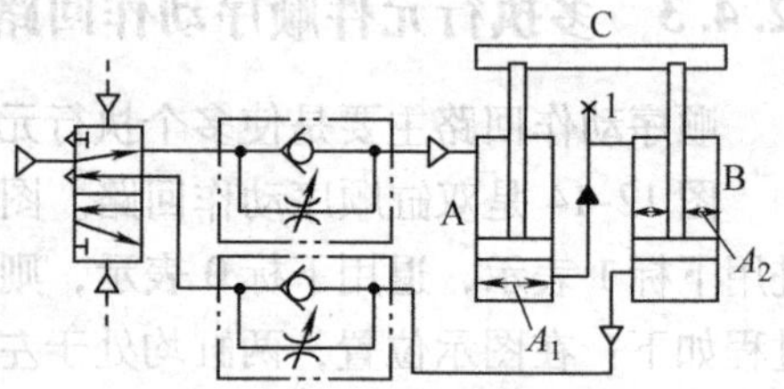

图12-16　同步动作回路

12.7　安全保护回路

由于气动系统运行速度快，且动作频繁，所以经常需要采用安全保护回路来保护操作者的人身安全和设备的正常运行。

12.7.1　双手操作安全回路

在一些冷冲压设备中必须有双手操作安全保护回路，以保证操作人员双手的安全。

图12-17a所示，手动阀1和手动阀2之间是“与”的逻辑关系。按下其中一个手动阀时，主控换向阀3不能换向，只有两手同时按下阀1和阀2时，主控换向阀才会换向，气缸上腔才会进气，其活塞才能下落完成冲压。但是如果阀1或阀2的弹簧折断而不能复位时，则单独按下另一个手动阀也会使气缸活塞下落，可能造成事故。因此这种回路实际使用过程中并不十分安全。

图12-17b所示的双手操作安全回路克服了图12-17a的缺点，增强了操作安全的可靠性。在图示位置系统向气容6充气。在工作中，只要手动阀1和手动阀2不同时按下，都会使气容与大气接通而排气，使主控换向阀3无法换位。只有当双手同时按下手动阀1和手动

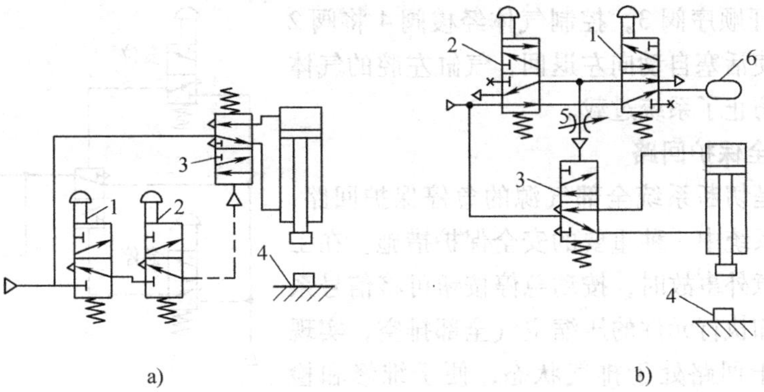

图 12-17　双手操作安全回路

阀 2 时，气容 6 的压缩空气才能经节流阀延时一定的时间后切换主控换向阀 3，压缩空气才可进入气缸上腔，使活塞向下运动。这种回路常用于冲压或锻造设备中。

12.7.2　其他安全保护回路

在现代设备中，为防止工作系统过载出现故障而损坏设备造成重大事故，往往要采用一些气动安全保护回路。

1. 动作联锁安全保护回路

图 12-18 是动作联锁安全保护回路。气缸 B 的主控换向阀 2 的控制口，通过手动阀 3 与气缸 A 的左腔相连通。当按下手动阀 1 后，气缸 A 左腔进入压缩空气，活塞伸出，此时缸 B 停止不动。而如果将阀 3 切换至上位，压缩空气使阀 2 切换至左位，这时缸 B 下腔进入压缩空气，其活塞才能向上运动。因此只有缸 A 动作后，缸 B 才能动作。

2. 过载保护回路

图 12-19 是过载保护回路。此回路在气缸工作过程中，遇到故障造成气缸过载时，可以使活塞自动退回。

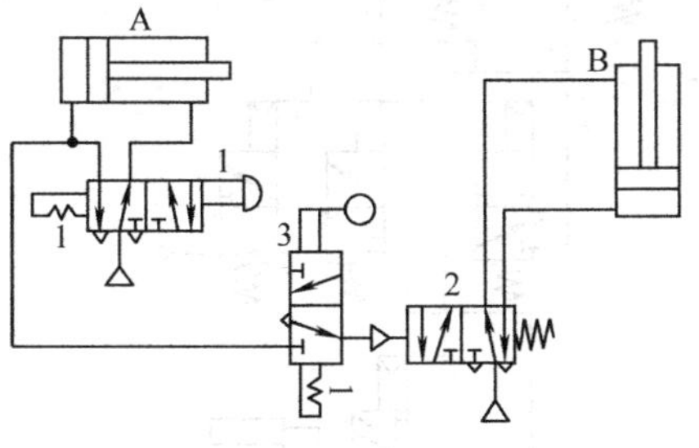

图 12-18　动作联锁安全保护回路

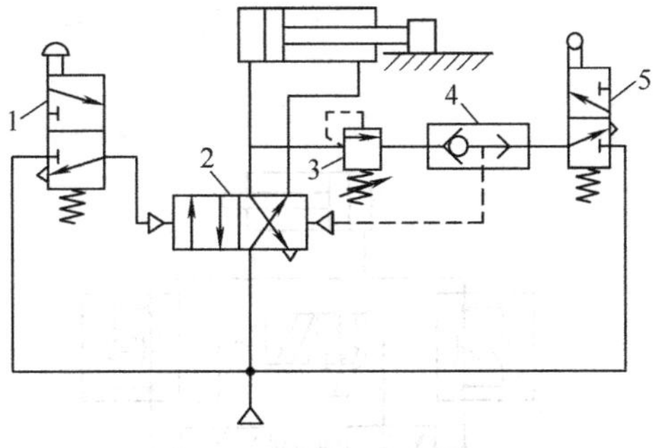

图 12-19　过载保护回路

气动系统正常工作时，按下手动阀 1，使主控换向阀 2 切换至左位，压缩空气进入气缸左腔，使其活塞向右伸出。当活塞上的挡块压下行程阀 5 时，阀 2 又换至右位，压缩空气进入气缸右腔，使活塞向左退回。

当气缸活塞向右运动过程中，若遇到故障或负载过大，使气缸左腔压力升高超过阀 3 的设定值时，打开顺序阀 3，控制气体经梭阀 4 将阀 2 切换至右位，使活塞自动向左退回，气缸左腔的气体经阀 2 排气，防止了系统过载。

3. 急停安全保护回路

图 12-20 是切断系统全部气源的急停保护回路，这是自动控制系统中一种重要的安全保护措施。在工作进程中出现意外事故时，按动急停按钮可将信号系统、控制系统和执行元件的压缩空气全部排空，实现立即停车。由于回路处于排气状态，便于维修和检查。若需要重新恢复工作，可按动复位阀使系统正常供气。

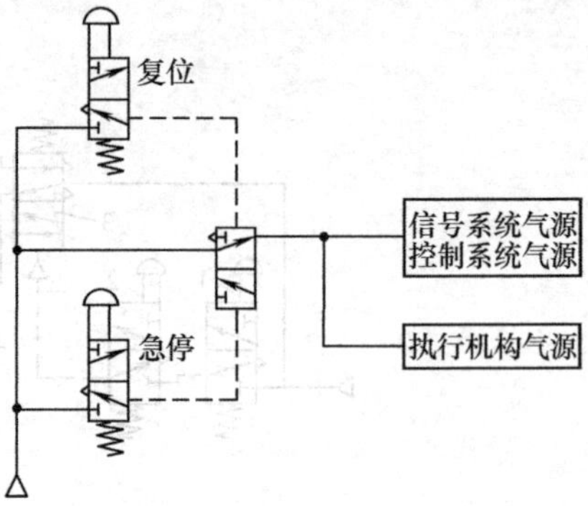

图 12-20　急停安全保护回路

12.8　习题

1. 气体的可压缩性会使速度、位置的控制精度和稳定性变差。试问如何克服气体的可压缩性以实现稳定的控制，请举一到两个例子说明。

2. 试利用气液转换器、单向节流阀、行程阀等元件组成一个能实现“快进-工进-快退”的变速回路。

3. 用两个双作用缸、一只顺序阀、一个二位四通单电控换向阀设计一个顺序动作回路。

4. 图 12-12 的延时接通回路可以完成“是”门功能。试设计一个延时动作“非”门回路。

5. 图 12-21 是用时间控制的连续往复动作回路。气容 C 充气达到一定值时切换主控阀，从而实现活塞连续自动往复运动。分析回路工作过程，并写出工作循环各阶段的气路流向。

6. 图 12-22 是用三位五通气控先导换向阀组成的双手操作安全保护回路。试分析以下问题。

1）如何控制其活塞下行？

2）若活塞行进中途要将其停止，应如何操作？

3）为使活塞向上退回，又该如何操作？

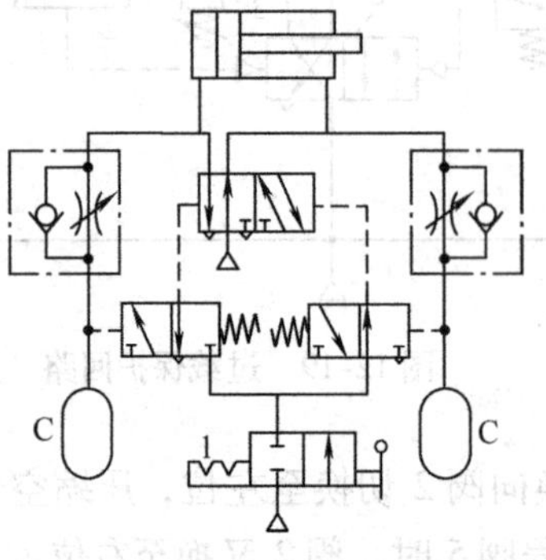

图 12-21　题 5 图

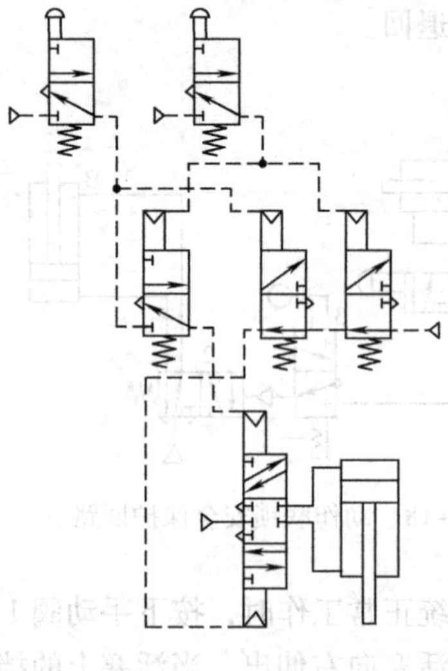

图 12-22　题 6 图

7. 在实验室组装建立如图 12-14 所示的顺序动作回路，并完成调试和运行训练。

第 13 章 气压传动系统实例与顺序动作系统设计

气压传动技术是实现工业生产自动化的重要方式之一，应用广泛。实现设备各种功能的气动系统种类很多，但一般都是由基本回路组合而成的。当设备功能需求比较简单时，可以采用经验方法或参考成熟回路进行设计。但当设备功能要求复杂时，必须采用顺序动作系统设计方法设计系统。这也是气压传动系统有别于液压传动系统的使用特点决定的。在气动基本回路和典型气动系统的基础上学习顺序动作系统设计的基本方法，可以提高分析、应用和设计气压传动系统的能力。

13.1 气压传动系统实例

实际中的气压传动系统很多，并且各有特点，下面用一个单缸系统和一个多缸系统作为实例讲解。

13.1.1 气液动力滑台气压传动系统

图 13-1 为气液动力滑台气压传动系统。该系统采用气液阻尼缸和行程阀实现不同工作循环，作为一种通用部件在设备中实现直线进给运动。

如图 13-1 所示，系统执行元件为气液阻尼缸，缸的上半部分是液压部分，由行程阀 6、8 控制往返运动。补油油箱经单向阀 9 补充泄漏油液。缸的下半部分是气动缸，由手动换向阀 1、3 和行程阀 2 控制换向。

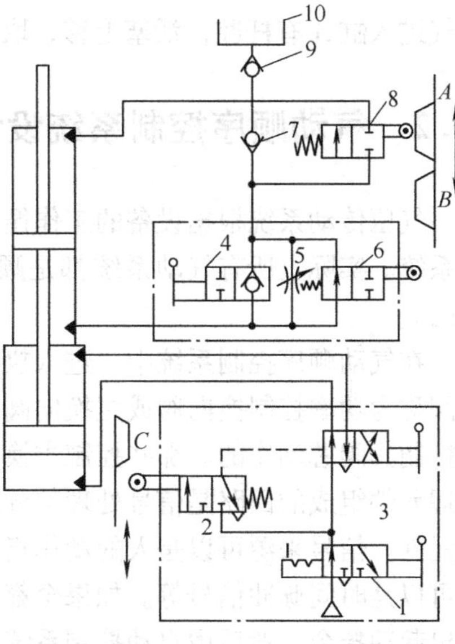

图 13-1 气液动力滑台气压传动系统

（1）实现：快进—工进—快退—停止工作循环

手动两位两通阀 4 处于图示位置时，可实现上述循环，动作过程如下。推动手动换向阀 3 至右位时，经阀 1 来的压缩气体进入气缸上腔，下腔经阀 3 排气，使活塞下移。液压缸下腔油液经阀 6 左位和单向阀 7 进入液压缸上腔，活塞快速下移，实现快进。当挡铁 B 压下阀 6 时，液压缸下腔油液要经节流阀 5 流入上腔，转变为工进，同时挡铁 A 释放阀 8。当挡铁 C 压下行程阀 2，压缩空气经阀 2 推动阀 3 至左位，气流进入气缸下腔，上腔经阀 3 排气，使活塞上移。液压缸上腔油液经阀 8 左位和阀 4 右位的单向阀进入液压缸下腔，活塞快退。当挡铁 A 压下阀 8，则活塞停止。

（2）实现：快进—工进—慢退—快退—停止工作循环

将手动阀4推向左位工作时，快进、工进过程与上面相同，但当挡铁C压下行程阀2、气流进入气缸下腔使活塞上移时，液压缸上腔的油液经阀8左位和阀5进入下腔，活塞慢速上移，实现慢退。当挡铁8释放阀6后，被阀5节流的油液经阀6进入液压缸下腔，实现快退。停止油路与上述相同。

13.1.2 工件夹紧气压传动系统

图13-2是机床、生产线上常用的工件夹紧气压传动系统。系统有三个双作用气缸，可按照预定的顺序完成定位、夹紧工作循环。缸A为工件定位缸，缸B、C为夹紧缸。以1为下标表示活塞伸出，以0为下标表示活塞退回。要求实现$A_1\rightarrow\begin{Bmatrix}B_1\\C_1\end{Bmatrix}\rightarrow\begin{Bmatrix}B_0\\C_0\end{Bmatrix}\rightarrow A_0$。工作循环如下。

踏下两位四通换向阀1后，压缩气体进入缸A上腔，下腔经单向节流阀和阀1排气，实现A_1动作，工件定位。当缸A活塞压下行程阀2后，压缩空气经单向节流阀5推动阀6至右位，气流经阀6右位和阀4左位同时进入缸B、C的无杆腔，使两缸活塞伸出，从左右两面夹紧工件。同时压缩空气经阀3的节流孔进入阀4的控制腔，延时后推动阀4至右位，使气流进入B、C两缸的有杆腔，使两缸活塞退回，松开工件。在此过程中压缩空气使阀1回复右位工作，压缩空气进入缸A有杆腔，活塞上移，取消定位。

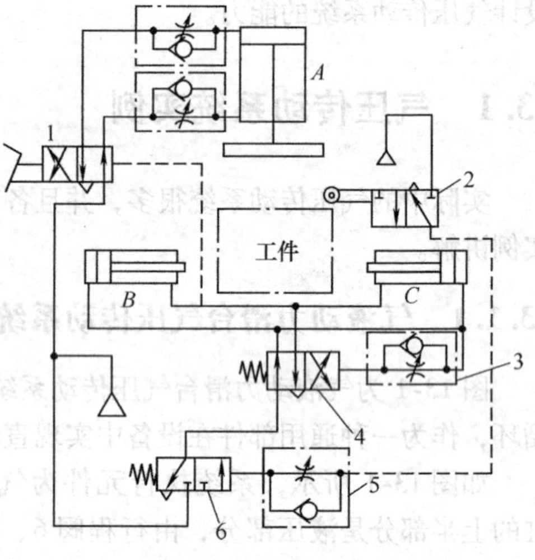

图13-2 工件定位夹紧气压传动系统

13.2 气动顺序控制系统设计

气压传动系统根据设备的工作循环要求对执行元件的动作顺序进行控制，这就是顺序控制系统。实际上所有气动系统都是顺序控制系统，只是简单系统不需要进行顺序控制设计而已。

在气动顺序控制系统中，进入执行元件的压缩空气必须由各种换向阀进行控制。这些换向阀称为功率控制换向阀或主换向阀，这些功率换向阀是可以通过手动、机动、电动、气动来控制其阀芯动作的。那些控制主换向阀阀芯动作的元件称为信号处理或转换元件，由信号处理元件组成的回路是信号处理部分或称逻辑控制回路。主换向阀就是控制回路的放大和输出元件。信号来源可以是人的动作指令，可以是运动件的机动位置信号，可以是压力信号，也可以是时间脉冲信号等。如果全都是人的指令，就不是自动控制系统了，所以人一般只是发出起动指令，然后由自动控制系统采用时间、行程等其他信号进行控制。把这些信号转换成电信号、光信号，液压信号或是气压信号，要看系统的信号处理部分采用什么系统。如果是采用模拟电信号处理系统，就要用行程开关或压力继电器将行程位置信号或压力信号转换成模拟电信号；如果采用气动信号处理系统，就要用行程阀将行程位置信号转换成气压信号。如果是执行元件少的简单系统，可以直接用这些转换后的信号去控制主换向阀，如前面介绍的单缸系统。但对执行元件多、动作循环复杂的系统，必须在工作顺序的约束下正确进行信号处理。对开关控制系统，所谓的信号处理就是转换和协调信号之间的组合关系，也就是实现信号之间的逻辑运算，从而正确控制执行元件动作。目前功能最完善、处理速度最快、柔性最强的是 PLC。但是如果受使用条件限制只能用气动信号处理系统来控制气压传动，那么就是功率传动和信号处理均为气动的纯气动系统设计问题。下面就在这个限定内讨论设计问题。

顺序控制方法可分为时间、行程、压力和混合顺序控制几类。其中，行程顺序控制要由执行元件的运动件通过行程位置发出信号，控制后续阶段的动作继续进行。这种控制方法结构简单、动作可靠、调整方便，因而应用广泛。但这里必须注意一点，就是行程元件的位置是预先安装确定的，虽然可以根据需要调整，但控制系统并不能对位置进行控制，只是在某个位置接受信号而已。能对位置、速度控制的是伺服控制系统。数字控制能够实现对顺序、位置、速度的全面控制。

但是行程顺序控制的信号之间一般会出现冲突和障碍，必须采取不同方法进行消除，从而保证设备工作循环的顺序协调动作。这就是顺序控制系统设计的主要任务。常用的设计方法有分组供气法、卡诺图法、信号动作状态（X-D）线图法，步进法等。本书只介绍信号动作状态（X-D）线图法，其余方法可参考相关文献。

13.2.1 X-D 线图法中的符号规定

如图 13-3 所示为双缸行程程序控制回路，为了将其执行元件动作和行程控制信号间的关系简明表示出来，现将常用符号规定如下。

1）把所有的执行元件按动作顺序用字母 A、B、C、D、F、E 等表示其动作状态，并用下标“1”表示气缸的活塞杆伸出，下标“0”表示气缸的活塞杆退回。每个缸活塞的每个动作过程在循环顺序中称为一个相位。

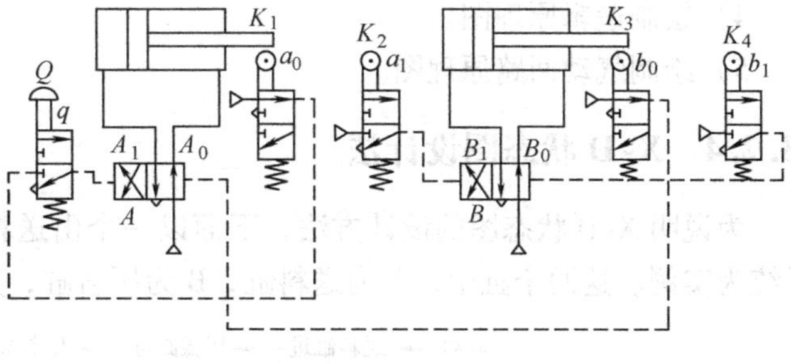

图 13-3 有障碍信号的行程控制系统

2）用与气缸对应的小写字母 a、b、c、d、e、f 等表示与气缸对应安装的行程阀以及行程阀发出的信号，用下标“1”表示气缸的活塞杆伸出终点发出的控制信号，用下标“0”表示气缸的活塞杆退回终点所发出的信号。

3）由于主换向阀的位置与气缸的动作状态完全对应，所以主换向阀也用与对应气缸相同的大写字母表示。下标“1”表示控制该气缸伸出的阀位，下标“0”表示控制该气缸退回的阀位。

4）经过排除障碍和逻辑处理后的执行信号在右上角加“ * ”号，如 a_1^*、b_0^* 等，而不带“ * ”号的信号则为原始信号，如 a_1、b_0 等。

13.2.2 障碍信号的判断

大部分行程阀程序回路的信号之间都存在各种形式的干扰，如一个信号妨碍另一个信号的输出，两个信号同时控制一个动作等。这些信号间形成障碍，使动作不能正常进行，构成了有障回路。

现在来分析如图 13-3 所示回路如果按 $A_1B_1A_0B_0$ 的程序要求进行动作，能否顺序协调工作。回路中，K_1 至 K_4 为信号阀，一旦供气后，由于信号阀 K_3 一直受压，信号 b_0 就一直供给阀 A 的右侧 A_0 位。这样，即使操作起动阀 Q 向阀 A 左侧 A_1 位供气，阀 A 也不能切换，形成障碍。由此可见，信号 b_0 对 q 是个障碍信号。

若没有 b_0 信号，则按下 Q 后，气流经阀 K_1 通过阀 Q 进入 A 的左侧，使 A_1 位工作，活塞 A 伸出，当活塞杆上的挡铁压住阀 K_2 后，K_2 发出信号 a_1 给阀 B 的左侧 B_1 位，使阀 B 切换，活塞 B 伸出，再发出信号给阀 B 的右侧 B_0 位。此时，由于活塞 A 仍在发出信号 a_1 给阀 B 的左侧 B_1 位，使信号 b_1 对阀 B 的 B_0 位不起作用，也就是信号 a_1 也妨碍信号 b_1 的送入。

由此可见，在这个回路中，信号 a_1 和 b_0 都妨碍其他信号的输入，形成了障碍，使回路不能正常工作，因而必须设法将其除去。行程程序控制回路设计的关键就是分析和排除障碍信号，具体可用 X-D 状态图解决。

13.2.3 行程程序回路的设计步骤

行程程序制回路的设计，主要是解决信号和执行元件之间的协调和连接问题。用 X-D 状态线图法设计行程程序回路的步骤如下。

1）根据生产自动化的工艺要求，列出工作程序或工作程序图。

2）绘制 X-D 状态图。

3）判断障碍信号并排除，列出逻辑表达式。

4）绘制逻辑原理图。

5）绘制气动回路原理图。

13.2.4 X-D 状态图设计法

为说明 X-D 状态图的设计方法，下面以一个由送料缸和压盖缸组成的送料压盖机气动系统为实例。这两个缸中，A 为送料缸，B 为压盖缸，其自动循环动作为

起动 → 送料缸进 → 压盖缸进 → 压盖缸退 → 送料缸退

把这个工作循环用字母程序动作表示，可以简化为

$$\xrightarrow{q(a_0)} A_1 \xrightarrow{a_1} B_1 \xrightarrow{b_1} B_0 \xrightarrow{b_0} A_0 \xrightarrow{a_0}$$

如果略去箭头和小写字母表示的控制信号，则动作流程为 $A_1B_1B_0A_0$。

1. X-D 状态图的画法

X-D 信号动作状态图（简称 X-D 状态图或 X-D 线图）是一种图解方法，它可以把各个控制信号的存在状态和气动执行元件的工作状态用图线表示出来，从图中可以分析出障碍信号的存在状态，以及消除信号障碍的各种可能性。下面以送料压盖机的 $A_1B_1B_0A_0$ 工作程序为例，说明 X-D 线图画法。

（1）画方格图

如图 13-4 所示，在顶格横栏内由左至右依次填入预定的顺序动作序号 1、2、3、4 等，即每一相位占一纵列。在相位序号下面填入相应的动作状态 A_1、B_1、B_0、A_0。这个顺序应严格按动作顺序填入。在最右边的一列纵栏由上至下填入“执行信号表达式”。在方格最左边一列由上至下填入各缸动作序号，第二纵列由上至下填入控制信号及对应动作组成的运动状态组，简称 X-D 组，如 a_0（A_1）与 A_1。每个 X-D 组包括上下两行，上行为行程阀信号 a_0（A_1），下行为该信号控制的执行件运动状态 A_1。其中信号也可以不加括号内容，即将 a_0（A_1）写为 a_0。每个缸在动作循环中出现几次，则其原始信号就有几个。因此，每个动作的主控原始信号可能有数个。最下面的备用格可根据具体情况填入增加的中间记忆元件或辅助阀的输出信号、消障信号及联锁信号等。

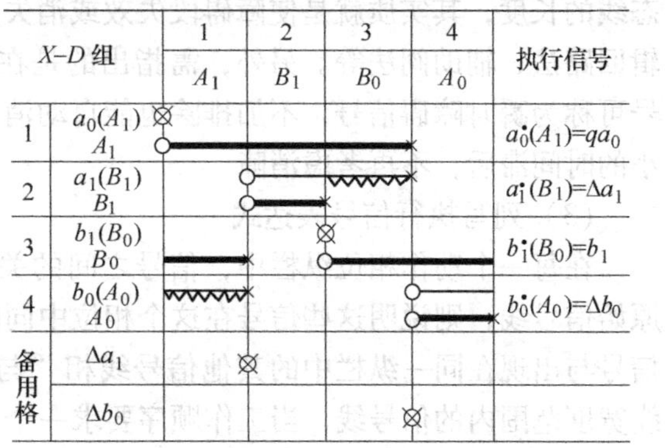

图 13-4　$A_1B_1B_0A_0$ X-D 状态图

（2）画动作状态 D 线

用横向的粗实线画出各执行元件的运动状态线。运动状态线的起点是该动作程序的开始处，用符号“○”画出，运动状态线的终点处用符号“×”画出。运动状态线的终点是该运动状态变化的起点。例如，缸 A 由伸出状态 A_1 变成缩回状态 A_0，此时 A_1 动作线的终点必然是在 A_0 的开始处。

（3）画信号 X 线

用横向细实线画出各行程阀的信号线。信号线的起点应与所控制的动作状态线的起点在同一列线位置，用符号“○”画出。信号线的终点是其对应的执行元件动作被转换的列线位置。每个动作有几个原始信号，就在每行横格内画几条信号线。但需要指出的是，若考虑到阀的切换及气缸起动等传递的时间，信号线的起点应超前于它所控制动作的起点，而信号线的终点应滞后于产生该信号动作线的终点。在 X-D 图上反映这种情况时，要求信号线的起点与终点都应伸出分界线。但因为这个值很小，因而除特殊情况外，一般不予考虑，不再画出。

在图 13-4 中，符号“⊗”表示信号线的起点与终点重合，实际上即表示该信号为脉冲信号。该脉冲信号的宽度相当于行程阀发出的信号、气控阀换向、气缸启动和信号传递时间的总和。

2. 列出所有执行元件的执行信号表达式

（1）判别有无障碍信号

在 X-D 图中，若各信号线均比所控制的动作状态线短或等长，则各信号均无障碍信号；若有某信号线比所控制的动作线长，则该信号为障碍信号，长出的那部分线段就叫障碍段，用锯齿线“﹏”表示。如果这种情况存在，说明信号与动作不协调，即动作状态要求改变，但控制信号还没有消失，不允许该动作状态改变，形成障碍信号。图 13-4 中的 a_1、b_0 就是障碍信号。

（2）排除障碍段，即消障

为了使各执行元件能按规定的运动顺序正常工作，设计时必须使有障碍信号的障碍段消除，使其变成无障碍信号。在 X-D 图中，障碍信号表现为控制信号线长于其控制的运动状态存在的时间，所以常用的排除障碍的方法就是缩短信号线的长度，使其短于控制的运动状态线的长度，其实质就是使障碍段失效或消失。常用的方法有机械消障法、脉冲信号法、逻辑回路法、辅助阀法等。另外，需指出的是在 X-D 图中，若信号线与动作线等长，则此信号可称为瞬时障碍信号，不加排除也能自动消失，仅使这个行程的开始比预定的程序产生很小的时间滞后，不再考虑消障。

（3）列写执行信号表达式

在每一个动作相位纵栏中，信号之间的关系是“与”的关系。当这一纵栏中出现几个原始信号线，则说明这些信号在这个相位中同时出现。每一横栏中的执行信号要由原始主控信号与出现在同一纵栏中的其他信号线相“与”得到。注意这些信号必须是在所控制动作线宽度范围内的信号线。当工作顺序要求一个执行元件的动作重复出现，则这个动作就有几个原始信号，这时就要将这些原始信号与其他信号相“与”之后再相加，即相“或”。

3. 绘制逻辑原理图

气动逻辑原理图是根据 X-D 线图的执行信号表达式，并考虑手动、起动、复位等输入信号间的关系，用逻辑运算符号所画出的逻辑框图。

（1）气动逻辑原理图的基本组成及符号

1）逻辑原理图主要是由“是”、“或”、“与”、“非”、“记忆”等逻辑符号组成。其中任一符号都表示逻辑运算关系，但不一定总代表某一确定的气动元件。这是因为逻辑图上的某逻辑符号在气动回路原理图上可由多种方案实现。例如，“与”逻辑符号可以用一个“与”逻辑元件，也可由两个换向阀串联而成。

2）执行元件的动作可以由主控阀的输出表示，因为主控阀常具有记忆功能，因而可以用逻辑记忆符号表示。

3）行程发信装置主要是行程阀，也包括外部信号输入装置，如起动阀、复位阀等。给这些符号加上小方框，用来表示各种原始信号，在小方框上再画相应的符号，用来表示各种手动阀，如图 13-5 所示。

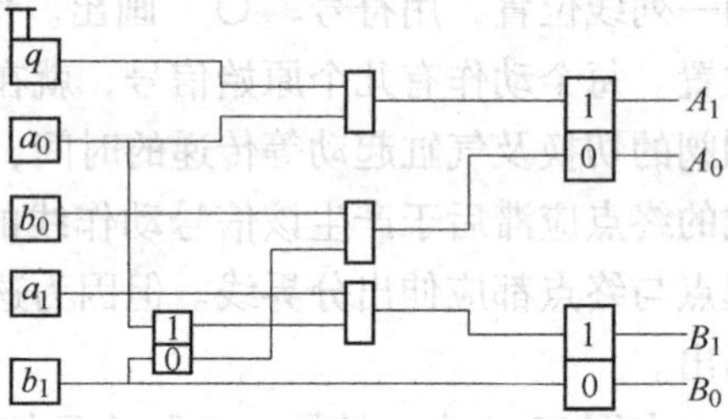

图 13-5　$A_1B_1B_0A_0$ 逻辑原理图

（2）气动逻辑原理图的画法

当画出逻辑原理图后，就可以用逻辑阀或换向阀替代逻辑运算符号，或用元件实现逻辑符号表达的逻辑关系，这样就可以画出气动回路原理图。根据 X-D 图中执行信号栏的逻辑表达式，使用上述符号按下列步骤绘制。

1）把系统中每个执行元件的两种状态与主控阀相联后，自上而下画在图的右侧，

2）把信号元件（如行程阀）大致对应其控制的元件，列于图的左侧。

3）根据执行信号的逻辑表达式将信号元件与执行元件用逻辑符号连接起来，建立两者之间的逻辑关系，并画出因操作和消障需要而增加的阀，如起动阀、记忆元件等。图 13-5 是根据图 13-4 绘制的逻辑原理图。

4. 气动回路图的绘制

由图 13-5 中的逻辑原理图可知，这个自动顺序控制需用一个起动阀、四个行程阀和三个可用二位四通阀实现的双输出记忆元件。三个与门可由元件串联来实现，由此可绘出如图 13-6 的气动回路。图中 q 为起动阀，K 为中间记忆辅助阀。在具体画气动回路原理图时，特别要注意的是哪个行程阀是直接与气源相通的有源元件，哪个行程阀是不能与气源相连的无源元件。一般规律是无障碍的原始信号为有源元件，如图 13-6 中的 a_0、b_1；而有障碍的原始信号（如图 13-6 中的 a_1、b_0）若用逻辑回路法消障，就要使它们与辅助阀串接后再与气源连接。

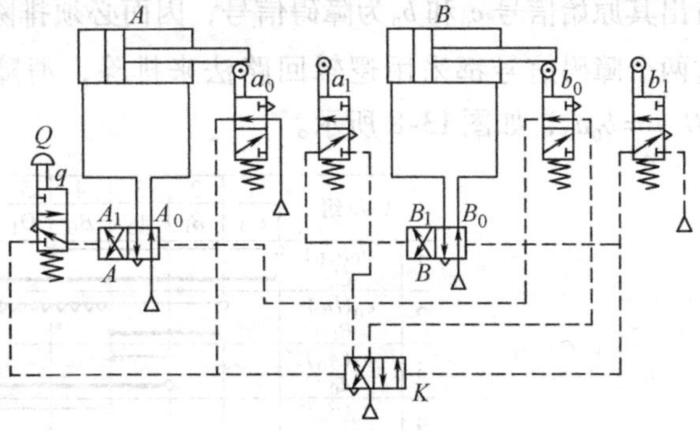

图 13-6　无障碍 $A_1B_1B_0A_0$ 气动回路

13.3　气动机械手控制系统

机械手是自动生产设备和生产线上的重要装置之一。机械手主要用来根据各种自动化设备的工作需要，按照预定的控制顺序动作。因此，在机械加工、冲压、锻造、铸造、装配和热处理等生产过程中广泛应用，机械手可实现自动取料、上料、卸料和自动换刀等。气动机械手是机械手的一种，它具有结构简单、重量轻、动作迅速、平衡、可靠和节能等优点。

图 13-7 是用于某专用设备上的气动机械手的结构示意图。它由四个气缸组成，可在三个坐标内工作。图中 A 为夹紧缸，其活塞退回时夹紧工件，活塞杆伸出时松开工件。B 缸为立柱长臂伸缩缸，可实现伸出和缩回动作。C 缸为立柱升降缸。D 缸为齿条式回转缸，齿条的往复运动带动立柱上的齿轮旋转，从而实现立柱及长臂的回转。

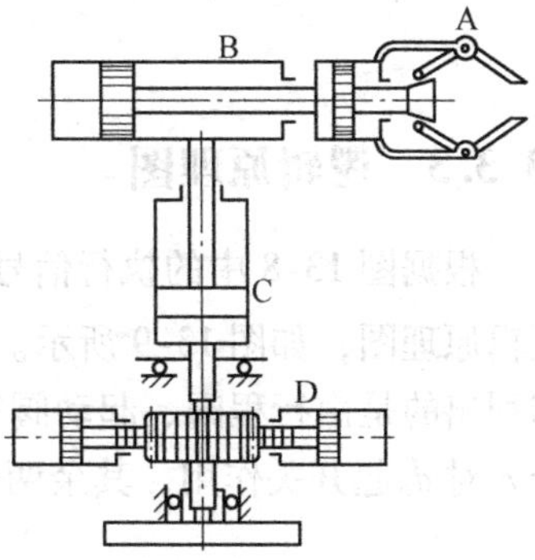

图 13-7　气动机械手

13.3.1　工作程序图

该气动机械手的控制要求是手动起动后，能从第一个动作开始自动循环到最后一个动作，其要求的动作顺序如下。

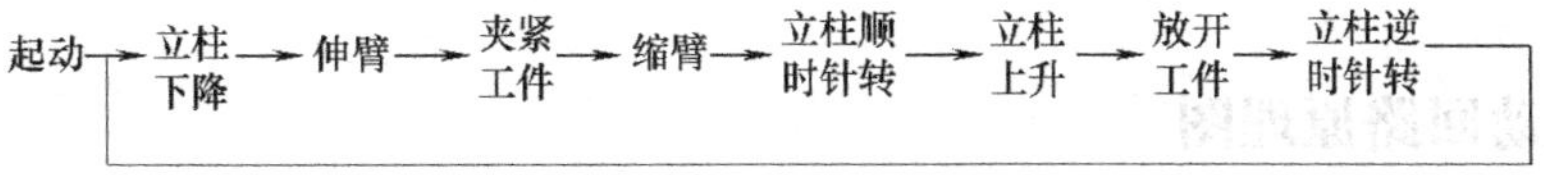

可简写成简化式 $C_0B_1A_0B_0D_1C_1A_1D_0$。由以上分析可知，该气动系统是多缸单往复系统。

13.3.2 X-D 线图

根据上述分析可画出气动机械手 $C_0B_1A_0B_0D_1C_1A_1D_0$ 动作程序的 X-D 线图，从图中可以看出其原始信号 c_0 和 b_0 为障碍信号，因而必须排除。为了减少整个气动系统中元件的数量，这两个障碍信号都采用逻辑回路法来排除，消障后执行信号分别为 $c_0^*(B_1)=c_0a_1$ 和 $b_0^*(D_1)=b_0a_0$，如图 13-8 所示。

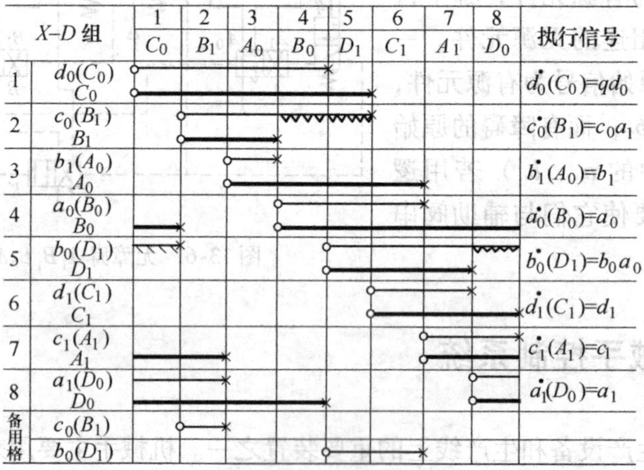

图 13-8　气动机械手 X-D 图

13.3.3 逻辑原理图

根据图 13-8 中的执行信号，可以绘制出气动机械手在 $C_0B_1A_0B_0D_1C_1A_1D_0$ 动作顺序下的逻辑原理图，如图 13-9 所示。图中列出四个缸的八个动作状态以及对应的主控阀信号，左侧列出的是由行程阀、起动阀等发出的原始信号的简略画法，中间一个与门元件表示起动信号 q 对 d_0 起开关作用，其余两个与门起消障作用。

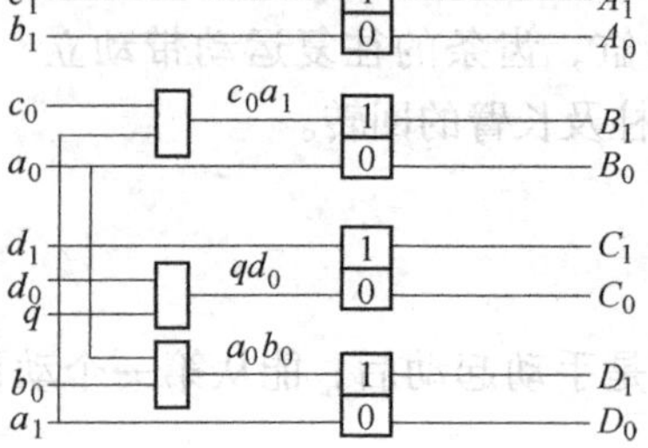

图 13-9　气动机械手逻辑原理图

13.3.4 气动回路原理图

由图 13-9 所示的气动逻辑原理图用信号元件串联的方法实现逻辑“与”的关系，绘制出该气动机械手的气动回路原理图，如图 13-10 所示。

由该系统图分析可知，当按下启动阀 q 后，主控阀 C 将处于 C_0 位，活塞杆退回实现动作 C_0，发出信号 c_0。c_0a_1 使主控阀处于 B_1 位，活塞 B 伸出，实现动作 B_1。活塞杆伸出后发信号 b_1，则使主控阀 A 处于 A_0 位，A 缸活塞退回，实现动作 A_0。A 缸活塞杆挡铁碰到 a_0，使主控阀 B 处于 B_0 位，B 缸活塞退回，实现动作 B_0。B 缸活塞杆挡铁又发出信号 b_0，a_0b_0 又使主控阀 D 处于 D_1 位，使 D 缸活塞向右运动，实现 D_1，发出 d_1，使主控阀 C 处于 C_1 位。C 缸活塞杆伸出，实现 C_1，发出 c_1，又使主控阀 A 处于 A_1 位，实现 A_1，发出 a_1，又使主控阀 D 处于 D_0 位，使 D 缸活塞向左运动，实现 D_0，发出 d_0。d_0 经起动阀又使主控阀 C 处于 C_0 位，进入下一循环。

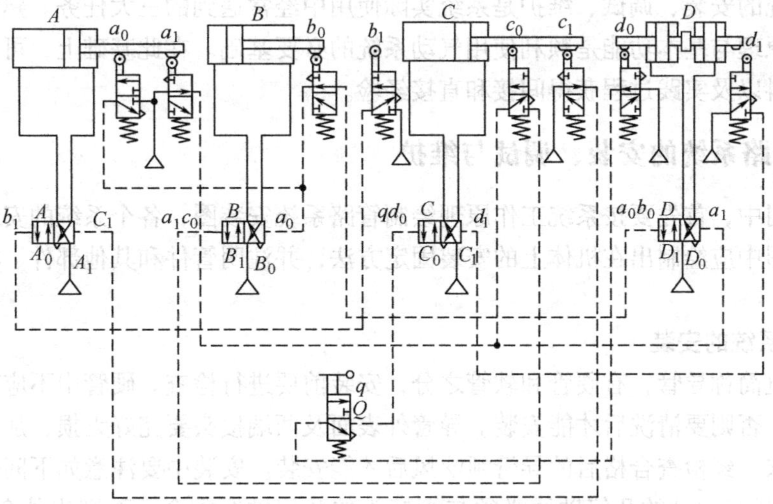

图 13-10　机械手气压传动与控制系统

13.4　习题

1. 试绘制 $A_1B_1A_0B_0$ 的 X-D 状态图。
2. 绘制顺序动作 $A_1B_1C_1B_0A_0B_1C_0B_0$ 的 X-D 状态图和逻辑原理图。
3. 设计顺序要求为 $A_1C_0B_1B_0A_0C_1$ 的逻辑原理图和气动控制回路。

第 14 章　气动系统的使用与维护

14.1　气动系统的安装、调试与维护

气动系统的安装、调试、维护是系统实际使用中经常遇到的三大任务。熟悉气动元件和回路的工作原理与基本功能是顺利使用气动系统的必要基础。在此基础上，可以通过阅读和查询文献资料以及实践过程获得间接和直接经验。

14.1.1　管路系统的安装、调试与维护

实际应用中，首先要按系统工作原理绘制管路系统安装图，各个系统的安装图要单独绘制。在安装图中应绘制出在机体上的安装固定方法，并注明管件和其他部件、标准件的代号和型号。

1. 管路系统的安装

导气管道简称导管，有硬管和软管之分，安装前要进行检查。硬管中不应有切屑、锈皮及其他杂物，否则要清洗后才能安装。导管外表面及两端接头要完好无损，加工后的几何形状应符合要求。经检查合格后的导管须吹风后才能安装。安装中要注意如下问题。

1）导管扩口部分的几何轴线必须与管接头的几何轴线重合，否则当外套螺母拧紧时，扩口部分的一边压紧过度，而另一边则压不紧，会产生安装应力或密封性不好，如图 14-1a 所示。

2）螺纹连接接头的拧紧力矩要适中，拧得过紧时扩口部分受挤压太大会损坏，拧得不够紧也会影响密封性，

3）连接前管口表面和螺纹应涂密封胶或黄油。为防止密封胶或黄油进入导管，螺纹前端 2 ~ 3 拧入扣处不涂或拧入 2 ~ 3 扣后涂，如图 14-1b 所示。如果用密封带，应在螺纹前端 2 ~ 3 扣后再卷绕。

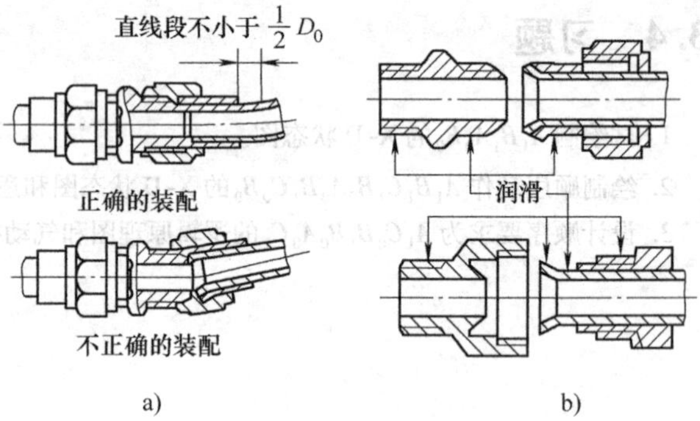

图 14-1　导管的连接

4）软管的抗弯曲刚度小，在软管接头的接触区内产生的摩擦力又不足以消除接头的转动，因此在安装后有可能出现软管扭曲变形。检查方法是在安装前给软管表面涂一条纵向色带，安装后以色带判断软管是否被扭曲。防止软管被扭曲的方法是在最后拧紧外套螺母以前将软管接头向外套螺母相反的方向转动 1/6 ~ 1/8 圈。

5）硬管一般情况下弯曲半径不小于管子外径的 2. 5 ~ 3 倍。在管子弯曲过程中，为防止管子圆截面产生变形，常给管子内部装入填充物，填充物在内部起支承管壁的作用。

6）为保证焊缝质量，零件上应开焊缝坡口，焊缝部位要清理干净（除去氧化皮、油污、镀锌层）。焊接导管的装配间隙最好保持要0.5mm左右。应尽量采用平焊位置，焊接时可以边焊边转，一次焊完整条焊缝。

7）导管的走向要合理。一般来说，管路越短越好，弯曲部分越少越好，并避免急剧弯曲。短软管只允许平面弯曲，长软管可以复合弯曲。

2. 管道系统的检查

安装工作的质量检查，可按系统分段检查或在整个系统安装完毕后进行总检查。一般检查可归纳为下列几条。

1）对导管、导管连接件、紧固件全部进行直观检查，检查是否有划伤、碰伤、压扁及磨损现象。

2）检查软管有无扭曲、损伤及急剧弯曲的情况。在外套螺母拧紧的情况下，若软管接头处仍能用手能拧动，应重新紧固安装。

3）对扩口连接的管道，应检查是否对导管外表面有超过允许限度的挤压。

4）管路系统内部清洁度的检查方法是用洁净的细白布擦拭导管的内壁，或让吹出的气流通过细白布，观察细白布有无灰尘或其他杂物，以此判别系统内部的清洁程度。

气动系统安装后应进行吹风处理，除去安装过程中带入管路系统内部的灰尘及其他杂质。吹风前应将系统的单向阀、减压阀、电磁阀、气缸等气动元件用工艺附件或导管替换。整个系统吹干净后，再把气动元件全部还原安装。

3. 管路系统的调试

管路系统清洁完毕后即可进行调试。调试的内容之一是密封性的试验。管路系统调试前要熟悉管路系统的功用及工作性能指标和调试方法。

密封性的试验目的在于检查管路系统全部连接点的外部密封性。密封性试验前管路系统要全部连接好。试验用压力源可采用高压瓶，气瓶的输出气体压力不低于试验压力，可以用皂液涂法或压降法检查密封性。当发现有外部泄漏时，必须将压力降到零，方可拧动外套螺母或进行其他的拆卸及调整工作。系统应保压2h。密封性能试验完毕后，随即转入工作性能试验，这时管路系统具有明确的被试对象，重点检查被试对象或传动控制对象的输出工作参数。压缩空气管道要涂标记颜色，一般涂灰色或蓝色，精滤管道涂天蓝色。

14.1.2 控制元件的安装、调试与维护

1）减压阀必须安装在其后部的系统的附近，阀的安装部位应操作方便，压力表应便于观察。减压阀要竖直安装，调压手柄朝上还是朝下需根据减压阀的具体结构确定。为延长减压阀的使用寿命，减压阀不用时应旋松调压手柄，以免膜片长期受压引起塑性变形。减压阀的安装方向不能搞错，阀体上的箭头即为气体的流动方向。在环境恶劣、粉尘多的场合，需要在减压阀之前安装过滤器。油雾器必须安装在减压阀后面。安装减压阀之前的管路系统必须经过清洗。由外部先导式减压阀构成遥控调压系统时，为避免信号损失及滞后，遥控管路最长不得超过30m。精密减压阀（如Q017型）的遥控距离规定不得超过10m。

2）顺序阀的安装位置要便于操作。在有些不便于安装机控行程阀的场合，可安装单向顺序阀。

3）滑阀式方向控制阀需要水平安装，以保证阀芯换向时所受阻力相等，使方向控制阀

可靠工作。

4）人工操作阀应安装在便于工作的地方，操作力不宜过大。脚踏阀的踏板位置不宜太高，行程不能太长，脚踏板上应有防护罩。在有激烈振动的场合，为安全起见，人控阀应附加锁紧装置。

5）机控阀操作时不允许压下量超过规定行程。用凸轮操纵滚子或杆件时，应使凸轮具有合适的接触角度。操纵滚子时，$\theta \leqslant 15°$；在超过杠杆角度操纵使用时，$\theta \leqslant 10°$，如图 14-2 所示。机械操纵阀的安装板应加工长形安装孔，以便能调整阀的安装位置。

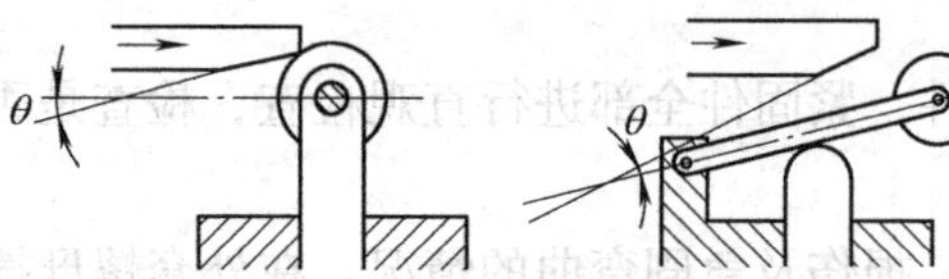

图 14-2　操纵滚子、杠杆时的凸轮接触角

6）用流量控制阀控制执行元件的运动速度时，流量控制阀原则上应安装在气缸接管口附近。

14.2　气动系统的故障分析与排除

14.2.1　压缩空气中的杂质引起的故障

压缩空气中的杂质是指气体中的所含的水分、油分和灰尘颗粒等。气体的净化是气动系统正常工作的必要条件。

（1）水分造成的故障

水分是空气压缩机周围环境的湿空气所含有的。压缩空气冷却后便会有水滴生成。水分会使管路、气动元件、辅件和执行元件氧化锈蚀，影响元件的正常工作，缩短了元件的使用寿命，造成系统的故障。

为排除水分对气动系统的不利影响，必须对压缩空气进行干燥处理。采用的措施有：将空气压缩机排气管与后冷却器相连；通过冷却器使压缩空气冷却，析出水滴；安装管道时沿气流方向应有一定的向下倾斜度，并在末端设置冷凝水罐；支管应在主管道上部采用大角度拐弯后向下引出；压缩空气进入气动系统前，先进入滤气器，清除水分；根据气动系统对压缩空气要求不同，还可进一步清除水分，如采用冷冻式干燥器或吸附式干燥器等。

（2）油分引起气动系统的故障

由于使用了油润滑式空气压缩机，一部分润滑油呈雾状混入压缩空气中。由于压缩空气的高温，使油受热气化随压缩空气一起输出。这时的油分和水分及尘埃中的固体颗粒混杂在一起，常引起气动系统的故障。

为消除油分造成的气动系统的故障，可在系统中安装除油过滤器或离心式过滤器，用活性炭吸收油分。在排气口为防止油分污染环境，可在排气口安装排气洁净器，以消除油分和噪声，保持清洁的工作环境。

（3）尘埃颗粒引起气动系统的故障

空气压缩机吸入的空气中含有尘埃，这些颗粒杂质随压缩空气进入气动系统会增加元件中的相对滑动零件的摩擦力，引起摩擦副损坏、密封性磨损、元件滑动表面擦伤，气体泄漏使元件动作失灵和执行元件输出力减小。

消除吸入空气中尘埃的颗粒、管道内锈蚀的锈屑、密封材料摩擦后的碎屑，主要采用空气过滤器，在气体进入气动系统前还应设置过滤器进一步过滤。

14.2.2 气动元件的故障

（1）减压阀的故障

减压阀是调定气动系统工作压力的重要元件。元件本身机能不良和工作介质净化程度较差，是减压阀产生故障的主要原因，常见故障及排除方法如表 14-1 所示。

表 14-1 减压阀的常见故障及排除方法

故　障	原　因	排除方法
二次压力升高	弹簧损坏	更换弹簧
	阀座有伤痕，阀座橡胶剥离	更换阀体
	阀体中夹灰尘，阀体导向部分粘附异物，导向部分和阀体的密封圈变形	清洗阀体和过滤器
阀的溢流孔处漏气	阀座有灰尘或伤痕、阀杆头部和阀座间研配质量不好	清洗阀、调换阀座、重新研配
	膜片破裂	调换膜片
压力调不高	调压弹簧断裂	更换弹簧
	膜片撕裂	更换膜片
	阀口径太小	换阀
	阀下部积存冷凝水	排除积水
	阀内混入异物	清洗阀
调压时升压缓慢	过滤膜堵塞	拆下清洗
输出压力发生激烈波动，或不均匀变化	阀杆或进气阀芯上的密封圈表面损坏	更换阀杆或密封圈
	进气阀芯或阀座间导向不好	更换阀芯或修复
	弹簧的弹力减弱，弹簧错位	更换弹簧
	耗气量变化使阀频繁启闭引起阀的共振	耗气量尽量稳定
阀体漏气	密封件损坏	更换密封件
	弹簧松弛	张紧弹簧
二次侧不溢流	阀座孔堵塞	清洗检查过滤器
	使用非溢流式减压阀	在二次侧安装高压泄阀

（2）溢流阀的故障

溢流阀是保持系统中一次压力稳定的安全保护装置，一旦产生故障应立即排除。常见故障及排除方法如表 14-2 所示。

表 14-2 溢流阀的常见故障及排除方法

故障	原因	排除方法
压力没超过调定值，阀溢流侧已有气体溢出	膜片损坏	更换膜片
	调压弹簧损坏	更换弹簧
	阀座损坏	调换阀座
	杂质被气体带入阀内	清洗阀
压力超过调定值但不溢流	阀内部孔堵塞，阀芯被杂质卡死	清洗阀
阀体和阀盖处漏气	膜片损坏	更换膜片
	密封件损坏	更换密封件
溢流时发生振动	压力上升慢引起阀的振动	清洗阀，更换密封件
压力调不高	弹簧损坏	调换弹簧
	膜片漏气	调换膜片

(3) 换向阀的故障

换向阀的故障会使执行元件动作失灵或换向动作无法实现，主要原因是气体泄漏，压缩空气中有冷凝水，润滑不良，进入杂质，制造不良等。换向阀的常见故障和排除方法如表14-3所示。

表 14-3 换向阀的常见故障和排除方法

故障	原因	排除方法
不能换向	润滑不良，阀芯的滑动阻力大	进行润滑
	密封圈变形，摩擦力增大	更换密封圈
	杂质卡住滑动部分	清除杂质
	弹簧损坏	调换弹簧
	膜片损坏	更换膜片
	换向操纵力太小	检查阀操纵部分
	控制压力太低	增大控制压力
	阀芯另一端有背压（放气小孔被堵）	清洗阀
	气腔漏气	重新密封
	阀芯锈蚀	调换阀或阀芯
	配合太紧	重新装配
电磁铁有蜂鸣声	电压低于额定电压	调整电压到规定值
	铁心吸合面上有脏物或生锈	清除脏物或锈屑
	活动铁心上的密封垫不平	调整密封垫
	杂质进入铁心的滑动部分，使铁心不能紧密接触	清除进入电磁铁内的杂质
	短路环损坏	换固定铁心
	弹簧太硬或卡死	更换弹簧或调整弹簧

（续）

故　障	原　因	排除方法
电磁铁有蜂鸣声	外部导线拉得太紧	引线应宽裕
	T型活动铁心的铆钉脱落、铁心叠层分开不能吸合	更换活动铁心
	I型活动铁心密封不良	检查铁心的接触性和密封性，必要时更换铁心
电磁铁通电后无吸合声	线圈烧坏	调换线圈或电磁铁
	接线接触不良	保持导线良好接触
电磁铁动作时偏差大，有时不能动作	活动铁心锈蚀，不能移动，密封不完善	铁心除锈，更换坏的密封圈
	电源电压低	调整电源电压，用符合电压的线圈
	杂质进入铁心的滑动部分，使运动受阻	清除杂质
线圈烧毁	环境温度高	按规定温度范围使用
	动作频繁	使用高频电磁铁
	吸引时电流过大，温度升高绝缘损坏	可用气控阀代替电磁换向阀
	杂质夹在阀和铁心之间，不能吸引铁心	清除杂质
	线圈电压不合适	使用正常电源电压，使用符合电压的线圈
阀漏气	密封圈的密封面磨损或机械损伤	更换密封圈或相应零件
	密封件尺寸不合适	更换密封件
	密封圈扭曲或歪斜	正确安装
	弹簧失效	更换弹簧
切断电源活动铁心不能退回	杂质卡住铁心滑动部分	清除杂质

14.2.3　执行元件的故障

气缸是执行元件中应用最广泛的一种，它以直线往复运动的形式对外输出作用力而做功。引起气缸故障的原因，既有制造质量方面的，又有安装不合理、工作介质净化程度不够、操作不合理、维护保养不够等原因。气缸常见故障及排除方法见表14-4。

表14-4　气缸的常见故障及排除方法

故　障	原　因	排除方法
外泄漏	活塞杆安装偏心	重新安装，使杆不受偏心载荷
	活塞杆与密封衬套间漏气润滑油供应不足，使衬套密封圈磨损	正常润滑、更换密封圈
	活塞杆有伤痕	更换活塞杆
	活塞杆与密封衬套的配合面内有杂质	清除杂质，安装防尘盖
	因密封圈损坏，造成从缓冲装置的调节螺钉处漏气，管接头与缸连接处漏气气缸体与端盖间漏气	更换密封圈

（续）

故　障	原　因	排除方法
内泄漏（活塞两端串气）	活塞密封圈损坏	更换密封圈
	活塞卡住	重新安装、使活塞不受偏心载荷
	活塞配合面有缺陷	更换零件
	杂质挤入密封面	清除杂质
	润滑不良	改善润滑
运动不稳定，输出力不足	润滑不良	改善润滑
	活塞或活塞杆卡住	重新正确安装，消除偏心
	气缸内表面有锈蚀或缺陷	视缺陷大小修复或调换
	气缸安装调整不佳，受偏心载荷	正确安装，免受偏心载荷
	气缸内有杂质、冷凝水	清除水分及杂质
缓冲效果不好	缓冲部分的密封圈密封性能差	更换密封圈
	气缸速度太快	调节气缸速度
	调节螺钉损坏	更换调节螺钉
气缸损伤	缓冲机构不起作用，致使端盖损坏	检修缓冲机构，更换端盖
	偏心载荷引起折断	消除偏心载荷
	装置的冲击加到活塞杆上，活塞杆受冲击而折断 活塞杆折断	冲击不得加到活塞杆上
	气缸运动太快	设缓冲装置
	摆动气缸载荷很大，摆动速度快，受冲击	减小摆动速度和冲击
	摆动角过大	减小摆动角

14.2.4　气动辅件的故障

气动辅件包括空气过滤器和油雾器等。空气过滤器在使用中要注意及时清洗、更换滤芯。油雾器是给气动装置供润滑油的元件，应尽量安装在需润滑的元件旁。

14.3　习题

1. 试列出气动系统安装、调试的流程图。
2. 根据图 13-1、13-2、13-10 组装建立实际气动系统，并调试运行。

第 15 章　液压与气动系统设计仿真软件应用

运用计算机辅助设计和仿真分析方法，可以合理、可靠、快速地设计液压与气动系统。在软件环境中建立液压与气动系统的模型，也可以有效提高系统运行的可视性和现实感。

15.1　液压与气动系统设计仿真软件的功能和种类

15.1.1　液压与气动系统设计仿真软件的功能

以往设计一个液压或气动系统时，主要是凭借设计者的知识和经验，通过必要的计算和手工绘图完成方案和系统原理图设计，然后经过实际系统的试制、调整、修改和完善，才能验证和确定设计的合理性与正确性。对于复杂的系统，用真实元件建立真实系统的过程需要进行大量研究实验，经过实验、修改系统才能运行。这种设计开发方法可以称为实物实验方法。这样建立一个真实的液压气动系统需要花费大量的人力、物力和时间，一次成功的可能性小，变更调整参数困难，改变设计方案费时很长。

随着设计和计算手段的发展，人们可以利用一些基本理论在建立真实系统前先建立描述系统的数学模型，在模型的基础上分析方案的可行性、机构参数的合理性，并将分析结论作为设计系统的依据，这种方法称为理论分析法。但是由于理论的抽象性决定了其局限性，为一个系统建立的理论模型往往并不能全面反映系统的特性，造成理论分析结果与实际相差很大。这时又需要根据相似理论建立中间试验模型，进行实验之后才能提供更可靠的依据。这种方法在科学和技术研究中广泛使用，但对工程设计并不一定适用、可行。

随着计算机技术的迅速发展和完善，利用计算机作为研究工具进行实际工程系统的设计，并在计算机中建立真实系统的仿真模型、进行静态动态分析、研究系统的各种工作状态、确定最佳方案，这种方法称为计算机辅助设计与仿真方法。这种方法主要应用于：系统概念研究、系统的可行性研究、系统的分析与设计、系统开发、系统的测试与评估、系统操作者的培训、系统预测、系统的使用与维护等各个方面。这种方法可以有效提高设计的合理性、结果的可靠性，提高设计效率，减少设计成本，降低设计难度。

因此，对工程设计实际，可以充分利用液压与气动系统设计仿真软件的辅助设计和仿真分析功能进行建模、仿真、优化、设计、绘图等工作。

15.1.2　液压与气动系统设计仿真软件的种类

目前，国内外能够对液压与气动系统进行辅助设计与仿真的软件有很多种，如我国的 CHISP、PMDSHS，美国的 MATLAB SIMULINK、HYDRAULICS BASIC、PERSIM，英国的 HASP、NORGREN PREUSIM，德国的 DSH、FluidSIM，法国的 AMESim，芬兰的 CATSIM，瑞典的 HOPSAN 等。这些软件设计完善、功能强大，具有不同的特点和使用范围。其共同点是实现了面向液压与气动原理图的自动建模与仿真。工程技术人员可以用软件提供的丰富元件库，以自己最熟悉的图形符号在计算机中组建系统模型并进行仿真。这样就可以将使用者从繁琐的数学建模中解放出来，致力于系统方案和参数设计。

15.2 液压与气动系统设计仿真软件的应用

随着计算机技术的发展，各种应用软件的功能越来越丰富，在液压与气动系统中的设计仿真应用也有上述多种成熟的商业化软件投入使用，给学习者和工程技术人员带来很大的方便。下面以德国 FESTO 公司的 FluidSIM 软件为例，介绍其使用方法。

15.2.1 FluidSIM 软件简介

FluidSIM 软件是德国 FESTO 公司教学培训系统开发使用的液压与气动系统设计仿真软件，由杜伊斯堡大学测量与控制研究室（Prof. Dr. H. Schwarz）和 Paderborn 大学专家系统研究室（Prof. Dr. H. Kleine Büning）联合开发研制，分为 FluidSIM-H（液压设计仿真）、FluidSIM-P（气动设计仿真）和 FluidDRAW（设计绘图）三个软件包，使用时要分别启动。由于三个软件包使用过程很相似，下面就以 FluidSIM-H 为主进行介绍。

1. 安装

FluidSIM-H 软件要求的计算机具有以下最低配置：CPU 为 Pentium Ⅱ 133MHz 以上；32MB RAM；16MB 以上可用硬盘空间；800×600 像素显卡；四速光驱；Windows98/2000/2003/ME/NT 操作系统。

将安装光盘放入光驱后，安装程序会自动运行，或双击光盘目录下的 setup.exe 启动安装过程。出现软件安装界面后，按照提示输入产品序列号，然后根据提示进行安装。安装完毕后要对软件进行网上在线注册或电话注册才能正常运行。软件正确安装后可以在计算机桌面上创建启动的快捷方式图标。

2. 启动

双击快捷图标或单击“开始”→“所有程序”，单击程序目录打开软件工作界面，如图 15-1 所示。

3. 新建文件和打开已有文件

在菜单栏中单击“文件”→“新建”或“打开”，可以新建文件或打开已有文件窗口。只有在文件界面中才可以进行设计、绘图、参数设置、仿真等操作。文件界面如图 15-2 所示。按住文件界面上面的控制栏可以将其拖动到合适的位置。当光标位于文件界面的四个边框或右下角变成双箭头形状时，可以按下鼠标任意调整文件界面的大小。注意在文件菜单中有纸张大小菜单，可以设置实际使用的纸张大小。这个纸张大小在文件界面中有标识线，拉动滚动条可以看到。如果把设计图画到纸张标识线之外，打印时就不能正常显示。

4. 保存

对设计好的文件和准备继续编辑的文件应该利用“文件”菜单或工具图标进行保存或另存。保存时要根据提示输入相应的文件名，文件名可以是中英文和数字，扩展名为 .ct。

5. 打印

需要打印文件时可以单击“文件”→“打印”。无论是在编辑模式下，还是在仿真模式下，窗口内容都可以打印。在装有打印机的计算机上会输出打印好的文件。

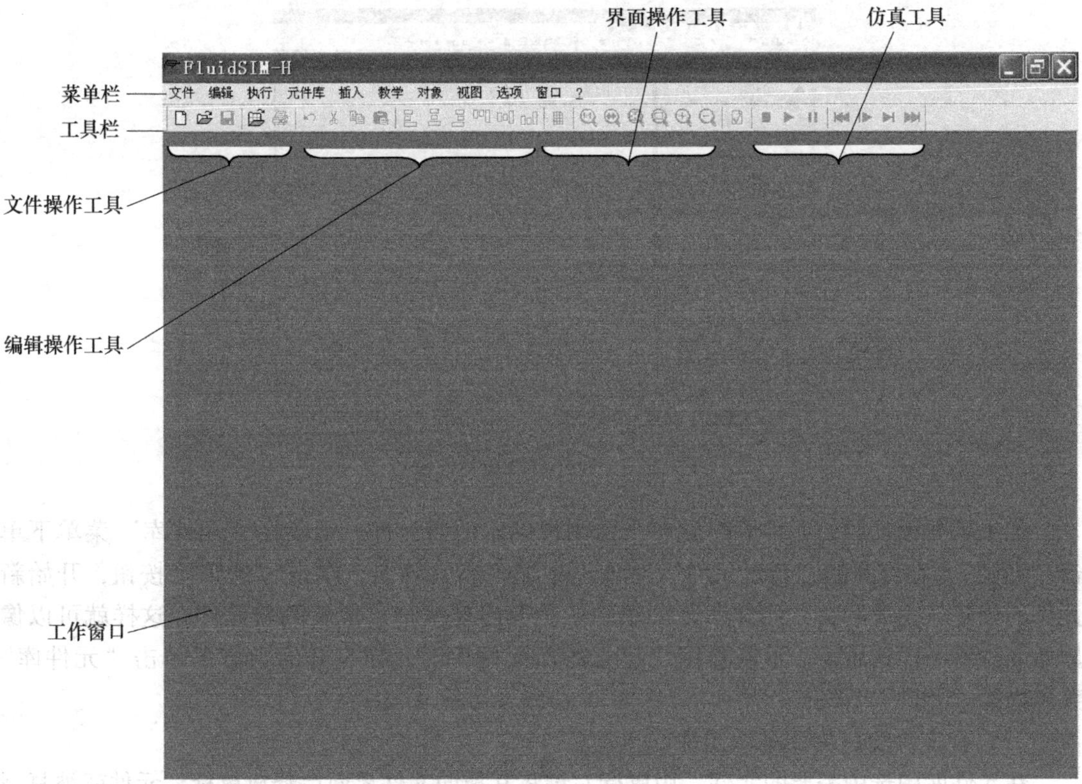

图 15-1 FluidSIM-H 软件界面

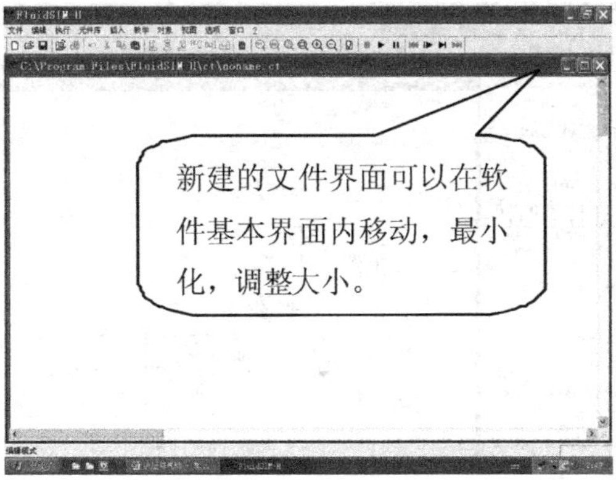

图 15-2 新建文件界面

15.2.2 运用 FluidSIM 软件进行液压与气动系统设计

1. 液压与气动系统原理图的绘制

（1）调用元件窗口

在菜单栏单击“元件库”，可以在下拉菜单中选择“层叠元件库”、“平铺元件库”等，调出元件库窗口。图 15-3 为元件库窗口与文件窗口在主窗口中纵向平铺放置。元件库窗口可以像文件窗口一样移动和调整大小。这些元件是用图形符号绘制的，具备元件功能。

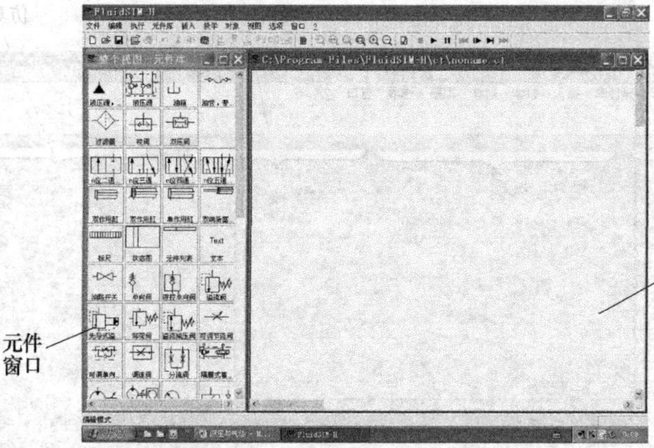

图 15-3　元件窗口和文件窗口

如果需要根据原始元件库建立一个由用户确定的新元件，可以在“元件库”菜单下单击“新建”，在打开的“新建元件”对话框中输入新元件名，单击“确定”按钮，开始新元件的创建，完成后在“元件库”菜单的中段会出现用户自定义的新元件，这样就可以像原始元件库一样调用了。不需要用户建立的新元件库时，在打开的状态下单击“元件库”菜单内的“删除”即可。

（2）在文件窗口界面添加元件

在元件库中选中需要的元件，用鼠标左键将其拖向文件界面后释放鼠标，元件就被复制到文件界面内。不需要的元件选中后可以删除，如图 15-4 所示。

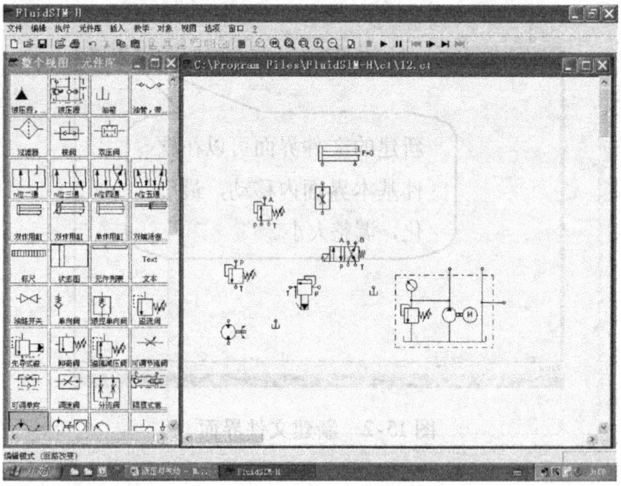

图 15-4　在文件窗口添加元件

用鼠标右键单击文件窗口中的元件，在弹出的快捷菜单中选取命令，可以进行复制、删除、剪切、粘贴、调整对齐、旋转等操作，并可以查看元件的压力、流量等设定的属性，查看元件插图、实物照片、元件描述等信息。

双击元件可以弹出元件参数设定窗口，如图 15-5 所示。对换向元件可以进行控制方式，位、通状态，复位方式，静止位置等配置结构的设置；对压力、流量元件可以进行压力、流量参数设置；对执行元件进行输出推力、活塞面积、最大行程和标签等设置。

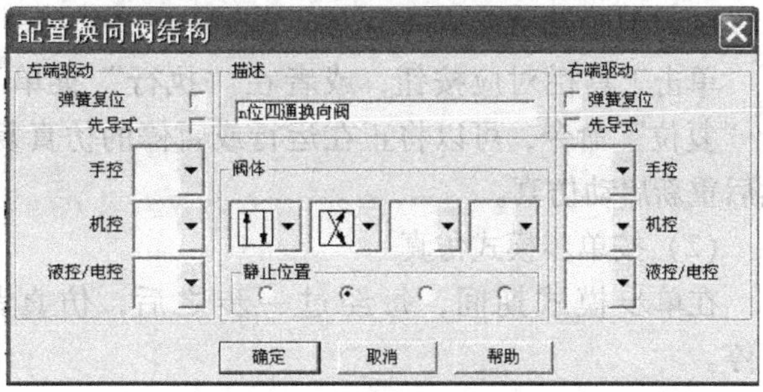

图 15-5　换向阀的结构设置窗口

（3）元件的连接

当文件界面中的光标靠近元件接口时，空心箭头光标会变成十字圆环形状，并且元件间接口会变绿。这时如果单击鼠标左键元件接口会变成灰色，当鼠标离开元件接口时，光标的十字线会变成向外的十字箭头。如果将光标移到另一个元件的接口时，光标会变成向内的十字箭头，这时释放鼠标会在两个接口之间形成连接管道线。

光标靠近管道线时会变成空心十字线，双击管道可以在弹出窗口中设置管道的属性。用鼠标右键单击管道也可以对管道进行编辑。

如果有三通以上连接需要时，可以将从元件接口处拉开的光标移到管道的需要位置，在光标变成向内环状十字时释放鼠标进行连接。

2. 电气控制图的绘制

在文件窗口界面内，不仅可以绘制液压与气动系统图，还可以绘制接触器继电器控制电气线路图并进行仿真。电气控制图的绘制方法与液压系统图相似，但从图上看，液、气回路与电气回路是两个独立部分，通过标签可以建立起两者之间的内在联系，也就是说，电气、液压、机械元件之间的内在连接都是依靠命名相同名称的标签来建立的。

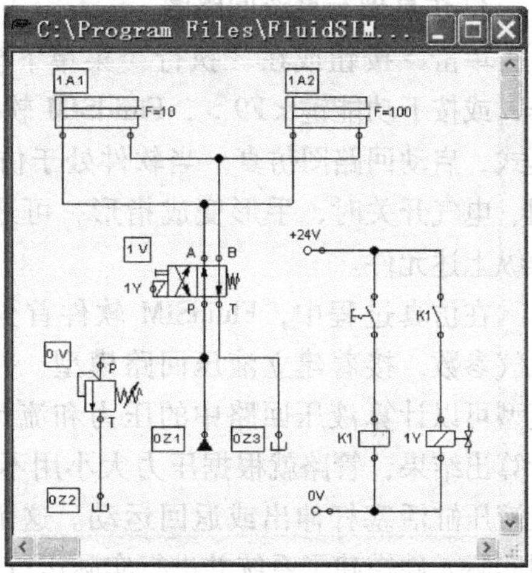

图 15-6　液压电气系统图

绘制完成的系统图如 15-6 所示（本章采用与该软件实际操作一致的图形符号）。

15.2.3　仿真运行

1. 检查系统设计

FluidSIM 软件有回路检查功能。在系统图设计完成后，单击“执行”→“检查”，或单击工具栏中的检查图标☑，软件自动对设计的系统进行检查，并给出错误信息提示，如绘图错误、编辑错误等，如对象放置于绘图区域外、未关闭油口、油口重叠或未连接、管路重叠、管路穿越元件、管路穿越油口、元件重叠、标签混淆等。要根据提示纠正错误。

2. 仿真模式

FluidSIM 软件有多种仿真模式，如图 15-7 所示。

（1）复位和重新启动仿真

单击工具栏对应按钮，或者在“执行”菜单下执行“复位”命令，可以将正在运行或暂停的仿真复位，然后重新启动仿真。

（2）按单步模式仿真

在单步模式期间，每经过一步之后，仿真都将暂停。

（3）仿真至系统状态变化

单击对应按钮，或在“执行”菜单下执行“仿真至系统状态变化”命令，仿真就开始，直至系统状态发生变化的位置仿真暂停。仿真暂停的位置有液压缸活塞停止移动、控制阀被驱动、继电器触点切换、操作某个开关等。

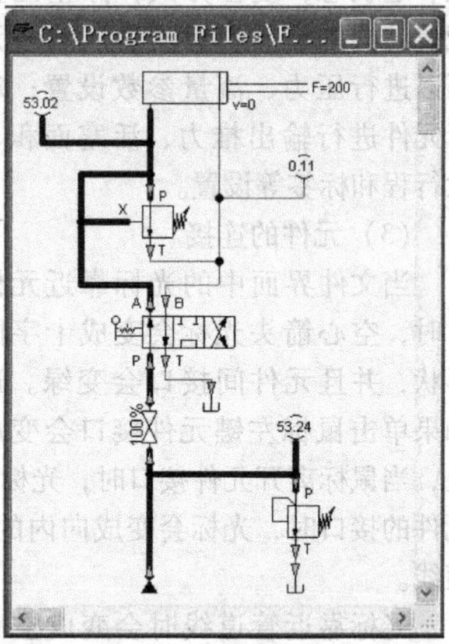

图 15-7　系统仿真模式

3. 仿真现有系统回路图

单击▷按钮或在“执行”菜单下执行“启动”命令，或按下功能键<F9>，FluidSIM 软件会切换到仿真模式，启动回路图仿真。当软件处于仿真模式时，鼠标指针变为手形。当鼠标移动到换向阀、电气开关时，手形变成指形，可通过指形鼠标操纵上述元件。

在仿真过程中，FluidSIM 软件首先计算所有的电气参数，接着建立液压回路模型，并基于所建立模型可以计算液压回路中的压力和流量分布。只要计算出结果，管路就根据压力大小用不同颜色表示，且液压缸活塞杆伸出或返回运动。这个过程相当于用实际元件搭建了系统并进行实际运行。

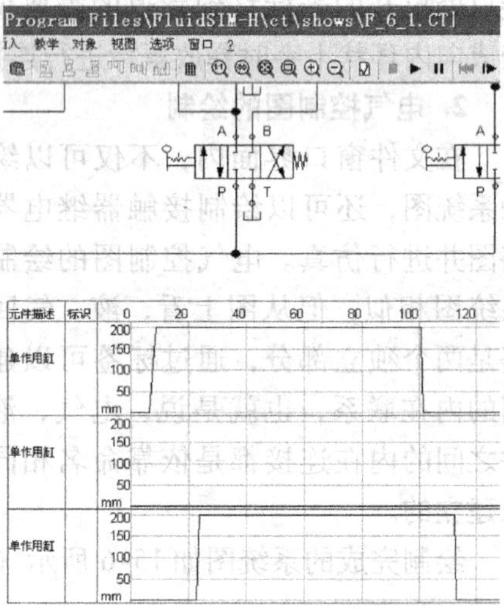

图 15-8　系统的仿真状态图

4. 仿真结果分析

FluidSIM 软件进入仿真模式后，如果执行元件设置了输出推力和速度显示，系统中接入了压力表，则在仿真模式下就可以观察到回路各点的压力值和变化情况，看到执行元件的运行状态。根据仿真状态图，可以得出系统设计是否正确的结论，如图 15-8所示。

15.3　FluidSIM 软件应用的进一步说明

1. 仿真参数设置

在“选项”菜单下执行“仿真”命令，弹出设置仿真参数的对话框，其中有四项内容。

（1）缓慢运动系数

缓慢运动系数用来控制仿真是否比实际运动更慢。当缓慢运动系数为 1∶1 时，仿真按实际时间进行。

（2）活塞运动

通过设置“保持实时”选项，FluidSIM 软件的活塞动画就与其实际运动相同。因观察活塞实际运动通常需要高性能计算机，所以一般仍要考虑缓慢运动系数。设置“光滑”选项可使计算机能力达到最佳，其目的就是使运行仿真时不出现活塞爬行现象。因此，活塞运动可以比实际更快或更慢。

（3）优先权

如果同时运行多个 Microsoft Windows 应用软件，优先权定义 FluidSIM 软件相对于其他应用软件需花费多少运算时间。高级优先权指 FluidSIM 软件将被最优先考虑。当独自运行 FluidSIM 软件时，该设置是无用的。

（4）管路颜色

在仿真过程中，根据电气线路和液、气压管路状态，可改变其颜色。单击颜色列表右边的下拉箭头并选定颜色，可以为不同状态设置不同的颜色。

2. 显示状态图

状态图记录了关键元件的状态量，并以图形方式将其直观描绘出来。在相同回路图中，可以使用几个状态图，也可以多个元件共享一个状态图。直接将元件拖至状态图中，就可以把该元件加到状态图上。若再次将某元件拖至状态图中，则将删除原来的元件。

3. 缸的标尺设定与行程检测

由于行程开关、接近开关和行程阀都可由缸驱动，因此，应在缸上使用标尺，使各种开关准确定位。具体步骤是：将缸和标尺拖至绘图区域，拖动标尺靠近液压缸。当在缸附近放下标尺时，其自动占据正确位置。移动缸时，标尺就会随缸移动。如果移动缸的距离大于 1cm，就会破坏标尺与液压缸之间的联系，标尺也不再随液压缸移动而移动。标尺的正确放置位置取决于缸的类型，既可以放置在缸的上面，也可以放置在缸的一侧。

4. 液压、气压与电气和机械的结合

FluidSIM 软件创建电气回路图的方式与创建液、气压回路的方式相同。有些电气元件可将电气回路与液压回路连接在一起，如液电转换器和电磁线圈。由于电气回路图可以被单独绘制，因此，在电气元件的电磁线圈与液压元件的换向阀之间应建立确定联系。标签是联系上述两种回路的桥梁。标签具有特定名称，可以赋予元件。如果两个元件具有相同标签名，则二者在软件中可以进行内在连接。这两个元件之间在计算机图形窗口中并无形式上的连接线，但在实际的物理系统中是有的。

双击元件或选定元件，在“编辑”菜单下执行“属性”命令，弹出元件属性对话框，在此可输入标签。双击换向阀左端和右端可以弹出标签对话窗口，建立相应标签。标签名最多含有 32 个字符，可由字母、数字和符号组成。实际中，换向阀电磁线圈并不一定直接由电气开关控制，一般是通过中间继电器。但为了简化，软件里并没有给出中间继电器。

当无控制信号时，电磁阀或液、气控阀只能手动操作。除了手动或电控驱动方式外，换向阀还可以采用机控方式，即通过缸的活塞杆或活塞上的磁环实现驱动。借助缸的标尺和机控阀油口标签，可以按建立电气结合的方式来实现这种结合。以绘制阀体并采用机控方式为例。双击机控部分，弹出属性对话框后输入标签。若将相同标签赋予缸的标尺，则当缸的活塞到达预定位置时，机控阀就动作。

5. 仿真图中物理量值的显示

FluidSIM 软件可以计算电流以及压力和流量分布，并将电流和压力用颜色显示出来。如果要查看物理量的精确值，可在“视图”菜单下单击“物理量”命令，对这些物理量进行标注，被标注的物理量将显示于下一个元件接口处。

6. 同时操作几个元件

在仿真过程中，有时需要同时操作几个开关或换向阀。按住 <Shift> 键，同时单击按钮或手动换向阀，相应元件就变为工作状态。将这些元件都设定为工作状态，FluidSIM 软件就可以进行同时仿真。单击其中某个元件将释放工作状态。

7. 并行编辑和仿真

在 FluidSIM 软件中，可以同时打开几个回路图，并对每个回路图进行仿真或编辑。也就是说仿真和编辑模式可分别独立地用于每个含有回路图的窗口。

8. DXF 文件输出

FluidSIM 软件能够以 DXF 文件格式输出回路图，因此，FluidSIM 软件中回路图也可以由其他 CAD 应用软件调用并进行编辑。在“文件”菜单下，执行“DXF 文件输出”命令，就可以输出实际回路图。如果没有对 DXF 文件命名，则输出回路图文件将以扩展名 .dxf 进行保存。

9. 动态数据交换

FluidSIM 软件可以与其他对象进行数据交换，例如可与 PLC 相联。这种数据交换的前提条件是与之交换数据的对象应具有 DDE 客户功能。在 FluidSIM 软件回路中，借助于两个 DDE 电气元件就可以实现动态数据交换，每个 DDE 电气元件分别提供 8 个输入和 8 个输出。

15.4 习题

1. 用 FluidSIM 软件建立如图 6-19、6-22、6-31 所示的液压基本回路和如图 12-4、12-11、12-14 所示的气动基本回路的回路图，并设置参数进行仿真运行。

2. 用 FluidSIM 软件建立如图 7-1 和图 13-2 所示的液压与气动系统，并设置参数进行仿真运行。

附　　录

附录 A　液压图形符号（GB/T 786.1—2009/ISO 1219—1：2006）

（一）管路及连接

名　称	符　号	名　称	符　号
工作管路		柔性管路	
控制管路		管口在液面以上油箱	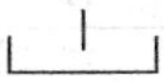
连接管路	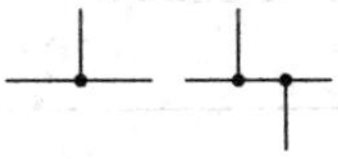	管口在液面以下的油箱	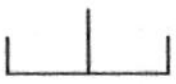
交叉管路		单通路旋转接头	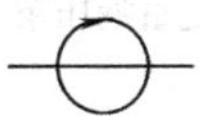

（二）控制方法

名　称	符　号	名　称	符　号
按钮式人力控制	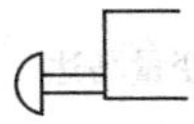	顶杆式机械控制	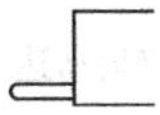
手柄式人力控制	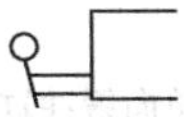	弹簧控制	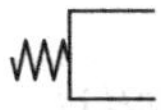
踏板式人力控制	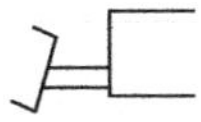	滚轮式机械控制	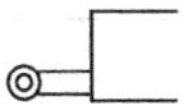
单向滚轮式机械控制	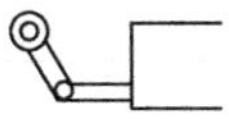	单作用电磁控制	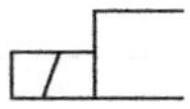
双作用电磁控制	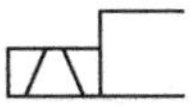	液压先导控制	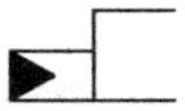
加压或泄压控制	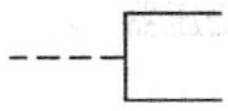	气液先导控制	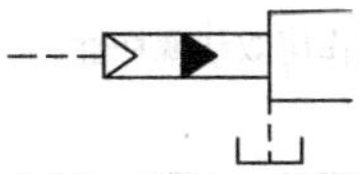

（续）

名　　称	符　　号	名　　称	符　　号
差动控制	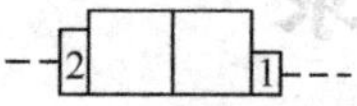	电-液先导控制	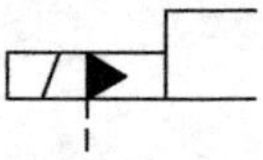
内部压力控制	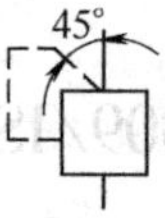	液压先导泄压控制	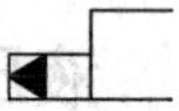
外部压力控制	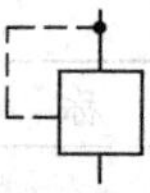	电反馈控制	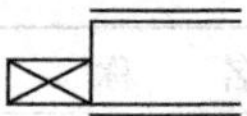

（三）泵、马达和缸

名　　称	符　　号	名　　称	符　　号
单向定量液压泵	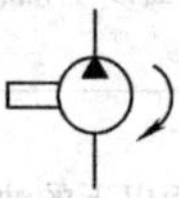	单向变量液压泵	
双向定量液压泵	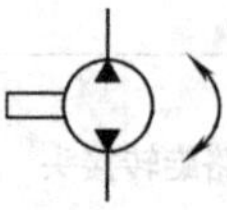	双向变量液压泵	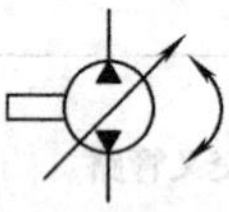
单向定量马达	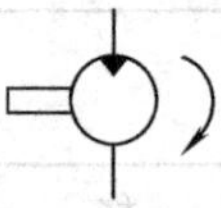	单向变量马达	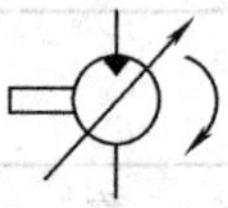
双向定量马达	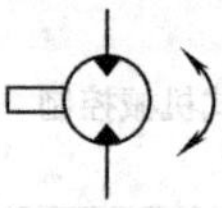	双向变量马达	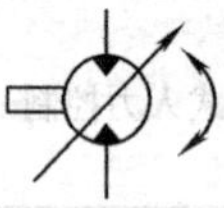
摆动马达	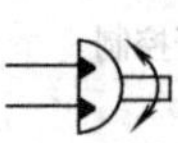	不可调单向缓冲缸	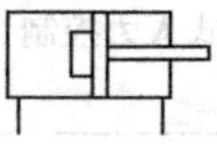
单作用弹簧复位缸	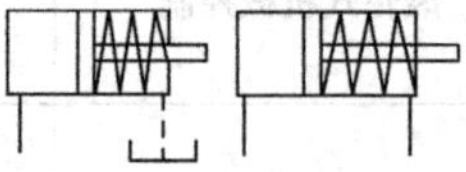	可调双向缓冲缸	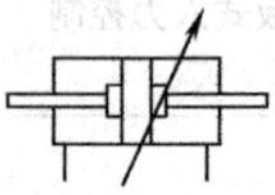
双作用单活塞杆缸	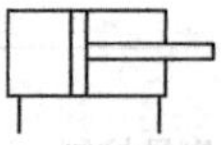	气液转换器	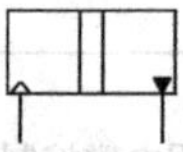
双作用双活塞杆缸	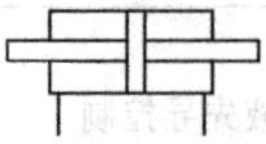	增压器	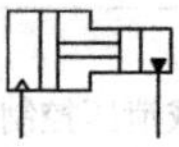

（四）控制元件

名　称	符　号	名　称	符　号
直动型溢流阀	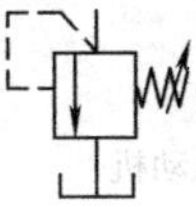	先导型比例电磁溢流阀	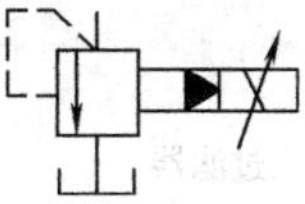
先导型溢流阀	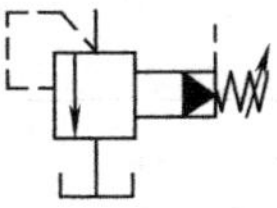	双向溢流阀	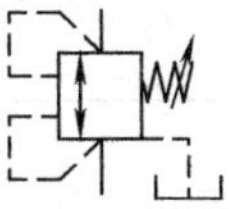
直动型减压阀	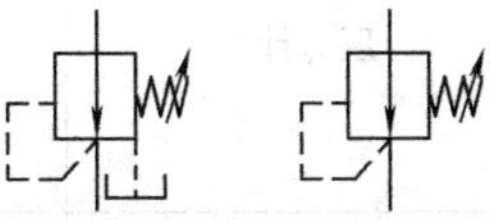	溢流减压阀	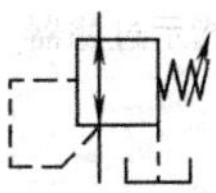
先导型减压阀	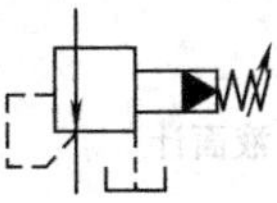	定差减压阀	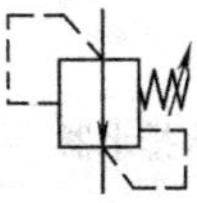
直动型顺序阀	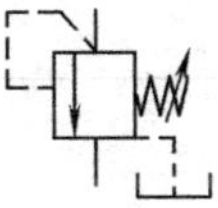	液控单向阀	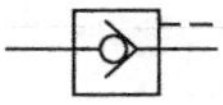
先导型顺序阀	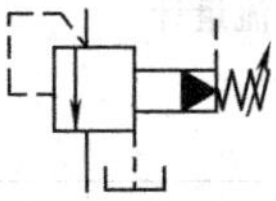	二位二通换向阀	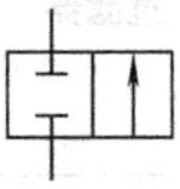
直动型卸荷阀	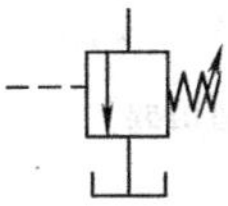	二位三通换向阀	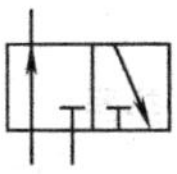
可调节流阀		二位四通换向阀	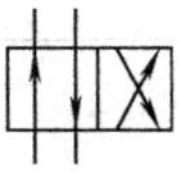
不可调节流阀		二位五通换向阀	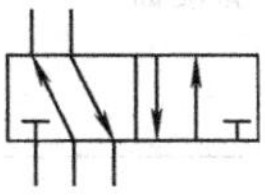
调速阀	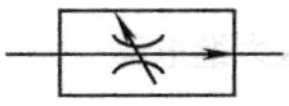	三位四通换向阀	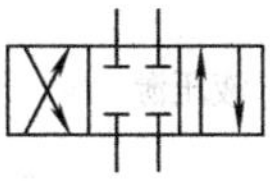
温度补偿调速阀	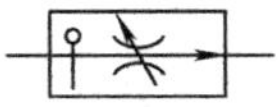	三位五通换向阀	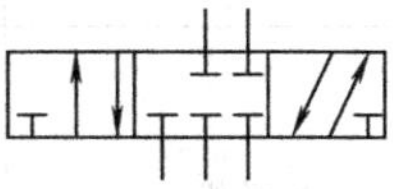
分流阀	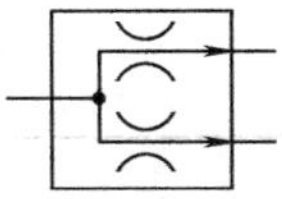	三位六通换向阀	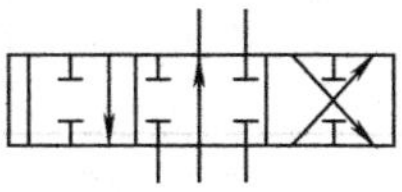
单向阀		四通电液伺服阀	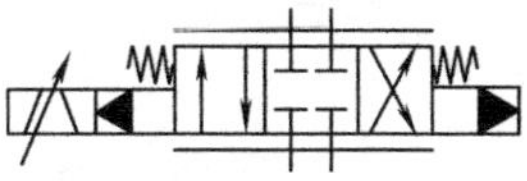

（五）辅助元件

名　称	符　号	名　称	符　号
过滤器	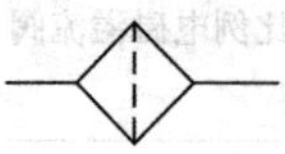	原动机	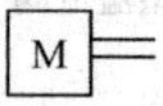
污染指示过滤器	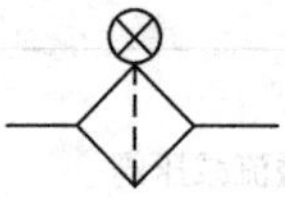	压力计	
分水排水器	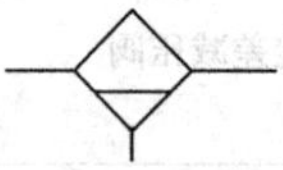	液面计	
空气过滤器	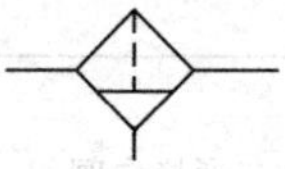	流量计	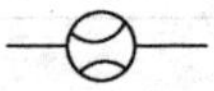
加热器	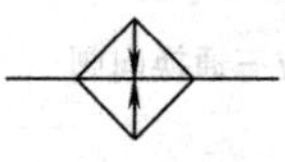	消声器	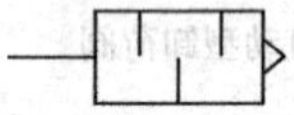
蓄能器		报警器	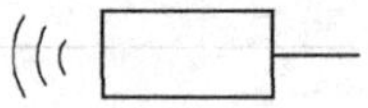
液压源		压力继电器	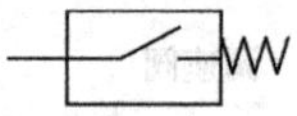
电动机	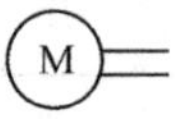		

附录 B 液压控制阀型号说明

（一）中、低压液压控制阀型号说明

型号各位（从左至右）：组合元件类或组 | 控制形式 | 改型序号 | 最大工作压力/MPa | 主要规格 | 安装和联接 | 辅助特性

类别	名称					
压力阀	中压溢流阀			Y		
	低压溢流阀			P		
	减压阀			J		
	单向减压阀		J	I		
	顺序阀			X		
	单向顺序阀		X	I		
	液动顺序阀			X	Y	
	液动单向顺序阀		X	I	Y	
	电磁溢流阀(直流)			Y	E	
	背压阀(定压式)			B		
	压力继电器			D	P	
流量阀	节流阀			L		
	单向节流阀		L	I		
	调速阀			Q		
	单向调速阀		Q	I		
	温度补偿调速阀			Q	T	
	单向温度补偿调速阀		Q	I	T	
	溢流节流阀		L	Y		
	单向行程节流阀	L	C	I		
	单向行程调速阀	Q	C	I		
	延时阀	L	H	I		
	交流电磁滑阀		2、3（位置数）	2、3、4、5（通路数）	D	
	直流电磁滑阀				E	
	液动滑阀				Y	
	电液动滑阀（交流）				D	Y
	（直流）				E	Y
	行程滑阀				C	
	手动滑阀				S	
	转阀				O	
	单向阀			I		
	液动单向阀			I	Y	
	压力表开关			K		

改型序号：0 省略；1；2；3；4；⋮

最大工作压力/MPa：
- 1.0:A
- 2.5:B
- 6.3:(略)
- 0.6:K
- 1.6:L
- 4.0:M

主要规格：
- 对阀：流量/L/min
- 对压力表开关：测量点数
- 对压力继电器：压力/MPa

安装和联接：
- 安装方式
  - 法兰:(略)
  - 脚架：J
- 联接形式
  - 管式联接:(略)
  - 板式联接：B
  - 法兰联接：F

辅助特性：
- 对三位滑阀的滑阀机能：O（略）、H、Y、K、M、P、J、C、OP、MP
- 对二位二通滑阀：常开：H；常闭：(略)
- 带定位装置：D
- 带阻尼：Z

（二）中、高压液压控制阀型号说明

□□□——□□□□-□□□-□-□

名称 | 控制方式（换向阀用） | 滑阀机能（换向阀用） | 联接形式 | 公称通径/mm | 工作压力/MPa | 单向阀开启压力/MPa | 换向阀辅助特性：带溢流阀组情况（多路换向阀用）、定位方式（换向阀用）、带阻尼器情况（换向阀用） | （多路换向阀用） | 工厂型号

			名称	控制方式	滑阀机能
压力控制阀	溢流阀		YF		
	单向溢流阀		YDF		
	电控卸荷溢流阀		YF	D、E	
	减压阀		JF		
	单向减压阀		JDF		
	顺序阀	直控顺序阀	X_2F		
		远控顺序阀	X_3F		
		卸荷阀	X_4F		
	单向顺序阀	直控平衡阀	XD_1F		
		直控单向顺序阀	XD_2F		
		远控单向顺序阀	XD_3F		
		远控平衡阀	XD_4F		
	限压单向阀		XDF		
流量控制阀	节流阀		LF		
	单向节流阀		LDF		
	压力补偿流量控制阀		QF		
	压力温度补偿单向流量控制面		QDFT		
	单向减速阀		CDF		
方向控制阀	直通单向阀		DIF		
	直角单向阀		DF		
	液控单向阀		DF	Y	
	电磁换向阀		2位 3位 / 2通 3通 4通	D	※
	电液换向阀			DY	
	手动换向阀			S	
	多路换向阀		ZF	S	
其他	压力继电器		PF		
	压力表开关		KF		
	法兰		F_1、F_2		

联接形式：

L	螺纹联接
B	板式联接
F	法兰联接

工作压力/MPa：

B	0.5～7
G	0.7～7
C	3.5～14
H	7～21
K	14～35
E	35以上

单向阀开启压力/MPa：

1	0.035
2	0.2
3	0.35

带溢流阀组情况（多路换向阀用）：

Y	带溢流阀
省略	不带溢流阀

定位方式（换向阀用）：

T	带自动对中或复位弹簧
W	带定位装置
省略	不带弹簧

带阻尼器情况（换向阀用）：

Z	单阻尼器
ZZ	双阻尼器

（多路换向阀用）：多路换向阀滑阀机能 ※

工厂型号：榆1型 — Y1

附录 C　气动图形符号（GB/T 786.1—2009/ISO 1219—1：2006）

（一）管路及连接

名　　称	符　　号	名　　称	符　　号
直接排气口	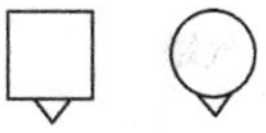	带单向阀快换接头	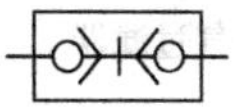
带连接排气口	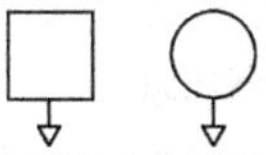	不带单向阀快换接头	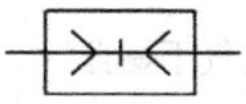

（二）控制方法

名　　称	符　　号	名　　称	符　　号
气压先导控制	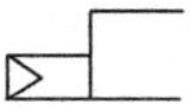	电-气先导控制	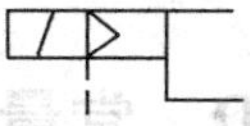

（三）泵、马达和缸

名　　称	符　　号	名　　称	符　　号
马达	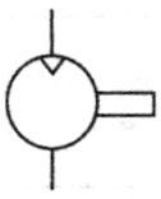	空气压缩机	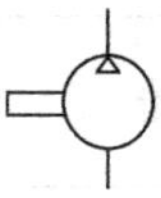
双向定量马达	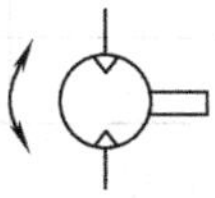	摆动马达	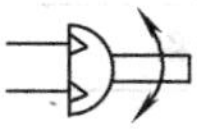
真空泵	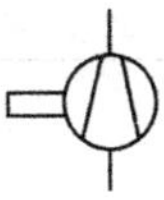		

（四）控制元件

名　　称	符　　号	名　　称	符　　号
直动型溢流阀	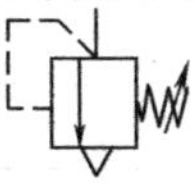	带消声器的节流阀	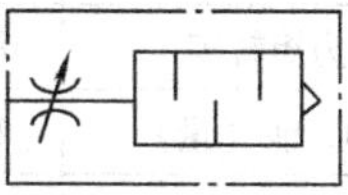
先导型溢流阀	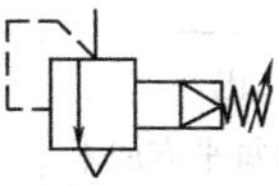	或门型梭阀	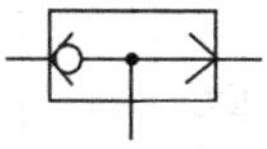
先导型减压阀	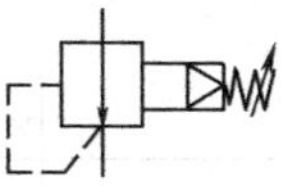	与门型梭阀	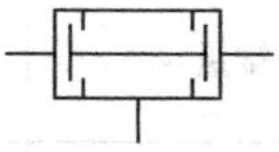
溢流减压阀	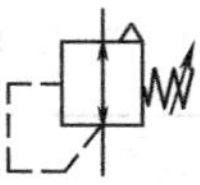	快速排气阀	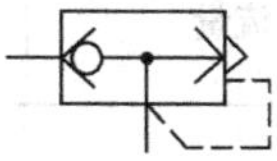

（五）辅助元件

名　称	符　号	名　称	符　号
分水排水器	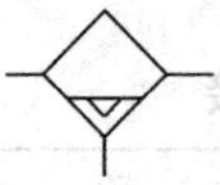	冷却器	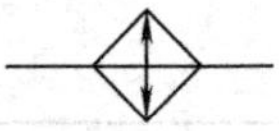
空气过滤器	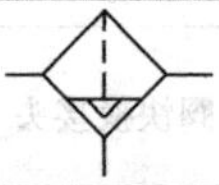	气罐	
空气干燥器	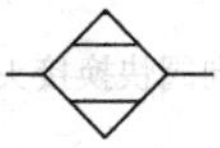	气压源	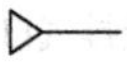
油雾器	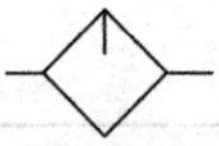		

附录D　常量及其符号、单位和换算

量的名称	符号	法定计量单位		非法定计量单位		计 算 关 系
		单位名称	单位符号	单位名称	单位符号	
质量	m	千克（公斤） 吨	kg t			1t = 1000kg
长度	L	米	m			
面积	A	平方米	m^2			
体积，容积	V	立方米 升	m^3 L			$1m^3 = 1000L$ $1L = 1000cm^3$
时间，时间间隔	t	秒 分 时	s min h			1h = 60min 1min = 60s
力 重力	F $W(G)$	牛（顿）	N	千克力	kgf	1kgf≈10N
力矩转矩	M_T	牛（顿）米	N·m			
功，能（量）	W	焦（耳）	J			1N·m = 1J
功率	P	瓦（特）	W			1W = 1J/s
压力	p	帕（斯卡）	Pa	巴 千克力每平方厘米	bar kgf/cm^2	$1bar = 10^5 Pa$ $1kgf/cm^2 \approx 10^5 Pa$
排量	v	升每转 毫升每转	L/r mL/r			1L/r = 1000mL/r
流量	q_V	立方米每秒 升每分	m^3/s L/min			$1L/min = 1.67 \times 10^{-5} m^3/s$

参考文献

[1] 许福玲，陈尧明．液压与气压传动［M］．北京：机械工业出版社，2007.
[2] 袁承训，张宝海．液压与气压传动［M］．北京：机械工业出版社，2000.
[3] 章宏甲，黄谊．液压传动［M］．北京：机械工业出版社，2000.
[4] 左健民．液压与气压传动［M］．北京：机械工业出版社，2007.
[5] 薛祖德．液压传动［M］．北京：中央广播电视大学出版社，1995.
[6] 郑洪生．气压传动及控制［M］．北京：机械工业出版社，1988.
[7] 李慕洁．液压传动与气压传动［M］．北京：机械工业出版社，1989.
[8] 姜佩东．液压与气动技术［M］．北京：高等教育出版社，2000.
[9] 何存兴，张铁华．液压传动与气压传动［M］．武汉：华中科技大学出版社，2000.
[10] 陈汉超，盛永才．气压传动与控制［M］．北京：北京工业学院出版社，1987.
[11] 雷天觉．液压工程手册［M］．北京：机械工业出版社，1990.
[12] 路甬祥．液压气动技术手册［M］．北京：机械工业出版社，2002.
[13] 李壮云，葛宜远．液压元件与系统［M］．北京：机械工业出版社，1999.
[14] 徐灏．机械设计手册：第五卷［M］．北京：机械工业出版社，1992.
[15] 宋锦春，等．液压与气压传动［M］．北京：科学出版社，2006.
[16] 王春行．液压伺服控制系统［M］．北京：机械工业出版社，1989.
[17] 宋俊，殷庆文．液压系统优化［M］．北京：机械工业出版社，1996.
[18] 李永堂，等．液压系统建模与仿真［M］．北京：冶金工业出版社，2003.